青海省
果洛藏族自治州草地常见植物及草原有害生物图谱

贺有龙　罗雪云　主编

中国农业科学技术出版社

图书在版编目（CIP）数据

青海省果洛藏族自治州草地常见植物及草原有害生物图谱 / 贺有龙，罗雪云主编. -- 北京：中国农业科学技术出版社，2024. 12

ISBN 978-7-5116-6628-4

Ⅰ. ①青… Ⅱ. ①贺… ②罗… Ⅲ. ①草地—植物—果洛藏族自治州—图谱 ②草原—有害动物—果洛藏族自治州—图谱 ③草原—有害植物—果洛藏族自治州—图谱 Ⅳ. ①Q948.524.42-64 ②Q95-64 ③S451.23-64

中国国家版本馆CIP数据核字（2023）第256099号

责任编辑 贺可香
责任校对 李向荣
责任印制 姜义伟　王思文

出 版 者 中国农业科学技术出版社
北京市中关村南大街12号　　邮编：100081
电　　话 （010）82106638（编辑室）　（010）82106624（发行部）
（010）82109709（读者服务部）
网　　址 https: // castp.caas.cn
经 销 者 各地新华书店
印 刷 者 北京地大彩印有限公司
开　　本 210 mm × 285 mm　1/16
印　　张 37.5
字　　数 1 040千字
版　　次 2024年12月第1版　　2024年12月第1次印刷
定　　价 568.00元

《青海省果洛藏族自治州草地常见植物及草原有害生物图谱》
编委会

主　编：

贺有龙	果洛藏族自治州林业和草原站	罗雪云	果洛藏族自治州林业和草原站

副主编：

旦知才让	果洛藏族自治州林业和草原站	华　热	果洛藏族自治州林业和草原站
刘永琦	果洛藏族自治州林业和草原站	张　英	青海大学

参编人员（以姓氏笔画为序）

丁江民	青海省野生动物摄影协会	才让吉	果洛藏族自治州林业和草原站
马永守	果洛藏族自治州林业和草原站	马存辉	果洛藏族自治州林业和草原站
马晓军	果洛藏族自治州林业和草原站	马海龙	久治县林业和草原站
巴　丁	班玛县林业和草原站	邓宝池	青海大学
朱永卿	玛沁县林业和草原站	孙海群	青海大学
苏尼么措	达日县林业和草原站	李羊旦	果洛藏族自治州林业和草原站
李　强	青海大学	更　藏	玛沁县林业和草原站
汪海波	果洛藏族自治州林业和草原站	张永基	果洛藏族自治州林业和草原站
阿　吉	甘德县林业和草原站	陈占敏	果洛藏族自治州林业和草原站
欧为友	青海省草原总站	洛桑尼玛	达日县林业和草原站
格旦吉	玛沁县林业和草原站	郭赛贾毛	甘德县林业和草原站
韩建芳	果洛藏族自治州林业和草原站		
韩常鹏	黄河源园区国家公园管委会生态管护站		
雅的吉	班玛县林业和草原站	谢久祥	青海大学
魏琳娜	青海大学		

前言

青海省位于中国西部，地处青藏高原东北部，被称为“世界屋脊”“第三极”，山峦起伏，沟壑纵横，河流交错，湖泊棋布，素有“中华水塔”之美誉，唐古拉山脉横亘千里，长江、黄河由此源远流长，“万山之祖”昆仑山巍巍屹立，“高原明珠”青海湖碧波荡漾。青海总面积72.23万km^2，地形复杂多样、地貌神秘独特，以及差异显著的生境小气候，为植物提供了丰富多样的栖息地，造就了森林、草地、荒漠和湿地等多种生态系统共存的分布格局，涵盖了森林、灌丛、湿地、草甸、草原、荒漠、垫状植被、高山流石滩稀疏植被等众多植被类型，形成了青藏高原丰富而独特的植物景观。据估计，青海草地植物约3 000种（含种下等级），很多植物种类具有极高的经济价值和生态价值，其中包含药用植物约1 000种、珍稀濒危保护植物约150种，青海特有植物约100种，是发展地方经济、建设生态青海得天独厚的重要战略资源。

果洛藏族自治州位于青藏高原腹地、青海省东南部、处于巴颜喀拉山与阿尼玛卿山之间。果洛全州下辖玛多县、玛沁县、达日县、甘德县、久治县、班玛县6个县，总面积76 442 km^2，占青海省面积的10.545%，平均海拔4 200 m以上，为高原大陆性气候。西邻玉树藏族自治州，西北和北部同海西蒙古族藏族自治州接壤，东北与海南藏族自治州的贵德县及黄南藏族自治州同仁为界，东部同甘肃省甘南藏族自治州、四川省阿坝藏族羌族自治州紧紧相依。东北长约48 km，南北宽约354 km。自然独特的地貌和复杂多样的生境使果洛藏族自治州具有多种多样的生态系统类型，孕育了丰富的动植物资源，生物多样性极高，对维持整个青藏高原生态系统的多样性、稳定性具有不可替代的作用。

《青海省果洛藏族自治州草地常见植物及草原有害生物图谱》记录全州草地常见植物550种，隶属61科254属。本书比较全面地介绍了青海省果洛藏族自治州草地常见植物及有害生物的学名、中文名、藏名、别名、形态特征、地理分布和经济用途等，并整理收录了彩色照片近2 000幅，近距离呈现植物的外观、生态环境或花、果、叶等的局部特征，为该地区草地植物的识别、利用和保护提供第一手参考资料。同时，书中列及的植物，除了标明其在果洛藏族自治州的分布外，还参考《青海植物志》《青海动物志》和编者的野外记录，对其在青海省及国内外的分布也做了介绍，以便为果洛藏族自治州之外的植物识别和鉴定提供参考。近些年，涉及青藏高原植物生态和植物资源的调查研究越来越多，很多工作也需了解该地区植物种类和分布，本书具有较强的参考价值，可作为草地资源调查、草地生态监测、草地生态保护和建设者鉴定果洛藏族自治州常见植物的参考书，也可作为高等院校植物学野外实习用书，以及植物分类学爱好者的实用工具书。

本书中有关植物、动物学名和中文名的使用，以英文版中国植物志Flora of China（FOC）的最新修订为准；生境分布以调查结果为准，并参考《青海植物志》；植物形态特征的描述信息均来自《青海植物志》和《中国植物志》，并以《西藏植物志》和《中国高等植物图鉴》作为参考，最后根据页面排版需求，本着“简练但不失精准”的原则做了适当的删减和增改；植物经济用途的描述信息参考《中国植物志》《青海经济植物志》《青海经济动物志》《西藏常用中草药》和《中华藏本草》；藏名的使用参考《中华藏本草》《青海经济植物志》《青海经济动物志》的记载，并请当地专家做了部分核实和校正。另外，为方便物种检索和对照查阅中文志书资料，本书中植物科、属的排列顺序仍按照《青海植物志》和《中国植物志》中科属的排列顺序排列。同时，考虑到图谱图片的美观性，部分图片并非拍摄自果洛藏族自治州，特此说明。

本书的编撰得到了青海省果洛藏族自治州林业和草原局、青海大学等单位相关项目的资助和支持，并得到省内外植物学专家及相关部门技术人员的大力支持，部分图片承蒙孙海群、谢久祥、魏玲娜、邓宝池等老师提供和鉴定，本书的出版得到中国农业科学技术出版社的大力支持，在此一并表示诚挚感谢。

因编者水平有限，难免有物种鉴定错误和物种信息漏误之处，请专家、学者批评指正。

编　者

目 录

第一部分

果洛藏族自治州简介

一、地理位置

果洛藏族自治州位于青海省东南部，地处青藏高原腹地的巴颜喀拉山和阿尼玛卿山之间，地理坐标东经97°54′～101°50′，北纬32°31′～35°40′。东临甘肃省甘南藏族自治州和青海省黄南藏族自治州；南接四川省阿坝藏族羌族自治州和甘孜藏族自治州；西与青海省玉树藏族自治州毗连；北和青海省海西蒙古族藏族自治州、海南藏族自治州接壤。全州总面积76 442 km^2，占全省总面积的10.54%。

果洛藏族自治州辖玛沁、玛多、甘德、达日、班玛、久治6个县，44个乡（镇）、188个行政村（牧）委会，8个建制镇设19个社区。玛多县设果洛新村、河源新村两个移民新村。州人民政府驻地玛沁县。2022年全州人口出生率17.5‰，人口死亡率4.62‰，人口自然增长率12.87‰。2022年年末全州总户数78 571户，总人口220 000人，其中乡村人口140 100人，占总人口的63.7%；城镇人口79 900人，占总人口的36.3%；其中藏族人口201 960人，占总人口的91.8%。根据第七次人口普查数据，截至2020年11月1日零时，果洛藏族自治州常住人口为215 573人。

二、地形地貌

果洛藏族自治州平均海拔4 200 m以上，海拔4 000～5 000 m的地区占全区面积的80%左右，西北部海拔多在4 000～5 000 m，地形起伏不大，高差多为500～1 000 m，坡度较缓；东南部海拔3 500～4 000 m，但地形起伏大，高差一般为1 000～2 100 m，坡度45°～50°，最大80°以上。整个地形自西北向东南倾斜，西北高，多丘陵，地形平缓；东南低，多高山，坡陡谷深。巴颜喀拉山自西而东绵亘全州，为州内主体山脉，以主脊为界构成长江、黄河两大水系的分水岭。山势巍巍，雄伟壮观，山顶白雪皑皑，远远望去银光闪耀。阿尼玛卿雪山主峰玛卿岗日海拔6 282 m，是青藏高原南部地区最高的山峰，有现代冰川发育。

三、气候特征

果洛藏族自治州属典型的高原大陆性气候，高寒缺氧，气温低、光辐射强、昼夜温差大。年内没有明显四季之分，只有冷暖之别，夏季凉爽湿润而短促，降水集中，多短时强降水、雷暴和冰雹天气；春、秋季时间短，多大风天气；冬季寒冷干燥而漫长，无绝对无霜期。

1991—2023年，果洛藏族自治州年平均降水量569.4 mm，总体呈波动上升趋势，增加速率为33 mm/10年，进入21世纪之后逐渐增多，其中2020年为近33年以来年降水量最多的年份，年降水量达667.1 mm。

1991—2023年，果洛藏族自治州年平均气温为0.2℃，总体亦呈波动上升，增加速率为0.3℃/10年，进入21世纪之后增速加快，其中2016年、2017年为近33年以来年平均气温最高的年份，年平均气温为1.1℃。

四、水系水文

果洛藏族自治州雪峰林立、湖泊众多、河流纵横。水系分布受地貌影响显著，外流河干支流多从西北流向东南，不仅与山脉走向一致，而且河流多以局部湖泊低洼地为中心，构成向心辐合状水系。河流的补给有自然降水、地下水、高山冰雪融水等，多以自然降水补给为主，冰雪融水补给为辅。根据2020年青海省水资源公报显示，果洛藏族自治州水资源总量为229.6亿m^3，地表水资源量229.6亿m^3、地下水资源量88.2亿m^3。

果洛藏族自治州河流众多，水系发达，有黄河、格曲、玛柯河、多柯河等重要河流有30余条，河流总长约3 000 km，流域面积50 km^2以上河流471条。黄河由西向东横贯全境，流长785 km，占黄河总长的16%，占青海省黄河总长的48%，干支流域面积占黄河总流域面积的8%，天然落差1 090 m，干流流经玛多、达日、甘德、久治、玛沁五县；长江二级支流（玛柯河、多柯河），流长382 km；雅砻江支流（尼曲）流长146 km。此外，全州现有扎陵湖、鄂陵湖、冬格措纳湖、西姆措湖等大小湖泊4 000余个，水面面积超过2 300 km^2，水域面积1 km^2以上湖泊40个。

五、动植物资源

果洛藏族自治州药用动植物资源相当丰富。冬虫夏草、雪莲、大黄、红景天、贝母、秦艽、当归、党参、川芎、黄芪、羌活等药用植物遍布州内大部分地区。林地草地湿地资源林地面积972 885.23 hm^2。其中，乔木林地68 593.06 hm^2，占7.05%；灌木林地899 043.61 hm^2，占92.41%；其他林地5 248.56 hm^2，占0.54%；草地面积5 200 485.5 hm^2。其中，天然牧草地5 079 155.42 hm^2，占92.89%；人工牧草地7 550.71 hm^2，占0.23%；其他草地113 779.37 hm^2，占6.88%；湿地面积711 405.26 hm^2。其中，沼泽草地637 243.16 hm^2，占89.58%；内陆滩涂62 734.61 hm^2，占8.82%；沼泽地11 427.49 hm^2，占1.60%。州内野生动物中药用动物有白唇鹿、马鹿、麝、棕熊、高山雪鸡等；珍贵的毛皮兽有水獭、喜马拉雅旱獭、赤狐、沙狐、猞猁、金钱豹、雪豹等；肉用鸟兽有黄羊、岩羊、岩鸽、赤麻鸭等；珍稀鸟兽有野驴、盘羊、猕猴、苏门羚、黑颈鹤、白马鸡、蓝马鸡等。鱼类广泛分布于全州江、河、湖泊，在玛多县的扎陵湖、鄂陵湖及两湖的连通河道、黄河和久治县年保玉则周围的大小湖泊中渔储量极大。鱼类主要有花斑裸鲤、极边扁咽齿鱼、骨唇黄河鱼、黄河裸裂尻鱼、青海湖裸鲤等。

第二部分

果洛藏族自治州草地概况

一、草地现状

（一）草原面积

果洛藏族自治州地处素有“中华水塔”之称的三江源区，草原辽阔地理位置特殊，是黄河的发源地和水源涵养区，是青海省淡水资源的重要补给地，是高原生物多样性最集中的地区，是重要的陆地生态系统和绿色生态屏障，是山水林田湖草沙冰生命共同体的重要组成部分。土地总面积76 442.38 km^2（折合11 466.3万亩），占青海省土地总面积的10.8%。果洛藏族自治州草地面积5 200 485.5 hm^2。其中，天然牧草地5 079 155.42 hm^2，占92.89%；人工牧草地7 550.71 hm^2，占0.23%；其他草地113 779.37 hm^2，占6.88%。其中，玛沁县878 562.67 hm^2，班玛县369 720.39 hm^2，甘德县519 122.86 hm^2，达日县1161 386.14 hm^2，久治县548 842.6 hm^2，玛多县1722 850.84 hm^2。

（二）草原分布与地带

果洛藏族自治州草原分布的水平地带性不明显，从东南到西北表现为湿润、半湿润、半干旱的高寒草甸类和高寒干草原类。由于青藏高原强烈隆升的影响，形成了典型的高山山地地貌，草原植被具有明显的垂直带谱。东部以玛沁县拉加地区为主，在海拔3 000～3 400 m的黄河谷地及切木曲下游河谷，谷深坡陡，气候较温和，分布着以芨芨草、赖草为优势的山地干草原类草原。该类草原中一些土层较厚，地形较平坦的地段，是玛沁县发展农业及饲料的基地。在海拔3 200～3 600 m的山地，发育着高寒草甸类疏林草甸亚类草原，阴坡以云杉为建群种，阳坡以圆柏为建群种。随着海拔的上升，气候水热条件的变化，在海拔3 400～4 200 m的山地阴坡、半阳、半阴坡，发育了高寒草甸类的灌丛草甸亚类草原，灌木以高山柳、金露梅、密枝杜鹃为主。在海拔3 800～4 700 m的滩地、山地则发育着高寒草甸类的高山草甸亚类和沼泽化草甸亚类草原。

南部以班玛县玛柯河流域为主，阳坡海拔315～3 800 m依次为高寒草甸类禾草为主的高山草甸亚类和圆柏疏林草甸亚类草原。2 800～4 700 m则以矮生嵩草、杂类草、贝氏嵩草、高山嵩草、禾叶嵩草为优势种的高寒草甸类的高山草甸亚类草原。阴坡海拔3 150～3 800 m处以云杉为主的高寒草甸类的高山草甸亚类草原。3 800～4 300 m出现了以高山柳、西番柳、金露梅占优势种的高寒草甸类的灌丛草甸亚类草原。在4 300～4 700 m的地段则分布着线叶嵩草、禾叶嵩草为优势的高寒草甸类的高山草甸亚类草原。

西部以玛多县巴颜喀拉山主峰一带，海拔4 000～4 400 m的滩地、山地下部以紫花针茅、早熟禾、禾叶风毛菊等牧草为优势种的高寒干草原。在4 400～4 800 m的山体中部、浑圆山顶等部位分布着以高山嵩草、苔草、线叶嵩草、禾叶嵩草为优势种的高寒草甸类的高山草甸亚类草原。另外在海拔4 200～4 600 m的潮湿山沟、沟脑和滩地，由于地下水位高，排水不畅，常呈季节性积水或常年积水，则发育着以西藏嵩草、苔草、藨草为优势种的高寒草甸类的沼泽化草甸亚类草原，属非地带性分布。

二、草地类型

果洛藏族自治州草地类型主要有高寒草甸类、高寒草原类、温性草原类、高寒荒漠类、山地草甸类五大类草地。

（一）高寒草甸类

高寒草原类草地是青藏高原高海拔地区长期受寒冷、干旱的大陆性气候影响，由耐旱耐寒的多年生密丛型禾草和根茎型薹草以及垫状的小半灌木植物为建群种组成的草地类型。高寒草甸类是果洛地区分布最广，面积最大，最主要的草地类型。包括典型高寒草甸亚类、沼泽化高寒草甸亚类、盐化高寒草甸亚类，以高山嵩草、线叶嵩草、矮生嵩草为优势种，常见型有高山嵩草型、高山嵩草型+杂类草型、高山嵩草型+矮生嵩草型、高山嵩草型+圆穗蓼型、线叶嵩草型、线叶嵩草型+早熟禾型、线叶嵩草型+杂类草型、线叶嵩草型+珠芽蓼型、矮生嵩草型、矮生嵩草+高山嵩草型、矮生嵩草+杂类草型、具金露梅杂类草型、具高山柳的苔草+嵩草型、藏嵩草型、赖草型。

（二）高寒草原类

高寒草原类草地是青藏高原高海拔地区长期受寒冷、干旱的大陆性气候影响，由耐旱耐寒的多年生密丛型禾草和根茎型薹草以及垫状的小半灌木植物为建群种组成的草地类型。高寒草原类以紫花针茅为优势种，包括紫花针茅型、紫花针茅+早熟禾型、紫花针茅+青藏苔草型、紫花针茅+杂类草型、扇穗茅型、青藏苔草+杂类草型。

（三）温性草原类

温性草原类草地是在温带半干旱气候条件下发育形成的以典型旱生多年生丛生禾草占绝对优势的草地类型。果洛藏族自治州温性草原类分布面积小，优势种为中旱生丛型禾草芨芨草、羊茅、冷蒿为主，常见型有芨芨草型、羊茅+杂类草型、冷蒿+杂类草型。

（四）高寒荒漠类

高寒荒漠类草地，是在大陆性高原气候条件下发育形成的一种由超旱生垫状的半灌木和塾状，或莲座状草本植物组成的草地类型，是青海省分布海拔最高、最干旱、寒冷，植被极为稀疏和低矮的一类草地。高寒荒漠类面积也小，优势种有垫状驼绒藜、细叶亚菊、红景天山，常见型有垫状驼绒藜型、亚菊型、红景天型。

（五）山地草甸类

山地草甸类草地，是在温带气候温和、降水充沛的生境条件下，山地垂直带上发育形成的一种以中生、多年生植物组成的草地类型，常在中山、亚高山植被垂直分布带谱构成中占有重要位置。它不仅受纬向热量气候带的强烈影响，也承受着不同程度的经向湿润、干旱及半干旱气候因素的深刻制约。山地草甸类优势种为垂穗披碱草、具灌木、金露梅，常见型有垂穗披碱草型、具灌木的早熟禾型、具金露梅的珠芽蓼型。

第三部分

果洛藏族自治州草地常见植物图谱

问荆 *Equisetum arvense*

木贼科 Equisetaceae　木贼属 *Equisetum*

〔形态特征〕中小型植物。根茎斜生，直立和横走，黑棕色，节和根密生黄棕色长毛或光滑无毛。地上枝当年枯萎。枝二型。能育枝春季先萌发，高5～35 cm，中部直径3～5 mm，节间长2～6 cm，黄棕色，无轮茎分枝，脊不明显，有密纵沟；鞘筒栗棕色或淡黄色，长约0.8 cm，鞘齿9～12枚，栗棕色，长4～7 mm，狭三角形，鞘背仅上部有一浅纵沟，孢子散后能育枝枯萎。不育枝后萌发，高达40 cm，主枝中部直径1.5～3.0 mm，节间长2～3 cm，绿色，轮生分枝多，主枝中部以下有分枝。脊的背部弧形，无棱，有横纹，无小瘤；鞘筒狭长，绿色，鞘齿三角形，5～6枚，中间黑棕色，边缘膜质，淡棕色，宿存。侧枝柔软纤细，扁平状，有3～4条狭而高的脊，脊的背部有横纹；鞘齿3～5个，披针形，绿色，边缘膜质，宿存。孢子囊穗圆柱形，长1.8～4.0 cm，直径0.9～1.0 cm，顶端钝，成熟时柄伸长，柄长3～6 cm。

〔生境分布〕班玛、久治、玛沁。生于林下、沼泽水沟边、河滩、草甸，海拔2 230～4 100 m。

高山冷蕨 *Cystopteris montana*

冷蕨科 Cystopteridaceae　冷蕨属 *Cystopteris*

〔形态特征〕根状茎细长横走，黑褐色，无毛，疏被浅褐色的卵形膜质鳞片，先端鳞片较多；叶远生。能育叶长20～49 cm；叶柄长（6）14～31 cm，为叶片长的1～3倍，下部黑褐色，基部疏被浅褐色的卵形鳞片，向上禾秆色或带浅栗色，无毛，仅有零星鳞片着生；叶片近五角形，长（5）8～15（20）cm，宽与长几相等，先端渐尖，三回至四回羽状，偶达四回羽状一末回小羽片羽裂；羽片4～7（10）对，下部的近对生，向上逐渐互生，开展，有短柄，基部一对最大，三角状卵形或三角形，长（2.5）6～11（13）cm，宽（2）4～7 cm，柄长3～10 cm，先端渐尖，基部阔，近截形，不对称，二回羽状，末回小羽片羽状深裂；一回小羽片（3）6～8（10）对，上先出，羽轴上侧的小羽片三角形，长（0.4）1～2 cm，宽（6）8～9（12）mm，先端渐尖，基部近平截，对称，羽轴下侧的较上侧的略长，约为上侧小羽片长的2倍，基部羽片的基部下侧第一小羽片最大，长圆状三角形，长为上侧小羽片的2～3倍，长3～5 cm，宽1.5～2.5 cm，近直角向下开展，无柄或有1～2 mm短柄，先端渐尖，基部平截；二回小羽片约6对，卵形至长圆形，互生，开展，先端近急尖，无柄，基部常下延，与小羽轴合生，二回小羽片在小羽轴上侧的较短，三角状卵形，长4～9 mm，宽3～6 mm，在小羽轴下侧的较长，可达8～16 mm，宽6～9 mm；三回小羽片4～5对，先端钝圆，基部楔形，近对生，斜展，彼此以狭翅相连，可达一回羽裂；末回裂片卵形或阔披针形，先端圆钝，近对生，斜展，彼此以狭翅相连，有时羽裂，裂片先端微缺，边缘全缘；第二对羽片距基部一对羽片2 cm以上，可达3.5 cm，与基部羽片相似而较小，向上羽片渐小，羽轴两侧的小羽片逐渐变为等长。叶脉羽状，主脉稍曲折，小脉单一或二叉，伸达裂齿末端微凹处或凹处侧边。叶干后薄草质，褐绿色，叶轴、各回羽轴及主脉或多或少具有单细胞至多细胞透明的节状毛或短腺毛。孢子囊群小，圆形，褐色，着生于小脉背上，每末回裂片上有3～7枚，每裂齿1枚；囊群盖近圆形，灰绿色或褐黄色，薄膜质。孢子周壁表面具短刺状或疣状突起。染色体数目n=84。

〔生境分布〕久治。生于林缘、林下、阴坡灌丛中、山顶，海拔2 300～3 600 m。

秦岭槲蕨 *Drynaria Sinica*

槲蕨科 Drynariaceae　槲蕨属 *Drynaria*

〔形态特征〕植株高16～50 cm。根状茎肉质，粗壮，直径1～2 cm，横走，密被棕色到棕褐色、膜质、钻状披针形、边缘有睫毛的鳞片。叶二型，不育叶矮小，无柄，卵状披针形或长圆披针形，长12～18 cm，宽4～5 cm，黄绿色或褐黄色，羽状深裂达羽轴；能育叶高大，柄长3～8 cm，直径约2 mm，深禾秆色，基部被鳞片，向上在柄两侧各有一狭翅；叶片狭长圆形或长圆状披针形，顶端渐尖，下部裂片略狭或缩成耳形，长20～40 cm，宽4～10 cm，羽状深裂达叶轴；裂片15～25对，互生，线状披针形，长2.5～6 cm，宽0.5～1 cm，顶端钝或渐尖，边缘有细齿或缺刻，叶脉网状，明显，有内藏小脉，叶纸质，两面沿叶脉及叶轴疏被白色短毛，孢子囊群圆形，较大，沿主脉两侧各排成整齐的1行，靠近主脉。

〔生境分布〕班玛、玛沁、囊谦、玉树、同仁、泽库、同德、大通、湟源、湟中、循化、乐都、民和、互助、祁连、门源。生于山坡、灌丛、林下、岩石缝隙及田边，海拔2 100～3 500 m。分布于西藏、四川、甘肃、陕西。

天山瓦韦 *Lepisorus albertii*

水龙骨科 Polypodiaceae　瓦韦属 *Lepisorus*

〔形态特征〕植株高5～10 cm。根状茎横走，粗壮，约3 mm，密被鳞片；鳞片披针形，基部阔卵形，上部渐狭，具长的芒状先端，网眼近方形或短长方形，大而透明，边缘具粗长刺，褐色。叶近生或远生；叶柄长（0.5）1～5.5 cm，纤细，禾秆色，光滑；叶片线状披针形，长5～14 cm，中部宽4～12 mm，两端渐狭，圆钝头，基部楔形，长下延，对称，边缘平直，干后两面深绿色，或灰绿色，纸质。主脉上下均隆起，小脉不显。孢子囊群近圆形，着生于主脉与叶边之间，略靠近主脉，彼此相距下疏上密，1～2个孢子囊群体积，幼时被隔丝覆盖；隔丝鳞片状，网眼不规则，大而透明，边缘有粗长刺，褐色。

〔生境分布〕生于山坡阴处岩石缝或沟边岩缝中，海拔1 700～3 750 m。分布于河北（小五台山）、山西（五台山）、四川（黑水）、甘肃（山丹、夏河、林丹）、青海（杂多、门源、祁连、玉树、民和、尕海、河南、兴海、共和、同德）、新疆（博克达山、天山北坡、阜康、奇台、乌鲁木齐、昌吉、呼图壁、玛纳斯、沙湾、乌苏、精河南山、拜城、温宿）。

青海云杉 *Picea crassifolis*

松科 Pinaceae 云杉属 *Picea*

〔形态特征〕乔木，高达23 m，胸径30～60 cm；一年生嫩枝淡绿黄色，有或多或少的短毛，或几无毛至无毛，干后或二年生小枝呈粉红色或淡褐黄色，稀呈黄色，通常有明显或微明显的白粉（尤以叶枕顶端的白粉显著），或无白粉，老枝呈淡褐色、褐色或灰褐色；冬芽圆锥形，通常无树脂，基部芽鳞有隆起的纵脊，小枝基部宿存芽鳞的先端常开展或反曲。叶较粗，四棱状条形，近辐射伸展，或小枝上面之叶直上伸展，下面及两侧之叶向上弯伸，多少弯曲或直，长1.2～3.5 cm，宽2～3 mm，先端钝，或具钝尖头，横切面四棱形，稀两侧扁，四面有气孔线，上面每边5～7条，下面每边4～6条。球果圆柱形或矩圆状圆柱形，长7～11 cm，径2～3.5 cm，成熟前种鳞背部露出部分绿色，上部边缘紫红色；中部种鳞倒卵形，长约1.8 cm，宽约1.5 cm，先端圆，边缘全缘或微成波状，微向内曲，基部宽楔形；苞鳞短小，三角状匙形，长约4 mm；种子斜倒卵圆形，长约3.5 mm，连翅长约1.3 cm，种翅倒卵状，淡褐色，先端圆。花期4—5月，球果9—10月成熟。

〔生境分布〕玛沁、同仁、泽库、河南、格尔木、都兰、兴海、同德、湟源、湟中、乐都、民和、互助、刚察、海晏、祁连、门源。生于河谷、阴坡、山顶，海拔2 400～3 800 m。分布于甘肃、宁夏、内蒙古。

川西云杉 *Picea likiangensis* var. *rubescens*

松科 Pinaceae　云杉属 *Picea*

〔形态特征〕乔木，高达40 m，胸径大者约1 m；树皮深灰色，裂成不规则的厚块片；一年生枝黄色或褐黄色，较粗，密生短柔毛，二年生枝黄灰色或灰色；冬芽圆锥形或卵状圆锥形，微有树脂。叶辐射伸展，四棱状条形或扁棱状条形，微弯，长6～17 mm，宽约1.5 mm，顶端急尖，表面每边有4～7条气孔线，背面每边仅2～4条不甚完整的气孔线，稀无气孔线。球果长卵状圆柱形或矩圆状圆柱形，长4～7 cm，直径2.5～4.0 cm，成熟前紫红色或黑紫色，熟后微带褐色，中部种鳞斜方状卵形，长1.5～2.0 cm，宽1～1.5 cm，中下部宽，上部狭呈三角状，边缘波状，有细缺齿，种子近卵圆形，连同种翅长8～14 mm，种翅淡褐色，疏生紫色小斑点。花期5月，球果10月成熟。

〔生境分布〕班玛、玉树。生于阴坡，海拔3 500～4 600 m。分布于西藏、四川。

紫果云杉 *Picea purpurea*

松科 Pinaceae　云杉属 *Picea*

〔形态特征〕乔木，高达50 m，胸径达1 m；树皮深灰色，裂成不规则较薄的鳞状块片；大枝平展，树冠尖塔形；小枝有密生柔毛，一年生枝黄色或淡褐黄色，二三年生枝黄灰色或灰色；冬芽圆锥形，有树脂，芽鳞排列紧密，小枝基部宿存芽鳞的先端不反曲或微开展。叶辐射伸展或枝条上面之叶向前伸展，下面之叶向两侧伸展，扁四棱状条形，横切面扁菱形，两面中脉隆起，直或微弯，长0.7 ~ 1.2 cm，宽1.5 ~ 1.8 mm，先端微尖或微钝，下（背）面先端呈明显的斜方形，通常无气孔线，或个别的叶有1 ~ 2条不完整的气孔线，上（腹）面每边有4 ~ 6条白粉气孔线。球果圆柱状卵圆形或椭圆形，成熟前后同色，呈紫黑色或淡红紫色，长2.5 ~ 4（6）cm，径1.7 ~ 3 cm；种鳞排列疏松，中部种鳞斜方状卵形，长1.3 ~ 1.6 cm，宽约1.3 cm，中上部渐窄成三角形，边缘波状、有细缺齿；苞鳞矩圆状卵形，长约3 mm；种子连翅长约9 mm，种翅褐色，有紫色小斑点。子叶5 ~ 7枚，条状钻形，长1 ~ 1.3 cm，全缘；初生叶扁四棱状条形，先端锐尖，上面每边有3 ~ 5条气孔线，下面无气孔线或每边有1 ~ 2条气孔线。花期4月，球果10月成熟。

〔生境分布〕班玛、久治、玉树、同仁、泽库、湟中、民和。生于阴坡、林中，海拔2 380 ~ 4 300 m。分布于四川、甘肃。

大果圆柏 *Juniperus tibetica*

柏科 Cupressaceae　刺柏属 *Juniperus*

〔形态特征〕乔木，稀灌木，高10余米。树皮灰褐色，裂成不规则薄片脱落；小枝直或略呈弧状，一回分枝直径1.5～2 mm，圆柱形，二三回分枝，直径1～1.5 mm，圆柱形或四棱形。鳞叶交叉对生，稀三叶交叉轮生，排列紧密，长1～2 mm，顶端钝或钝尖，背面拱圆或上部有不明显的钝脊；腺体明显，长圆形或条形，位于叶背中部，干后微凹成槽，常从近基部至中上部或几达顶端；刺叶着生在幼树上或在幼龄树上与鳞叶并存，三叶交叉轮生，条状披针形，长4～8 mm，斜展或开展。雌雄异株或同株。球果卵圆形或近球形，成熟时红褐色、褐色或紫褐色，长10～14 mm，直径8～12 mm，内有1粒种子。种子卵圆形，微扁，长7～10 mm，直径6～9 mm，基部圆，常有凸起的短钝头，顶端钝或钝尖，两侧或中上部有2～3钝纵脊，表面具4～8个树脂槽。

〔生境分布〕班玛、玉树、囊谦、杂多。生于山坡、山脊、山麓，海拔3 450～4 500 m。分布于西藏、四川、甘肃等地。

祁连圆柏 *Juniperus przewalskii*

柏科 Cupressaceae　刺柏属 *Juniperus*

〔形态特征〕乔木，稀灌木状，高10余米。树干直或扭曲，树皮灰色或灰褐色，裂成条片脱落；枝条开展，枝皮裂成不规则薄片脱落；小枝不下垂，一回分枝，直径约2 mm，圆柱形，二回分枝密，直径约1.5 mm，圆形或近四棱形，直或略弯。鳞叶交互对生，排列疏松或密，鳞状卵形，长1～3 mm，顶端尖或微钝，微向外展或向内覆，背面多被蜡粉；腺体圆形、卵圆形或长圆形，位于叶背基部或近基部；刺叶常生在幼树上，壮龄树上刺叶、鳞叶均有，大树全为鳞叶；刺叶3枚交互轮生，长3～7 mm，三角状披针形，斜展或开展，表面凹，有白粉带。中脉隆起，背面拱圆或具钝脊。雌雄同株，雄球花卵圆形，长2～2.5 mm。球果卵圆形或近球形，长8～12 mm，熟后蓝褐色或蓝黑色，微带光泽，有时具白粉。种子1粒，扁圆形或扁卵形，具深或浅的树脂槽，两侧有明显而凸起棱脊，上侧较显。

〔生境分布〕玛多、班玛、玛沁、黄南、海西、海南、海东、海北等地。生于阳坡、半阳坡、河谷、山沟林下、林缘、山脊、石头缝隙、沙石滩，海拔2 250～4 200 m。分布于四川、甘肃。

矮麻黄 *Ephedra minuta*

麻黄科 Ephedraceae　麻黄属 *Ephedra*

〔形态特征〕小灌木，高3 ~ 20 cm；木质茎极短，不显著，茎上具节结状突起。小枝直立，节间长1 ~ 2.5 cm，直径0.8 ~ 1 mm。鞘状叶2裂，长3 mm，裂片三角形，顶端钝或尖，常向外折曲，基部1/2 ~ 2/3合生。雌雄同株，雄球花生于小枝上部或中部，单生或两个对生节上，无梗，苞片3 ~ 4枚，基部约1/4合生，雄花具雄蕊6 ~ 8枚，花丝完全合生，假花被卵圆形；雌球花生于枝条基部或中下部，单生或对生于节上，无梗或有短梗，长椭圆形，苞片3枚，下面两对基部合生，最上一对1/2 ~ 2/3合生，苞片卵形到长椭圆形，雄花2，珠被管长0.5 ~ 1 mm，直立或略弯，雌球花成熟肉质红色，被白粉，长椭圆形或卵圆形，长6 ~ 8 mm，宽4 ~ 5 mm，最上一对1/3 ~ 1/2分裂。种子1 ~ 2粒，略外露，三棱状长卵形，长5 mm，被白粉。

〔生境分布〕达日、玛沁、久治、尖扎、泽库、河南、大通、循化、乐都、民和、互助、祁连。生于阳坡、岩石上及缝隙、砂砾地、林缘，海拔2 400 ~ 4 600 m。分布于四川。

单子麻黄 *Ephedra monosperma*

麻黄科 Ephedraceae　麻黄属 *Ephedra*

〔形态特征〕草本状矮小灌木，高5～15 cm；木质茎短小，长1～5 cm，多分枝，弯曲并有节结状突起，皮多呈褐红色；绿色小枝开展或稍开展，常微弯曲，节间细短，长1～2 cm，稀更长，径约1 mm。叶2片对生，膜质鞘状，长2～3 mm，下部1/3～1/2合生，裂片短三角形，先端钝或尖。雄球花生于小枝上下各部，单生枝顶或对生节上，多成复穗状，长3～4 mm，径2～4 mm，苞片3～4枚，广圆形，中部绿色，两侧膜质边缘较宽，合生部分近1/2，假花被较苞片长，倒卵圆形，雄蕊7～8，花丝完全合生；雌球花单生或对生节上，无梗，苞片3枚，基部合生，雌花通常1，稀2，胚珠的珠被管较长而弯曲，稀较短直。雌球花成熟时肉质红色，微被白粉，卵圆形或矩圆状卵圆形，长6～9 mm，径5～8 mm，最上一对苞片约1/2分裂；种子外露，多为1粒，三角状卵圆形或矩圆状卵圆形，长约5 mm，径约3 mm，无光泽。花期6月，种子8月成熟。

〔生境分布〕玛多、玛沁、治多（可可西里）、曲麻莱、囊谦、德令哈、兴海、共和、循化。生于山顶石缝、砾石滩，海拔3 100～4 900 m。分布于我国西藏、四川、甘肃、新疆、宁夏、山西、河北、内蒙古、黑龙江；苏联也有分布。

山生柳 *Salix oritrepha*

杨柳科 Salicaceae　柳属 *Salix* L.

〔形态特征〕直立矮小灌木，高60～120 cm。幼枝被灰茸毛，后无毛。叶椭圆形或卵圆形，长1～1.5 cm，宽4～8 mm，萌枝叶和强枝叶最大者长可达2.4 cm，宽达1.5 cm，先端钝或急尖，基部圆形或钝，上面绿色，具疏柔毛或无毛，下面灰色或稍苍白色，有疏柔毛，后无毛，叶脉网状凸起，全缘；叶柄长5～8 mm，紫色，具短柔毛或近无毛。雄花序圆柱形，长1～1.4 cm，粗约5 mm，花密集，花序梗短，具2～3倒卵状椭圆形小叶；雌花序长1～1.5 cm，粗约1 cm，花密生，花序梗长3～7 mm，具2～3叶，轴有柔毛；子房卵形，无柄，具长柔毛，花柱2裂，柱头2裂；苞片宽倒卵形，两面具毛，深紫色，与子房近等长；腺体2，常分裂，而基部结合，形成假花盘状。花期6月，果期7月。

〔生境分布〕生长在海拔3 200～4 300 m的山脊、山坡及山沟河边、灌丛等处。分布于四川、甘肃东南部、青海东南部、西藏东部。

白桦 *Betula platyphylla*

桦木科 Betulaceae　桦木属 *Betula*

〔形态特征〕乔木，高可达27 m；树皮灰白色，成层剥裂；枝条暗灰色或暗褐色，无毛，具或疏或密的树脂腺体或无；小枝暗灰色或褐色，无毛亦无树脂腺体，有时疏被毛和疏生树脂腺体。叶厚纸质，三角状卵形，三角状菱形，三角形，少有菱状卵形和宽卵形，长3～9 cm，宽2～7.5 cm，顶端锐尖、渐尖至尾状渐尖，基部截形，宽楔形或楔形，有时微心形或近圆形，边缘具重锯齿，有时具缺刻状重锯齿或单齿，上面于幼时疏被毛和腺点，成熟后无毛无腺点，下面无毛，密生腺点，侧脉5～7（8）对；叶柄细瘦，长1～2.5 cm，无毛。果序单生，圆柱形或矩圆状圆柱形，通常下垂，长2～5 cm，直径6～14 mm；序梗细瘦，长1～2.5 cm，密被短柔毛，成熟后近无毛，无或具或疏或密的树脂腺体；果苞长5～7 mm，背面密被短柔毛至成熟时毛渐脱落，边缘具短纤毛，基部楔形或宽楔形，中裂片三角状卵形，顶端渐尖或钝，侧裂片卵形或近圆形，直立、斜展至向下弯，如为直立或斜展时则较中裂片稍宽且微短，如为横展至下弯时则长及宽均大于中裂片。小坚果狭矩圆形、矩圆形或卵形，长1.5～3 mm，宽1～1.5 mm，背面疏被短柔毛，膜质翅较果长1/3，较少与之等长，与果等宽或较果稍宽。

〔生境分布〕玛沁、囊谦、玉树、尖扎、同仁、泽库、海晏、门源、湟源、湟中、平安、循化、乐都、民和、互助等地。生于山坡、沟谷林地，海拔2 300～3 900 m。常为次生林的先锋树种。分布于我国西南、西北、华北、东北及河南等地；俄罗斯西伯利亚和远东地区、蒙古国东部、朝鲜、日本也有分布。

高原荨麻 *Urtica hyperborea*

荨麻科 Urticaceae　荨麻属 *Urtica*

〔形态特征〕多年生草本，丛生，具木质化的粗地下茎。茎高10～50 cm，下部圆柱状，上部稍四棱形，节间较密，干时麦秆色并常带紫色，具稍密的刺毛和稀疏的微柔毛，在下部分枝或不分枝。叶干时蓝绿色，卵形或心形，长1.5～7 cm，宽1～5 cm，先端短渐尖或锐尖，基部心形，边缘有6～11枚牙齿，上面有刺毛和稀疏的细糙伏毛，下面有刺毛和稀疏的微柔毛，钟乳体细点状，在叶上面明显，基出脉3～5条，其侧出的一对弧曲，伸达上部齿尖或与邻近的侧脉网结，叶脉在上面凹陷，在下面明显隆起；叶柄常很短，长2～5（16）mm，有刺毛和微柔毛；托叶每节4枚，离生，长圆形，或长圆状卵形，向下反折，长2～4 mm，具缘毛。花雌雄同株（雄花序生下部叶腋）或异株；花序短穗状，稀近簇生状，长1～2.5 cm。雄花具细长梗（梗长1～2 mm），在芽时直径约1.3 mm，开放后直径约2.5 mm；花被片4，合生至中部，外面疏生微糙毛；退化雌蕊近盘状，具短粗梗；雌花具细梗。瘦果长圆状卵形，压扁，长约2 mm，熟时苍白色或灰白色，光滑；宿存花被干膜质，内面二枚花后明显增大，近圆形或扁圆形，稀宽卵形，比果大1倍以上，长3～5 mm，外面疏生微糙毛，有时在中肋上有1～2根刺毛，外面二枚很小，卵形，较内面的短8～10倍。花期6—7月，果期8—9月。

〔生境分布〕玛多、久治、玛沁、杂多、治多、曲麻莱、玉树、称多、天峻、兴海、祁连。生于山坡、草滩、岩石缝隙，海拔3 300～5 400 m。分布于西藏、四川。

毛果荨麻 *Urtica triangulari* subsp. *trichocarpa*

荨麻科 Urticaceae　荨麻属 *Urtica*

〔形态特征〕与原亚种不同之处在于叶卵形，基部常圆形，有时浅心形，顶端锐尖或渐尖，边缘具粗牙齿，侧出一对基脉近直出，伸达上部齿尖。

〔生境分布〕班玛、同仁、泽库、河南、同德、贵德、大通、湟源、湟中、乐都、互助、门源。生于山坡、林缘、灌丛、草甸、田边、河滩、沟谷，海拔2 500～3 800 m。分布于四川、甘肃。

长叶百蕊草 *Thesium longifolium*

檀香科 Santalaceae　百蕊草属 *Thesium*

〔形态特征〕多年生草本，高约50 cm；茎簇生，有明显的纵沟。叶无柄，线形，长4～4.5 cm，宽2.5 mm，两端渐尖，有3脉。总状花序腋生或顶生；花黄白色，钟状，长4～5 mm；花梗长0.6～2 cm，有细条纹；苞片1枚，线形，长1 cm；小苞片2枚，狭披针形，长约4.5 mm，边缘均粗糙；花被5裂，裂片狭披针形，顶端锐尖，内弯；雄蕊5，插生于裂片基部，内藏；花柱内藏，子房柄长0.5 mm。坚果近球形或椭圆状，黄绿色，长3.5～4 mm，表面偶有分叉的纵脉（棱），宿存花被比果短。花果期6—7月。

〔生境分布〕玛沁、玉树、同仁、同德、西宁、民和、互助、祁连、门源等地。生于林缘沟谷、沙质山坡以及草地、灌丛中。分布于我国四川、甘肃、内蒙古、东北等地；蒙古国、日本也有分布。

冰岛蓼 *Koenigia islandica*

蓼科 Polygonaceae 冰岛蓼属 *Koenigia*

〔形态特征〕一年生草本。茎矮小，细弱，高3～7 cm，通常簇生，带红色，无毛，分枝开展。叶宽椭圆形或倒卵形，长3～6 mm，宽2～4 mm，无毛，顶端通常圆钝，基部宽楔形；叶柄长1～3 mm；托叶鞘短，膜质，褐色；花簇腋生或顶生，花被3深裂，淡绿色，花被片宽椭圆形，长约1 mm；雄蕊3，比花被短；花柱2，极短，柱头头状。瘦果长卵形，双凸镜状，黑褐色，具颗粒状小点，无光泽，比宿存花被稍长。花期7—8月，果期8—9月。

〔生境分布〕久治、玛沁、治多、曲麻莱、玉树、称多、同仁、泽库、河南、兴海、贵德、门源、循化、乐都、民和、互助等地。生于河滩、山坡、山口冷湿草甸和沙土地，海拔3 000～4 000 m。分布于我国西藏、云南、四川、甘肃、山西等地；俄罗斯、蒙古国、巴基斯坦、不丹、尼泊尔、印度西北部以及欧洲北部、北极地区也有分布。

鸡爪大黄、唐古特大黄、君木扎（藏名）

Rheum tanguticum

蓼科 Polygonaceae　大黄属 *Rheum*

〔形态特征〕多年生高大草本。根粗大，肥厚，直径达10 cm，外皮棕褐色，有纵、横皱纹，断面棕黄色，具多数星点排列成环图。茎直立，连同花序高达2 m。圆柱形，直径2～4 cm，中空，少髓，节部膨大，上部具分枝。基生叶和茎下部叶具长柄，与叶片等长或稍短，被柔毛；叶片轮廓宽心形，掌状二至三回深裂，长宽近相等，30～50 cm，一回裂片3～7枚，裂片再一至二回羽状深裂，小裂片披针形或线状披针形，狭尖，表面具乳头状小突起，背面有柔毛；茎上部叶较小，柄短；托叶鞘褐色，膜质，被短柔毛。大型圆锥花序紧密，分枝向上，贴近花序轴，密被乳头状毛；花小，淡黄色至乳白色或紫红色，花被片椭圆形或长圆状卵形，长约1.5 mm。瘦果椭圆状三棱形，长8～10 mm，宽6～8 mm，顶端微凹，基部浅心形，暗褐色。花期6—7月，果期7—8月。

〔生境分布〕班玛、玛沁、久治、泽库、河南、同德、循化、乐都、民和、互助等地；兴海、门源、西宁等地有栽培。生于林缘、林下沟谷或灌丛，海拔2 300～4 200 m。分布于四川西北部和甘肃南部。

本种据栽培观察，一至二年生植株的叶片不裂或少裂，3年以后叶片加深。

小大黄 *Rheum pumilum*

蓼科 Polygonaceae　大黄属 *Rheum*

〔形态特征〕矮小草本，高10～25 cm。茎细，直立，下部直径2～3.5 mm，具细纵沟纹，被有稀疏灰白色短毛，靠近上部毛较密。基生叶2～3片，叶片卵状椭圆形或卵状长椭圆形，长1.5～5 cm，宽1～3 cm，近革质，顶端圆，基部浅心形，全缘，基出脉3～5条，中脉发达粗壮，叶上面光滑无列毛或偶在主脉基部具稀疏短柔毛，下面具稀疏白色短毛，毛多生于叶脉及叶缘上；叶柄半圆柱状，与叶片等长或稍长，被短毛；茎生叶1～2片，通常叶部均具花序分枝，稀最下部一片叶腋无花序分枝，叶片较窄小近披针形；托叶鞘短，长约5 m，干后膜质，常破裂，光滑无毛。窄圆锥状花序，分枝稀而不具复枝，具稀短毛，花2～3朵簇生，花梗极细，长2～3 mm，关节在基部；花被不开展，花被片椭圆形或宽椭圆形，长1.5～2 mm，边缘为紫红色；雄蕊为9，稀较少，不外露；子房宽椭圆形，花柱短，柱头近头状。果实三角形或角状卵形，长5～6 mm，最下部宽约4 mm，顶端具小凹，基部平直或稍内，翅窄，宽1～1.5 mm，纵脉在翅的中间部分。种子卵形，宽2～2.5 mm。花期6—7月，果期8—9月。

〔生境分布〕玉树、果洛、黄南、海南州各县和乌兰、天峻、祁连、门源、大通、湟中、乐都、互助等地。生于高山流石坡、高山草甸或高山灌丛地，海拔3 000～4 700 m。分布于西藏东部、四川西北部和甘肃南部。

尼泊尔酸模 *Rumex nepalensis*

蓼科 Polygonaceae　酸模属 *Rumex*

〔形态特征〕多年生草本，高0.6～1.5（2）m。根圆锥状，肥厚；根颈宿存枯残叶柄和托叶鞘。茎分枝或不分枝，有纵沟槽，疏具白色腺点，节部有短毛，中空。基生叶具柄，叶片长圆状卵形或尖卵形，长10～20 cm，宽5～10 cm，顶端钝或尖，边微波状，基部心形，背面脉上疏具小突起；茎生叶向上渐小，基部心形或楔形，叶柄较短。花序圆锥状，顶生，大型，分枝少，有叶；花两性，轮生或簇生于花序枝节部或叶腋；花梗纤细，长3～5 mm，中部以下有关节；花被片6，紫红色，外轮花被片长圆形，长1～1.5 mm，内轮花被片卵形或长圆形，果期增大，直立，长约4 mm，顶端钝，基部近截形，边缘具7～11对钩状刺齿，花期刺齿较直，中脉基部常有疣状突起。瘦果卵状三棱形，深褐色有光泽，长约3 mm。花期6—7月，果期8—10月。

〔生境分布〕班玛、杂多、囊谦、玉树、称多、同仁、河南、乐都、互助、民和。生于林缘、香丛、河滩、沟边及田边荒地，海拔2 700～4 000 m。分布于我国西藏、云南、贵州、四川、甘肃、陕西、湖北、湖南、江西等地；日本、越南、缅甸、印度、尼泊尔、巴基斯坦、阿富汗、伊朗、土耳其、印度尼西亚和南欧也有分布。

水生酸模 *Rumex aquaticus*

蓼科 Polygonaceae　酸模属 *Rumex*

〔形态特征〕多年生草本。茎直立，高30 ~ 120 cm，通常上部分枝，具沟槽。基生叶长圆状卵形或卵形，长10 ~ 30 cm，宽4 ~ 13 cm，顶端尖，基部心形，边缘波状，两面无毛或下面沿叶脉具乳头状突起；叶柄与叶片近等长，无毛或具乳头状突起；茎生叶较小，长圆形或宽披针形，托叶鞘膜质，易破裂。花序圆锥状，狭窄，分枝近直立；花两性；花梗纤细，丝状，中下部具关节，关节果时不明显；外花被片长圆形，长约2 mm，内花被片果时增大，卵形，长5 ~ 8 mm，宽4 ~ 6 mm，顶端尖，基部近截形，边缘近全缘，全部无小瘤。瘦果椭圆形，两端尖，具3锐棱，长3 ~ 4 mm，褐色，有光泽。花期5—6月，果期6—7月。

〔生境分布〕玛沁、同仁、泽库、河南、兴海、同德、刚察、海晏、西宁、大通、湟中、乐都、互助。生于水沟边、河滩草地、沼泽草甸和林间湿润草地或灌丛间，海拔2 100 ~ 3 800 m。分布于我国西北、华北和东北各地；广布于亚洲北部和欧洲。

巴天酸模 *Rumex patientia*

蓼科 Polygonaceae　酸模属 *Rumex*

〔形态特征〕多年生草本。根肥厚，直径可达3 cm；茎直立，粗壮，高90～150 cm，上部分枝，具深沟槽。基生叶长圆形或长圆状披针形，长15～30 cm，宽5～10 cm，顶端急尖，基部圆形或近心形，边缘波状；叶柄粗壮，长5～15 cm；茎上部叶披针形，较小，具短叶柄或近无柄；托叶鞘筒状，膜质，长2～4 cm，易破裂。花序圆锥状，大型；花两性；花梗细弱，中下部具关节；关节果时稍膨大，外花被片长圆形，长约1.5 mm，内花被片果时增大，宽心形，长6～7 mm，顶端圆钝，基部深心形，边缘近全缘，具网脉，全部或一部具小瘤；小瘤长卵形，通常不能全部发育。瘦果卵形，具3锐棱，顶端渐尖，褐色，有光泽，长2.5～3 mm。花期5—6月，果期6—7月。

〔生境分布〕玛沁、囊谦、玉树、同仁、泽库、都兰、兴海、同德、西宁、大通、循化、民和。生于田边、路旁、山沟、林间空地或院宅荒地，海拔2 200～3 600 m。分布于我国新疆、甘肃、陕西、山西、河北、内蒙古、河南、山东等地；亚洲北部和欧洲也有分布。

苦荞麦 *Fagopyrum tataricum*

蓼科 Polygonaceae　荞麦属 *Fagopyrum*

〔形态特征〕一年生草本。茎直立，高30～70 cm，分枝，绿色或微呈紫色，有细纵棱，一侧具乳头状突起，叶宽三角形，长2～7 cm，两面沿叶脉具乳头状突起，下部叶具长叶柄，上部叶较小具短柄；托叶鞘偏斜，膜质，黄褐色，长约5 mm。花序总状，顶生或腋生，花排列稀疏；苞片卵形，长2～3 mm，每苞内具2～4花，花梗中部具关节；花被5深裂，白色或淡红色，花被片椭圆形，长约2 mm；雄蕊8，比花被短；花柱3，短，柱头头状。瘦果长卵形，长5～6 mm，具3棱及3条纵沟，上部棱角锐利，下部圆钝有时具波状齿，黑褐色，无光泽，比宿存花被长。花期6—9月，果期8—10月。

〔生境分布〕班玛、玛沁、治多、囊谦、玉树、称多、泽库、同仁、兴海、同德、贵德、西宁、大通、湟源、乐都、民和、互助。生于林缘、灌丛边、山坡、河边、田边荒地，也有栽培。海拔2 100～4 000 m。分布于西藏、云南、四川、甘肃、陕西、山西、河北、内蒙古及东北各地；亚洲、欧洲温带广为栽培或有野生；北美洲也有分布。

萹蓄 *Polygonum aviculare*

蓼科 Polygonaceae 萹蓄属 *Polygonum*

〔形态特征〕一年生草本，高10～40 cm。茎平卧或斜生，由基部分枝，绿色，具纵沟纹，无毛，基部圆柱形，幼时有棱脊。叶有短柄或无柄；叶片长圆形、倒卵形、披针形或线状披针形，长1～3 cm，宽5～12 mm，顶端钝圆或锐尖，基部楔形，全缘，蓝绿色，无毛，基部具关节；托叶鞘筒状，膜质，下部褐色，上部白色，多裂。花遍生于茎上，常1～5朵簇生于叶腋；花梗细而短，顶部具关节；花被5深裂，裂片椭圆形，长约2 mm，绿色，边缘淡红色或白色；雄蕊8，比花被短；花柱3，柱头头状。瘦果卵状，具3棱，长约3 mm，褐色或黑色，无光泽，微露出于宿存花被之外。花果期6—9月。

〔生境分布〕久治、玛沁、杂多、囊谦、玉树、称多、尖扎、同仁、泽库、河南以及海南、海北、西宁、大通和海东等地。生于田边、路边荒地及河边、渠旁，海拔1 700～3 600 m。我国南北各省均有分布；广布于亚洲、欧洲和北美洲。

柔毛蓼 *Polygonum pilosum*

蓼科 Polygonaceae　冰岛蓼属 *Koenigia*

〔形态特征〕一年生草本，高5～30 cm。茎直立，细弱，具分枝，节上有倒生的白色柔毛。叶具短柄；叶片宽卵形至卵状三角形，长5～15 mm，宽4～10 mm，顶端钝或微尖，基部圆形或截形，有时稍下延，两面疏生柔毛或表面近无毛，有缘毛；托叶鞘膜质，褐色，上部二裂，有柔毛。花簇生枝端呈头状花序，顶生或腋生，下部具叶状总苞；苞片膜质；花梗短或几无花梗；花被白色，长约1.5 mm，4深裂，裂片不等；雄蕊7～8，3～5枚发育，短于花被；花柱3，柱头头状。瘦果卵状椭圆形，具3棱，长约2 mm，黄褐色，有光泽，包于宿存的花被内。花果期6—9月。

〔生境分布〕班玛、久治、玛沁、治多、囊谦、玉树、同仁、泽库、河南、大通、民和、互助等地。生于林缘、林下、灌丛、草甸和沟谷、阴湿山坡、沼泽草甸中。分布于西藏、四川、甘肃、陕西和内蒙古等地。

卷茎蓼 *Fallopia convolvulus*

蓼科Polygonaceae 藤蓼属 *Fallopia*

〔形态特征〕一年生草本。茎缠绕，长1～1.5 m，具纵棱，自基部分枝，具小突起。叶卵形或心形，长2～6 cm，宽1.5～4 cm，顶端渐尖，基部心形，两面无毛，下面沿叶脉具小突起，边缘全缘，具小突起；叶柄长1.5～5 cm，沿棱具小突起；托叶鞘膜质，长3～4 mm，偏斜，无缘毛。花序总状，腋生或顶生，花稀疏，下部间断，有时成花簇，生于叶腋；苞片长卵形，顶端尖，每苞具2～4花；花梗细弱，比苞片长，中上部具关节；花被5深裂，淡绿色，边缘白色，花被片长椭圆形，外面3片背部具龙骨状突起或狭翅，被小突起；果时稍增大，雄蕊8，比花被短；花柱3，极短，柱头头状。瘦果椭圆形，具3棱，长3～3.5 mm，黑色，密被小颗粒，无光泽，包于宿存花被内。花期5—8月，果期6—9月。

〔生境分布〕班玛、泽库、共和、贵德、西宁、大通、湟中、循化、乐都。生于林缘、灌丛边及山坡田边，海拔2 100～3 600 m。分布于我国西藏、云南、四川、甘肃、陕西、河北、山西、内蒙古、辽宁、吉林、黑龙江和山东；日本、朝鲜、巴基斯坦、阿富汗、欧洲、非洲北部以及北美洲也有分布。

西伯利亚蓼 *Knorringia sibirica*

蓼科 Polygonaceae　西伯利亚蓼属 *Knorringia*

〔形态特征〕多年生草本，高5～30 cm。根茎细弱；茎自基部分枝，直立或外倾，节间较短，无毛。叶具短柄；叶片稍肥厚，近肉质，长椭圆形或披针形，长3～10 cm，宽0.5～2 cm，顶端尖或钝，全缘，基部戟形，两侧具耳状尖突，向下渐窄呈楔形至叶柄，有时叶耳不显，中脉宽，侧脉不显，两面无毛；托叶鞘筒状，膜质，松散，易破碎，长5～20 mm，顶端斜。圆锥花序小型，顶生，由数个花穗组成；苞漏斗状，膜质，内生5～6花；花具短梗，长2～4 mm；上部具关节；花被淡绿色，5深裂；雄蕊7～8，着生于花盘上，2轮，花丝短；花柱3，短，柱头头状。瘦果卵状长圆形，黑色，具3棱，具光泽，与花被等长，包被于宿存花被内。花期7—8月，果期8—9月。

〔生境分布〕本省各地均产。生于河岸、湖滨砂砾地、河边、渠旁湿沙滩或盐碱土草地，海拔1 800～4 600 m。分布于我国西南、西北、华北、东北各地；蒙古国、中亚和西伯利亚也有分布。

叉分蓼 *Koenigia divaricata*

蓼科 Polygonaceae 冰岛蓼属 *Koenigia*

〔形态特征〕多年生草本，高70～120 cm。块根肥大，直径达20 cm；根茎由块根端部抽出，丛生，深褐色，节部密生细根。茎丛生，直立和斜生，中空，具条棱，分枝多，开展，疏生柔毛，节部膨大，毛较密。叶片披针形、椭圆状披针形或长圆状尖卵形，长5～10 cm，宽0.5～2.5 cm，顶端渐尖，基部渐窄，边缘密生睫状毛，两面疏生柔毛或近无毛；叶柄短；托叶鞘褐色，干膜质，脉明显，易破碎脱落。圆锥花序大型，顶生，开展；苞片狭披针形，膜质，褐色，内具2～3花；花白色或乳黄色，花被5深裂，裂片近相等，椭圆形，长2.5～3 mm；雄蕊8，长约为花被长的一半；花柱3，短，柱头头状。瘦果卵状菱形或椭圆形，具3棱，长3～5 mm，黄褐色，有光泽。花期7—8月，果期9—10月。

〔生境分布〕班玛、久治、玛沁、囊谦、玉树、称多。生于林缘灌丛草地及河边阳坡，海拔3 200～3 900 m。分布于我国四川、河北、山西、内蒙古、辽宁和吉林；朝鲜、俄罗斯西伯利亚和远东地区也有分布。

珠芽蓼 *Bistorta vivipara*

蓼科 Polygonaceae　蓼属 *Polygonum*

〔形态特征〕多年生草本，高10 ~ 35 cm。根状茎粗短，肥厚，具残存纤状叶鞘和密生须根，断面紫红色。茎一至数枚从根茎生出，直立，不分枝，棕红色，具条纹。基生叶和下部茎生叶有长柄，叶片长圆形、长卵形或卵状披针形，长3 ~ 10 cm，宽6 ~ 20 mm，顶端渐尖，基部圆形或楔形，全缘，两面无毛，叶脉在边缘增粗使叶缘向下反卷；茎上部叶较狭小，披针形，无柄；托叶鞘管状，膜质，淡褐色，顶端斜形，长1.5 ~ 5 cm；花序穗状，顶生，长3 ~ 7 cm，下部有珠芽；苞片宽卵形，膜质，淡褐色，具1珠芽或1 ~ 2花；珠芽卵圆形，绿带紫红色，长约2.5 mm，宽约2 mm；花被白色或淡紫红色，5深裂；雄蕊8，花药暗紫色；花柱3裂。瘦果深紫褐色，卵状三棱形，长2 ~ 3 mm。花期6—8月，果期7—9月。

〔生境分布〕本省各地均产。生于潮湿的草地、灌丛、林缘、河滩、沟边等，海拔2 000 ~ 4 200 m。分布于我国西藏、云南、四川、新疆、甘肃、陕西、山西、河北、内蒙古、吉林；北温带至北极广布。

圆穗蓼 *Polygonum macrophylln*

蓼科 Polygonaceae 蓼属 *Polygonum*

〔形态特征〕多年生草本。根状茎粗短、肥厚，下部具多数须根，上部具残留叶柄和叶箱。茎直立，不分枝，高3～30 cm，2～3条丛生或单生。基生叶具长柄，叶片长圆形或宽披针形，长2～8 cm，宽5～20 mm，顶端急尖，基部圆形或楔形，边缘翻卷，具凸起增粗的脉端，表面绿色，光滑，背面疏生白色柔毛；茎生叶较小，无柄或具短柄，披针形；托叶鞘膜质，筒状，褐色，顶端偏斜，长2～3 cm。穗状花序顶生，密集呈圆头状卵圆形或短圆柱形，长1～2.5 cm，直径0.5～1.5 cm；苞片褐色，膜质，每苞具1～3花；花梗细，长1～3 mm，上端具关节；花被粉红色或白色，长约2 mm，5深裂，雄蕊8，花药常带紫黑色；花柱3，柱头头状，伸出花被。瘦果卵状三棱形，长约2 mm，黄褐色。花期7—8月，果期8—9月。

〔生境分布〕玉树、果洛、黄南、海南、海北以及海东等地。生于高寒草甸和高山灌丛中，海拔3 000～4 800 m。分布于我国西藏、云南、贵州、四川、甘肃、陕西、湖北；尼泊尔、印度、不丹也有分布。

驼绒藜 *Krascheninnikovia ceratoides*

苋科 Amaranthaceae　驼绒藜属 *Krascheninnikovia*

〔形态特征〕灌木，高15～80 cm，分枝多集中于中下部，伸直，斜展或平展。单叶，在小枝上通常互生，在老枝上通常数枚簇生。叶片线形、线状披针形至披针形，长1～4 cm，宽2～6 mm，顶端钝或急光，基部渐窄，楔形至近圆形，具1脉，有时基部有2条侧脉，叶柄短，半圆柱形，有时基部稍扩大，脱落时扩大部分宿存。雄花序生于枝端，长达4 cm，紧密呈穗状；雌花腋生，雌花管椭圆形，长3～4 mm，宽约2 mm，顶端裂片角状，长度为管长的1/3到与管等长。胞果直立，椭圆形，被毛。花果期6—9月。

〔生境分布〕玛多、玛沁、玉树、同仁、泽库、河南、海西、共和、兴海、同德、门源、西宁、大通、循化、乐都、互助。生于干旱山坡、干旱河谷阶地以及荒漠平原及河滩，海拔2 500～4 500 m。分布于我国西藏、甘肃、新疆、内蒙古；欧亚大陆干旱地区广布。

猪毛菜 *Salsola collina*

苋科 Amaranthaceae　猪毛菜属 *Salsola*

〔形态特征〕一年生草本，高10 ~ 40 cm。茎自基部分枝，枝互生，伸展，幼时绿色，老时常变紫红色或具紫红或褐绿色条纹，具短硬毛或近无毛。叶丝状圆柱形，伸展或弯曲，长1 ~ 4 cm，宽0.5 ~ 1.2 mm，具短硬毛，顶端有刺状尖，基部扩展呈膜质而下延。花序穗状生于枝条上端，花排列疏松，并有1 ~ 3花呈簇状，生于枝条中下部叶腋；苞片卵形，顶部延伸呈刺状尖，边缘膜质，背面具白色隆脊；小苞片披针形，顶端有刺状尖，苞片和小苞片与花序轴紧贴；花被片卵状披针形，膜质，顶端尖，果期变硬，下部与苞及小苞贴合，背面中上部生鸡冠状突起；突起以上部分的花被片近革质，顶端膜质，向中央曲折呈平面，紧贴果实，有时尖端聚缩呈小圆锥状；花药长1 ~ 1.5 mm；柱头丝状。种子横生或斜生。花期7—8月，果期9—10月。

〔生境分布〕本省各地。生于田边、路边荒地、半干旱山坡、河滩、阶地等处，海拔1 700 ~ 4 000 m。分布于我国西南、西北、华北、东北以及河南、山东、江苏北部；朝鲜、蒙古国、中亚地区和巴基斯坦也有分布。

平卧轴藜 *Axyris prostrata*

苋科 Amaranthaceae　轴藜属 *Axyris*

〔形态特征〕植株高2～8 cm，茎枝平卧或上升，密被星状毛，后期毛大部脱落。叶柄几与叶片等长，叶片宽椭圆形、卵圆形或近圆形，长0.5～1 cm，宽0.4～0.7 cm，先端圆形具小尖头，基部急缩并下延至柄，全缘，两面均被星状毛，中脉不明显。雄花花序头状，花被片3～5，膜质，倒卵形，背部密被星状毛，毛后期脱落，雄蕊3～5，与花被片对生，伸出被外。雌花花被片3，膜质，被毛；子房卵状，扁平，花柱短，柱头2，细长。果实圆形或倒卵圆形，侧扁，两侧面具同心圆状皱纹。花果期7—8月。

〔生境分布〕玛多、玛沁、治多、共和、贵南、刚察、门源等地。生于河滩、湖边、棚圈周围及草地破损处，海拔3 200～4 800 m。分布于我国西藏、新疆；苏联和蒙古国也有分布。

菊叶香藜 *Dysphania schraderiana*

藜科 Chenopodiaceae　刺藜属 *Dysphania*

〔形态特征〕一年生草本，高10～30 cm，全体被颗粒状腺毛和具节的短柔毛，有浓烈气味。茎直立，绿色带紫红色。叶片长圆形，长2～5 cm，宽1～3 cm，顶端钝或渐尖，有时有小尖头，基部狭楔形，边缘羽状浅裂至羽状深裂；叶柄长2～10 mm。复二歧聚伞花序腋生；花两性；花小，直径1～1.5 mm。花被5深裂，裂片狭卵形至卵形，背部具齿状纵隆脊并有颗粒状腺体和具节短柔毛，边缘狭膜质，果期展开；雄蕊5，花丝扁平，花药近球形。胞果扁球形，果皮膜质。种子横生，直径0.5～0.8 mm，红褐色或黑褐色，具光泽和细的网纹；胚半环形。花期7—9月，果期9—10月。

〔生境分布〕玉树、果洛、黄南、海南、海北、西宁、海东等地。生于田边、宅旁、荒地、半干旱山坡、河滩、林缘草地、沟渠边，海拔2 000～3 600 m。分布于我国四川、云南、西藏、甘肃、陕西、山西、内蒙古、辽宁；亚洲、非洲及欧洲均有分布。

小白藜 *Chenopodium iljinii*

藜科 Chenopodiaceae　藜属 *Chenopodium*

〔形态特征〕一年生草本，高10～30 cm，全株有粉。茎通常平卧或斜生，多分枝，有时自基部分枝而无主茎。叶片卵形至卵状三角形，通常长0.5～1.5 cm，宽0.4～1.2 cm，两面均有蜜粉，呈灰绿色，先端急尖或微钝，基部宽楔形，全缘或三浅裂，侧裂片在近基部，钝波状；叶柄细瘦，长0.4～1 cm。花簇于枝端及叶腋的小枝上集成短穗状花序；花被裂片5，较少为4，倒卵状条形至矩圆形，背面有密粉，无隆脊；花药宽椭圆形，花丝稍短于花被；柱头2，丝状，花柱不明显。胞果顶基扁。种子双凸镜形，有时为扁卵形，横生，较少为斜生，直径0.8～1.2 mm，黑色，有光泽，表面近平滑或微有沟纹。花果期8—10月。

〔生境分布〕玛多、同德、共和、循化等地。生于湖滩、沟谷、河滩、田边等盐碱性荒地，海拔2 500～3 200 m。分布于我国甘肃、宁夏、新疆和四川西北部；中亚地区也有分布。

藜 *Chenopodium album*

藜科 Chenopodiaceae　藜属 *Chenopodium*

〔形态特征〕一年生草本，高30～50（100）cm。茎直立，上、下均有分枝，枝条开展或斜上，表面具条棱，有时带紫红色。单叶互生，叶片菱状卵形或卵状披针形，长2～4（6）cm，宽1.5～2.5（4）cm，顶端钝尖，基部楔形，边缘具不整齐锯齿，常在中下部形成浅裂片，表面通常无粉，有时嫩叶表面有紫红色粉，背面通常被白粉；叶柄长为叶片的1/2或与之等长；向枝条上部叶渐变小，边缘趋于平滑。花两性，数朵簇生于叶腋内，再在枝上排成大型或小型穗状圆锥花序；花被片5，宽卵形至椭圆形，背面具深绿色纵隆脊，被白粉，边缘膜质；雄蕊5，花药伸出花被；柱头2。胞果扁圆球形或双凸镜形，果皮膜质，与种子贴生。种子横生，与胞果同形，直径1.2～1.5 mm，棕褐色或黑褐色，表面具浅沟纹，胚环形。花果期5—10月。

〔生境分布〕本省各地均有分布。生于农田、地边、路旁及荒地，海拔1 700～4 200 m。分布于我国各地，为最常见和难以铲除的杂草；全世界温带和热带均有分布。

簇生泉卷耳 *Cerastium fontanum* subsp. *vulgare*

石竹科 Caryophyllaceae　卷耳属 *Cerastium*

〔形态特征〕二年生或多年生草本，高10～40 cm，全株被腺柔毛。茎单生或镇生，直立，茎下部的叶线状匙形、匙形或长圆状卵形，长1～2 cm，宽2～6 mm，基部断狭，呈柄状，顶端钝或急尖；茎上部的叶卵状长圆形或长圆状披针形，长1.5～2.5 cm，宽4～8 mm，基部较宽，抱茎，顶端钝或急尖。花数个至多数，排列成聚伞花序，常密集；苞片与叶同形，较小；花梗长为萼片的1～3倍；萼片5，长圆状披针形，长5～6 mm，宽2～2.5 mm，边缘膜质，背面密生腺柔毛，腹面基部有缘毛；花瓣5，白色，倒卵状长圆形，与萼片等长或稍短，顶端2裂至1/3，基部有时具缘毛；雄蕊10，花丝扁线形；子房长圆形，长约3.5 mm，花柱5，线形。花期7—8月。

〔生境分布〕玛多、达日、久治、玛沁、治多、曲麻莱、囊谦、玉树、称多、同仁、同德、泽库、河南、天峻、西宁、大通、湟中、平安、循化、乐都、互助、祁连、门源。生于山坡草地、林下、灌丛、草甸、河漫滩，海拔2 350～4 600 m。分布于我国西北、华北、东北和长江流域各地；世界广布。

甘肃雪灵芝 *Eremogone kansuensis*

石竹科 Caryophyllaceae　老牛筋属 *Eremogone*

〔形态特征〕多年生垫状草本，高4～5 cm。主根细长或粗壮，木质化。茎下部密集枯叶。叶线状披针形，长1～2 cm，宽约1 mm，基部较宽，抱茎，边缘窄膜质，下部具细齿，稍内卷，顶端锐尖，呈芒状，表面微凹入，背面凸出，呈三棱形，质稍硬，紧密排列于茎上。花单生于枝端；苞片披针形，长3～5 mm，宽1～1.5 mm，基部连合呈短鞘，边缘宽膜质，顶端锐尖，具1脉；花梗长2.5～4 mm，被柔毛；萼片5，披针形，长5～6 mm，基部较宽，边缘膜质，具1脉；花瓣5，白色，倒卵形，长4～5 mm，顶端钝圆；花盘具5个腺体；雄蕊10，长约4 mm，花药带褐色，子房球形，花柱3，长约3 mm。花期7—8月。

〔生境分布〕达日、玛多、班玛、久治、玛沁、囊谦、玉树、称多、同仁、河南、同德、贵德、大通、湟中、互助、祁连、门源。生于山顶流石坡、砾石带、高山草甸、高山宽谷，海拔3 000～5 000 m。分布于云南、四川、甘肃。

青海雪灵芝 *Eremogone qinghaiensis*

石竹科 Caryophyllaceae　老牛筋属 *Eremogone*

〔形态特征〕多年生垫状草本，高5 ~ 8 cm。根粗壮，木质化。茎紧密簇生，基部木质化，下部密集枯叶。叶针状线形，长1 ~ 1.5 cm，宽约1 mm，顶端锐尖，基部较宽，膜质，抱茎，边缘窄膜质，疏生缘毛，稍内卷。花单生于小枝顶端；苞片线状披针形，长3 ~ 4 mm，宽不足1 mm，花梗毛约1 mm，无毛；萼片5，线状披针形，长7 ~ 8 mm，宽1.5 ~ 2 mm，顶端锐尖，边缘膜质，基部较宽，具1 ~ 3脉；花瓣5，白色，椭圆状卵形，长8 ~ 9 mm，宽2.5 ~ 3 mm，顶端钝；花盘碟状，具大而明显的5个椭圆形腺体；雄蕊10，花丝线形，长4 ~ 5 mm，花药椭圆形，黄色；子房卵形或卵球形，长2 ~ 3 mm，具多数胚珠，花柱3，线形，长2.5 ~ 3 mm。花期6—7月。

〔生境分布〕甘德、共和、都兰及昆仑山口。生于高山砾石带、垫状植被中，海拔4 900 m。分布于新疆东南部。

福禄草 *Arenaria przewalskii*

石竹科 Caryophyllaceae　无心菜属 *Arenaria*

〔形态特征〕多年生草本，密丛生，高10～12 cm。主根细长，木质化，支根须状。茎基部匍匐生，宿存纤维状枯萎叶鞘，上部直立，密被淡褐色腺毛。茎生叶线形，长2～3 cm，宽1～2 mm，基部较宽，连合成鞘，膜质，边缘稍反卷，具细小的齿状突起，顶端钝或急尖，两面无毛，中脉隆起；茎生叶披针形或窄披针形，长1～1.5 cm，宽1～3 mm，顶端钝。花3朵，成聚伞状花序；苞片卵状椭圆形，长4～7 mm，背面被腺毛；花梗长3～4 mm，密被腺毛；萼片5，紫色，宽卵形，长4～5 mm，密生腺毛；花瓣5，白色，倒卵形，长8～10 mm；花盘碟形，具5枚椭圆形腺体；雄蕊10，花丝扁线形，花药黄色，子房长圆状倒卵形，花柱3，柱头为直立椭圆形。花期7—8月。

〔生境分布〕达日、久治、玛沁、玉树、同仁、泽库、河南、兴海、同德、大通、湟中、循化、乐都、互助、祁连、门源。生于高山垭豁、高山草甸，海拔3 500～4 700 m。分布于甘肃。

禾叶繁缕 *Stellaria graminea*

石竹科 Caryophyllaceae　繁缕属 *Stellaria*

〔形态特征〕多年生草本。茎高15 ~ 30 cm，具4棱，无毛或被极疏的柔毛。叶线形或线状披针形，长1 ~ 3 cm，宽1 ~ 3 mm，顶端锐尖，基部较窄，被极疏的缘毛，下面中肋显著。花多数，呈圆锥状聚伞花序；苞片膜质，卵状披针形，长3 ~ 4 mm；花梗长0.5 ~ 2 cm，果期伸长，可达2 ~ 4 cm；萼片5，披针形，长5 ~ 6 mm，宽约1.5 mm，顶端渐尖，基部较宽，边缘窄膜质，具3脉；花瓣5，白色，与萼片等长或稍长；雄蕊10，扁线形，长3 mm；子房卵圆形，长约1.5 mm，花柱3，细线形，稍长于子房。蒴果长圆状卵圆形，与花萼近等长，6齿裂。种子心形，表面具皱纹。

〔生境分布〕久治、玛沁、囊谦、玉树、同仁、河南、兴海、同德、互助、祁连、门源。生于山坡岩石缝隙、山坡草地、林下灌丛、阳坡草甸、山坡、灌丛、河滩、田边，海拔2 500 ~ 4 200 m。分布于四川西部、西藏、陕西（秦岭西部）、甘肃等地。

亚伞花繁缕 *Stellaria subumbellata*

石竹科 Caryophyllaceae　繁缕属 *Stellaria*

〔形态特征〕一年生草本，高12～20 cm，全株无毛。茎丛生，纤细。叶无柄，叶片线形至线状披针形，长5～15 mm，宽（0.75）1.5～2（4）mm，顶端钝，基部圆形，具明显中脉，两面无毛。聚伞状伞形花序顶生，具2～4花；苞片膜质，卵形，长1～2 mm；花梗细，长12～24 mm，果期下垂；萼片5，卵状披针形，长约2 mm，绿色，顶端尖，边缘宽膜质，具3脉；花瓣无；雄蕊5，花丝细；子房具3短花柱。蒴果卵状，长约4 mm，比宿存萼长约2倍，6瓣裂；种子扁圆形，淡棕色或暗褐色，具粒状凸起。花期6—7月，果期7—8月。

〔生境分布〕玛沁、玉树、互助。生于山沟林下，海拔3 000～4 040 m。分布于我国西藏、云南、四川、甘肃；克什米尔地区、印度西北部、尼泊尔也有分布。

偃卧繁缕 *Stellaria decumbens*

石竹科 Caryophyllaceae　繁缕属 *Stellaria*

〔形态特征〕本变种的主要区别在于茎密集呈垫状；叶卵状钻形或长圆形，边缘膜质，具缘毛，在茎上呈覆瓦状排列；萼片具宽膜质边缘。

〔生境分布〕甘德、玛沁、杂多、治多、囊谦、兴海、大通、祁连。生于山顶阳坡、倒石堆、高山草甸、山坡草地，海拔3 800～5 000 m。分布于我国西藏、云南西北部、四川西部；不丹、尼泊尔和印度西北部也有分布。

女娄菜 *Silene aprica*

石竹科 Caryophyllaceae　蝇子草属 *Silene*

〔形态特征〕直立草本，高40～60 cm。丛生或单生，密被短柔毛，通常下部分枝或不分枝。叶线形或线状披针形、形匙，长2～5 cm，宽2～4 mm，茎下部的叶基部渐狭呈柄状，顶端锐尖；茎上部的叶基部较宽，顶端渐尖，两面密被短柔毛。花序聚伞形或圆锥状聚伞形，具数花至多花；苞片披针形或线状披针形，密被短柔毛，长1～2 cm；花梗长0.5～1.5 cm，密被短柔毛；萼筒状，外面密被短柔毛，长8～9 mm，顶端具5齿，萼脉10，绿色或黑色；花瓣5，白色；或上部紫红色，等于或微短于萼，瓣片顶部2深裂，喉部具2椭圆形小鳞片；雄蕊10，花丝线形，稍短于花瓣；子房卵圆形，花柱3，线形。蒴果卵圆形，与萼片近等长，3瓣裂。种子肾形，表面具瘤状突起，黑色。花期6—7月，果期8—9月。

〔生境分布〕久治、达日、玛多、玛沁、杂多、曲麻莱、玉树、称多、同仁、泽库、河南、天峻、共和、兴海、同德、贵南、西宁、大通、湟源、循化、乐都、民和、互助、刚察、门源。生于山坡草地、灌丛、林下、河边、滩地及冰川边缘、岩石上，海拔2 000～4 500 m。分布于我国甘肃、陕西、宁夏及华北、东北和华东；苏联、朝鲜和日本也有分布。

腺毛蝇子草 *Silene yetii*

石竹科 Caryophyllaceae　蝇子草属 *Silene*

〔形态特征〕二年生或多年生草本，全株密被腺毛。根肉质，纺锤形或圆锥形。茎粗壮，高30～50 cm。基生叶较密，长椭圆形，长4～6 cm，宽1～1.5 cm，顶端钝，基部渐狭呈柄状；茎生叶1～3对，长椭圆形或椭圆状披针形，长2.5～4 cm，宽0.5～1 cm，顶端钝或急尖，基部较宽，抱茎。花3～4朵，呈聚伞花序，苞片线状披针形，长5～7 mm，宽1～2 mm；花梗长0.5～4 cm；萼钟形，长约1.5 cm，宽7～13 mm，萼齿卵圆形，萼脉10；花瓣紫色，伸出萼外，2裂，裂片外侧基部具小齿，较耳宽，钝圆，爪下部疏生缘毛，鳞片长圆形；雄蕊10，花丝基部具缘毛；子房长椭圆形，花柱5，较短。蒴果卵状长圆形，10齿裂。种子肾形，紫褐色，背面具瘤状突起。花期6—7月，果期7—8月。

〔生境分布〕玛多、玛沁、杂多、玉树、共和、兴海、同德、互助、门源。生于山坡、草甸、阴坡、高山砾石带、滩地，海拔2 800～4 800 m。分布于西藏、云南西北部、四川和甘肃。

蔓茎蝇子草 *Silene repens*

石竹科 Caryophyllaceae　蝇子草属 *Silene*

〔形态特征〕多年生草本，高15～40 cm，全株被柔毛，具细长的根茎。茎单生或丛生，由基部多分枝，直立或斜上升。叶线状披针形或披针形，长2～5 cm，宽2～7 mm；茎下部的叶基部渐狭呈柄状；茎上部的叶基部较窄，半抱茎，顶端锐尖，中肋表面凹下，背面隆起，通常两面密生柔毛。花序聚伞形，花少数，密集；苞片线状披针形，被短柔毛；花梗短，长2～4 mm，密生柔毛；萼筒棒状，有时上部微膨胀，长1～1.5 cm，宽2～6 mm，外面密被短柔毛，萼脉10，紫色；萼齿5，卵圆形，顶端钝，边缘窄膜质，萼外面带紫色；花瓣5，白色或黄色，顶端深2裂，喉部具2鳞片，爪细长；雄蕊10，花丝线形；子房长圆形，长约3.5 mm，光滑，基部3室，花柱3，线形，子房柄密被短柔毛。花期7—8月。

〔生境分布〕甘德、玛沁、杂多、治多、囊谦、兴海、大通、祁连。生于山顶倒石堆、山顶、阳坡和草地，海拔2 500～5 000 m。分布于我国西藏、新疆、甘肃、陕西、华北、东北等地；欧洲、朝鲜、日本也有分布。

细蝇子草 *Silene gracilicaulis*

石竹科 Caryophyllaceae　蝇子草属 *Silene*

〔形态特征〕多年生草本，高40 ~ 60 cm。根粗壮，木质化。茎直立，疏丛生。叶在基郎族生，茎生者2 ~ 3对，线状披针形或线形，长2 ~ 9 cm，宽1 ~ 4 mm，基部扩大，抱茎，顶端尖，具缘毛。花多数，总状聚伞花序；苞片卵形，基部较宽，顶端呈刚毛状，具缘毛；花梗长0.5 ~ 2 cm，无毛；萼钟形，长1 ~ 1.3 cm，萼齿圆形，边缘膜质，疏被缘毛，萼脉10，较细，紫色或绿色；花瓣5，白色或淡黄色，长1.5 ~ 2 cm，深2裂至中部，裂片线状长圆形，鳞片椭圆形，爪基部具稀疏的缘毛或无；花丝线形，长短不等；子房长圆形，花柱3，线形。花期7—8月。

〔生境分布〕玛多、久治、玛沁、治多、曲麻莱、囊谦、玉树、称多、同仁、泽库、河南、乌兰、天峻、兴海、共和、同德、贵德、贵南、大通、湟源、湟中、乐都、民和、互助、祁连、刚察、门源。生于高山草甸、山坡草地、林下、河滩、河边及岩石缝隙，海拔2 400 ~ 4 300 m。分布于我国西南地区及甘肃、陕西；克什米尔、尼泊尔、巴基斯坦、印度北部和苏联也有分布。

瞿麦 *Dianthus superbus*

石竹科 Caryophyllaceae　石竹属 *Dianthus*

〔形态特征〕多年生草本，高20～25 cm，有时可高至60 cm。茎簇生，绿色，无毛，上部分枝。叶线状披针形，长2～5 cm，宽2～4 mm，基部连合呈短鞘状，抱于茎上，顶端锐尖，中脉显著，茎基部的叶较短。聚伞花序，具数花；苞片4枚或6枚，倒卵形，紧贴于萼基，基部较窄，顶端长渐尖；萼圆筒形，长1～2 cm，粉绿色，并带淡紫色晕；萼齿5，三角形；花瓣5，紫红色，长为萼的2倍，舷部卵圆形，上缘通常深裂呈缝状，裂片线形，有时上部再细线裂；雄蕊10，花丝线形；子房长椭圆形，花柱常超出于雄蕊之上。花期7月。

〔生境分布〕班玛、玛沁、久治、泽库、河南、同德、大通、湟源、湟中、循化、民和、互助。生于高山草地、灌丛中，海拔3 000～3 500 m。分布于我国西南、西北、华北、东北和华东；蒙古国、苏联、朝鲜、日本也有分布。

川赤芍 *Paeonia veitchii*

芍药科 Paeoniaceae　芍药属 *Paeonia*

〔形态特征〕多年生草本，高30 ~ 60 cm。根圆柱形，长达31 cm，直径1 ~ 2 cm，外皮深褐色。茎粗壮，具棱。叶为二回三出复叶，长7 ~ 20 cm；小叶羽状分裂，裂片窄披针形至披针形，宽0.4 ~ 1.5 cm，顶端渐尖，全缘，表面深绿色，沿脉疏生短柔毛或无毛，背面淡绿色，无毛；叶片长3 ~ 10 cm。花1 ~ 2朵，生于顶端及叶腋，直径4 ~ 9 cm；苞片2 ~ 3枚，分裂或不分裂；萼片宽卵形，长1 ~ 1.5 cm，宽1 ~ 1.3 cm；花瓣6 ~ 9，倒卵形，长2.2 ~ 4 cm，宽1.5 ~ 2.5 cm，紫红色或粉红色；花丝长5 ~ 10 mm，花药黄色；花盘肉质，包于心皮基部，心皮2 ~ 3，密被黄色茸毛。蓇葖长1 ~ 2 cm，密被黄色茸毛。花期6—7月，果期8—9月。

〔生境分布〕班玛、尖扎、同仁、大通、湟中、循化、乐都、民和、互助。生于林下、林缘、灌丛中，海拔2 500 ~ 3 700 m。分布于西藏、四川、甘肃、陕西。

花葶驴蹄草 *Caltha scaposa*

毛茛科 Ranunculaceae　驴蹄草属 *Caltha*

〔形态特征〕多年生低矮草本，全体无毛，具多数肉质须根。茎单一或数条，有时多达10条，直立或有时渐升，高3.5～18（24）cm，粗1～2 mm，通常只在顶端生1朵花，无叶或有时在中部或上部生1个叶，在叶腋不生花或有时生出1朵花，稀生2个叶。基生叶3～10，有长柄；叶片心状卵形或三角状卵形，有时肾形，长1～3（3.7）cm，宽1.2～2.8（4）cm，顶端圆形，基部深心形，边缘全缘或带波形，有时疏生小牙齿，叶柄长2.5～10（15）cm，基部具膜质长鞘。茎生叶如存在时极小，具短柄或有时无柄，叶片长在1.2 cm以下。花单独生于茎顶部，或2朵形成简单的单歧聚伞花序；萼片5～7，黄色，倒卵形，椭圆形或卵形，长0.9～1.5（1.9）cm，宽0.7～1.4 cm，顶端圆形；雄蕊长3.5～7（10）mm，花药长圆形，花丝狭线形；心皮（5）6～8（11），与雄蕊近等长，具短柄和短花柱。蓇葖长1～1.6 cm，宽2.5～3 mm，具明显的横脉，心皮柄长1.8～3 mm，喙长约1 mm；种子黑色，肾状椭圆球形，稍扁，长1.2～1.5 mm，光滑，有少数纵肋。6—9月开花，7月开始结果。

〔生境分布〕玛多、久治、杂多、治多、玉树、称多、同仁、湟中、互助。生于山坡草地、高寒灌丛、高寒草甸、河滩，海拔3 400～4 600 m。分布于我国西藏东南部、云南西北部、四川西部和甘肃南部；尼泊尔、不丹和印度北部也有分布。

矮金莲花 *Trollius farreri*

毛茛科 Ranunculaceae　金莲花属 *Trollius*

〔形态特征〕植株全部无毛。根状茎短。茎高5～17 cm，不分枝。叶3～4枚，全部基生或近基生，长3.5～6.5 cm，有长柄；叶片五角形，长0.8～1.1 cm，宽1.4～2.6 cm，基部心形，三全裂达或几达基部，中央全裂片菱状倒卵形或楔形，与侧生全裂片通常分开，三浅裂，小裂片互相分开，生2～3不规则三角形牙齿，侧全裂片不等二裂稍超过中部，二回裂片生稀疏小裂片及三角形牙齿；叶柄长1～4 cm，基部具宽鞘。花单独顶生，直径1.8～3.4 cm；萼片黄色，外面常带暗紫色，干时通常不变绿色，5（6），宽倒卵形，长1～1.5 cm，宽0.9～1.5 cm，顶端圆形或近截形，宿存，偶尔脱落；花瓣匙状线形，比雄蕊稍短，长约5 mm，宽0.5～0.8 mm，顶端稍变宽，圆形；雄蕊长约7 mm；心皮6～9（25）。聚合果直径约8 mm；蓇葖长0.9～1.2 cm，喙长约2 mm，直；种子椭圆球形，长约1 mm，具4条不明显纵棱，黑褐色，有光泽。花期6—7月，果期8月。

〔生境分布〕玛多、玛沁、治多、囊谦、玉树、同仁、河南、乌兰、兴海、贵南、大通、湟源、乐都、互助、门源。生于山坡灌丛、草甸、高山流石坡、河滩，海拔2 900～5 200 m。分布于西藏东北部、云南西北部、四川西部、甘肃南部、陕西南部。

升麻 *Cimicifuga foetida*

毛茛科 Ranunculaceae　升麻属 Cimicifuga

〔形态特征〕多年生草本，高1～1.5 m。根状茎粗壮，外皮深褐色。茎分枝，被短柔毛。叶为二至三回三出复叶；茎下部的叶片三角形，宽20～30 cm；顶生小叶具长柄，菱形，长6～10 cm，宽3～6 cm，裂片浅裂，边缘有锯齿，侧生小叶具短柄或无柄，斜卵形，背面沿脉疏被短柔毛；叶柄长达15 cm；上部的茎生叶小，具短柄或无柄。花序多分枝，轴密被腺毛及短毛；苞片钻形，长1～2 mm；花梗长1～3 mm，密被腺毛；萼片倒卵状披针形或卵形，长3～4 mm，淡绿色，退化雄蕊宽椭圆形，长约3 mm，近膜质，顶端微凹或浅2裂，雄蕊长3～6 mm；心皮2～5，密被灰色短腺柔毛。蓇荚矩状长圆形，长0.5～1 cm，外面被短柔毛。花期7—8月，果期8—9月。

〔生境分布〕班玛、泽库、同仁、大通、湟中、循化、互助、门源。生于林下林缘、灌丛中，海拔2 700～3 650 m。分布于我国西藏、云南、甘肃、陕西、山西、河南；蒙古国和俄罗斯西伯利亚地区也有分布。

高乌头 *Aconitum sinomontanum*

毛茛科 Ranunculaceae　乌头属 *Aconitum*

〔形态特征〕根长达20 cm，圆柱形，粗达2 cm。茎高（60）95～150 cm，中部以下几无毛，上部近花序处被反曲的短柔毛，生4～6枚叶，不分枝或分枝。基生叶1枚，与茎下部叶具长柄；叶片肾形或圆肾形，长12～14.5 cm，宽20～28 cm，基部宽心形，三深裂约至本身长度的6/7处，中深裂片较小，楔状狭菱形，渐尖，三裂边缘有不整齐的三角形锐齿，侧深裂片斜扇形，不等三裂稍超过中部，两面疏被短柔毛或变无毛；叶柄长30～50 cm，具浅纵沟，几无毛。总状花序长（20）30～50 cm，具密集的花；轴及花梗多少密被紧贴的短柔毛；苞片比花梗长，下部苞片叶状，其他的苞片不分裂，线形，长0.7～1.8 cm；下部花梗长2～5（5.5）cm，中部以上的长0.5～1.4 cm；小苞片通常生花梗中部，狭线形，长3～9 mm；萼片蓝紫色或淡紫色，外面密被短曲柔毛，上萼片圆筒形，高1.6～2（3）cm，粗4～7（9）mm，外缘在中部之下稍缢缩，下缘长1.1～1.5 cm；花瓣无毛，长达2 cm，唇舌形，长约3.5 mm，距长约6.5 mm，向后拳卷；雄蕊无毛，花丝大多具1～2枚小齿；心皮3，无毛。蓇葖长1.1～1.7 cm；种子倒卵形，具3条棱，长约3 mm，褐色，密生横狭翅。花期6—9月。

〔生境分布〕班玛、同仁、大通、循化、互助、门源。生于林下、林缘、灌丛中、山坡草地及河边，海拔2 300～3 200 m。分布于贵州、四川东部、甘肃南部、陕西太白山、山西、河北、湖北。

甘青乌头 *Aconitum tanguticum*

毛茛科 Ranunculaceae 乌头属 *Aconitum*

〔形态特征〕块根小，纺锤形或倒圆锥形，长约2 cm。茎高8～50 cm，疏被反曲而紧贴的短柔毛或几无毛，不分枝或分枝。基生叶7～9枚，有长柄；叶片圆形或圆肾形，长1.1～3 cm，宽2～6.8 cm，三深裂至中部或中部之下，深裂片互相稍覆压，深裂片浅裂边缘有圆牙齿，两面无毛；叶柄长3.5～14 cm，无毛，基部具鞘。茎生叶1～2（4）枚，稀疏排列，较小，通常具短柄。顶生总状花序有3～5花；轴和花梗多少密被反曲的短柔毛；苞片线形，或有时最下部苞片三裂；下部花梗长（1）2.5～4.5（6.5）cm，上部的变短；小苞片生花梗上部或与花近邻接，卵形至宽线形，长2～2.5 mm；萼片蓝紫色，偶尔淡绿色，外面被短柔毛，上萼片船形，宽6～8 mm，下缘稍凹或近直，长1.4～2.2 cm，侧萼片长1.1～2.1 cm，下萼片宽椭圆形或椭圆状卵形；花瓣无毛，稍弯，瓣片极小，长0.6～1.5 mm，唇不明显，微凹，距短，直；花丝疏被毛，全缘或有2小齿；心皮5，无毛。蓇葖长约1 cm；种子倒卵形，长2～2.5 mm，具三纵稜，只沿稜生狭翅。花期7—8月。

〔生境分布〕玛多、久治、杂多、治多、曲麻莱、囊谦、玉树、同仁、泽库、河南、兴海、大通、湟中、循化、互助、祁连、门源。生于河滩、阴坡、高山草甸和高山流石坡，海拔3 450～4 700 m。分布于西藏东部、云南西北部、四川西部、甘肃南部、陕西秦岭。

伏毛铁棒锤 *Aconitum flavum*

毛茛科 Ranunculaceae　乌头属 *Aconitum*

〔形态特征〕块根胡萝卜形，长约4.5 cm，粗约8 mm。茎高35 ~ 100 cm，中部以下无毛，在中部或上部被反曲而紧贴的短柔毛，密生多数叶，通常不分枝。茎下部叶在开花时枯萎，中部叶有短柄；叶片宽卵形，长3.8 ~ 5.5 cm，宽3.6 ~ 4.5 cm，基部浅心形，三全裂，全裂片细裂，末回裂片线形，两面无毛，边缘干时稍反卷，疏被短缘毛；叶柄长3 ~ 4 mm。顶生总状花序狭长，长为茎的1/5 ~ 1/4，有12 ~ 25朵花；轴及花梗密被紧贴的短柔毛；下部苞片似叶，中部以上的苞片线形；花梗长4 ~ 8 mm；小苞片生花梗顶部，线形，长3 ~ 6 mm；萼片黄色带绿色，或暗紫色，外面被短柔毛，上萼片盔状船形，具短爪，高1.5 ~ 1.6 cm，下缘斜生，上部向下弧状弯曲，外缘斜，侧萼片长约1.5 cm，下萼片斜长圆状卵形；花瓣疏被短毛，瓣片长约7 mm，唇长约3 mm，距长约1 mm，向后弯曲；花丝无毛或疏被短毛，全缘；心皮5，无毛或疏被短毛。蓇葖无毛，长1.1 ~ 1.7 cm；种子倒卵状三棱形，长约2.5 mm，光滑，沿棱具狭翅。8月开花。

〔生境分布〕玛多、久治、治多、泽库、大通、湟中、乐都、民和、互助、祁连、门源。生于山坡草地、林缘、灌丛和河滩，海拔2 600 ~ 4 700 m。分布于西藏北部、四川西北部、甘肃、宁夏南部。

铁棒锤 *Aconitum pendulum*

毛茛科 **Ranunculaceae**　乌头属 ***Aconitum***

〔形态特征〕块根倒圆锥形。茎高26～100 cm，无毛，只在上部疏被短柔毛，中部以上密生叶（间或叶较疏生），不分枝或分枝。茎下部在开花时枯萎，中部叶有短柄；叶片形状似伏毛铁棒锤，宽卵形，长3.4～5.5 cm，宽4.5～5.5 cm，小裂片线形，宽1～2.2 mm，两面无毛；叶柄长4～5 mm。顶生总状花序长为茎长度的1/5～1/4，有8～35朵花；轴和花梗密被伸展的黄色短柔毛；下部苞片叶状，或三裂，上部苞片线形；花梗短而粗，长2～6 mm；小苞片生花梗上部，披针状线形，长4～5 mm，疏被短柔毛；萼片黄色，常带绿色，有时蓝色，外面被近伸展的短柔毛，上萼片船状镰刀形或镰刀形，具爪，下缘长1.6～2 cm，弧状弯曲，外缘斜，侧萼片圆倒卵形，长1.2～1.6 cm，下萼片斜长圆形；花瓣无毛或有疏毛，瓣片长约8 mm，唇长1.5～4 mm，距长不到1 mm，向后弯曲；花丝全缘，无毛或疏被短毛；心皮5，无毛或子房被伸展的短柔毛。蓇葖长1.1～1.4 cm；种子倒卵状三棱形，长约3 mm，光滑，沿棱具不明显的狭翅。花期7—9月。

〔生境分布〕玛多、玛沁、杂多、曲麻莱、玉树、泽库、兴海、贵南、互助、祁连、门源。生于山坡、河滩、水边砂砾地，海拔2 600～4 700 m。分布于云南西北部、四川西部、甘肃南部、陕西南部及河南西部。

露蕊乌头 *Aconitum gymnandrum*

毛茛科 Ranunculaceae　乌头属 *Aconitum*

〔形态特征〕直立草本，高20～80 cm。根圆柱形，外皮褐色。茎上部被短柔毛，下部疏被柔毛或无毛，有分枝。叶片宽卵形，长3～7 cm，宽4～5 cm，三全裂，全裂片二至三回深裂，小裂片狭卵形至披针形，表面被短柔毛，背面沿脉被白色长柔毛，或无毛；下部的叶柄长2～6 cm，上部的叶柄逐渐变短。总状花序，具数花至多花；基部的苞片似叶，下部的苞片3裂，中上部的苞片披针形至线形；花梗长1～10 cm；小苞片生于花梗的上部或顶部，长0.5～1.5 cm，披针形或线状披针形，有时3全裂。萼片蓝紫色，外面疏被长柔毛，具爪，上萼片船形，高1.5～2 cm，侧萼片长1.2～1.8 cm，花瓣片长6～8 mm；雄蕊外露，被短毛；心皮6～13，子房有毛。花期7—8月。

〔生境分布〕玛多、班玛、久治、杂多、治多、曲麻莱、囊谦、玉树、大武、尖扎、同仁、泽库、河南、兴海、共和、贵南、西宁、大通、湟源、湟中、循化、乐都、民和、互助、祁连、门源。生于山坡、河谷、农田边，海拔2 230～4 300 m。分布于西藏、四川西部、甘肃南部。模式标本采自大通一带。

密花翠雀 *Delphinium densiflorum*

毛茛科 Ranunculaceae 翠雀属 *Delphinium*

〔形态特征〕茎直立，高30～46 cm，粗达1 cm，疏被柔毛或变无毛。叶基生并茎生，下部的有长柄，近花序的叶具短柄；叶片亚革质，肾形，长3.2～3.7 cm，宽6～7 cm，掌状三深裂，深裂片互相稍覆压，边缘有圆齿，表面近无毛，背面沿脉疏被短柔毛；基生叶的柄长达17 cm。总状花序长为植株的1/4～1/2，有30～40朵密集的花；花梗长2～2.5 cm，密被反曲的淡黄色腺毛；小苞片生花梗上部，线状长圆形，长1.4～1.5 cm，有长缘毛；萼片宿存，淡灰蓝色，外面被长柔毛，内面无毛，上萼片船状卵形，长2.8～3 cm，宽约1.6 cm，距圆锥状，长0.8～1 cm，顶端钝，其他的萼片较小，卵形，长约2.4 cm；花瓣顶端二浅裂，有缘毛；退化雄蕊长约1.4 cm，瓣片卵形，与爪近等长，二深裂，裂片宽披针形，在腹面中央有一丛长柔毛；雄蕊无毛；心皮3，子房有柔毛。蓇葖长约1.2 cm；种子三棱形，长约2 mm，沿棱有狭翅。7—8月开花。

〔生境分布〕玛多、同仁、泽库、互助。生于倒石堆、高山草甸，海拔3 700～4 500 m。分布于我国甘肃；尼泊尔及印度也有分布。

大通翠雀花 *Delphinium pylzowii*

毛茛科 Ranunculaceae　翠雀属 *Delphinium*

〔形态特征〕茎高（10）20～55 cm，自下部或中部分枝，稀不分枝，被反曲的短柔毛。基部叶在开花时多枯萎。下部叶具长柄；叶片圆五角形，长1～2.8 cm，宽2.5～5 cm，三全裂，中全裂片一回三裂或常二至三回近羽状细裂，小裂片稀疏，狭披针形至线形，两面疏被短柔毛；叶柄长3.5～7.5 cm，基部近无鞘。伞房花序有2～6花；基部苞片叶状，上部的三裂或不分裂而呈钻形；花梗长4.5～9 cm，密被反曲或开展的短柔毛，并混有黄色腺毛；小苞片生花梗中部上下，线形或钻形，长3～7 mm；萼片宿存，蓝紫色，卵形，长1.6～1.8（2.4）cm，外面有白色柔毛，内面无毛，距钻形，长2.1～2.4 cm，上部粗约3 mm，末端向下弯曲；花瓣无毛，顶端微凹；退化雄蕊的瓣片黑褐色，长6～9 mm，二裂达中部，腹面被黄色髯毛，爪与瓣片近等长；雄蕊无毛；心皮5，子房密被柔毛。蓇葖长约1.8 cm；种子倒圆锥状四面体形，长约1 mm，沿棱近无翅。花期7—8月。

〔生境分布〕玛多、杂多、治多、曲麻莱、囊谦、玉树、泽库、河南、兴海、大通、湟中、循化、互助、祁连。生于山坡草地、灌丛、河滩沼泽草甸、高山流石坡，海拔2 500～5 000 m。分布于甘肃西部。

白蓝翠雀花 *Delphinium albocoeruleum*

毛茛科 Ranunculaceae　翠雀属 *Delphinium*

〔形态特征〕茎高（10）40～60（100）cm，被反曲的短柔毛。基生叶在开花时存在或枯萎，茎生叶在茎上等距排列，下部叶有长柄；叶片五角形，长（1.4）3.5～5.8 cm，宽（2）5.5～10 cm，三裂至距基部1.5～4 mm处，一回裂片偶尔浅裂，通常一至二回多少深裂，小裂片狭卵形至披针形或线形，宽2.5～5 mm，常有1～2枚小齿，两面疏被短柔毛；叶柄长3.5～13 cm。伞房花序有3～7花；下部苞片叶状；花梗长3～12 cm，被反曲、偶尔开展的短柔毛，有时近无毛；小苞片生花梗近顶部处或与花邻接，匙状线形，长6～14 mm，宽1.5～3 mm；萼片宿存，蓝紫色或蓝白色，长2～2.5（3）cm，外面被短柔毛，上萼片圆卵形，其他萼片椭圆形，距圆筒状钻形或钻形，长1.7～2.5（3.3）cm，基部粗2.5～3.5（4）mm，末端稍向下弯曲；花瓣无毛；退化雄蕊黑褐色，瓣片卵形，二浅裂或裂至中部，腹面有黄色髯毛；花丝疏被短毛；心皮3，子房密被紧贴的短柔毛。蓇葖长约1.4 cm；种子四面体形，长约1.5 mm，有鳞状横翅。花期7—9月。

〔生境分布〕玛多、久治、曲麻莱、囊谦、同仁、泽库、河南、都兰、德令哈、兴海、共和、大通、祁连。生于河谷、山坡、高山草甸、高山流石坡，海拔2 850～4 300 m。分布于西藏东部、四川西北部、甘肃。

蓝翠雀花 *Delphinium caeruleum*

毛茛科 Ranunculaceae　翠雀属 *Delphinium*

〔形态特征〕茎高8 ~ 60 cm，与叶柄均被反曲的短柔毛，通常自下部分枝。基生叶有长柄；叶片近圆形，宽1.8 ~ 5 cm，三全裂，中央全裂片菱状倒卵形，细裂，末回裂片线形，宽1.5 ~ 2.5（4）mm，顶端有短尖，侧全裂片扇形，2 ~ 3回细裂，表面密被短伏毛，背面的毛较稀疏且较长；叶柄长3.5 ~ 14 cm，基部有狭鞘。茎生叶似基生叶，渐变小。伞房花序常呈伞状，有1 ~ 7花；下部苞片叶状或三裂，其他苞片线形；花梗细，长5 ~ 8 cm，与轴密被反曲的白色短柔毛，有时混生开展的白色柔毛和黄色短腺毛；小苞片生花梗中部上下，披针形，长4 ~ 10 mm；萼片紫蓝色，偶尔白色，椭圆状倒卵形或椭圆形，长1.5 ~ 1.8（2.5）cm，外面有短柔毛，有时基部密被长柔毛，距钻形，长1.8 ~ 2.8 cm，基部粗2 ~ 3 mm，花瓣蓝色，无毛；退化雄蕊蓝色，瓣片宽倒卵形或近圆形，顶端不裂或微凹，腹面被黄色髯毛；花丝疏被短毛或无毛；心皮5，子房密被短柔毛。蓇葖长1.1 ~ 1.3 cm；种子倒卵状四面体形，长约1.5 mm，沿棱有狭翅。花期7—9月。

〔生境分布〕久治、玛多、杂多、囊谦、玉树、同仁、泽库、天峻、兴海、贵南、大通、湟源、湟中、循化。生于高山灌丛、山坡草地，海拔2 700 ~ 4 300 m。分布于西藏、四川、甘肃。

拟耧斗菜 *Paraquilegia microphylla*

毛茛科 Ranunculaceae　拟耧斗菜属 *Paraquilegia*

〔形态特征〕根状茎细圆柱形至近纺锤形，粗2～6 mm。叶多数，通常为二回三出复叶，无毛；叶片轮廓三角状卵形，宽2～6 cm，中央小叶宽菱形至肾状宽菱形，长5～8 mm，宽5～10 mm，三深裂，每深裂片再2～3细裂，小裂片倒披针形至椭圆状倒披针形，通常宽1.5～2 mm，表面绿色，背面淡绿色；叶柄细长，长2.5～11 cm。花葶直立，比叶长，长3～18 cm；苞片2枚，生于花下3～33 mm处，对生或互生，倒披针形，长4～12 mm，基部有膜质的鞘；花直径2.8～5 cm；萼片淡紫红色，偶为白色，倒卵形至椭圆状倒卵形，长1.4～2.5 cm，宽0.9～1.5 cm，顶端近圆形；花瓣倒卵形至倒卵状长椭圆形，长约5 mm，顶端微凹，下部浅囊状；花药长0.8～1 mm，花丝长5～8.5 mm；心皮5～8枚，无毛。蓇葖直立，连同2 mm长的短喙共长11～14 mm，宽约4 mm；种子狭卵球形，长1.3～1.8 mm，褐色，一侧生狭翅，光滑。花期6—8月，果期8—9月。

〔生境分布〕久治、玛沁、杂多、治多、曲麻莱、囊谦、玉树、同仁、泽库、河南、兴海、循化、互助、祁连、门源。生于岩石缝隙、灌丛、林缘，海拔2 000～4 700 m。分布于我国西藏、云南西北部、四川西部、新疆和甘肃西南部；不丹、尼泊尔及中亚地区也有分布。

瓣蕊唐松草 *Thalictrum petaloideum*

毛茛科 **Ranunculaceae** 唐松草属 ***Thalictrum***

〔形态特征〕植株全部无毛。茎高20～80 cm，上部分枝。基生叶数个，有短或稍长柄，为三至四回三出或羽状复叶；叶片长5～15 cm；小叶草质，形状变异很大，顶生小叶倒卵形、宽倒卵形。菱形或近圆形，长3～12 mm，宽2～15 mm，先端钝，基部圆楔形或楔形，三浅裂至三深裂，裂片全缘，叶脉平，脉网不明显，小叶柄长5～7 mm；叶柄长达10 cm，基部有鞘。花序伞房状，有少数或多数花；花梗长0.5～2.5 cm；萼片4，白色，早落，卵形，长3～5 mm；雄蕊多数，长5～12 mm，花药狭长圆形，长0.7～1.5 mm，顶端钝，花丝上部倒披针形，比花药宽；心皮4～13，无柄，花柱短，腹面密生柱头组织。瘦果卵形，长4～6 mm，有8条纵肋，宿存花柱长约1 mm。花期6—7月。

〔生境分布〕玛多、尖扎、同仁、西宁、大通、共和、循化、乐都、互助、门源。生于山坡草地、林缘、灌丛中。分布于四川西北部、甘肃、陕西、宁夏、华北、东北、河南、安徽；俄罗斯西伯利亚地区也有分布。

长柄唐松草 *Thalictrum przewalskii*

毛茛科 Ranunculaceae 唐松草属 *Thalictrum*

〔形态特征〕茎高50 ~ 120 cm，无毛，通常分枝，约有9叶。基生叶和近基部的茎生叶在开花时枯萎。茎下部叶长达25 cm，为四回三出复叶；叶片长达28 cm；小叶薄草质，顶生小叶卵形、菱状椭圆形、倒卵形或近圆形，长1 ~ 3 cm，宽0.9 ~ 2.5 cm，顶端钝或圆形，基部圆形、浅心形或宽楔形，三裂常达中部，有粗齿，背面脉稍隆起，有短毛；叶柄长约6 cm，基部具鞘；托叶膜质，半圆形，边缘不规则开裂。圆锥花序多分枝，无毛；花梗长3 ~ 5 mm；萼片白色或稍带黄绿色，狭卵形，长2.5 ~ 5 mm，宽约1.5 mm，有3脉，早落；雄蕊多数，长4.5 ~ 10 mm，花药长圆形，长约0.8 mm，比花丝宽，花丝白色，上部线状倒披针形，下部丝形；心皮4 ~ 9，有子房柄，花柱与子房等长。瘦果扁，斜倒卵形，长0.6 ~ 1.2 cm（包括柄），有4条纵肋，子房柄长0.8 ~ 3 mm，宿存花柱长约1 mm。花期6—8月。

〔生境分布〕班玛、久治、玛沁、同仁、泽库、河南、西宁、大通、湟中、循化、民和、门源。生于林下、林缘、灌丛、山坡岩石缝隙、草地，海拔2 230 ~ 3 450 m。分布于西藏东部、四川西部、甘肃、陕西、华北、湖北西北部、河南西部。

芸香叶唐松草 *Thalictrum rutifolium*

毛茛科 Ranunculaceae　唐松草属 *Thalictrum*

〔形态特征〕植株全部无毛。茎高11～50 cm，上部分枝。基生叶和茎下部叶有长柄，为三至四回近羽状复叶；叶片长3.2～11 cm；小叶草质，顶生小叶楔状倒卵形，有时菱形、椭圆形或近圆形，长3～8 mm，宽2～7 mm，顶端圆形，基部楔形至圆形，三裂或不分裂，通常全缘，两面脉平，脉网不明显；叶柄长达6 cm，基部有短鞘，托叶膜质，分裂。花序似总状花序，狭长；花梗长2～7 mm，结果时增长到8～14 mm；萼片4，淡紫色，卵形，长约1.5 mm，宽约1 mm，早落；雄蕊4～18（30），长2～3 mm，花药椭圆形，长0.5～1.5 mm，顶端有短尖，花丝丝形；心皮3～5，基部渐狭成短柄，花柱短，腹面密生柱头组织。瘦果倒垂，稍扁，镰状半月形，长4～6 mm，有8条纵肋，子房柱长约1 mm，宿存花柱长约0.3 mm，反曲。花期6月。

〔生境分布〕玛多、久治、杂多、治多、曲麻莱、囊谦、玉树、黄南州、兴海、共和、大通。生于山坡、草地、疏林下，海拔3 200～4 600 m。分布于西藏、云南西北部、四川西部、甘肃中部和西南部。

高山唐松草 *Thalictrum alpinum*

毛茛科 Ranunculaceae　唐松草属 *Thalictrum*

〔形态特征〕多年生小草本，全部无毛。叶4～5个或更多，均基生，为二回羽状三出复叶；叶片长1.5～4 cm；小叶薄革质，有短柄或无柄，圆菱形、菱状宽倒卵形或倒卵形，长和宽均为3～5 mm，基部圆形或宽楔形，三浅裂，浅裂片全缘，脉不明显；叶柄长1.5～3.5 cm。花葶1～2条，高6～20 cm，不分枝；总状花序长2.2～9 cm；苞片小，狭卵形；花梗向下弯曲，长1～10 mm；萼片4，脱落，椭圆形，长约2 mm；雄蕊7～10，长约5 mm，花药狭长圆形，长约1.2 mm，顶端有短尖头，花丝丝形；心皮3～5，柱头约与子房等长，箭头状。瘦果无柄或有不明显的柄，狭椭圆形，稍扁，长约3 mm，有8条粗纵肋。花期6—8月。

〔生境分布〕玛多、玛沁、杂多、治多、曲麻莱、玉树、共和、兴海、海晏、门源。生于高山草甸、河漫滩、谷地，海拔2 500～4 700 m。分布于我国西藏、新疆等地；亚洲北部、西部和欧洲、北美洲也有分布。

钩柱唐松草 *Thalictrum uncatum*

毛茛科 Ranunculaceae　唐松草属 *Thalictrum*

〔形态特征〕植株全部无毛。茎高45～90 cm，上部分枝，有细纵槽。茎下部叶有长柄，为四至五回三出复叶；叶片长达15 cm；小叶薄，草质，顶生小叶楔状倒卵形或宽菱形，长0.9～1.3 cm，宽5～7（10）mm，顶端钝，基部宽楔形或圆形，三浅裂，两面脉平，脉网不明显；叶柄长约7 cm，基部有鞘。花序狭长，似总状花序，生茎和分枝顶端；花梗细，长2～4 mm，结果时稍增长；萼片4，淡紫色，椭圆形，长约3 mm，宽约1.2 mm，顶端钝；雄蕊约10，长约7 mm，花药长圆形，长1.8～2.2 mm，有短尖，花丝上部狭线形，下部丝形；心皮6～12，花柱与子房等近长，顶端稍弯曲，腹面生柱头组织。瘦果扁平，半月形，长4～5 mm，中部宽1.5～2 mm，有8条纵肋，心皮柄长1～2 mm，宿存花柱长约2 mm，顶端拳卷。花期5—7月。

〔生境分布〕分布于西藏东部（米林以东）、云南西北部（中甸以北）、四川西部、青海东部、甘肃南部。生于海拔2 700～3 200 m间山地草坡或灌丛边。模式标本采自甘肃舟曲。

草玉梅 *Anemone rivularis*

毛茛科 Ranunculaceae 银莲花属 *Anemone*

〔形态特征〕植株高（10）15 ~ 65 cm。根状茎木质，垂直或稍斜，粗0.8 ~ 1.4 cm。基生叶3 ~ 5，有长柄；叶片肾状五角形，长（1.6）2.5 ~ 7.5 cm，宽（2）4.5 ~ 14 cm，三全裂，中全裂片宽菱形或菱状卵形，有时宽卵形，宽（0.7）2.2 ~ 7 cm，三深裂，深裂片上部有少数小裂片和牙齿，侧全裂片不等二深裂，两面都有糙伏毛；叶柄长（3）5 ~ 22 cm，有白色柔毛，基部有短鞘。花葶1 ~ 3，直立；聚伞花序长（4）10 ~ 30 cm，（1）2 ~ 3回分枝；苞片3 ~ 4枚，有柄，近等大，长（2.2）3.2 ~ 9 cm，似基生叶，宽菱形，三裂近基部，一回裂片多少细裂，柄扁平，膜质，长0.7 ~ 1.5 cm，宽4 ~ 6 mm；花直径（1.3）2 ~ 3 cm；萼片（6）7 ~ 8（10），白色，倒卵形或椭圆状倒卵形，长（0.6）0.9 ~ 1.4 cm，宽（3.5）5 ~ 10 mm，外面有疏柔毛，顶端密被短柔毛；雄蕊长约为萼片之半，花药椭圆形，花丝丝形；心皮30 ~ 60，无毛，子房狭长圆形，有拳卷的花柱。瘦果狭卵球形，稍扁，长7 ~ 8 mm，宿存花柱钩状弯曲。花期5—8月。

〔生境分布〕久治、玛多、玉树、治多、大武、尖扎、同仁、泽库、河南、兴海、西宁、大通。生于河谷林下、河滩、河谷阶地、山麓、山坡草地，海拔2 300 ~ 3 650 m。分布于西藏东部、云南、贵州、四川、甘肃西南部、湖北西南部、广西西部。

疏齿银莲花 *Anemone obtusiloba* subsp. *ovalifolia*

毛茛科 Ranunculaceae　银莲花属 *Anemone*

〔形态特征〕多年生草本，高4～29 cm。根长2～8 cm，稍肉质，簇生；基生叶具长柄，基部密集褐色枯萎纤维状残叶基与花葶残基；叶片肾状五角形或宽卵形，长0.8～3.5 cm，宽1～4.5 cm，基部心形，三全裂，中裂片菱状倒卵形，二回全裂，侧裂片较小，三浅裂或三深裂，裂片全缘或具2～3齿，叶两面被短柔毛，各回裂片多少互相邻接或稍覆压；叶柄长3～16 cm。花葶3～5，被开展的柔毛；苞片倒卵形，三裂，密被柔毛；花梗长1～10 cm；萼片5；蓝色、黄色或白色；雄蕊长约3 mm，花药黄色；心皮多数，子房窄卵形，花柱短，被白色柔毛或无毛。瘦果倒卵形，多少被短柔毛，花柱宿存。花期6—7月，果期8—9月。

〔生境分布〕久治、玛沁、曲麻莱、囊谦、玉树、黄南州、共和、西宁、大通、乐都、民和、互助。生于河滩、河谷草地、林缘、灌丛中、高山草甸、高山流石坡，海拔2 290～4 800 m。分布于西藏、云南西北部、四川西部、甘肃、陕西陇县、新疆策勒、宁夏贺兰山、山西、河北西部。

匙叶银莲花 *Anemone trullifolia*

毛茛科 Ranunculaceae 银莲花属 *Anemone*

〔形态特征〕植株高10～18 cm。根状茎粗0.8～1.8 cm。基生叶5～10，有短柄或长柄；叶片菱状倒卵形或宽菱形，长2～3.8 cm，宽1.7～3.7 cm，基部楔形或宽楔形，三浅裂，浅裂片有粗牙齿，两面密被长柔毛；叶柄不明显或明显，长达3～7 cm，扁平，基部稍变宽。花葶1～4枚，有疏柔毛；苞片3枚，无柄，狭倒卵形或长圆形，长0.8～1.5 cm，宽3～8 mm，顶端有3钝齿或全缘；花梗1，长0.5～3 cm；萼片5（7），黄色，倒卵形，长0.7～1.4 cm，宽4～9 mm，顶端圆形，外面中部有密柔毛；雄蕊长3～4 mm，花药椭圆形；心皮约8，子房密被淡褐色柔毛。花期5—6月。

〔生境分布〕班玛、久治、玛沁、囊谦、玉树、同仁、河南、大通、循化。生于河滩、山坡草地、山地草甸，海拔2 700～4 400 m。分布于西藏东部和南部、云南西北部、四川西部、甘肃西南部。

叠裂银莲花 *Anemme imbricata*

毛茛科 Ranunculaceae　银莲花属 *Anemone*

〔形态特征〕植株高4～12（20）cm。根状茎长约5 cm。基生叶4～7，有长柄；叶片椭圆状狭卵形，长1.5～2.8 cm，宽1.1～2.2 cm，基部心形，三全裂，中全裂片有细长柄（长2～6 mm），三全裂或三深裂，二回裂片浅裂，侧全裂片无柄，长约为中全裂片一半，不等三深裂，各回裂片互相多少覆压，表面近无毛，背面和边缘密被长柔毛；叶柄长3～4.5 cm，有密柔毛。花草1～4，直立或渐升，长4.5～13 cm，密被长柔毛；苞片3枚，无柄，稍不等大，长1～1.6 cm，三深裂；花梗1，长0.5～3.5 cm，有柔毛；萼片6～9，白色、紫色或黑紫色，倒卵状长圆形或倒卵形，长1.1～1.3 cm，宽5～7.5 mm，无毛或外面有疏柔毛；雄蕊长约3.5 mm，花药椭圆形；心皮约30，无毛。瘦果扁平，椭圆形，长约6.5 mm，宽约4 mm，有宽边缘，无毛，顶端有弯曲的短宿存花柱。花期5—8月。

〔生境分布〕玛多、久治、玛沁、杂多、治多、曲麻莱、囊谦、玉树、河南、乌兰、兴海、大通。生于高山草甸，灌丛、流石坡，海拔3 200～5 100 m。分布于西藏、四川西部、甘肃。

长花铁线莲 *Clematis rehderiana*

毛茛科 Ranunculaceae 铁线莲属 *Clematis*

〔形态特征〕木质藤本，长2～3 m。茎六棱形，有浅纵沟纹，淡黄绿色或微带紫红色，被稀疏开展的曲柔毛。一至二回羽状复叶，连叶柄长12～20 cm，小叶5～9或更多，叶柄及叶轴上面有槽；小叶片宽卵圆形或卵状椭圆形，长4～5.5 cm，宽2～5 cm，顶端钝尖，基部心形、截形或楔形，边缘3裂，有粗锯齿或有时裂成3小叶，叶脉在表面微下陷，在背面隆起，两面均被平伏的柔毛，尤以背面叶脉上较密；小叶柄长1～2 cm；叶柄长3～4.5 cm。聚伞圆锥花序腋生，与叶近等长，花序梗长7～12 cm，在花序的分枝处生一对膜质的苞片，苞片卵圆形或卵状椭圆形，长1.5～2 cm，全缘或有时3裂；花萼钟状，顶端微反卷，直径1.5～2 cm，芳香；萼片4枚，淡黄色，长方椭圆形或窄卵形，长1.5～2.5 cm，宽0.5～1 cm，内面无毛，外面被平伏的短柔毛，边缘被白色茸毛；雄蕊长为萼片之半（长1～1.5 cm），花丝线形，被开展的柔毛，花药黄色，长椭圆形，长2～3 mm；心皮被短柔毛，花柱被绢状毛。瘦果扁平，宽卵形或近于圆形，长约3 mm，棕红色，边缘增厚，被短柔毛，宿存花柱长2～2.5 cm，被长柔毛。花期7—8月，果期9月。

〔生境分布〕久治、玛沁、囊谦、玉树、同仁、大通、乐都。生于河滩、山坡，海拔2 500～4 000 m。分布于西藏东部、云南西北部、四川西部。

黄花铁线莲 *Clematis intricata*

毛茛科 Ranunculaceae　铁线莲属 *Clematis*

〔形态特征〕草质藤本。茎纤细，多分枝，有细棱，近无毛或有疏短毛。一至二回羽状复叶；小叶有柄，2～3全裂或深裂，浅裂，中间裂片线状披针形、披针形或狭卵形，长1～4.5 cm，宽0.2～1.5 cm，顶端渐尖，基部楔形，全缘或有少数牙齿，两侧裂片较短，下部常2～3浅裂。聚伞花序腋生，通常为3花，有时单花；花序梗较粗，长1.2～3.5 cm，有时极短，疏被柔毛；中间花梗无小苞片，侧生花梗下部有2片对生的小苞片，苞片叶状，较大，全缘或2～3浅裂至全裂；萼片4，黄色，狭卵形或长圆形，顶端尖，长1.2～2.2 cm，宽4～6 mm，两面无毛，偶尔内面有极稀柔毛，外面边缘有短茸毛；花丝线形，有短柔毛，花药无毛。瘦果卵形至椭圆状卵形，扁，长2～3.5 mm，边缘增厚，被柔毛，宿存花柱长3.5～5 cm，被长柔毛。花期6—7月，果期8—9月。

〔生境分布〕玛多、尖扎、泽库、湟中、循化、门源。生于林缘、灌丛中、河谷边、山被草地或田埂，海拔2 220～4 100 m。分布于甘肃南部、陕西、华北、辽宁凌源。

甘青铁线莲 *Clematis tangutica*

毛茛科 Ranunculaceae　铁线莲属 *Clematis*

3a甘青铁线莲 var. tangutica

〔形态特征〕落叶藤本，长1～4 m（生于干旱沙地的植株高仅30 cm左右）。主根粗壮，木质。茎有明显的棱，幼时被长柔毛，后脱落。一回羽状复叶，有5～7小叶；小叶片基部常浅裂、深裂或全裂，侧生裂片小，中裂片较大，卵状长圆形、狭长圆形或披针形，长（2）3～4（5.5）cm，宽0.5～1.5 cm，顶端钝，有短尖头，基部楔形，边缘有不整齐缺刻状的锯齿，上面有毛或无毛，下面有疏长毛；叶柄长（2）3～4（7.5）cm。花单生，有时为单聚伞花序，有3花，腋生；花序梗粗壮，长（4.5）6～15（20）cm，有柔毛；萼片4，黄色外面带紫色，斜上展，狭卵形、椭圆状长圆形，长1.5～2.5（3.5）cm，顶端渐尖或急尖，外面边缘有短茸毛，中间被柔毛，内面无毛，或近无毛；花丝下面稍扁平，被开展的柔毛，花药无毛；子房密生柔毛。瘦果倒卵形，长约4 mm，有长柔毛，宿存花柱长达4 cm。花期6—9月，果期9—10月。

〔生境分布〕玛多、班玛、久治、杂多、治多、曲麻莱、囊谦、玉树、玛礼、黄南州、大柴旦、都兰、兴海、共和、贵南、西宁、大通、湟中、循化、乐都、民和、互助、刚察、招连、门源。生于林下，疏林中，河边、湖滨、山坡、草地，海拔2 300～4 280 m。分布于西藏、四川西部、新疆、甘肃南部和东部、陕西。

美花草 *Callianthemum pimpinelloides*

毛茛科 Ranunculaceae　美花草属 *Callianthemum*

〔形态特征〕植株全体无毛。根状茎短。茎2～3条，直立或渐升，高3～7 cm，不分枝或有1～2分枝，无叶或有1～2叶。基生叶与茎近等长，有长柄，为一回羽状复叶；叶片卵形或狭卵形，在开花时未完全发育，长1.5～2.5 cm，宽1.4～1.8 cm，羽片1～3对，近无柄，斜卵形或宽菱形，掌状深裂，边缘有少数钝齿，顶生羽片扇状菱形；叶柄长1.5～6 cm，基部有鞘。花直径1.1～1.4 cm；萼片5，椭圆形，长3～6 mm，宽1.8～3.5 mm，顶端钝或微尖，基部囊状；花瓣5～7（9），白色，粉红色或淡紫色，倒卵状长圆形或宽线形，长5～10 mm，宽1～2.5 mm，顶端圆形，下部橙黄色；雄蕊长约为花瓣之半，花药椭圆形，花丝披针状线形；心皮8～14。聚合果直径约6 mm；瘦果卵球形，长约2.8 mm，表面皱，宿存花柱短。花期4—6月。

〔生境分布〕玛多、达日、久治、玛沁、杂多、囊谦、玉树、治多、曲麻莱、同仁、湟中、互助。生于灌丛、山坡草地和高寒草甸，海拔3 000～4 600 m。分布于我国西藏西部；克什米尔、印度西北部也有分布。

蓝侧金盏花 *Adonis coerulea*

毛茛科 Ranunculaceae　侧金盏花属 *Adonis*

〔形态特征〕多年生草本，除心皮外，全部无毛。根状茎粗壮。茎高3～15 cm，常在近地面处分枝，基部和下部有数个鞘状鳞片。茎下部叶有长柄，上部的有短柄或无柄；叶片长圆形或长圆状狭卵形，少有三角形，长1～4.8 cm，宽1～2 cm，二至三回羽状细裂，羽片4～6对，稍互生，末回裂片狭披针形或披针状线形，顶端有短尖头；叶柄长达3.2 cm，基部有狭鞘。花直径1～1.8 cm；萼片5～7，倒卵状椭圆形或卵形，长4～6 mm，顶端圆形；花瓣约8，淡紫色或淡蓝色，狭倒卵形，长5.5～11 mm，顶端有少数小齿；花药椭圆形，花丝狭线形；心皮多数，子房卵形，花柱极短。瘦果倒卵形，长约2 mm，下部有稀疏短柔毛。花期4—7月。

〔生境分布〕玛多、久治、玛沁、玉树州、尖扎、同仁、格尔木、兴海、大通、乐都、互助、门源。生于山坡草地、灌丛中、河滩，海拔2 230～4 700 m。分布于西藏东北部、四川西北部、甘肃。

高原毛茛 *Ranunculus tanguticus*

毛茛科 Ranunculaceae　毛茛属 *Ranunculus*

〔形态特征〕多年生草本。须根基部稍增厚呈纺锤形。茎直立或斜生，高10～30 cm，多分枝，生白柔毛。基生叶多数，和下部叶均有生柔毛的长叶柄；叶片圆肾形或倒卵形，长及宽1～4（6）cm，3出复叶，小叶片2～3回3全裂或深、中裂，末回裂片披针形至线形，宽1～3 mm，顶端稍尖，两面或下面贴生白柔毛；小叶柄短或近无。上部叶渐小，3～5全裂，裂片线形，宽约1 mm，有短柄至无柄，基部具生柔毛的膜质宽鞘。花较多，单生于茎顶和分枝顶端，直径8～12（18）mm；花梗被白柔毛，在果期伸长；萼片椭圆形，长3～4（6）mm，生柔毛；花瓣5，倒卵圆形，长5～8 mm，基部有窄长爪，密槽点状；花托圆柱形，长5～7 mm，宽1.5～2.5 mm，较平滑，常生细毛。聚合果长圆形，长6～8 mm，约为宽的2倍；瘦果小而多，卵球形，较扁，长1.2～1.5 mm，稍大于宽，约为厚的2倍，无毛，喙直伸或稍弯，长0.5～1 mm。花果期6—8月。

〔生境分布〕玛多、班玛、久治、玛沁、曲麻莱、玉树、黄南州、天峻、兴海、西宁、大通、循化、乐都、民和、互助、海晏、门源。生于河边、河漫滩、沼泽草甸、草甸和山地阴坡灌丛草甸，海拔2 280～4 400 m。分布于我国西藏、云南西北部、四川、甘肃、陕西、山西、河北；尼泊尔、印度北部也有分布。

云生毛茛 *Ranunculus nephelogenes*

毛茛科 Ranunculaceae　毛茛属 *Ranunculus*

〔形态特征〕多年生草本，高15～20 cm。须根密集，稍肉质。茎直立，单一或有腋生短分枝，疏生柔毛。叶片披针形至线形，或外层的叶呈长椭圆形或卵形、卵圆形，长5～7 cm。基部楔形，顶端钝，无毛或疏生柔毛，全缘，叶柄长3～5 cm。花单生于茎顶或分枝顶端，直径8～18 mm；花梗贴生黄柔毛；萼片5，卵形，长约4 mm，带紫色，外面密生短柔毛；花瓣5，倒卵形至卵圆形，长于萼片，黄色，密槽呈点状袋穴；雄蕊长约4 mm；花托短圆锥形，被细毛。聚合果卵球形，直径4～6 mm；瘦果卵球形，稍扁，长1～2 mm，无毛，背腹有纵棱，喙直伸，不向下弯。花果期6—8月。

〔生境分布〕玛多、久治、玉树、囊谦、同仁、泽库、河南、西宁、大通、循化、互助。生于高山草甸、林中潮湿处、河滩、水渠边、沼泽草甸，海拔2 210～4 400 m。分布于我国西藏、云南西北部、四川西部、新疆中南部、甘肃、山西北部；尼泊尔、印度西北部（模式产地）、巴基斯坦北部也有分布。

茴茴蒜 *Ranunculus chinensis*

毛茛科 Ranunculaceae 毛茛属 *Ranunculus*

〔形态特征〕一年生草本。须根多数簇生。茎直立粗壮，高20～70 cm，直径在5 mm以上，中空，有纵条纹，分枝多，与叶柄均密生开展的淡黄色糙毛。基生叶与下部叶有长达12 cm的叶柄，为3出复叶，叶片宽卵形至三角形，长3～8（12）cm，小叶2～3深裂，裂片倒披针状楔形，宽5～10 mm，上部有不等的粗齿或缺刻或2～3裂，顶端尖，两面伏生糙毛，小叶柄长1～2 cm或侧生小叶柄较短，生开展的糙毛。上部叶较小和叶柄较短，叶片3全裂，裂片有粗齿牙或再分裂。花序有较多疏生的花，花梗贴生糙毛；花直径6～12 mm；萼片狭卵形，长3～5 mm，外面生柔毛；花瓣5，宽卵圆形，与萼片近等长或稍长，黄色或上面白色，基部有短爪，密槽有卵形小鳞片；花药长约1 mm；花托在果期显著伸长，圆柱形，长达1 cm，密生白短毛。聚合果长圆形，直径6～10 mm；瘦果扁平，长3～3.5 mm，宽约2 mm，为厚的5倍以上，无毛，边缘有宽约0.2 mm的棱，喙极短，呈点状，长0.1～0.2 mm。花果期5—9月。

〔生境分布〕久治、尖扎、同仁、西宁、大通、循化、互助。生于山坡、潮湿地及水渠边，海拔2 200～3 800 m。分布于我国西藏、云南、四川、新疆、甘肃、陕西、华北、东北、华中、华东、华南；日本，朝鲜、印度、俄罗斯西伯利亚及远东地区也有分布。

鸦跖花 *Oxygraphis kamchatica*

毛茛科 Ranunculaceae 鸦跖花属 *Oxygraphis*

〔形态特征〕矮小草本，高15～20 cm。具短根茎。须根细长，簇生。叶基生，宽卵形、卵形或倒卵形，长0.5～2.5 cm，宽0.5～2.1 cm，基部宽楔形，顶端钝圈，全缘，质厚，无毛；叶柄长2～5 cm，扁平，具三条细脉。花葶2～5，无毛；花单生，直径1.5～3 cm；萼片5～7，宽倒卵形；花瓣10～21，黄色，长圆形、倒卵形或倒披针形，长6～10 mm，宽3～4 mm，基部楔形，顶端钝或圆形，具褐色细脉纹，密槽呈杯状凹穴；雄蕊多数，长约为花瓣的1/3，花药黄色；花托扁而宽，心皮多数。花期6—7月。

〔生境分布〕玛多、久治、玛沁、曲麻莱、玉树、称多、同仁、泽库、兴海、大通、循化、互助、祁连、门源。生于高山草甸、高山流石坡及倒石堆，海拔2 300～4 850 m。分布于我国西藏、云南西北部、四川西部、新疆、甘肃、陕西南部；印度至苏联的中亚和西伯利亚地区也有。

三裂碱毛茛 *Halerpestes tricuspis*

毛茛科 Ranunculaceae　碱毛茛属 *Halerpestes*

〔形态特征〕多年生小草本。匍匐茎纤细，横走，节处生根和簇生数叶。叶均基生；叶片质地较厚，形状多变异，菱状楔形至宽卵形，长1～2 cm，宽0.5～1 cm，基部楔形至截圆形，3中裂至3深裂，有时侧裂片2～3裂或有齿，中裂片较长，长圆形，全缘，脉不明显，无毛或有柔毛；叶柄长1～2 cm，基部有膜质鞘。花葶高2～4 cm或更高，无毛或有柔毛，无叶或有1苞片；花单生，直径7～10 mm；萼片卵状长圆形，长3～5 mm，边缘膜质；花瓣5，黄色或表面白色，狭椭圆形，长约5 mm，宽1.5～2 mm，顶端稍尖，有3～5脉，爪长约0.8 mm，密槽点状或上部分离成极小鳞片；雄蕊约20，花药卵圆形，长0.5～0.8 mm，花丝长为花药的2～3倍；花托有短毛。聚合果近球形，直径约6 mm；瘦果20多枚，斜倒卵形，长1.2～2 mm，宽约1 mm，两面稍膨起，有3～7条纵肋，无毛，喙长约0.5 mm。花果期5—8月。

〔生境分布〕久治、治多、玉树、同仁、兴海、共和、西宁、大通、互助、门源。生于水渠边、河漫滩、河边、沼泽草甸、阴坡的潮湿地，海拔2 230～4 200 m。分布于四川西北部、新疆、甘肃、陕西；不丹、尼泊尔、印度西北部也有分布。

水毛茛 *Batrachium bungei*

毛茛科 Ranunculaceae　水毛茛属 *Batrachium*

〔形态特征〕多年生沉水草本。茎长30 cm以上，无毛或在节上有疏毛。叶有短或长柄；叶片轮廓近半圆形或扇状半圆形，直径2.5～4 cm，3～5回，2～3裂，小裂片近丝形，在水外通常收拢或近叉开，无毛或近无毛；叶柄长0.7～2 cm，基部有宽或狭鞘，鞘长3～4 mm，通常多少有短伏毛，偶尔叶柄只有鞘状部分。花直径1～1.5（2）cm；花梗长2～5 cm，无毛；萼片反折，卵状椭圆形，长2.5～4 mm，边缘膜质，无毛；花瓣白色，基部黄色，倒卵形，长5～9 mm；雄蕊10余枚，花药长0.6～1 mm；花托有毛。聚合果卵球形，直径约3.5 mm；瘦果20～40，斜狭倒卵形，长1.2～2 mm，有横皱纹。花期5—8月。

〔生境分布〕玛多、久治、杂多、治多、玉树、同仁、泽库、河南、大通、祁连。生于河滩沼泽、河漫滩、湖边、小溪、水池中，海拔3 000～4 700 m。分布于西藏、云南、四川、甘肃、山西、河北、辽宁、江苏、江西。

鲜黄小檗 *Berberis diaphana*

小檗科 Berberidaceae　小檗属 *Berberis*

〔形态特征〕落叶灌木，高1～3 m。幼枝绿色，老枝灰色，具条棱和疣点；茎刺三分叉，粗壮，长1～2 cm，淡黄色。叶坚纸质，长圆形或倒卵状长圆形，长1.5～4 cm，宽5～16 mm，先端微钝，基部楔形，边缘具2～12刺齿，偶有全缘，上面暗绿色，侧脉和网脉突起，背面淡绿色，有时微被白粉；具短柄。花2～5朵簇生，偶有单生，黄色；花梗长12～22 mm；萼片2轮，外萼片近卵形，长约8 mm，宽约5.5 mm，内萼片椭圆形，长约9 mm，宽约6 mm；花瓣卵状椭圆形，长6～7 mm，宽5～5.5 mm，先端急尖，锐裂，基部缢缩呈爪状，具2枚分离腺体；雄蕊长约4.5 mm，药隔先端平截；胚珠6～10枚。浆果红色，卵状长圆形，长1～1.2 cm，直径6～7 mm，先端略斜弯，有时略被白粉，具明显缩存花柱。花期5—6月，果期7—9月。

〔生境分布〕久治、玛沁、杂多、玉树、尖扎、同仁、泽库、河南、同德、贵德、大通、湟源、湟中、循化、乐都、民和、互助、门源。生于山坡、林下、河谷，海拔2 395～3 850 m。分布于四川、甘肃。

置疑小檗 *Berberis dubia*

小檗科 Berberidaceae　小檗属 *Berberis*

〔形态特征〕落叶灌木，高1～3 m。老枝灰黑色，稍具棱槽和黑色疣点，幼枝紫红色，有光泽，明显具棱槽；茎刺单生或三分叉，长7～20 mm，与枝同色。叶纸质，狭倒卵形，长1.5～3 cm，宽5～18 mm，先端近渐尖，基部渐狭，上面深绿色，中脉和侧脉隆起，背面淡黄色，中脉和侧脉明显隆起，两面网脉显著隆起，无毛，也无白粉，叶缘平展，每边具6～14细刺齿；叶柄长1～3 mm。总状花序由5～10朵花组成，长1～3 cm，总梗长0.5～1 cm；花梗长3～6 mm，细弱，无毛；花黄色；小苞片披针形，长约1.5 mm，宽约1 mm，先端急尖；萼片2轮，外萼片卵形，长约2.5 mm，宽约1.5 mm，内萼片阔倒卵形，长约4.5 mm，宽约3.5 mm；花瓣椭圆形，长约3.5 mm，短于内萼片，先端浅缺裂，基部楔形，具2枚腺体；雄蕊长约2.5 mm，药隔延伸，先端短突尖；胚珠2枚。浆果倒卵状椭圆形，红色，长约8 mm，直径约4 mm，顶端不具宿存花柱，不被白粉。花期5—6月，果期8—9月。

〔生境分布〕分布于甘肃、宁夏、青海、内蒙古。生于山坡灌丛中、石质山坡、河滩地、岩石上或林下。海拔1 400～3 850 m。模式标本采自甘肃西部（具体地点不详）。

匙叶小檗 *Berberis vernae*

小檗科 **Berberidaceae**　小檗属 ***Berberis***

〔形态特征〕落叶灌木，高1～2 m。幼枝紫色，具槽；剩单生，有时三分叉。叶簇生，叶片匙形、椭圆形或倒披针形，长1～5 cm，宽0.5～1.5 cm，基部渐狭，具短柄，顶端钝，全缘。总状花序长3～7 cm，花多数，密集；小花梗长2～3 mm；小苞片黄色，卵形，长1～2 mm，基部较宽，顶端锐尖；萼片6，黄色，椭圆形，长2.5 mm，宽约2 mm，顶端钝；花瓣6，黄色，椭圆形，长约2.5 mm，宽约1 mm，顶端微凹，基部具二腺点；雄蕊6，花丝褐色，短于花瓣；子房椭圆形，长约1 mm，柱头盘状，胚珠1～2枚。浆果红色，椭圆形。花期6—7月，果期8—9月。

〔生境分布〕玉树、称多、尖扎、同仁、兴海、大通、湟源、乐都、民和、互助、门源。生于山麓、河谷和河漫滩，海拔200～3 850 m。分布于四川、甘肃。

五脉绿绒蒿 *Meconopsis quintuplinervia*

罂粟科 Papaveraceae　绿绒蒿属 *Meconopsis*

〔形态特征〕多年生草本，高20 ~ 50 cm。根须状，密集。叶基生，莲座状，基部密集枯萎叶柄；叶柄长3 ~ 9 cm，密生黄褐色毛状刺；叶片匙形、长椭圆形或倒卵形，长2 ~ 8 cm，宽1 ~ 2.5 cm，基部楔形，顶端急尖，全缘，具三脉，两面密生淡黄色羽状硬毛。花葶单生，伸长，密生羽状硬毛，近花处尤密；花单一，顶生，通常下垂；萼片2，早落；花瓣4，倒卵形至近圆形，长3 ~ 4 cm，浅蓝色或淡紫色；雄蕊多数，花丝扁线形，长约为花瓣的1/3，花药黄色，子房密生淡黄色羽状硬毛，花柱硬，柱头头状，具3 ~ 6圆裂片。蒴果椭圆形或矩圆形，3 ~ 6瓣裂。花期6—8月，果期8—9月。

〔生境分布〕达日、久治、玛沁、尖扎、同仁、泽库、河南、共和、兴海、同德、贵南、大通、湟中、循化、乐都、民和、互助、祁连、门源。生于高山草甸、灌丛草甸，海拔2 400 ~ 4 000 m。分布于西藏、四川、甘肃和陕西。

红花绿绒蒿 *Meconopsis punicea*

罂粟科 Papaveraceae　绿绒蒿属 *Meconopsis*

〔形态特征〕多年生草本，高30～75 cm，基部盖以宿存的叶基，其上密被淡黄色或棕褐色、具多短分枝的刚毛。须根纤维状。叶全部基生，莲座状，叶片倒披针形或狭倒卵形，长3～18 cm，宽1～4 cm，先端急尖，基部渐狭，下延入叶柄，边缘全缘，两面密被淡黄色或棕褐色、具多短分枝的刚毛明显具数条纵脉；叶柄长6～34 cm，基部略扩大成鞘。花葶1～6，从莲座叶丛中生出，通常具肋，被棕黄色、具分枝且反折的刚毛。花单生于基生花葶上，下垂；花芽卵形；萼片卵形，长1.5～4 cm，外面密被淡黄色或棕褐色、具分枝的刚毛；花瓣4，有时6，椭圆形，长3～10 cm，宽1.5～5 cm，先端急尖或圆，深红色；花丝条形，长1～3 cm，宽2～2.5 mm，扁平，粉红色，花药长圆形，长3～4 mm，黄色；子房宽长圆形或卵形，长1～3 cm．密被淡黄色、具分枝的刚毛，花柱极短，柱头4～6圆裂。蒴果椭圆状长圆形，长1.8～2.5 cm，粗1～1.3 cm，无毛或密被淡黄色、具分枝的刚毛，4～6瓣自顶端微裂。种子密具乳突。花果期6—9月。

〔生境分布〕班玛、久治、玛沁、达日、玉树、同仁、泽库、河南、循化。生于山坡草地和高山灌丛草甸，海拔2 300～4 600 m。分布于西藏东北部、四川西北部和甘肃南部。

全缘叶绿绒蒿 *Meconopsis integrifolia*

罂粟科 Papaveraceae 绿绒蒿属 *Meconopsis*

〔形态特征〕多年生草本，高30～60 cm，全株被红褐色或金黄色软毛。根圆维形，肉质基生叶密丛生或呈莲座状，基部残存密被红褐色毛的枯萎叶柄和老叶，叶柄长3～12 cm，叶片倒披针形，长4～10 cm，宽0.5～3 cm，基部楔形，顶端钝圆或渐尖，全缘，具三条或多条明显平行脉；上部叶无柄，近轮生，较小。花2～7朵，顶生或腋生，花梗长5～15 cm，粗壮；萼片2，早落；花瓣6～9，倒卵形或近圆形，鲜黄色或淡黄色；雄蕊多数，花丝窄线形，长0.5～1.5 cm，淡黄色，花药椭圆形，黄色；子房宽椭圆形、椭圆形或卵形，密被金黄色毛，花柱较短，柱头头状。蒴果宽椭圆形或椭圆形。花果期6—9月。

〔生境分布〕达日、班玛、久治、玛沁、杂多、囊谦、玉树、同仁、泽库、河南、同德、大通、循化、乐都、互助、祁连、门源。生于高山草甸、山坡草地，海拔3 200～4 700 m。分布于西藏、云南西北部、四川和甘肃。

多刺绿绒蒿 *Meconopsis horridula*

罂粟科 Papaveraceae　绿绒蒿属 *Meconopsi*

〔形态特征〕一年生草本，全体被黄褐色或淡黄色、坚硬而平展的刺，刺长0.5 ~ 1 cm。主根肥厚而延长，圆柱形，长达20 cm或更多，上部粗1 ~ 1.5 cm，果时达2 cm。叶全部基生，叶片披针形，长5 ~ 12 cm，宽约1 cm，先端钝或急尖，基部渐狭而入叶柄，边缘全缘或波状，两面被黄褐色或淡黄色平展的刺；叶柄长0.5 ~ 3 cm。花葶5 ~ 12或更多，长10 ~ 20 cm，坚硬，绿色或蓝灰色，密被黄褐色平展的刺，有时花葶基部合生。花单生于花葶上，半下垂，直径2.5 ~ 4 cm；花芽近球形，直径约1 cm或更大；萼片外面被刺；花瓣5 ~ 8，有时4，宽倒卵形，长1.2 ~ 2 cm，宽约1 cm，蓝紫色；花丝丝状，长约1 cm，色比花瓣深，花药长圆形，稍旋扭；子房圆锥状，被黄褐色平伸或斜展的刺，花柱长6 ~ 7 mm，柱头圆锥状。蒴果倒卵形或椭圆状长圆形，稀宽卵形，长1.2 ~ 2.5 cm，被锈色或黄褐色、平展或反曲的刺，刺基部增粗，通常3 ~ 5瓣自顶端开裂至全长的1/4 ~ 1/3。种子肾形，种皮具窗格状网纹。花果期6—9月。

〔生境分布〕玛多、达日、杂多、治多、曲麻莱、囊谦、玉树、称多、共和、兴海、同德、大通、乐都、祁连和门源。生于高山砾石带、高山倒石堆、山坡草甸、河滩。海拔3 200 ~ 5 000 m。分布于我国西藏、云南西北部、四川和青海；尼泊尔、不丹、缅甸北部也有分布。

总状花绿绒蒿 *Meconopsis horridula*

罂粟科 Papaveraceae　绿绒蒿属 *Meconopsis*

〔形态特征〕植株高大，茎下部具叶，茎密被反曲的淡黄色毛状刺，基部带褐色，总状花序具数花，有时有基生花葶混生。

〔生境分布〕玛多、久治、玛沁、囊谦、玉树、尖扎、同仁、泽库、河南、兴海、同德、贵南、大通、互助、门源。生于灌丛下、林下草地、高山倒石堆、山坡草甸、砂砾地，海拔 3 200 ~ 5 000 m。分布于西藏、云南西北部、四川西部和北部、甘肃东南部。

细果角茴香 *Hypecoum leptocarpum*

罂粟科 Papaveraceae　角茴香属 *Hypecoum*

〔形态特征〕一年生草本，略被白粉，高4～60 cm。茎丛生，长短不一，铺散而先端向上，多分枝。基生叶多数，蓝绿色，叶柄长1.5～10 cm，叶片狭倒披针形，长5～20 cm，二回羽状全裂，裂片4～9对，宽卵形或卵形，长0.4～2.3 cm，疏离，近无柄，羽状深裂，小裂片披针形、卵形、狭椭圆形至倒卵形，长0.3～2 mm，先端锐尖；茎生叶同基生叶，但较小，具短柄或近无柄。花茎多数，高5～40 cm，通常二歧状分枝；苞叶轮生，卵形或倒卵形，长0.5～3 cm，二回羽状全裂，向上渐变小，至最上部者为线形。花小，排列成二歧聚伞花序，花直径5～8 mm，花梗细长，每花具数枚刚毛状小苞片；萼片卵形或卵状披针形，长2～3（4）mm，宽1～1.5（2）mm，绿色，边缘膜质，全缘，稀具小牙齿；花瓣淡紫色，外面2枚宽倒卵形，长0.5～1 cm，宽4～7 mm，先端绿色、全缘、近革质，里面2枚较小，3裂几达基部，中裂片匙状圆形，具短柄或无柄，边缘内弯，极全缘，侧裂片较长，长卵形或宽披针形，先端钝且极全缘；雄蕊4，与花瓣对生，长4～7 mm，花丝丝状，黄褐色，扁平，基部扩大，花药卵形，长约1 mm，黄色；子房圆柱形，长5～8 mm，粗约1 mm，无毛，胚珠多数，花柱短，柱头2裂，裂片外弯。蒴果直立，圆柱形，长3～4 cm，两侧压扁，成熟时在关节处分离成数小节，每节具1种子。种子扁平，宽倒卵形。花果期6—9月。

〔生境分布〕玛多、玛沁、久治、杂多、治多、曲麻莱、囊谦、玉树、尖扎、同仁、泽库、河南、德令哈、天峻、共和、兴海、同德、贵南、西宁、乐都、民和、互助、祁连、刚察、门源。生于山地阳坡、阴坡灌丛中、河谷滩地，海拔2 250～4 800 m。分布于我国西南部和北部。

尖突黄堇 *Corydalis mucronifera*

罂粟科 Papaveraceae 紫堇属 *Corydalis*

〔形态特征〕垫状草本，高约5 cm，幼叶常被毛，具主根。茎数条发自基生叶腋，不分枝，具叶。基生叶多数，长约5 cm，叶柄长约4 cm，宽2～3 mm，扁，叶片卵圆形或心形，约长1 cm，宽1.2 cm，三出羽状分裂或掌状分裂，末回裂片长圆形，具芒状尖突。茎生叶与基生叶同形，常高出花序。花序伞房状，少花。苞片扇形，多裂，下部的约长1.2 cm，宽1 cm，裂片线形至匙形，具芒状尖突。花梗长约1 cm，果期顶端钩状弯曲。花黄色，先直立，后平展。萼片长约1 mm，宽约2 mm，具齿。外花瓣具鸡冠状突起。上花瓣长约8 mm；距圆筒形，稍短于瓣片，轻微上弯；蜜腺体约贯穿距长的2/3。内花瓣顶端暗绿色。柱头近四方形，两侧常不对称，具6乳突，顶生2枚短柱状，侧生的较短，较靠近。蒴果椭圆形，约长6 mm，宽2.3 mm，常具4种子及长约2 mm的花柱。

〔生境分布〕玛多、玛沁、杂多、曲麻莱、囊谦。生于河漫滩，海拔4 200～4 700 m。分布于西藏、甘肃南部。

草黄堇 *Corydalis straminea*

罂粟科 Papaveraceae　紫堇属 *Corydalis*

〔形态特征〕多年生丛生草本，高30～60 cm。主根粗大，老时多少扭曲，顶部具紫褐色鳞片和叶柄残基。茎发自鳞片或基生叶腋，具棱，中空，下部裸露，上部分枝、具叶。基生叶约长达茎的1/2，具长柄，叶片卵圆形或卵状长圆形，上面绿色，下面苍白色，二回羽状全裂；一回羽片约4对，具短柄；二回羽片约3枚，无柄，三深裂，有时裂片再2～3裂，末回裂片披针形，长1～2 cm，宽5～10 mm。茎生叶与基生叶同形，具短柄至无柄。总状花序多花、密集，长3～10 cm。下部苞片叶状或三裂，其余的披针形全缘，约与花梗等长。花梗长约1 cm。萼片宽卵形，具尾状短尖，边缘具啮蚀状齿，有时近于全缘，长（2）4～5 mm。花草黄色，平展。上花瓣长1.8～2.5 cm，无鸡冠状突起；距圆筒形，长于瓣片，末端钝圆，稍下弯；蜜腺体约贯穿距长的1/2。下花瓣舟状，后部近具囊，基部缢缩。内花瓣具鸡冠状突起；爪约与瓣片等长。雄蕊束披针形。柱头扁圆形，具8乳突。蒴果线形，具1列种子。种子圆形，黑亮；种阜扁平，宽展，贴生。

〔生境分布〕青海东部（海晏、大通、安多）、甘肃西南部（夏河、卓尼、洮河流域）、四川西北部（松潘）。生于海拔2 600～2 700（3 800）m的针叶林下或林缘。模式标本采自安多（非西藏北部的安多）。

红花紫堇 *Corydalis livida*

罂粟科 Papaveraceae 紫堇属 *Corydalis*

〔形态特征〕多年生草本，高15～50 cm。茎较硬，具细棱，常分枝。基生叶具长柄，长8～12 cm；叶片轮廓窄卵形或披针形，长6～15 cm，三回羽状分裂，小裂片卵形、倒卵形或长圆形；茎生叶与基生叶相同而柄较短。总状花序，具多花；最下面的苞片与上部茎生叶的二回裂片相同，其他苞片狭卵形或披针形，顶端具长锐尖头；花梗长0.5～1.4 cm；花紫红色，长1.5～2.5 cm；萼片2，白色膜质，早落，花瓣4，二轮，外轮二瓣较大，唇形，距圆筒形，长约为花瓣的3/5，末端圆形，较粗，略向下弯，内轮二瓣较小，顶端愈合，爪与外轮二瓣合生；雄蕊6，花丝连合成二束；子房狭长圆形，花柱细，柱浅4裂，呈碟状。蒴果圆柱形。花期6—7月，果期8—9月。

〔生境分布〕久治、玛沁、玉树、同仁、河南、循化。生于高山草甸、灌丛草甸，海拔3 400～4 700 m。分布于四川西北部、甘肃西部。

灰绿黄堇 *Corydalis adunca*

罂粟科 Papaveraceae　紫堇属 *Corydalis*

〔形态特征〕多年生灰绿色丛生草本，高20～60 cm，多少具白粉。主根据多头根茎，向上发出多茎。茎不分枝至少分枝，具叶。基生叶高达茎的1/2～2/3，具长柄，叶片狭卵圆形，二回羽状全裂，一回羽片4～5对，二回羽片1～2对，近无柄，长5～8 mm，宽5～6 mm，三深裂，有时裂片2～3浅裂，末回裂片顶端圆钝，具短尖。茎生叶与基生叶同形，上部的具短柄，近一回羽状全裂。总状花序长3～15 cm，多花，常较密集。苞片狭披针形，约与花梗等长，边缘近于膜质，顶端渐狭成丝状。花梗长约5 mm。花黄色，外花瓣顶端浅褐色，先近直立，后渐平展。萼片卵圆形，长约3 mm，渐尖，基部多少具齿。外花瓣顶端兜状，具短尖，无鸡冠状突起。上花瓣长约1.5 cm；距约占花瓣全长的1/4～1/3，末端圆钝；蜜腺体约占距长的1/2。下花瓣长约1 cm，舟状内凹。内花瓣长约9 mm，具鸡冠状突起，爪约与瓣片等长。雄蕊束披针形。柱头小，近圆形，具6短柱状突起。蒴果长圆形，直立或斜伸，约长1.8 cm，宽2.5 mm，具长约5 mm的花柱和1列种子。种子黑亮，具小凹点，直径约2 mm，种阜大。

〔生境分布〕玛多、尖扎、同仁、兴海、同德、西宁、大通、循化、乐都、民和、互助。生于阴坡灌丛中、林下、阴坡潮湿处、山前洪积扇和河滩，海拔1 700～3 900 m。分布于西藏东部、四川西北部、甘肃、宁夏、内蒙古西部。

直茎黄堇 *Corydalis stricta*

罂粟科 Papaveraceae　紫堇属 *Corydalis*

〔形态特征〕多年生灰绿色丛生草本，高30～60 cm，具主根和多头根茎。根茎具鳞片和多数叶柄残基。茎具棱，劲直，多少具白粉，不分枝或少分枝，疏具叶。基生叶长10～15 cm，具长柄．叶片二回羽状全裂，一回羽片约4对，具短柄，二回羽片约3枚，宽卵圆形，约长1.2 cm，宽1～1.2 cm，质较厚而多少具白粉，三深裂，裂片卵圆形，近具短尖，有时羽片较小，二回三深裂，末回裂片狭披针形至狭卵圆形，长3～6 mm，宽1～3 mm，质较薄，无白粉。茎生叶与基生叶同形，具短柄至无柄。总状花序密具多花，长3～7 cm，宽2～4 cm。苞片狭披针形，长6～8 mm，近白色。花梗长4～5 mm，果期不伸长，下弯。花黄色，背部带浅棕色。萼片卵圆形，长2～4 mm，有时基部具流苏状齿。外花瓣不宽展，具短尖，无鸡冠状突起，上花瓣长1.6～1.8 cm；距短囊状，约占花瓣全长的1/5；蜜腺体粗短，长约1 mm。下花瓣长约1.4 cm。内花瓣长约1.2 cm，具鸡冠状突起。雄蕊束披针形，具中肋。柱头小，近圆形，具10乳突。蒴果长圆形，长1.5～2 cm，宽3～4 mm，下垂。

〔生境分布〕玛沁、玉树、格尔木、共和、兴海、刚察。生于山坡草地、阴坡、沙地、岩石间隙，海拔3 200～4 900 m。分布于我国西藏、新疆；蒙古国、克什米尔、巴基斯坦、尼泊尔、苏联西伯利亚和中亚也有分布。

叠裂黄堇 *Corydalis dasyptera*

罂粟科 Papaveraceae　紫堇属 *Corydalis*

〔形态特征〕多年生铅灰色草本，高10～30 cm。主根粗大，长10～15 cm，粗1 cm，老时多少呈鸡爪状或马尾状分裂，顶端常具多头的根茎。根茎长2～10 cm，粗2～3 mm，上部具淡棕色鳞片和叶柄残基。茎1至多条，发自基生叶腋，花葶状，无叶或具1～3枚退化的苞片状叶。基生叶多数，长10～15 cm；叶柄约与叶片等长，基部鞘状宽展；叶片长圆形，一回羽状全裂，羽片5～7对，无柄，近对生至对生，通常较密集，彼此叠压，宽卵形，长1.2～1.6 cm，宽1 cm，三深裂，裂片卵圆形或倒卵形，顶端圆钝。总状花序多花、密集。下部苞片约长2 cm，宽1 cm，羽状深裂，上部的具齿至全缘，全部长于花梗。花梗长约1 cm，果期下弯。萼片小，椭圆形，具齿。花污黄色，直立或斜伸，后渐平展，外花瓣龙骨突起部位带紫褐色，具高而全缘的鸡冠状突起。上花瓣长约2 cm，鸡冠状突起延伸至距中部；距约与瓣片等长，圆筒形，末端稍下弯；蜜腺体约长达距的1/2。下花瓣稍向前伸出，瓣片近爪下弯；爪宽展，下凹。内花瓣具粗厚的鸡冠状突起；爪稍短于瓣片。雄蕊束披针形，向上渐狭。子房长圆形，稍长于花柱；柱头扁四方形，顶端2裂，具2短柱状突起，两侧基部下延。蒴果下垂，长圆形，长1～1.4 cm，宽2.5～3.5 mm；种子少数，1列，近圆形，直径约2.5 mm，种阜小，宽卵形，紧贴种子。

〔生境分布〕玛多、久治、玛沁、杂多、治多、囊谦、玉树、称多、尖扎、同仁、泽库、河南、天峻、共和、兴海、同德、贵南、大通、湟中、乐都、互助、刚察、海晏、祁连、门源。生于高山砾石带、流石坡、阴坡灌丛中，海拔2 700～4 800 m。分布于西藏、四川西北部、甘肃。

粗糙紫堇 *Corydalis scaberula*

罂粟科 **Papaveraceae** 紫堇属 ***Corydalis***

〔形态特征〕多年生草本，高10～20 cm。块茎棒状长条形。茎单生或丛生，通常铺散地面。叶片轮廓呈卵形，二回羽状深裂，小裂片椭圆形或卵形，长4～9 mm，背面被短腺毛；基生叶具长5～10 cm的柄，茎生叶具短柄或无柄。花序总状，具多花，极密，呈卵球形；苞片扇形，长1.5～2.5 cm，羽状深裂，裂片线形，具腺毛；花梗长1～1.2 cm；花乳黄色、鲜黄色或橘红色；萼片近半圆形，直径2 mm，白色膜质，边缘呈撕裂状；外轮花瓣具高鸡冠状突起，距圆柱形，短于花瓣，顶端钝，向下弯曲，内轮花瓣前面黑褐色或紫红色，背部具鸡冠状突起；雄蕊花药椭圆形，黄色；子房椭圆形，长6～7 mm，花柱与子房近等长，柱头2裂，膨大呈蝶状。花期6—8月。

〔生境分布〕玛多、久治、玛沁、杂多、治多、曲麻莱、玉树、称多、兴海。生于高山草甸、高山流石坡、砾石带，海拔3 800～5 600 m。分布于西藏、四川、甘肃。

糙果紫堇 *Corydalis trachycarpa*

罂粟科 Papaveraceae　紫堇属 *Corydalis*

〔形态特征〕多年生草本，高10 ~ 30 cm，全株无毛。块茎棒状长条形。茎具细棱，向基部渐细，中部有时分枝。叶多生于茎的中上部，叶长2 ~ 6 cm，具柄，有时茎上部的叶无柄；叶片椭圆形或卵形，二回羽状深裂，裂片顶端2 ~ 3裂，小裂片椭圆形或矩形，顶端尖。总状花序具多花，较密；苞片扇形或半圆形，直径约1 cm，羽状深裂，裂片线形；花梗长为苞片的一半；花乳白色或灰白色，顶端紫褐色；萼片2，极小，半圆形，边缘呈撕裂状，白色膜质，早落；花瓣4，二轮，长1 ~ 1.3 cm，外轮二瓣大，唇形，上花瓣椭图状卵形，中间凸起呈鸡冠状，两侧紫红色，距圆锥形，长2 ~ 2.5 cm，末端钝，向下稍弯；内轮两瓣小，具爪，顶端愈合，紫红色，倒卵形，中间各具一鸡冠状突起；雄蕊6。花丝连合成2束，子房长椭圆形。花柱细长，柱头2裂，具2 ~ 10圆齿。花期7—8月。

〔生境分布〕久治、玛沁、玉树、称多、同仁、河南、共和、贵德、天峻、大通、湟中、互助、祁连、门源。生于流石坡、高山草甸、灌丛草地、岩石缝隙，海拔3 000 ~ 4 500 m，分布于甘肃。

条裂黄堇 *Corydalis linarioides*

罂粟科 Papaveraceae　紫堇属 *Corydalis*

〔形态特征〕多年生草本，高15 ~ 40 cm，全株无毛。块根纺锤形，褐色，长1.5 ~ 2 cm，直径5 mm。茎直立，不分枝，在中部以上生叶。叶片长2 ~ 6 cm，羽状全裂，裂片条形，长1 ~ 5 cm，宽1 ~ 3 mm；叶具短柄或近无柄。总状花序，具数花；苞片窄披针形或条形，稀为窄卵形，全裂或具小裂片。花黄色；萼片2，极小，早落；花瓣4，二轮长1.2 ~ 1.5 cm，外轮二瓣较大，呈唇状，前瓣平展，后瓣基部成距，距向下方稍弯，长0.6 ~ 1.1 cm，末端圆形，内轮二瓣较小，顶端愈合，爪与外轮合生；雄蕊6，花丝连合成二束；子房披针状椭圆形，花柱细。蒴果椭圆形。花果期6—9月。

〔生境分布〕久治、玛沁、囊谦、玉树、称多、同仁、河南、共和、同德、大通、湟中、循化、乐都、民和、互助、海晏、祁连、门源。生于阴坡草地、灌丛中、灌丛草甸，海拔2 800 ~ 4 700 m。分布于甘肃。

曲花紫堇 *Corydalis curviflora*

罂粟科 Papaveraceae　紫堇属 *Corydalis*

〔形态特征〕无毛草本，高7～25 cm。须根多数成簇，狭纺锤状肉质增粗，有时粗线形，长1～4 cm，具细长柄，末端线状延长，淡黄色或褐色。茎1～4条，不分枝，上部具叶，下部裸露，基部丝状，绿色或下部带紫红色。基生叶少数，叶柄长4～7 cm，叶片轮廓圆形或肾形，3全裂，全裂片2～3深裂，有时指状全裂，裂片长圆形、线状长圆形或倒卵形，长0.5～1.8 cm，宽0.2～0.8 cm，先端钝或圆，基部渐狭；茎生叶1～4枚，疏离，互生，具极短柄或近无柄，掌状全裂，裂片宽线形或狭倒披针形，长1～5 cm，宽0.1～0.6 cm，先端急尖，背面具白粉。总状花序顶生或稀腋生，长2.5～12 cm，有10～15花或更多，花期密集，果期较稀疏；苞片狭卵形、狭披针形至宽线形，全缘，稀最下部者3～5深裂；花梗短于或有时等长于苞片，果期长于苞片，淡褐色。萼片小，不规则地撕裂至中部，常早落；花瓣淡蓝色、淡紫色或紫红色，上花瓣长1.2～1.4 cm，花瓣片舟状宽卵形，先端具短尖，背部鸡冠状突起高0.5～1.5 mm，距圆筒形，粗壮，长5～6 mm，末端略渐狭并向上弯曲，下花瓣宽倒卵形，长0.7～0.9 cm，先端圆，具短尖，背部鸡冠状突起较矮，内花瓣提琴形，长0.6～0.8 cm，具1侧生囊，爪宽线形，与花瓣片近等长；雄蕊束长约6 mm，花药黄色，花丝狭椭圆形，淡绿色，蜜腺体贯穿距的1/2；子房线状长圆形，长约3 mm，绿色，具2列胚珠，花柱略长于子房，柱头2裂，具6个乳突。蒴果线状长圆形，长0.5～1.2 cm，粗2～3 mm，先端锐尖，基部渐狭，绿色转褐红色，成熟时自果梗先端反折，有4～7枚种子。种子近圆形，黑色，具光泽。花果期5—8月。

〔生境分布〕分布于宁夏（隆德、泾源）、甘肃西南部（北起榆中一带，西南至洮河流域）和青海东部至南部。生于海拔2 400～3 900（4 600）m的山坡云杉林下、灌丛下或草丛中。

曲花紫堇（原变种）*Corydalis curviflora* var.

罂粟科 Papaveraceae　紫堇属 *Corydalis*

〔形态特征〕多年生草本，高10～30 cm。块根纺锤形或棒状。茎不分枝。基生叶具长柄，柄长2～7 cm，细弱；叶片五角形，长0.5～1.5 cm，宽1～2.5 cm，三全裂，中间裂片三深裂，小裂片椭圆形或披针形，侧裂片二深裂；茎生叶无柄，长1～2.5 cm，近指状分裂达基部，裂片线形，宽1～3 mm。总状花序，长2～5 cm，苞片披针形或窄披针形；萼片2，宽卵形，指状分裂，白色膜质，早落；花瓣4，蓝色，二轮，长0.8～1.5 cm，外轮二瓣大，呈唇形，距向斜上方伸展，长6～8 mm，内轮二瓣较小，顶端愈合；爪与外轮花瓣合生，雄蕊6，花丝连合成二束，子房椭圆形。花期6—8月。

〔生境分布〕久治、玛沁、玉树、尖扎、同仁、同德、贵德、贵南、大通、湟中、循化、乐都、海晏。生于高山草甸、灌丛中、林下，海拔2 600～4 000 m。分布于西藏、云南西北部、四川西部、甘肃、陕西秦岭和山西南部。

暗绿紫堇 *Corydalis melanochlora*

罂粟科 Papaveraceae　紫堇属 *Corydalis*

〔形态特征〕无毛草本，高5～18 cm。须根多数成簇，棒状肉质增粗，长达6 cm，上部粗约3 mm，向下渐狭，具少数细根，黄褐色。根茎短，具鳞茎；鳞片数枚，覆瓦状排列，褐色，椭圆形，长约1.5 cm，宽约5 mm，肉质。茎1～5条，不分枝，上部具叶，下部裸露，基部线形。基生叶2～4枚，叶柄长达10 cm，叶片轮廓卵形或狭卵形，长2～3.5 cm，宽1.5～2 cm，三回羽状全裂，全裂片下部者具柄，上部者近无柄或无柄，轮廓圆形，互生，3全裂或深裂，小裂片不等的2～3浅裂，披针形或宽线形；茎生叶2枚，生于茎上部，通常近对生，具短柄或无柄，其他与基生叶相同，但裂片较疏离。总状花序顶生，有4～8花，密集近于伞形，长2～3 cm；苞片指状全裂，裂片多数，狭倒披针形，长0.5～1.5 cm；花梗纤细，比苞片稍短。萼片小，近圆形，呈撕裂状，微透明；花瓣天蓝色，上花瓣长2～2.5 cm，花瓣片舟状卵形，背部具鸡冠状突起，距圆筒形，长1.3～1.5 cm，末端钝，略下弯，下花瓣长1～1.2 cm，具爪，内花瓣长约1 cm，花瓣片倒卵状长圆形，先端深紫色，基部2耳垂，爪线形，略短于花瓣片；花丝狭卵形，膜质，长约0.8 cm；子房线形，长5～6 mm，胚珠2列，花柱细，长约3 mm，柱头近肾形，先端具6乳突。蒴果（未成熟）狭椭圆形，长6～7 mm，粗1.5～1.8 mm，具5～6枚种子，成熟时自果梗先端反折。花果期6—9月。

〔生境分布〕甘肃（肃南、天祝、岷县、迭部）、青海东部（祁连、大通、贵南、泽库、同德、河南）、四川（若尔盖、松潘、德格、雅江、康定）。生于海拔（2 850）3 900～4 500（5 500）m的高山草甸或流石滩。模式标本采自大通。

独行菜 *Lepidium apetalum*

十字花科 Brassicaceae　独行菜属 *Lepidium*

〔形态特征〕一年或二年生草本，高5～30 cm；茎直立，有分枝，无毛或具微小头状毛。基生叶窄匙形，一回羽状浅裂或深裂，长3～5 cm，宽1～1.5 cm；叶柄长1～2 cm；茎上部叶线形，有疏齿或全缘。总状花序在果期可延长至5 cm；萼片早落，卵形，长约0.8 mm，外面有柔毛；花瓣不存或退化成丝状，比萼片短；雄蕊2或4。短角果近圆形或宽椭圆形，扁平，长2～3 mm，宽约2 mm，顶端微缺，上部有短翅，隔膜宽不足1 mm；果梗弧形，长约3 mm。种子椭圆形，长约1 mm，平滑，棕红色。花果期5—7月。

〔生境分布〕本省各地均产。生于农田边、林边荒地及路边，海拔1 700～5 000 m。分布于我国西南、西北、华北、东北以及华东等地区；亚洲中部、东部、喜马拉雅及俄罗斯欧洲部分地区也有分布。

菥蓂 *Thlaspi arvense*

十字花科 Brassicaceae　菥蓂属 *Thlaspi*

〔形态特征〕一年生草本，高9～60 cm，无毛；茎直立，不分枝或分枝，具棱。基生叶倒卵状长圆形，长3～5 cm，宽1～1.5 cm，顶端圆钝或急尖，基部抱茎，两侧箭形，边缘具疏齿；叶柄长1～3 cm。总状花序顶生；花白色，直径约2 mm；花梗细，长5～10 mm；萼片直立，卵形，长约2 mm，顶端圆钝；花瓣长圆状倒卵形，长2～4 mm，顶端圆钝或微凹。短角果倒卵形或近圆形，长13～16 mm，宽9～13 mm，扁平，顶端凹入，边缘有翅宽约3 mm。种子每室2～8个，倒卵形，长约1.5 mm，稍扁平，黄褐色，有同心环状条纹。花期3—4月，果期5—6月。

〔生境分布〕本省各地均产。生于田边、路边、宅旁、沟边以及山坡荒地，海拔2 000～4 200 m。广布于我国各地；欧洲、亚洲和非洲北部也广布。

荠 *Capsella bursa-pastoris*

十字花科 Brassicaceae　荠属 *Capsella*

〔形态特征〕一年生草本。茎高10～40 cm，常以基部或下部分枝，被单毛或叉状毛，有时无毛。基部叶莲座状丛生，椭圆形或长圆状倒披针形，长达10 cm，大头羽裂或不整齐羽状分裂至边缘为浅波状尖齿，叶柄具狭翅；茎生叶披针形，长1～7 cm，宽0.5～2 cm，顶钝，基部箭形，抱茎，边缘具疏齿，两面被单毛或叉状毛。总状花序幼时密集，果期显著伸长；花小，白色；萼片长卵形，长1～2 mm；花瓣卵形，长2～3 mm，具短爪。短角果倒三角状心形或倒三角形，长4～6 mm，宽4～7 mm，扁平，顶部宽，中央微凹；果瓣具网脉，成熟时开裂；宿存花柱长约0.5 mm；果梗长5～15 mm。种子2行，长椭圆形，褐色，长约1 mm。花果期5—8月。

〔生境分布〕本省大部分地区。生于农田、地边、沟边、园林、灌木间及路边荒地，海拔1 700～4 000 m。广布于我国各地；全世界温带地区均有分布。

藏荠 *Smelowskia tibetica*

十字花科 Brassicaceae　芹叶荠属 *Smelowskia*

〔形态特征〕多年生草本，全株密生单毛和分枝毛；茎从基部分枝，铺散或匍匐，分枝长4～20 cm。叶长圆形或长卵形，长8～25 mm，羽状全裂，裂片4～6（8）对，长圆形，长3～8 mm，宽1.5～3 mm，全缘或有缺刻，基生叶有柄，茎生叶无柄。总状花序伞房状，下部花有羽裂状叶状苞片，果期花序强烈伸长；花小，白色；萼片长约2 mm；花瓣倒卵形，长3～4 mm，具爪。短角果长圆形，长5～8 mm，宽3～5 mm，压扁，稍有毛或无毛，有1显著中脉，花柱0.5～0.7 mm；果梗长2～3 mm。种子多数，卵形，长约1 mm，棕色。花期6月，果期7—8月。

〔生境分布〕玛多、久治、玛沁、玉树州各县、泽库、格尔木（昆仑山）、德令哈、都兰、乌兰、兴海、共和、贵德、祁连、门源等地。生于河滩、湖畔、山坡砂砾质草甸草原或草原，海拔2 900～5 100 m。分布于我国西藏、四川、新疆、甘肃等地；中亚、蒙古国、印度西北部、尼泊尔和巴基斯坦也有分布。

盐泽双脊荠 *Dilophia*

十字花科 Brassicaceae 双脊荠属 *Dilophia*

〔形态特征〕多年生草本，高1～6 cm，全株无毛；根状茎直径1～2 mm，长可达10 cm，分枝或不分枝；茎多数，丛生，分枝。基生叶莲座状，叶线形或线状长圆形，长10～20 mm，宽1～2 mm，顶端圆形，基部渐狭，全缘或有少数钝齿，有短柄或无柄；茎生叶线形，在花序下的成苞片状，二者皆肉质。总状花序成密伞房状；萼片卵形，长约2 mm，宿存；花瓣白色，匙形，长2.5～3 mm，顶端略凹。短角果倒心形，直径约2 mm，果瓣上有2翅状突出物，隔膜有孔或不完全；果梗长达4.5 mm，稍增粗。种子每室2～4个，长圆形，长约0.8 mm。花果期6—9月。

〔生境分布〕玛多、玛沁、杂多、治多、曲麻莱、称多、格尔木、天峻、兴海、祁连等地。生于河滩、湖滨的低洼沙石地，海拔3 300～4 700 m。分布于我国西藏、新疆；尼泊尔、巴基斯坦及中亚地区也有分布。

阿尔泰葶苈 *Draba altaica*

十字花科 Brassicaceae　葶苈属 *Draba*

〔形态特征〕多年生丛生草本，高2～6 cm。根茎分枝多，密集，被残存枯萎叶或叶柄。上部簇生莲座状叶。花茎单或有一侧枝，直立，有1～2叶，稀无叶，被单毛，具柄叉状毛和星状分枝毛。基生叶线状长圆形或披针形、长5～20 mm，宽1～2 mm，顶端渐尖，全缘或两侧有1～2小齿，基部渐窄成宽柄，两面被长而硬的单毛，具柄叉状毛，并杂以少许星状毛和分枝毛。茎生叶披针形或椭圆形，无柄。总状花序密集呈头状，含6～15花，有时下部1～2花有叶状苞（即茎生叶）；萼片长椭圆形，长1～2 mm，疏生长单毛和短叉毛；花瓣白色，长倒卵状楔形，顶端微凹，长2～2.5 mm。

〔生境分布〕玛多、杂多、曲麻莱、囊谦、兴海等地。生于山坡草地、山项及河谷、湖泊碎石滩地，海拔4 100～4 950 m。分布于我国西藏、新疆、甘肃；喜马拉雅、巴基斯坦至中亚、俄罗斯西伯利亚和蒙古国均有分布。

毛葶苈 *Draba eriopoda*

十字花科 Brassicaceae 葶苈属 *Draba*

〔形态特征〕越冬二年生草本，高6～40 cm，有时可达69 cm。茎直立，单一或有近于直立的分枝，密被长约1 mm的单毛、叉状毛或星状毛，毛灰白色，常达花序梗。基生叶莲座状，披针形，顶端渐尖，基部窄，全缘；茎生叶较多，常达14枚，着生的稀密变化较大，下部的叶呈长卵形，上部的叶卵形，顶端渐尖，基部宽，两缘各有1～4锯齿，上面的毛多为单毛、叉状毛，下面为单毛、叉状毛和星状毛，无柄或近于抱茎。总状花序有花20～50朵，密集成伞房状，花后显著伸长，疏松；小花梗长2～5 mm；萼片椭圆形或卵形，长约2 mm，顶端钝，背面有毛；花瓣金黄色，倒卵形，长3～4 mm，顶端微凹，基部爪短缩；雄蕊1.8～2 mm，花药卵形；雌蕊卵形，无毛，柱头小，花柱不发育。短角果卵形或长卵形，长5～10 mm，宽2.5～3 mm，果瓣薄；果梗长3～8 mm，与果序轴成近于直角开展。种子卵形，褐色。花果期7—8月。

〔生境分布〕玛多、班玛、久治、玛沁、囊谦、玉树、同仁、泽库、河南、乌兰、兴海、贵德、门源以及海东等地。生于林缘、灌丛、河滩、山坡、温湿草地，海拔2 300～4 500 m。分布于我国西藏、四川、新疆、甘肃、陕西、山西等地；蒙古国、俄罗斯西伯利亚等亚洲北部地区也有分布。

蒙古葶苈 *Draba mongolica*

十字花科 Brassicaceae　葶苈属 *Draba*

〔形态特征〕根茎分枝多，分枝茎下部宿存纤维状枯叶，上部簇生莲座状叶。茎直立，单一或分枝，着生叶片变化较大，有的疏生，有的紧密，被灰白色小星状毛、分枝毛或单毛。莲座状茎生叶披针形，长0.8～1.8 cm，顶端渐尖，基部缩窄成柄，全缘或每缘有1～2锯齿；茎生叶长卵形，基部宽，无柄或近于抱茎；每缘常有1～4齿，密生单毛、分枝毛和星状毛。总状花序有花10～20朵，密集成伞房状，下面数花有时具叶状苞片；萼片椭圆形，背面生单毛和叉状毛；花瓣白色，长倒卵形，长2.5～3.5 mm，宽约1.5 mm；雄蕊短卵形，子房长椭圆形，无毛。短角果卵形或狭披针形，长5～10 mm，宽1.5～3 mm，扁平或扭转；果梗长2～5 mm，呈近于直角开展或贴近花序轴。种子黄棕色。花期6—7月。

〔生境分布〕高山阴坡，海拔1 400～3 900 m。分布于河北小五台山、甘肃秀玛登弄山。

紫花碎米荠 *Cardamine tangutorum*

十字花科 Brassicaceae　碎米荠属 *Cardamine*

〔形态特征〕多年生草本，高15～50 cm；根状茎细长呈鞭状，匍匐生长。茎单一，不分枝。基部倾斜，上部直立，表面具沟棱，下部无毛，上部有少数柔毛。基生叶有长叶柄；小叶3～5对，顶生小叶与侧生小叶的形态和大小相似，长椭圆形，长1.5～5 cm，宽5～20 mm，顶端短尖，边缘具钝齿，基部呈楔形或阔楔形，无小叶柄，两面与边缘有少数短毛；茎生叶通常只有3枚，着生于茎的中上部，有叶柄，长1～4 cm，小叶3～5对，与基生的相似，但较狭小。总状花序有十几朵花，花梗长10～15 mm；外轮萼片长圆形，内轮萼片长椭圆形，基部囊状，长5～7 mm，边缘白色膜质，外面带紫红色，有少数柔毛；花瓣紫红色或淡紫色，倒卵状楔形，长8～15 mm，顶端截形，基部渐狭成爪；花丝扁而扩大、花药狭卵形；雌蕊柱状，无毛，花柱与子房近于等粗，柱头不显著。长角果线形，扁平，长3～3.5 cm，宽约2 mm，基部具长约1 mm的子房柄；果梗直立，长15～20 mm。种子长椭圆形，长2.5～3 mm，宽约1 mm，褐色。花期5—7月，果期6—8月。

〔生境分布〕玉树、果洛、黄南、海西（边缘山地）、海南、海北、海东、西宁等地。生于河滩、山坡、林缘、林下、灌丛和草甸，海拔2 400～4 600 m。分布于西藏东部、云南、四川、甘肃、陕西、山西、河北等地。

垂果南芥 *Catolobus pendulus*

十字花科 Brassicaceae　垂果南芥属 *Catolobus*

〔形态特征〕二年生草本，高30～100 cm，全株被硬单毛和二至三叉毛。主根圆锥状，淡黄褐色。茎直立，单1或具分枝。茎下部叶椭圆形、卵状椭圆形或倒卵形，长4～10 cm，宽1.5～3 cm，顶端渐尖，边缘有浅齿，基部渐窄成柄，基生叶柄长达6 cm；茎上部叶椭圆形至披针形，较小，基部心形或箭形，抱茎。总状花序顶生或腋生，果期疏散开展；萼片长圆状椭圆形，长2.5～3 mm，背面有单毛，2～3叉毛和星状毛；花瓣白色，匙形，长3.5～4.5 mm，宽约3 mm。长角果线形，长4～10 cm，宽1～2 mm，常弧曲，平展或下垂。种子每室1行，椭圆形，褐色，长1.5～2 mm，有翅。花期6—7月，果期7—9月。

〔生境分布〕班玛、囊谦、玉树、泽库、兴海、同德、大通、民和、互助等地。生于林缘草地、山坡，河滩及农田边，海拔1 800～3 900 m。分布于我国西藏、云南、贵州、四川、新疆、甘肃、陕西、山西、河北、内蒙古、辽宁、吉林、黑龙江等地；亚洲北部和东部的一些地区也有分布。

蔊菜 *Rorippa indica*

十字花科 Brassicaceae　蔊菜属 *Rorippa*

〔形态特征〕一二年生直立草本，高20～40 cm，植株较粗壮，无毛或具疏毛。茎单一或分枝，表面具纵沟。叶互生，基生叶及茎下部叶具长柄，叶形多变化，通常大头羽状分裂，长4～10 cm，宽1.5～2.5 cm，顶端裂片大，卵状披针形，边缘具不整齐牙齿，侧裂片1～5对；茎上部叶片宽披针形或匙形，边缘具疏齿，具短柄或基部耳状抱茎。总状花序顶生或侧生，花小，多数，具细花梗；萼片4，卵状长圆形，长3～4 mm；花瓣4，黄色，匙形，基部渐狭成短爪，与萼片近等长；雄蕊6，2枚稍短。长角果线状圆柱形，短而粗，长1～2 cm，宽1～1.5 mm，直立或稍内弯，成熟时果瓣隆起；果梗纤细，长3～5 mm，斜生或近水平开展。种子每室2行，多数，细小，卵圆形而扁，一端微凹，表面褐色，具细网纹。花期4—6月，果期6—8月。

〔生境分布〕班玛、久治。生于林缘沟谷及河滩，海拔3 300～3 800 m。分布于我国云南、四川、甘肃、陕西、湖南、河南、华东各省及广东等；印度、印度尼西亚、菲律宾、日本、朝鲜也有分布。

高山芥 *Shehbazia tibetica*

十字花科 Brassicaceae　高山芥属 *Shehbazia*

〔形态特征〕二年生矮小、铺散草本，高1～8 cm，茎基部多分枝，分枝铺散或稍斜生，长2～10 cm，被糙硬毛。叶基生和茎生，具柄，叶片披针形或狭椭圆状披针形，长1～3 cm，宽3～8 mm，叶缘篦齿状深裂，小裂片长圆形至线形；叶柄长3～15 mm，宽扁，具糙毛。总状花序多数，生于分枝末端，短缩呈伞房状，果期延长；萼片宽卵状椭圆形，长2.5～3 mm，宽1.5～2 mm，具膜质边缘；花瓣白色或解片中下部常带紫色，宽楔形，长4～5 mm，宽2～3 mm，顶端平钝或浅波状，基部具细爪。长角果稍四棱状圆柱形，长1～1.5 cm，宽1～1.5 mm，具硬毛，果瓣在种子间稍总缩，宿存花柱长1～1.5 mm。种子每室1行，椭圆形，长约1 mm，褐色。花期6月，果期8—9月。

〔生境分布〕玛多、玛沁、杂多、治多、曲麻莱、称多、囊谦、贵德、门源等地。生于河滩、湖滩砂砾地和山顶、山坡草地，海拔3 800～4 600 m。分布于西藏东北部、四川西北部。

线叶花旗杆 *Dontostemon integrifolius*

十字花科 **Brassicaceae**　花旗杆属 ***Dontostemon***

〔形态特征〕一二年生草本，植株被白色柔毛及黄色或黑色乳头状腺毛。茎高8～30 cm，单一或在上部分枝。叶线形，长1.5～4.5 cm，宽1～2 mm，有时在茎基部丛生，全缘，被腺毛和贴生柔毛，近无柄。总状花序顶生，结果时长5～10（13）cm，小花梗细，有柔毛及腺毛，通常斜向着生于总花梗上；萼片长椭圆形，长2.5～3 mm，宽1～1.2 mm，具白色膜质边缘，背面具腺毛和柔毛；花瓣淡紫色，倒卵形，长4～6 mm，宽约3 mm，顶端微凹，下部具爪；长雄蕊花丝成对联合。长角果细圆柱形，长1.5～2.5 cm，具腺毛，花柱细，柱头稍膨大。种子细小，椭圆形，褐色，无膜质边缘。花果期7—10月。

〔生境分布〕玛多、黑龙江、辽宁、山西等地。生于开阔草原、湖地、山坡沙地及沙丘，海拔1 250～1 300 m。

紫花糖芥 *Erysimum funiculosum*

十字花科 Brassicaceae　糖芥属 *Erysimum*

〔形态特征〕多年生无茎草本，高1～3 cm，全体被贴伏的二叉“丁”字毛。根粗，直径达6 mm；根茎短粗，多头，或再分枝，密被鳞片状残存叶柄。茎短缩不显。叶基生莲座状，叶片长圆状线形，长1～2 cm，宽1～2 mm，顶端急尖，基部渐狭，全缘；叶柄长1～1.5 cm。花葶多数，丛生于根茎分枝端，长约1 cm，直伸；萼片长圆形，长2～3 mm；花瓣浅紫色、匙形，长5～6（8）mm，顶端圆形或截平，有深色脉纹，具长爪。长角果长圆形，长1～2 cm，宽1～2 mm，有四棱，坚硬，顶端稍弯曲；果梗斜上，长6～8 mm。种子卵形，褐色，长约1 mm。花期6—7月，果期8月。

〔生境分布〕玛多、久治、玛沁、杂多、治多（可可西里）、曲麻莱、囊谦、玉树、称多、贵德等地。生于高寒沙石山坡、河滩以及流石滩地，海拔3 900～5 400 m。分布于西藏、甘肃。

红紫桂竹香 *Erysimum roseum*

十字花科 **Brassicaceae**　糖芥属 ***Erysimum***

〔形态特征〕多年生草本，高2～15（20）cm，全体被贴生二叉“丁”字毛。茎直立、单1或有时从基部分枝，基部具残存叶柄。基生叶倒披针形至线形，长1.5～7 cm，宽1.5～5.5 mm，顶端急尖或钝尖，基部渐狭，全缘或疏生细齿；叶柄长0.8～4 cm，基部扩展；茎生叶较小，具短柄，上部叶无柄。总状花序伞房状或短总状，果期不太延长；花粉红色或紫红色，直径0.8～2 cm；花梗长3～10 mm，开展；萼片直立，披针形、长圆形或卵状长圆形，长4～8 mm，具贴伏丁字毛；花瓣倒披针形或匙形，长6～15 mm，有深素色脉纹，具长爪。长角果线形或线状技针形，背腹压扁，有四棱，长1.5～5 cm，宽1.5～3.5 mm，直或稍弯曲；宿存花柱长约1 mm，果梗增粗，长4～5 mm。种子褐色，卵形，长1.5～2 mm。花期6—7月，果期8—9月。

〔生境分布〕玛多、久治、玛沁、杂多、治多、曲麻莱、囊谦、玉树、称多、泽库、河南、兴海、同德、祁连、门源、化隆、乐都、互助、大通等地。生于高山草甸、灌丛和高山岩屑碎石坡及湖滨、河滩湿润砂砾地，海拔2 800～5 200 m。

本种分布在海拔4 500 m以上的居群，植株矮小，几无茎，花、萼片、花瓣均较小，与紫花糖芥极为相似，难以分辨。但本种花瓣倒披针形，具中蜜腺，长角果多少背腹扁压，种子近2行排列。

密序山萮菜 *Eutrema heterophyllum*

十字花科 Brassicaceae 山萮菜属 *Eutrema*

〔形态特征〕多年生草本，高3～20 cm，全体无毛。根粗壮、伸直，根颈粗大，有残存叶柄，茎丛生一至数枚，直立。基生叶具长柄，叶片卵圆形、卵形至长圆卵形，长（4）8～18 mm，宽（3）5～10 mm，顶端圆钝，基部浅心形、截形或圆形，全缘；茎生叶下部的有柄，上部的无柄，叶片长卵形、长圆状披针形至线状长圆形，长6～12 mm，宽1.5～5 mm，顶端钝或渐尖。总状花序密集呈头状，果期不延伸，花梗长2～3 mm；萼片长圆卵形或宽卵形，长1.5～2 mm，宿存；花瓣白色，长圆倒卵形，长约3 mm，顶钝。短角果长圆状线形，伸直或微弯，长5～10 mm，宽1～1.5 mm。种子长圆形，长1～5 mm，暗褐色，种柄丝状。花期6月，果期7—8月。

〔生境分布〕玛多、久治、杂多、囊谦、玉树、尖扎、泽库、兴海、祁连、门源、湟中、乐都、互助、大通等地。生于山坡草甸或灌丛边，海拔3 000～4 800 m。分布于我国西藏、云南、四川以及西北等地；中亚也有分布。

垂果大蒜芥 *Sisymbrium heteromallum*

十字花科 Brassicaceae　大蒜芥属 *Sisymbrium*

〔形态特征〕一二年生草本，高30～80 cm。茎直立，单1或具分枝，有疏毛。基生叶和茎中、下部叶为羽状深裂或全裂，常呈大头羽状，长5～15 cm，宽1.2～4 cm，顶裂片大，长圆状披针形或长圆状三角形、渐尖，边缘具不整齐锯齿或牙齿，基部常与侧裂片汇合，侧裂片2～6对，长圆状椭圆形或披针形，下面中脉有微毛，叶柄长2～5 cm；茎上部叶有短柄或无柄，叶片羽状浅裂。总状花序密集呈伞房状，果期伸长；花梗长3～10 mm；萼片浅黄色，长圆形，长2～3 mm，内轮二枚基部略呈囊状；花瓣黄色，长圆状倒卵形，长3～4 mm，顶端圆形，基部渐狭成爪。长角果线形，长4～8 mm，宽0.8～1.2 mm，常弯垂；果梗长1～1.5 cm。种子长圆形，长约1 mm。花期6月，果期7—8月。

〔生境分布〕玛多、班玛、久治、玛沁、杂多、治多、曲麻莱、囊谦、玉树、称多、乌兰、天峻、兴海、共和、刚察、祁连、门源等地。生于林下、林缘、灌丛、沟谷河滩，海拔2 500～4 300 m。分布于我国云南、四川、新疆、甘肃、陕西、山西；蒙古国、俄罗斯（西伯利亚）、印度北部及欧洲北部均有分布。

蚓果芥 *Braya humilis*

十字花科 Brassicaceae　肉叶荠属 *Braya*

〔形态特征〕多年生草本，高5～20（30）cm，被二至三叉毛，毛密或稀疏，常弯曲；茎自基部分枝，直立或斜生，有时下部有残存叶柄。茎生叶在下部变化较多，匙形、窄长卵形至倒披针形或长圆形，长5～30 mm，宽1.5～6 mm，顶端圆钝，基部渐窄成短柄，近全缘或具2～3对不明显至明显钝齿，有时呈波状浅羽裂；中上部叶狭长圆形、线状倒披针形或线形，全缘或有疏齿，入花序成苞片。总状花序密集呈伞房状，果期伸长；萼片长圆形，长1.5～2.5 mm，宽约1 mm，有膜质边缘；花瓣倒卵形或宽楔形，白色、粉红色或紫色，长2～3 mm，顶端截形或微凹，基部渐窄成爪；子房有毛。长角果线状圆柱形，长1～2（3）cm，宽约1 mm，略呈念珠状或蠕虫状，直或弯曲，花柱短，柱头微二裂；果瓣被二叉毛；果梗长3～6 mm。种子小，长圆形，长约1 mm。花果期6—8月。

〔生境分布〕各州、县和西宁等地。生于山坡、山沟、林下林缘、灌丛、草地及田边荒地，海拔1 700～4 200 m。分布于我国西藏、新疆（南部山地）、甘肃、陕西、河北、内蒙古、河南（北部）等地；中亚、西伯利亚、朝鲜、蒙古国以及北美洲均有分布。

该种在青海分布十分广泛而普遍，株形、叶形、大小变化较大。另有3个变型。

播娘蒿 *Descurainia sophia*

十字花科 Brassicaceae 播娘蒿属 *Descurainia*

〔形态特征〕一年生草本，高20～80 cm，有毛或无毛，毛为叉状毛，以下部茎生叶为多，向上渐少。茎直立，分枝多，常于下部呈淡紫色。叶为3回羽状深裂，长2～12（15）cm，末端裂片条形或长圆形，裂片长（2）3～5（10）mm，宽0.8～1.5（2）mm，下部叶具柄，上部叶无柄。花序伞房状，果期伸长；萼片直立，早落，长圆条形，背面有分叉细柔毛；花瓣黄色，长圆状倒卵形，长2～2.5 mm，或稍短于萼片，具爪；雄蕊6枚，比花瓣长1/3。长角果圆筒状，长2.5～3 cm，宽约1 mm，无毛，稍内曲，与果梗不成1条直线，果瓣中脉明显；果梗长1～2 cm。种子每室1行，种子形小，多数，长圆形，长约1 mm，稍扁，淡红褐色，表面有细网纹。花期4—5月。

〔生境分布〕本省各地。生于田边、路旁、河边及山坡沙质草地，海拔2 100～4 600 m。分布于除华南以外的我国各地；亚洲其他地区、欧洲、非洲北部及北美洲均有分布。

涩芥 *Strigosella africana*

十字花科 Brassicaceae　涩芥属 *Strigosella*

〔形态特征〕二年生草本，高8～35 cm，密生单毛或叉状硬毛；茎直立或近直立，多分枝，有棱角。叶长圆形、倒披针形或近椭圆形，长1.5～8 cm，宽5～18 mm，顶端圆形，有小短尖，基部楔形，边缘有波状齿或全缘；叶柄长5～10 mm或近无柄。总状花序有10～30朵花，疏松排列，果期长达20 cm；萼片长圆形，长4～5 mm；花瓣紫色或粉红色，长8～10 mm。长角果（线细状）圆柱形或近圆柱形，长3.5～7 cm，宽1～2 mm，近4棱，倾斜、直立或稍弯曲，密生短或长分叉毛，或二者间生，或具刚毛，少数几无毛或完全无毛；柱头圆锥状；果梗加粗，长1～2 mm。种子长圆形，长约1 mm，浅棕色。花果期6—8月。

〔生境分布〕河北、山西、河南、安徽、江苏、陕西、甘肃、宁夏、青海果洛、新疆、四川。生于路边荒地或田间。亚洲北部和西部以及欧洲、非洲也有分布。

狭穗八宝 *Hylotelephium angustum*

景天科 Crassulaceae　八宝属 Hylotelephium

〔形态特征〕多年生草本，高48～73 cm，无毛。茎直立，带紫色，单一。叶3～4枚轮生；叶片长椭圆形至长椭圆状披针形，长3.5～5.3 cm，宽0.9～1.7 cm，先端钝，边缘有齿，基部楔形，叶柄长2～4 mm。聚伞花序排列成间断穗状，长10～23 cm，具多花；花序分枝长1～5.5 cm，具30余花；苞片长椭圆形，长约7.5 mm，宽约1.7 mm，先端钝，花梗长1.6～2.6 mm；萼片5，肉质，三角形，长约1 mm，宽0.5～0.6 mm，先端钝，单脉；花瓣5，淡红色，长椭圆形，长约3.6 mm，宽约1.1 mm，先端钝，无爪，单脉；雄蕊10，长约4 mm，花丝钻形，对瓣者，其下部与花瓣合生；鳞片5，狭倒卵形，长约0.7 mm，宽约0.3 mm，先端微凹；心皮5，高生，子房上位，长3 mm，花柱长约0.3 mm。花果期7—9月。

〔生境分布〕班玛、西宁、大通、湟中、循化、乐都、互助。生于灌丛下、林下，海拔2 000～3 500 m。分布于云南、四川、甘肃、陕西、山西、湖北。

小丛红景天 *Rhodiola dumulosa*

景天科 Crassulaceae　红景天属 *Rhodiola*

〔形态特征〕多年生草本植物。根颈粗壮，地上部分常被残留老枝；叶互生，线形或宽线形；花茎聚生主轴顶端，花序聚伞状，萼片呈线状披针形，花瓣呈白或红色，披针状长圆形，雄蕊花瓣较短，鳞片呈横长方形，心皮呈卵状长圆形；种子长圆形，有微乳头状凸起。花期6—7月，果期8月。

〔生境分布〕多生长在海拔1 600 ~ 3 900 m的山坡石上，喜凉爽，适宜在排水好和含石砾的土壤栽植。繁殖方法一般为播种和分株繁殖。分布于四川、青海、甘肃。

狭叶红景天 *Rhodiola kirilowii*

景天科 Crassulaceae 红景天属 *Rhodiola*

〔形态特征〕多年生草本，高14～40 cm，无毛。根状茎块状，肥大。茎单一或疏丛生。叶互生，线形，稀长圆形，长2～4.5 cm，宽3～7 mm，先端锐尖至急尖，全缘或具齿，基部圆形至耳状，近无柄，以中部者最大，向上向下渐变小。雌雄异株；多歧聚伞花序具多花；雌花：萼片5～6（7），狭卵形至三角形，长1.5 mm，宽0.6～0.8 mm，先端急尖，单脉；花瓣绿黄色，5～6（7），舌形至近长椭圆形，长3～3.1 mm，宽1.1～1.4 mm，先端钝，具羽状脉；无雄蕊；鳞片5～6（7），近方形，长1 mm，先端钝圆；心皮5～6（7），长4.5 mm，子房半下位，花柱长1 mm，外弯；雄花：雄蕊8～12，长3 mm；鳞片4～6。近长方形，先端微凹；退化心皮4～5，长约1.4 mm。花果期6—8月。

〔生境分布〕玛多、班玛、久治、玛沁、囊谦、玉树、同仁、泽库、河南、西宁、大通、循化、乐都、互助、祁连、门源。生于高山岩隙、高山草甸、灌丛下、林下，海拔2 300～4 500 m。分布于西藏、云南、四川、新疆、甘肃、陕西、山西、河北。

唐古红景天 *Rhodiola tangutica*

景天科 Crassulaceae　红景天属 *Rhodiola*

〔形态特征〕多年生草本，高6～24 cm，无毛。根状茎粗长；疏具残茎。茎丛生，不分枝。叶革质，线形，互生，长6～19 mm，宽0.6～2 mm，先端钝。雌雄异株；聚伞花序伞房状，具7～22花；雌花；萼片5，稍肉质，紫红色，舌形，长3～3.2 mm，宽约1 mm，先端钝，3脉；花瓣5，浅红色，长椭圆形，长5～5.5 mm，宽1.6～2 mm，先端钝，具羽状脉；无雄蕊，稀具1～3退化雄蕊；鳞片5，与萼片互生，近长方形，长0.8 mm，宽1～1.5 mm，先端具波状齿；心皮4～5，离生，紫红色，长6.8～7.2 mm，子房近上位；雄花：雄蕊10，长6.5～7 mm，花丝纤细，对瓣者，其下部1～2 mm与花瓣合生；退化雄蕊长3.5～4 mm。蓇葖果披针形，长6～10 mm，喙长0.5～1 mm，直立或外弯。花果期6—9月。

〔生境分布〕玛多、班玛、久治、杂多、曲麻莱、玉树、称多、泽库、河南、德令哈、乌兰、天峻、兴海、共和、大通、湟源、湟中、化隆、乐都、互助。生于高山流石坡、高山草甸高山灌丛，海拔3 090～4 850 m。分布于四川、甘肃、宁夏。

隐匿景天 *Sedum celatum*

景天科 Crassulaceae 景天属 *Sedum*

〔形态特征〕二年生草本。主根圆锥形。花茎直立，自基部分枝，高3～9 cm。叶披针形或狭卵形，长5～7 mm，有钝或近浅裂的距，先端渐尖。聚伞花序伞房状，具3～9花；苞片叶形；花梗长2～6.5 mm；萼片5，狭卵形，长约3.5～5 mm，无距，先端长渐尖；花瓣5，黄色，披针形，长3.5～4.5 mm，基部微合生，先端渐尖并具短尖头；雄蕊10，2轮，内轮雄蕊生于距花瓣基部0.5～0.7 mm处；鳞片宽匙形，长约0.4 mm，宽约0.5 mm，先端微缺；心皮狭卵形，长3.5～3.8 mm，基部合生，含胚珠6～8；胎座镰刀形，上部外侧3～5裂。蓇葖果；种子倒卵状长椭圆形，长0.7～1 mm，有狭翅及乳头状突起。花果期7—9月。

〔生境分布〕达日、杂多、同仁、泽库、河南、兴海。生于干山坡或高山草甸上，海拔2 800～4 200 m。分布于甘肃南部。

球茎虎耳草 *Saxifraga sibirica*

虎耳草科 Saxifragaceae　虎耳草属 *Saxifraga*

〔形态特征〕多年生草本，高6.5 ~ 25 cm，具鳞茎。茎密被腺柔毛。基生叶具长柄，叶片肾形，长0.7 ~ 1.8 cm，宽1 ~ 27 cm，7 ~ 9浅裂，裂片卵形、阔卵形至扁圆形，两面和边缘均具腺柔毛，叶柄长1.2 ~ 4.5 cm，基部扩大，被腺柔毛；茎生叶肾形、阔卵形至扁圆形，长0.45 ~ 1.5 cm，宽0.5 ~ 2 cm，基部肾形、截形至楔形，5 ~ 9浅裂，两面和边缘均具腺毛，叶柄长1 ~ 9 mm。聚伞花序伞房状，长2.3 ~ 17 cm，具2 ~ 13花，稀单花；花梗纤细，长1.5 ~ 4 cm，被腺柔毛；萼片直立，披针形至长圆形，长3 ~ 4 mm，宽0.6 ~ 1.8 mm，先端急尖或钝，腹面无毛，背面和边缘具腺柔毛，3 ~ 5脉于先端不汇合、半汇合至汇合（同时交错存在）；花瓣白色，倒卵形至狭倒卵形，长6 ~ 14.5 mm，宽1.5 ~ 4.7 mm，基部渐狭呈爪，3 ~ 8脉，无痂体；雄蕊长2.5 ~ 5.5 mm，花丝钻形；2心皮中下部合生，长2.6 ~ 4.9 mm；子房卵球形，长1.8 ~ 3 mm，花柱2，长0.8 ~ 2 mm，柱头小。花果期5—11月。

〔生境分布〕生于海拔770 ~ 5 100 m的林下、灌丛、高山草甸和石隙。

零余虎耳草 *Saxifraga cernua*

虎耳草科 Saxifragaceae 虎耳草属 *Saxifraga*

〔形态特征〕多年生草本，高6～20 cm。茎被腺柔毛，分枝或不分枝，叶腋部具珠芽。基生叶具长柄，叶片肾形，长0.7～1.5 cm，宽0.9～1.8 cm，通常5～7浅裂，裂片近圆卵形，具腺毛；茎生叶亦具柄，中下部者肾形，长8～20 mm，5～7（9）浅裂，上部者3浅裂。单花生于茎顶或枝端，或聚伞花序具2～5花；苞腋具珠芽；萼片在花期直立，椭圆形、卵形至长椭圆形，长3～3.7 mm，先端急尖或稍钝，背面和边缘具腺毛；花瓣白色或淡黄色，倒卵形至狭倒卵形，长4.5～11 mm，先端微凹或钝，基部具短爪，3～8（10）脉；花丝钻形；2心皮中下部合生，子房近上位，长1～2.5 mm，花柱2，长1～2 mm。花果期6—9月。

〔生境分布〕久治、玛多、治多、囊谦、玉树、同仁、泽库、河南、乌兰、天峻、兴海、祁连、门源。生于高山流石坡、高山草甸，海拔3 900～4 700 m。分布于我国西藏、云南、四川、陕西、宁夏、山西、河北、内蒙古、吉林、黑龙江；俄罗斯、日本、朝鲜、不丹、印度及北半球其他高山地区和寒带也有分布。

黑亭阁草 *Micranthes atrata*

虎耳草科 Saxifragaceae　亭阁草属 *Micranthes*

〔形态特征〕多年生草本，高7～23 cm。根状茎短，具芽。叶均基生，具柄；叶片卵形至阔卵形，长1.2～2.5 cm，宽0.8～1.8 cm，先端急尖或稍钝，边缘具圆齿状锯齿和睫毛，两面近无毛；叶柄长1～2 cm。花葶单一，或数条丛生，疏生白色卷曲柔毛。聚伞花序圆锥状或总状，长3～9 cm，具7～25花；花梗被柔毛；萼片在花期反曲，卵形或三角状卵形，长2.4～3.2 mm，宽1.5～2 mm，先端急尖或稍渐尖，无毛，3～7脉于先端汇合成1疣点；花瓣白色，卵形至椭圆形，长2.8～4 mm，宽1.8～2.2 mm，先端钝或微凹，基部狭缩成长约1 mm的爪，5～7脉；雄蕊长3～6 mm，花药黑紫色，花丝钻形；2心皮黑紫色，大部合生，子房阔卵形，长1～3.4 mm，花柱2，长1～2.5 mm。花期7—8月。

〔生境分布〕玛多、同仁、乌兰、天峻、共和、大通、湟源、乐都、互助、祁连、门源。生于高山草甸或石隙，海拔3 000～3 810 m。分布于甘肃。

黑蕊亭阁草 *Micranthes melanocentra*

虎耳草科 Saxifragaceae　亭阁草属 *Micranthes*

〔形态特征〕多年生草本，高3.5～19 cm。根状茎短。叶均基生，具柄，叶片卵形、菱状卵形、阔卵形、狭卵形至长椭圆形，长0.8～3.5 cm，宽0.7～1.9 cm，先端急尖或稍钝，边缘具圆齿状锯齿和腺睫毛（或无毛），基部楔形，稀心形，两面疏生柔毛或无毛。花葶被卷曲腺柔毛；苞叶卵形、椭圆形至长椭圆形，长5～15 mm。聚伞花序伞房状，长1.5～8.5 cm，具2～17花，稀单花；萼片在花期开展至反曲，三角状卵形至狭卵形，长2.9～6 mm，宽1.2～3 mm，先端钝或渐尖，无毛或疏生柔毛，3～8脉于先端汇合；花瓣白色，稀红色，基部具2黄色斑点，阔卵形、卵形至椭圆形，长3～6.1 mm，宽2.1～5 mm，先端钝或微凹，具短爪，3～6脉；花丝钻形；花盘环形；2心皮黑紫色，子房阔卵球形。花果期7—9月。

〔生境分布〕玛多、久治、玛沁、杂多、治多、曲麻莱、囊谦、玉树、称多、同仁、泽库、河南、兴海、循化、祁连。生于高山碎石隙、高山草甸、高山灌丛，海拔3 000～4 800 m。分布于我国西藏、云南、四川、甘肃、陕西；尼泊尔也有分布。

爪瓣虎耳草 *Saxifraga unguiculata*

虎耳草科 Saxifragaceae　虎耳草属 *Saxifraga*

〔形态特征〕多年生草本，高2.5～13.5 cm，丛生。小主轴分枝，具莲座叶丛；花茎具叶，中下部无毛，上部被褐色柔毛。莲座叶匙形至近狭倒卵形，长4.6～19 mm，宽1.5～6.8 mm，先端具短尖，边缘具睫毛；茎生叶稍肉质，长椭圆形、披针形至剑形，边缘和背面常具腺毛。花单生，或聚伞花序具2～8花；花梗被褐色腺毛；萼片初直立，后开展至反曲，肉质，卵形，长1.5～3 mm，先端钝或急尖，背面被腺毛，3～5脉于先端不汇合至汇合；花瓣黄色，具橙色斑点，狭卵形、椭圆形至披针形，长4.6～7.5 mm，先端急尖或稍钝，具短爪，3～7脉，具2痂体或无痂体；雄蕊长2.8～4.3 mm；子房近上位，阔卵球形，长2.3～3.8 mm，花柱长0.5～1.4 mm。花期7—8月。

〔生境分布〕玛多、班玛、久治、玛沁、治多、曲麻莱、玉树、称多、同仁、兴海、大通、乐都、互助、祁连。生于高山草甸和高山碎石隙，海拔3 200～4 800 m。分布于西藏、云南、四川、甘肃。

狭瓣虎耳草 *Saxifraga pseudohirculus*

虎耳草科 Saxifragaceae　虎耳草属 *Saxifraga*

〔形态特征〕多年生草本，高4～16.7 cm，丛生。茎下部具褐色卷曲长腺毛，并杂有短腺毛，中上部具黑褐色短腺毛。基生叶具柄，叶片披针形、倒披针形至狭长椭圆形，长2～11 mm，宽0.6～2.5 mm，先端稍钝，两面和边缘具腺毛，叶柄长5.5～23 mm；茎生叶，下部者具柄，向上渐变无柄，叶片长椭圆形至倒披针形，长8～35 mm，被短腺毛。聚伞花序具2～12花，或单花生于茎顶；花梗被黑褐色短腺毛；萼片在花期直立至开展，阔卵形、卵形至狭卵形，长2～4 mm，宽1～2.9 mm，先端钝或急尖，腹面疏生腺毛或无毛，背面和边缘密生黑褐色腺毛，3～5（7）脉于先端不汇合；花瓣黄色，披针形、线形至剑形，长4～11 mm，具爪，3～5（7）脉，具2痂体；花丝钻形；子房半下位。花果期7—9月。

〔生境分布〕玛多、班玛、久治、杂多、囊谦、玉树、同仁、泽库、河南、兴海、互助、门源。生于高山碎石隙、高山草甸和高山灌丛，海拔3 100～4 500 m。分布于西藏、四川、甘肃、陕西。

优越虎耳草 *Saxifraga egregia*

虎耳草科 Saxifragaceae　虎耳草属 *Saxifraga*

〔形态特征〕多年生草本，高9～32 cm。茎中下部疏生褐色卷曲柔毛，稀无毛，上部被短腺毛。基生叶具长柄，叶片心形至狭卵形，长1.6～3.3 cm，宽1.2～2 cm，被褐色柔毛；茎生叶具柄，中下部者心状卵形至心形，长1.2～2.6 cm，被长柔毛，最上部者边缘具卷曲长腺毛并杂有短腺毛。多歧聚伞花序伞房状，长1.9～8 cm，具3～9花；花梗长6 cm，被短腺毛；萼片在花期反曲，卵形至阔卵形，长2～3.8 mm，宽1.2～2 mm，先端钝，背面和边缘具腺毛，3～6脉于先端不汇合；花瓣黄色，椭圆形至卵形，长5.5～8 mm，宽2.3～3.5 mm，先端钝或急尖，具短爪，3～6（7）脉，具（2）4～6（10）痂体；雄蕊长4～6 mm，花丝钻形；子房近上位，卵球形，长2.5～3.8 mm，花柱2，长1～1.5 mm。花果期7—9月。

〔生境分布〕班玛、久治、泽库、乐都、互助、门源。生于林下、灌丛、高山草甸，海拔2 800～4 000 m。分布于西藏、云南、四川。

唐古特虎耳草 *Saxifraga tangutica*

虎耳草科 **Saxifragaceae**　虎耳草属 ***Saxifraga***

〔形态特征〕多年生草本，高3.5～31 cm，丛生。茎被褐色卷曲长柔毛。基生叶具柄，叶片卵形、披针形至长椭圆形，长6～33 mm，宽3～8 mm，先端钝或急尖，边缘具褐色卷曲长柔毛，叶柄长1.7～2.5 cm；茎生叶，下部者具长2～5.2 mm的柄，上部者变无柄，披针形至狭长椭圆形。多歧聚伞花序长1～7.5 cm，具（2）8～24花；花梗密被褐色卷曲长柔毛；萼片在花期初直立，后变开展至反曲，卵形、椭圆形至狭卵形，长1.7～3.3 mm，宽1～2.2 mm，先端钝，两面通常无毛，边缘具褐色卷曲柔毛，3～5脉于先端不汇合；花瓣黄色，或背面紫红色，卵形、椭圆形至狭卵形，长2.5～4.5 mm，具爪，3～5（7）脉，具2痂体；子房具环状花盘，花柱长约1 mm。花果期6—10月。

〔生境分布〕玛多、班玛、玛沁、久治、杂多、治多、曲麻莱、囊谦、玉树、称多、尖扎、同仁、河南、乌兰、天峻、共和、兴海、贵南、大通、循化、乐都、民和、互助、刚察、祁连、门源。生于高山草甸、灌丛、石隙，海拔2 900～4 600 m。分布于西藏、四川。

青藏虎耳草 *Saxifraga przewalskii*

虎耳草科 Saxifragaceae　虎耳草属 *Saxifraga*

〔形态特征〕多年生草本，高4～11.5 cm，丛生。茎不分枝，具褐色卷曲柔毛。基生叶具柄，叶片卵形、椭圆形至长椭圆形，长15～22 mm，宽4～8 mm，背面和边缘具褐色卷曲柔毛；茎生叶卵形至椭圆形，长1.5～2 cm，向上渐变小。聚伞花序伞房状，具2～6花；花梗长5～19 mm，被褐色卷曲柔毛；萼片在花期反曲，卵形至狭卵形，长2.5～4.2 mm，宽1.5～2 mm，先端钝，边缘具卷曲柔毛，3～5脉于先端不汇合；花瓣腹面淡黄色而中下部具红色斑点，背面紫红色，卵形、狭卵形至近椭圆形，长2.5～5.2 mm，宽1.5～2.1 mm，先端钝，基部具长0.5～1 mm的爪，3～5（7）脉，具2痂体；雄蕊长2～3.6 mm，花丝钻形；子房半下位，周围具环状花盘，花柱2，长1～1.5 mm。花果期7—9月。

〔生境分布〕玛多、玛沁、尖扎、同仁、泽库、河南、乌兰、天峻、共和、兴海、化隆、乐都、互助、祁连、门源。生于高山灌丛草甸和高山碎石隙，海拔3 700～4 850 m。分布于西藏、甘肃。

山地虎耳草 *Saxifraga sinomontana*

虎耳草科 Saxifragaceae　虎耳草属 *Saxifraga*

〔形态特征〕多年生草本，高4.5～35 cm，丛生。茎疏生褐色卷曲柔毛。基生叶具柄，叶片椭圆形、长椭圆形至线状长椭圆形，长0.5～3.4 cm，宽1.5～5.5 mm，先端钝或急尖，无毛，叶柄长0.7～4.5 cm，边缘具卷曲长柔毛；茎生叶披针形至线形，长0.9～2.5 cm，宽1.5～5.5 mm，有时背面和边缘疏生褐色长柔毛，下部者具长0.3～2 cm的柄，上部者变无柄。聚伞花序长1.4～4 cm，具2～8花，稀单花；花梗长0.4～1.8 cm，被卷曲柔毛；萼片在花期直立，近卵形至椭圆形，长3.8～5 mm，宽2～3.3 mm，先端钝，背面和边缘具柔毛，5～8脉于先端不汇合；花瓣黄色，倒卵形、椭圆形至狭倒卵形，长8～12.5 mm，具爪，5～11脉，具2痂体；花丝钻形；子房大部上位，花柱2，长1～2.5 mm。

〔生境分布〕玛多、班玛、玛沁、久治、杂多、治多、囊谦、玉树、称多、同仁、泽库、河南、乌兰、共和、兴海、大通、湟源、循化、乐都、互助、祁连、门源。生于高山碎石隙、高山草甸、高山灌丛，海拔3 200～4 800 m。分布于我国西藏、云南、四川、甘肃；克什米尔地区也有。

裸茎金腰 *Chrysosplenium nudicaule*

虎耳草科 Saxifragaceae　金腰属 *Chrysosplenium*

〔形态特征〕多年生草本，高4.5～10 cm。茎疏生褐色柔毛或乳头突起，通常无叶。基生叶具长柄，叶片革质，肾形，长约9 mm，宽约13 mm，边缘具7～15浅齿（齿扁圆形），齿间弯缺处具褐色柔毛或乳头突起；叶柄长1～7.5 cm，下部疏生褐色柔毛。聚伞花序密集呈半球形，长约1.1 cm；苞叶阔卵形至扇形，长3～6.8 mm，宽2.8～8.1 mm，具3～9浅齿，齿间弯缺处具褐色柔毛，柄长1～3 mm，疏生褐色柔毛；托杯外面疏生褐色柔毛；萼片在花期直立，相互多少叠结，扁圆形，长1.8～2 mm，宽3～3.5 mm，先端钝圆，弯缺处具褐色柔毛和乳头突起；雄蕊8，长约1.1 mm；2心皮近等大，子房半下位，花柱斜上。蒴果顶端凹缺，长约3.4 mm，2果瓣近等大；种子卵球形，光滑无毛。花果期6—8月。

〔生境分布〕久治、玛多、囊谦、泽库、兴海、大通、互助、祁连。生于草甸、石隙，海拔3 470～4 600 m。分布于我国西藏、云南、新疆、甘肃；尼泊尔、俄罗斯和蒙古国也有分布。

短柱梅花草 *Parnassia brevistyla*

梅花草科 Parnassiaceae 梅花草属*Parnassia*

〔形态特征〕多年生草本，高8～21 cm。茎具棱，无毛，中部或上部具1无柄叶。基生叶具柄，叶片心形至卵状心形，长1～3 cm，宽0.9～2.7 cm，先端钝，基部心形，无毛，叶柄长1～3.3 cm；茎生叶卵状心形，长0.9～2 cm，宽0.8～1.3 cm。花单生于茎顶；托杯长约1.1 mm；萼片近椭圆形，长4.1～5 mm，宽2～3.4 mm，先端钝圆，具9～13脉，无毛；花瓣白色，倒卵形，长9～9.5 mm，宽5.5～6.8 mm，先端微凹，边缘啮蚀状，基部具长约2 mm的爪，具多脉；雄蕊长2.8～8.2 mm，药隔延伸至药室之上，钻形，退化雄蕊近匙形，长2.2～2.5 mm，宽1.5～1.9 mm，先端3裂或不明显4～5裂；子房近上位，长约2.5 mm，花柱长约1 mm，先端3浅裂。花果期6—9月。

〔生境分布〕班玛。生于海拔3 200～3 700 m。分布于云南、四川、甘肃、陕西、湖北、湖南、河南。

细叉梅花草 *Parnassia oreophila*

虎耳草科 Saxifragaceae　梅花草属 *Parnassia*

〔形态特征〕多年生草本，高10～37 cm。茎丛生，无毛。基生叶少，叶片卵形至狭卵形，长1.4 cm，宽1.2～2.1 cm，先端稍钝，全缘，基部圆形至近心形，两面具黄褐色腺点，无毛，叶柄长2～4.5 cm，边缘疏生柔毛；茎生叶1，位于茎的下部，无柄，与基生叶同形。花单生于茎顶；萼片卵形至披针形，长7～7.5 mm，宽2.5～3.5 mm，先端钝，无毛，多脉，脉于先端汇合；花瓣白色，倒卵形至倒卵状椭圆形，长11～16 mm，宽6～8 mm，先端钝状急尖或微凹，边缘稍波状，基部渐狭成长约2 mm之爪，多脉；雄蕊长约6.5 mm，退化雄蕊近倒披针形，长约5.2 mm，宽约1.4 mm，先端3裂，裂片指状，长约2 mm，等长且近平行；子房半下位，长约8 mm，花柱长约1.6 mm，3裂。花果期6—9月。

〔生境分布〕玛沁、同仁、泽库、兴海、大通、湟源、湟中、循化、乐都、互助、祁连、门源。生于草甸、山坡、沟谷、滩地。海拔2 500～3 800 m。分布于四川、新疆、甘肃、陕西、山西、河北。

三脉梅花草 *Parnassia trinervis*

虎耳草科 Saxifragaceae　梅花草属 *Parnassia*

〔形态特征〕多年生草本，高4.3～21 cm。茎无毛，于下部具1无柄叶。基生叶丛生，叶片椭圆形、卵形、阔卵形至狭卵形，长0.8～2 cm，宽0.5～1.3 cm，无毛；叶柄长0.4～2 cm，下部疏生柔毛。花单生于茎顶；萼片卵形至狭卵形，长3.8～5 mm，宽1.9～2.3 mm，无毛，3脉于先端汇合；花瓣白色，狭卵形至长椭圆形，长7.6～7.8 mm，宽2.5～2.7 mm，先端有时稍啮蚀状，边缘稍波状，基部具长约2 mm之爪，3脉；雄蕊长约2.5 mm，退化雄蕊匙形，长约2.2 mm，宽约1.8 mm，先端3浅裂，裂片圆齿状，长约0.2 mm；子房半下位，长约4 mm，花柱长约0.3 mm，柱头3裂。花果期7—9月。

〔生境分布〕久治、玛沁、杂多、囊谦、玉树、泽库、德令哈、兴海、共和、祁连、门源。生于灌丛草甸、河滩、山坡，海拔2 800～4 500 m。分布于西藏、云南、四川、甘肃、陕西。

山梅花 *Philadelphus incanus*

绣球科 **Hydrangeaceae** 山梅花属 ***Philadelphus***

〔形态特征〕落叶灌木，高2～3 m。老枝棕色，无毛，幼枝红棕色，被柔毛。叶对生；叶片卵形、狭卵形至椭圆形，长1.7～6.5 cm，宽0.8～3.2 cm，先端渐尖，边缘疏生锯齿，基部圆形至稍心形，两面和边缘疏生糙伏毛；叶柄长3～6 mm，被糙毛。总状花序长6～6.5 cm，具7～8花；花序轴和花梗疏生柔毛；托杯长约3 mm，外面被贴伏柔毛；萼片4，卵形，长约5 mm，宽约3.5 mm，先端渐尖，两面和边缘被贴伏柔毛；花瓣4，白色，阔椭圆形至倒卵形，长约15 mm，宽10～11 mm，先端钝圆，基部无爪或具短爪，腹面和边缘无毛，背面下部疏生柔毛；雄蕊27～29，花丝钻形，长4～8 mm；子房下位，花盘无毛，花柱长约5.5 mm，无毛，上部4裂，柱头长约1 mm。花果期6—9月。

〔生境分布〕班玛、湟源、循化、互助。生于林下，海拔1 200～3 700 m。分布于四川、甘肃、陕西、湖北、河南。

冰川茶藨子 *Ribes glaciale*

茶藨子科 Grossulariaceae 茶藨子属 *Ribes*

〔形态特征〕落叶灌木，高1～2 m。枝灰色无毛，幼枝紫红色，被柔毛和极少腺毛。叶片近卵形，长2.6～4.4 cm，宽2～4 cm，3～5裂（中裂片较长，先端急尖或近渐尖），边缘有锯齿，基部圆形至宽楔形，两面疏生腺毛，背面还混生极少柔毛；叶柄长0.9～1.5 cm，被柔毛和腺毛。雌花序：总状，长3.3～4 cm，约具7花；花梗长2～5 mm，与花序轴均疏生柔毛和腺毛；托杯长约1 mm，无毛；萼片卵形，长约1.5 mm，宽约1 mm，无毛，具5脉；花瓣近扇形，长约0.5 mm，先端钝，单脉，无毛；花柱长约1.8 mm，先端稍2裂；雄花的托杯外面疏生柔毛；萼片紫红色，背面疏生柔毛；花瓣紫红色，无毛。幼果黄绿色，成熟后变红色，球形，直径约6 mm，无毛。花果期5—9月。

〔生境分布〕久治、班玛、玛沁、曲麻莱、治多、杂多、玉树、囊谦、泽库、河南、共和、兴海、西宁、循化、门源。生于高山灌丛、岩隙、江岸坡地，海拔2 150～4 010 m。分布于西藏、云南、四川、甘肃、陕西、山西、湖北。

南川绣线菊 *Spiraea rosthornii*

蔷薇科 Rosaceae　绣线菊属 *Spiraea*

〔形态特征〕灌木，高1～3 m。枝幼时具短柔毛，黄褐色，后脱落，老时灰褐色；冬芽长卵形，顶端渐尖，与叶柄等长或稍长于叶柄，无毛，具2枚外露鳞片。叶片卵状披针形至卵状长圆形，长1～6 cm，宽0.7～2 cm，先端渐尖，基部楔形、近截形或圆形，边缘有缺刻和重锯齿，腹面被稀疏短柔毛，背面具短柔毛，沿叶脉毛尤多；叶柄长2～5 mm，被柔毛。复伞房花序着生在侧枝顶端，具多花，被短柔毛；花梗长3～5 mm；苞片线状披针形至卵状披针形，边缘有少数锯齿，被短柔毛；花直径约6 mm；萼筒钟状，里外两面被短柔毛；萼片三角形，腹面稍被柔毛；花瓣近圆形，白色，长2～3 mm；雄蕊20，花丝长于花瓣；花盘圆环形，有10裂片；雌蕊5，子房被短柔毛。青荚果被短柔毛，沿腹缝线开裂，花柱顶生，向外伸展，宿存萼片反折。花期6—7月，果期7—9月。

〔生境分布〕班玛、久治、循化、乐都、民和、互助。生于山沟林缘或山坡林中，海拔2 000～3 800 m。分布于云南、四川、甘肃、陕西、河南、安徽。

高山绣线菊 *Spiraea alpina*

蔷薇科Rosaceae 绣线菊属*Spiraea*

〔形态特征〕灌木，高0.3～1.2 m。枝直立或开张，小枝有明显棱角，幼时被短柔毛，老时无毛，灰褐色；冬芽小，卵形，无毛，有数枚外露鳞片。叶片多数簇生，线状披针形至长圆状倒卵形，长7～16 mm，宽2～4 mm，先端急尖或钝圆，基部楔形，全缘，两面无毛，背面灰绿色，具粉霜；叶柄甚短。伞形总状花序具短总花梗或近无花梗，具3～15花；花梗长5～8 mm，无毛；苞片线形；花直径5～7 mm；花萼无毛；花瓣倒卵形或近圆形，先端钝圆或微凹，白色；雄蕊20，几与花瓣等长或稍短；花盘圆环形，具发达的10裂片；花柱近顶生，较雄蕊短，子房被短柔毛。蓇葖果开张，无毛或仅沿腹缝有稀疏短柔毛，具直立或开张宿存萼片。花期6—7月，果期8—9月。

〔生境分布〕玛多、班玛、久治、玛沁、囊谦、玉树、尖扎、同仁、泽库、河南、兴海、共和、同德、大通、湟中、化隆、循化、乐都、民和、互助、海晏、祁连、门源。生于高山山坡、草甸、灌丛、河漫滩及河谷阶地，海拔2 900～4 600 m。分布于我国西藏、四川、甘肃、陕西；蒙古国、俄罗斯（西伯利亚地区）也有分布。

蒙古绣线菊 *Spiraea lasiocarpa*

蔷薇科 Rosaceae　绣线菊属 *Spiraea*

〔形态特征〕灌木，高达2 m。幼枝无毛，有棱角，红褐色，老时灰褐色；冬芽长卵形，较叶柄稍长，外具2个尖长形鳞片，无毛。叶片椭圆形或长卵状倒披针形，长5 ~ 20 mm，宽2.5 ~ 7 mm，先端钝圆，有时具小突尖，基部楔形，全缘，不孕枝上叶较大，先端有时具2 ~ 3锯齿，两面无毛或背面稀具短柔毛；叶柄极短，无毛。伞形总状花序具较长总花梗，具8 ~ 15花；花梗长3 ~ 12 mm；苞片线形；花直径5 ~ 7 mm；萼筒近钟状；萼片三角形，腹面密被短柔毛；花瓣白色，近圆形，先端钝圆；雄蕊约20，与花瓣近等长；花盘环状，有10圆形裂片；子房被短柔毛，花柱短于雄蕊。蓇葖果沿腹缝线被短柔毛或无毛，花柱生于背部顶端，倾斜开展，萼片宿存，直立或反折。花果期6—9月。

〔生境分布〕班玛、久治、治多、曲麻莱、囊谦、玉树、称多、尖扎、同仁、泽库、西宁、大通、湟源、湟中、平安、循化、乐都、民和、互助、门源。生于河漫滩、山坡、灌丛或林下，海拔2 100 ~ 4 100 m。分布于西藏、四川、新疆、甘肃、陕西、山西、河北、内蒙古、河南。

鲜卑花 *Sibiraea laevigata*

蔷薇科 Rosaceae 鲜卑花属 *Sibiraea*

〔形态特征〕灌木，高1 ~ 2 m。小枝光滑无毛，紫红色。叶在当年生枝条互生，在老枝上丛生，叶片披针形或长圆状倒披针形，长2.5 ~ 9 cm，宽0.7 ~ 2 cm，先端急尖或突尖，全缘，无毛；无托叶。穗状圆锥花序顶生，长2.5 ~ 10 cm，花梗长2 ~ 3 mm，总花梗与花梗不具毛；花直径约5 mm；萼筒浅钟状；萼片三角形，无毛；花瓣倒卵形，白色，雄花有雄蕊20 ~ 25，花丝细长，花药黄色，长于或等于花瓣，具3 ~ 5退化雌蕊，四周无毛或被白色柔毛；雌花具退化雄蕊，花丝极短，花盘环状，具10裂片，有雌蕊5，花柱偏斜，柱头肥厚，子房光滑无毛。蓇葖果5，并立，有光泽，具直立或开展的宿存萼片；果梗光滑。花期6—7月，果期7—9月。

〔生境分布〕久治、玛沁、治多、尖扎、同仁、泽库、兴海、共和、同德、西宁、大通、湟中、乐都、民和、互助、海晏、祁连、门源。生于高山山坡、草甸灌丛及河滩，海拔2 300 ~ 4 000 m。分布于我国西藏、甘肃；俄罗斯（西伯利亚地区）也有分布。

窄叶鲜卑花 *Sibiraea angustata*

蔷薇科 Rosaceae　鲜卑花属 *Sibiraea*

〔形态特征〕灌木，高0.5～3 m。小枝幼时微被短毛，老时无毛，黑紫色。叶在当年生枝条上互生，在老枝上丛生，叶片窄披针形或倒披针形，长1.5～8 cm，宽0.5～1.5 cm，先端急尖或突尖，幼时边缘具毛，老时两面无毛；叶柄短。穗状圆锥花序常顶生，也有腋生者，长3～8 cm；花梗长2～4 mm，总花梗和花梗均密被短柔毛；苞片披针形，被柔毛；萼筒浅钟状，被柔毛；萼片三角形，被柔毛；花瓣白色，宽倒卵形，雄花者较大，长约2 mm，雌花者较小，长约1.3 mm；雄花具雄蕊20～25，着生萼筒边缘，花丝长，约等于或稍长于花瓣，具退化雌蕊3～5，四周密被白色柔毛；雌花具退化雄蕊，花丝很短，具雌蕊5，花柱稍偏斜，子房无毛；花盘环状，肥厚，具10裂片。蓇葖果直立，褐色，光亮，具直立宿存萼片；果梗被柔毛。花期6—7月，果期7—9月。

〔生境分布〕班玛、久治、玛沁、杂多、曲麻莱、囊谦、玉树、称多、同仁、泽库、河南、乌兰、共和、同德、大通、湟源、湟中、平安、乐都、互助、刚察、海晏、门源。生于高山山坡上、灌丛中或河漫滩，海拔2 500～4 300 m。分布于西藏、云南、四川、甘肃。

匍匐栒子 *Coloneaster adpressus*

蔷薇科 Rosaceae　栒子属 *Cotoneaster*

〔形态特征〕落叶匍匐灌木。茎不规则分枝，平铺地面；小枝细，幼时被黄色粗伏毛，毛后脱落，红褐色至暗褐色。叶片宽卵形或倒卵形，稀椭圆形，长5 ~ 13 mm，宽5 ~ 9 mm，先端钝圆或急尖，基部楔形，全缘而呈波状，两面无毛或被稀疏紧贴长柔毛；叶柄短，无毛或被粗伏毛；托叶钻形。花单生或聚伞花序具2 ~ 3花；花直径6 ~ 8 mm，近无梗；花萼钟状，背面被稀疏短柔毛；萼片卵状三角形，背面被稀疏短柔毛；花瓣粉红色，直立，倒卵形；雄蕊10 ~ 15，短于花瓣；花柱2（3），离生，较雄蕊短，子房顶端被短柔毛。果鲜红色，近球形，长5 ~ 7 mm，无毛，常有2小核，稀3小核。花期5—7月，果期7—9月。

〔生境分布〕班玛、久治、马沁、囊谦、玉树、称多、尖扎、同仁、泽库、河南、同德，大通、湟源、平安、循化、乐都、民和、互助、门源。生于多石山坡、岩石缝隙、林间草地，海拔2 200 ~ 4 100 m。分布于我国西藏、云南、贵州、甘肃、陕西、湖北；缅甸、尼泊尔、印度东北部也有分布。

平枝栒子 *Cotoneaster horizontalis*

蔷薇科 Rosaceae　栒子属 *Cotoneaster*

〔形态特征〕落叶匍匐灌木，高不超过0.5 m。枝水平开张成整齐两列；小枝圆柱形，幼时密被黄色糙伏毛，老时毛脱落，红褐色或黑褐色。叶片近圆形，稀倒卵形，长5～12 mm，宽5～9 mm，先端急尖并常有凸尖头，基部楔形，全缘，背面及边缘均被稀疏贴伏柔毛；叶柄短，被柔毛；托叶钻形，被毛，至果期尚宿存。花单生或聚伞花序具2花；花近无梗；萼筒钟状，外被稀疏柔毛，里面无毛；萼片三角形，先端急尖，背面及边缘均被稀疏柔毛；花瓣粉红色，倒卵形，先端钝圆；雄蕊约12，短于花瓣；花柱3或2，离生，子房顶端被柔毛。果近球形或卵形，鲜红色，长4～6 mm，被稀疏毛，具2～3小核。花期5—6月，果期7—9月。

〔生境分布〕玛沁、玉树、同德。生于干旱石质山坡或灌木丛中，海拔3 200～3 750 m。分布于我国云南、贵州、四川、甘肃、陕西、湖北、湖南；尼泊尔也有分布。

水栒子 *Cotoneaster multiflorus*

蔷薇科 Rosaceae　栒子属 *Cotoneaster*

〔形态特征〕落叶灌木，高1～4 m。枝条圆柱形，细瘦，红褐色或棕褐色，先端急尖或钝圆，基部久脱落。叶片卵形或宽卵形，长2～5 cm，宽1.5～3.2 cm，宽楔形或圆形，两面无毛或背面幼时被稀疏柔毛，毛后渐脱落；叶柄长3～8 mm，幼时有柔毛；托叶线形，脱落。疏松聚伞花序具5～20花；总花梗和花梗无毛；花梗长4～6 mm；花直径1～1.2 cm；萼筒钟状，里外两面均无毛；萼片三角形，仅先端边缘具缘毛；花瓣平展，近圆形，长4～5 mm，白色，腹面基部有白色细柔毛；雄蕊约20，稍短于花瓣；花柱2，稀1，较雄蕊短，子房顶端被柔毛。果红色，近球形或倒卵形，长约8 mm，具1由2心皮合生而成的小核。花期5—6月，果期8—9月。

〔生境分布〕班玛、玛沁、玉树、尖扎、同仁、泽库、兴海、西宁、大通、湟源、湟中、平安、循化、民和、互助、门源。生于山坡、河谷、林间、林缘，海拔1 800～3 700 m。分布于我国西藏、云南、四川、新疆、甘肃、陕西、山西、河北、内蒙古、辽宁、黑龙江、湖北、河南；俄罗斯及亚洲中部和西部也有分布。

毛叶水栒子 *Cotoneaster submultiflorus*

蔷薇科 Rosaceae 栒子属 *Cotoneaster*

〔形态特征〕落叶直立灌木，高1～3 m。枝圆桂形，幼时密被柔毛，毛后逐渐脱落。叶片椭圆形、菱状卵形、卵形，长2～4 cm，宽1.2～2 cm，先端急尖或钝圆，基部宽楔形，腹面幼时微被柔毛或无毛，背面被短柔毛；叶柄长4～8 mm，微被柔毛；托叶披针形，被柔毛。聚伞花序具多花；总花梗和花梗被柔毛；花梗长4～6 mm；苞片线形，被柔毛；萼筒钟状，外面被柔毛；萼片三角形，背面被柔毛，腹面无毛；花瓣开展，白色，近圆形或卵形，长约4 mm，腹面基部被白色细柔毛；雄蕊15～20，较花瓣短；花柱2，较雄蕊稍短，子房顶端被短柔毛。果红色，近球形，长6～7 mm，具1由2心皮合生而成的小核。花期5—7月，果期8—9月。

〔生境分布〕玛沁、囊谦、玉树、尖扎、泽库、兴海、大通、湟源、湟中、平安、乐都、民和、互助、祁连、门源。生于河谷滩地、灌丛中或林缘，海拔1 700～4 200 m。分布于我国西藏、新疆、甘肃、陕西、宁夏、山西、内蒙古；亚洲中部也有分布。

陕甘花楸 *Sorbus koehneana*

蔷薇科 Rosaceae 花楸属 *Sorbus*

〔形态特征〕灌木或小乔木，高1.5～6 m。小枝圆柱形，黑灰色，无毛；冬芽长卵形，外被数枚红褐色鳞片，无毛或仅顶端被褐色柔毛。奇数羽状复叶，长10～17 cm，具小叶（15）17～25（31），侧生小叶对生，间隔7～12 mm；小叶长圆形至长圆状披针形，长1.1～2.8 cm，宽4～9 mm，先端钝圆或急尖，基部偏斜圆形，边缘每侧有尖锐锯齿9～14，仅基部全缘，腹面无毛，背面仅沿中脉有稀疏柔毛或无毛；叶轴两面微具窄翅，近无毛；托叶披针形，早落。复伞房花序常生于侧生短枝上，具多花；总花梗和花梗被稀疏白色柔毛；花梗长1～3 mm；花直径8～10 mm；萼筒钟状，无毛；萼片三角形，先端钝圆，腹面微被柔毛；花瓣白色，宽卵形，先端钝圆，腹面微被柔毛；雄蕊20，花药紫褐色，短于花瓣；花柱5，基部微被毛。果球形，白色，顶端具宿存闭合萼片。花期6—7月，果期8—9月。

〔生境分布〕班玛、玉树、同仁、泽库、贵德、西宁、大通、湟源、湟中、平安、循化、乐都、民和、互助、门源。生于山坡林下、灌丛中、山沟杂木林内，海拔2 000～3 800 m。分布于我国四川、甘肃、陕西、山西、湖北、河南。

花叶海棠 *Malus transitoria*

蔷薇科 Rosaceae　苹果属 *Malus*

〔形态特征〕灌木或小乔木，高1～6 m。小枝圆柱形，幼时密被茸毛，老时暗紫色或紫褐色，无毛。叶片卵形至宽卵形，长1.5～4 cm，宽2～3.5 cm，先端急尖，基部圆形至宽楔形，边缘具不整齐锯齿，常3～5深裂（裂片长卵形至长椭圆形），两面密被茸毛或腹面近无毛；叶柄长1～3 cm，具窄翼，密被茸毛；托叶卵状披针形，全缘，被茸毛。近伞形花序具3～6花；花梗长1.3～2 cm，密被茸毛；苞片线状披针形，早落；花直径约1.5 cm；萼筒钟状，密被茸毛；萼片三角状卵形，全缘，两面均密被茸毛，较萼筒短；花瓣白色，卵形，基部具短爪；雄蕊20～25，花丝较花瓣稍短；花柱3～5，基部联合，无毛，与雄蕊近等长。果橘红色，近球形或长椭圆形，长5～10 mm，宽5～10 mm，萼片脱落，萼洼下陷；果梗长1～3.5 cm，被茸毛。花期5—6月，果期8—9月。

〔生境分布〕班玛、玉树、尖扎、同仁、泽库、西宁、湟源、湟中、循化、民和、互助、门源。生于山坡丛林中、河滩沟谷灌丛中，海拔200～3 700 m。分布于四川、甘肃、陕西、内蒙古。

小叶蔷薇 *Rosa willmottiae*

蔷薇科 Rosaceae　蔷薇属 *Rosa*

〔形态特征〕灌木，高1～2 m。小枝细弱，有时成对或散生，具稍弯或直细皮刺。奇数羽状复叶具小叶（5）7～9（11），长2～4 cm；小叶倒卵形或椭圆形，长5～18 mm，宽3～13 mm，先端钝圆，基部近圆形，稀宽楔形，边缘有单锯齿，近基部全缘，腹面无毛，背面无毛或沿中脉被短柔毛；小叶柄和叶轴被短柔毛、腺毛和小皮刺；托叶大部贴生叶柄，边缘具带腺锯齿。花单生或2花；苞片卵状披针形，先端尾尖，边缘具带腺锯齿，无毛；花梗长6～10 mm，常具腺毛；花直径2～3 cm；萼片三角状披针形，全缘，背面被柔毛和腺毛，腹面密被柔毛；花瓣粉红色，倒卵形，先端微凹，基部楔形；花柱离生，密被柔毛，短于雄蕊。果红色，有光泽，近球形或长圆形，成熟时萼片脱落。花果期6—9月。

〔生境分布〕玛沁、泽库、同德、西宁、大通、互助、祁连。生于山坡上、沟谷边或灌丛中，海拔2 200～3 400 m。分布于西藏、四川、陕西。

陕西蔷薇 *Rosa giraldii*

蔷薇科 Rosacea　蔷薇属 *Rosa*

〔形态特征〕灌木，高达2 m。小枝细弱，红褐色，疏生直立皮刺。奇数羽状复叶具小叶（5）7～9，长4～8 cm；小叶近圆形、椭圆形或卵形，长1～2 cm，宽6～13 mm，边缘具单锯齿，基部近全缘，背面被稀疏短柔毛或仅中脉上被短柔毛；小叶柄和叶轴散生柔毛、腺毛和小皮刺；托叶边缘具腺齿。花单生或2～3簇生，直径2～3.5 cm；苞片1～2枚，边缘具腺齿；花梗长3～10 mm，花梗和萼筒被紫红色腺毛或无毛；萼片卵状披针形，长约1 cm，先端延伸成尾状，全缘或具1～3细裂片，背面被紫红色腺毛，腹面密被短柔毛；花瓣粉红色，宽倒卵形，先端微凹，基部楔形；花柱离生，密被黄色柔毛，较雄蕊短。果未见。花期6—7月。

〔生境分布〕玛沁、尖扎、同仁、同德、西宁、大通、湟源、互助、祁连、门源。生于山坡上、林下灌木丛中或河滩上，海拔2 300～3 100 m。分布于四川、甘肃、陕西、山西、湖北、河南。

峨眉蔷薇 *Rosa omeiensis*

蔷薇科 Rosaceae　蔷薇属 *Rosa*

〔形态特征〕直立灌木，高0.5～2 m。小枝紫红色，具扁而基部膨大的皮刺或无，新枝密生针刺或无。奇数羽状复叶具小叶9～17，长3～10 cm；小叶长圆形或椭圆状长圆形，长8～28 mm，宽5～10 mm，先端钝圆或急尖，基部宽楔形，边缘具锐锯齿，无毛或仅背面沿中脉被柔毛；叶柄长1～1.5 cm，与叶轴均无毛，有散生小皮刺；托叶大部贴生于叶柄，离生部分三角状卵形。花单生于叶腋，直径2.5～3.5 cm，无苞片；花梗长1～2 cm，无毛；萼片4，三角状披针形，全缘，先端渐尖，背面近无毛，腹面有稀疏柔毛；花瓣4，白色，倒三角状卵形，先端微凹，基部宽模形；雄蕊多数；花柱离生，密被柔毛，批出花托口，甚短于雄蕊。果椭圆形或倒卵球形，鲜红色，长8～15 mm，成熟时果梗肉质肥大，橙黄色，宿存萼片直立。花期5—7月，果期7—9月。

〔生境分布〕班玛、尖扎、同仁、泽库、西宁、大通、湟源、湟中、循化、乐都、民和、互助、门源。生于阴坡林内、林缘、灌丛中及河谷山坡上，海拔2 300～3 900 m。分布于西藏、云南、四川、甘肃、陕西、宁夏、山西、湖北、河南。

龙芽草 *Agrimonia pilosa*

蔷薇科 Rosaceae　龙芽草属 *Agrimonia*

〔形态特征〕多年生草本。根多呈块茎状，根茎短。茎单一或丛生，高0.3～1 m，被淡黄色长柔毛或短柔毛，下部被长硬毛。间断奇数羽状复叶具小叶5～9；叶柄被稀疏长柔毛；小叶无柄，倒卵状椭圆形或倒卵形，长1～5 cm，先端锐尖，基部楔形，边缘常在1/3以上具急尖至钝圆锯齿，两面疏生长柔毛，有腺点；托叶镰形，边缘有尖锐锯齿，茎下部托叶卵状披针形，全缘。穗状总状花序顶生，长5～10 cm，花序轴被柔毛；花梗长1～3 mm，被柔毛；苞片深3裂，小苞片卵形，全缘或边缘分裂；萼片三角状卵形；花瓣长圆形，长约3 mm；雄蕊常8；花柱2，柱头头状。瘦果倒卵状圆锥形，长5～7 mm，最宽处直径3～4 mm，外面被疏柔毛，具10条肋，顶端有数层钩刺，钩刺幼时直立，老时向内靠合。花果期6—9月。

〔生境分布〕班玛、玉树、泽库、大通、湟中、循化、乐都、民和、互助、门源。生于林下、林缘、灌丛、山坡草地、路边及河滩草地海拔1 850～3 500 m。分布于我国各地；欧洲中部、俄罗斯、蒙古国、朝鲜、日本和越南北部也有分布。

紫色悬钩子 *Rubus irritans*

蔷薇科 Rosaceae　悬钩子属 *Rubus*

〔形态特征〕落叶灌木，茎直立、具腺毛，叶互生，边缘锯齿，有叶柄；托叶与叶柄合生，不分裂，宿存，离生，较宽大，花两性，聚伞状花序、花萼；萼片直立或反折，果时宿存；花瓣稀缺，白色或红色；雄蕊多数，心皮多数，有时仅数枚，果实为由小核果集生于花托上而成聚合果，种子下垂，种皮膜质。花期4—5月，果期6—7月。

〔生境分布〕生于山坡林缘或灌丛中，海拔2 000 ~ 4 500 m。分布于我国甘肃、四川、青海、西藏东南部；印度西北部、克什米尔地区、巴基斯坦、阿富汗、伊朗也有分布。

毛果悬钩子 *Rubus ptilocarpus*

蔷薇科 Rosaceae　悬钩子属 *Rubus*

〔形态特征〕灌木，高1～2 m。老枝紫褐色，无毛，具皮刺；花枝自老枝上长出，具柔毛、腺毛和稀疏小皮刺。奇数羽状复叶具小叶7～11；小叶卵形、卵状披针形或菱状卵形，长1～5（8）cm，宽1～4 cm，先端急尖（顶生小叶先端长渐尖）基部圆形，两面均具柔毛，背面沿主脉疏生下弯小皮刺，边缘具深裂缺刻状重锯齿（顶生小叶有时羽状分裂或3裂）；叶柄长2～4 cm（侧生小叶几无柄）与叶轴均被柔毛、腺毛和下弯小皮刺；托叶线形，被柔毛或腺毛。1～3花顶生或腋生，直径约2 cm；花梗长1.5～4.5 cm，被柔毛和鹰毛，具极稀少小皮刺；花萼外面被柔毛和腺毛；萼筒无刺；萼片卵形至卵状披针形，先端长尾尖，腹面密被白柔毛；花瓣白色，长圆形，短于萼片；花丝紫褐色；子房密被灰黄色柔毛。果（未成熟）直径约1 cm。花期6—7月，果期7—8月。

〔生境分布〕班玛。生于林下，海拔3 200～3 700 m。分布于云南东北部、四川西部。

无尾果 *Coluria longifolia*

蔷薇科 Rosaceae　无尾果属 *Coluria*

〔形态特征〕多年生草本，高5 ~ 50 cm。花茎直立或斜上升，2至数枚丛生。基生叶丛生，为间断羽状复叶，具小叶17 ~ 37，长4 ~ 16 cm，上部小叶排列紧密无间隙，愈向下方间隔愈疏远，小叶无柄，上部者宽大，愈向下渐狭小，近圆形或长圆形，边缘有锯齿，具长缘毛，背面被稀疏柔毛或近无毛，叶柄和叶轴被稀疏长柔毛；茎生叶较少，宽条形，3裂，无柄；托叶卵形，全缘或有锯齿。聚伞花序具2 ~ 4花；苞片卵状披针形；花梗长1 ~ 7 cm，密被短柔毛；萼片三角状卵形，长3 ~ 6 mm，副萼片小，长圆形，绿色或带紫色，均被长柔毛；花瓣倒卵形或倒心形，长5 ~ 9 mm；花丝基部扩大，宿存；子房长圆形，无毛，花柱直立，与子房相接处明显，易脱落。瘦果褐色，长圆形，长2 ~ 4 mm。花果期6—9月。

〔生境分布〕玛多、久治、玛沁、治多、曲麻莱、玉树、称多、泽库、河南、兴海、共和、大通、湟中、循化、互助、祁连、门源。生于高山草甸、砾石流草地、河滩及灌丛中，海拔2 600 ~ 4 850 m。分布于西藏、云南、四川、甘肃。

路边青 *Geum aleppicum*

蔷薇科 Rosaceae　路边青属 *Geum*

〔形态特征〕茎直立，高15～60 cm，被白色、淡黄色粗硬毛或近无毛。基生叶为不整齐大头羽状复叶，具小叶3～13，长5～20 cm，小叶大小不等，倒卵形或菱状宽卵形，先端急尖或钝圆，基部楔形，边缘具浅裂片或粗锯齿，两面疏生粗硬毛，顶生小叶最大，圆形或宽扁圆形，先端钝圆，基部宽楔形；茎生叶小，羽裂，小叶向上逐渐减少，托叶大，卵形，边缘有不规则粗锯齿。花序顶生，疏散；花梗被长硬毛及短柔毛；花瓣近圆形；萼片卵状三角形，较花瓣短，副萼片狭小，背面被短柔毛及长柔毛；花柱在上部1/4处扭曲，成熟后自扭曲处脱落，不脱落部分宿存，无毛，先端有小钩，脱落部分下部被疏柔毛。聚合果倒卵状球形，瘦果被长硬毛；果托被长1～3 mm的硬毛。花果期6—9月。

〔生境分布〕班玛、玛沁、玉树、泽库、大通、湟中、循化、乐都、民和、互助、门源。生于林下、林缘、河漫滩、路边、山坡草地，海拔1 850～3 800 m。分布于我国西南、东北及新疆、甘肃、陕西、山西、内蒙古、湖北、河南、山东；北半球温带及暖温带也有分布。

东方草莓 *Fragaria orientalis*

蔷薇科 Rosaceae 草莓属 *Fragaria*

〔形态特征〕多年生草本，高2.5～20 cm，匍匐枝细长，节上生根。茎直立，与叶等长或稍长，被开展柔毛，上部毛较密，有时下部毛脱落。三出复叶多基生；小叶近无柄，倒卵形或菱状卵形，长0.8～5 cm，宽0.8～3.5 cm，先端钝圆或急尖（顶生小叶基部楔形，侧生小叶基部偏斜），边缘具缺刻状锯齿，腹面绿色，被稀疏柔毛，背面淡绿色，被疏柔毛，脉上毛较密；叶柄纤细，被开展柔毛。聚伞花序具（1）2～5花，苞片淡绿色或基部具1有柄小叶；花梗长0.5～2.5 cm，被开展柔毛。花两性，或单性雌雄异株，直径0.8～1.5 cm；萼片卵圆状披针形，先端渐尖，副萼片线状披针形，有时2裂；花瓣白色，近圆形；雄蕊16～22，近等长；雌蕊多数。聚合果近球形，紫红色，宿存萼片开展或稍反折；瘦果卵形，表面具皱纹。花期5—7月，果期7—9月。

〔生境分布〕班玛、玛沁、囊谦、玉树、尖扎、同仁、泽库、河南、兴海、同德、西宁、大通、乐都、互助、祁连。生于高山灌丛中、林下、河滩及山坡草丛中，海拔2 300～4 100 m。分布于我国甘肃、陕西、山西、河北、内蒙古、辽宁、吉林、黑龙江；朝鲜、蒙古国及俄罗斯（远东地区）也有分布。

毛莓草 *Sibbaldianthe adpressa*

蔷薇科 Rosaceae　毛莓草属 *Sibbaldianthe*

〔形态特征〕根多分枝，木质化；常从根的顶部生出多数地下茎，地下茎细长，有分枝。花茎矮小，丛生，高3～8 cm，疏被绢状糙伏毛。基生叶为羽状复叶，具小叶5，或为三出复叶，上方1对小叶基部下延与叶轴合生；叶柄被绢状糙伏毛；顶生小叶倒卵状长圆形或倒披针形，长5～15 mm，宽3～6 mm，先端截形，有2～3齿，基部楔形；侧生小叶披针形或长圆状披针形，长3～12 mm，宽2～4 mm，先端急尖，基部楔形，腹面伏生稀疏柔毛或毛脱落，背面被绢状糙伏毛；托叶膜质，棕黄色；茎生叶与基生叶相似，1～2枚，托叶草质，绿色。聚伞花序具数花，或单花顶生；花两性，直径5～7 mm；萼片5，三角状卵形，先端急尖，副萼片5，披针形，较萼片略长或稍短，背面被绢状糙伏毛；花瓣5，黄色或白色，倒卵状长圆形；雄蕊10，与萼片等长或稍短；花柱近基生。瘦果表面有皱纹。花果期5—8月。

〔生境分布〕玛沁、杂多、囊谦、玉树、尖扎、同仁、格尔木（乌兰乌拉）、乌兰、兴海、共和、同德、贵南、贵德、西宁、大通、乐都、互助、刚察、祁连、门源。生于农田边、河滩砾石地、林间空隙及干旱山坡，海拔2 350～4 200 m。分布于我国西藏、新疆、甘肃、河北、内蒙古、黑龙江；俄罗斯、蒙古国也有分布。

隐瓣山莓草 *Sibbaldia aphanopetala*

蔷薇科 Rosaceae　山莓草属 *Sibbaldianthe*

〔形态特征〕根茎匍匐，粗壮，具残存的褐色托叶和叶柄。茎直立或上升，高3～15 cm。基生叶为三出复叶，长3～12 cm，叶柄疏被糙伏毛；小叶具短柄或近无柄，长卵状长圆形，中间小叶较两侧小叶大，长1～3 cm，宽0.4～1.3 cm，先端截平，中间小叶先端有3～5三角状卵形锯齿，两侧小叶先端具2～3三角状卵形锯齿，基部楔形，两面被糙伏毛；茎生叶1，与基生叶形状相似，较小，叶柄较短；基生叶托叶膜质，淡褐色至褐色，外被糙伏毛，茎生叶托叶披针形，全缘，外被糙伏毛。花两性，多花密集为顶生伞房花序；花小；萼片卵形或卵状披针形，副萼片狭披针形，与萼片近等长或稍短；花瓣黄色，匙形，先端钝圆，极小，长约0.5 mm，比萼片短1～4倍；雄蕊5，着生于花盘外边；花柱侧生。瘦果光滑，花托具长柔毛。花果期6—8月。

〔生境分布〕班玛、久治、囊谦、玉树、同仁、河南、乐都、互助。生于高山草地、沼泽河滩及灌丛下，海拔3 200～4 500 m。分布于西藏、云南、四川、甘肃、陕西。

银露梅 *Dasiphora glabra*

蔷薇科 Rosaceae　委陵菜属 *Potentilla*

〔形态特征〕灌木，高0.3～2 m。树皮纵向剥落，小枝灰褐色，被稀疏柔毛。奇数羽状复叶具小叶5～7，稀三出复叶；上方1对小叶基部下延与叶轴合生；叶柄被疏柔毛；小叶卵状椭圆形或倒卵状椭圆形，长5～12（20）mm，宽4～8（10）mm，先端急尖或钝圆，基部楔形或近圆形，边缘全缘，平坦或稍反卷，两面绿色，被疏柔毛或近无毛；托叶膜质，浅褐色，疏被柔毛或近无毛。花单生，或聚伞花序具数花；花梗长0.8～2（3）cm，疏被长柔毛；花直径1.5～3 cm；萼片卵形，有时带红色，副萼片倒卵状披针形或披针形，较萼片短小，绿色，背面疏被毛或近无毛；花瓣白色，近圆形；花柱近基生，棒状，基部较细，柱头扩大，子房被长柔毛。瘦果被长柔毛。花期6—8月，果期8—9月。

〔生境分布〕达日、班玛、久治、玛沁、囊谦、玉树、尖扎、同仁、泽库、同德、大通、乐都、互助、门源。生于山坡、河漫滩、林缘及灌丛中，海拔2 400～4 200 m。分布于我国西藏、云南、四川、甘肃、陕西、山西、河北、内蒙古、湖北、安徽；朝鲜、俄罗斯、蒙古国也有分布。

金露梅 *Dasiphora fruticosa*

蔷薇科 Rosaceae　委陵菜属 *Potentilla*

〔形态特征〕灌木，高0.5 ~ 2 m。多分枝，树皮纵向剥落，小枝红褐色，幼时被长柔毛。奇数羽状复叶，通常具小叶5，稀三出复叶；上方1对小叶基部下延与叶轴合生；叶柄被疏柔毛或绢毛；小叶长圆形、倒卵状长圆形或卵状披针形，长7 ~ 20 mm，宽4 ~ 10 mm；先端急尖，基部楔形，全缘，边缘反卷或平坦，两面疏被绢毛或近于无毛。托叶膜质，褐色，背面被长柔毛或近无毛。花单生叶腋，或聚伞花序具数花，生于枝顶；花梗长0.6 ~ 2 cm，密被绢毛或长柔毛；花直径1.5 ~ 3 cm；萼片卵形，副萼片披针形至倒卵状披针形，与萼片近等长，背面被疏绢毛；花瓣黄色，宽倒卵形，较萼片长；花柱近基生，棒状，基部稍细，顶部缢缩，柱头扩大。瘦果近卵形，褐棕色，长约1.5 mm，密被长柔毛。花期6—8月。

〔生境分布〕本省各地。生于高山灌丛或高山草甸中、林缘、河滩及山坡、路旁，海拔2 500 ~ 4 200 m。分布于我国西藏、云南、四川、新疆、甘肃、陕西、山西、河北、内蒙古、辽宁、吉林、黑龙江；北温带广布。

白毛小叶金露梅 *Potentilla Parvifolia* var. *hypoleuca*

蔷薇科 Rosaceae　委陵菜属 *Potentilla*

〔形态特征〕本变种与原变种的区别在于：小叶腹面被短丝毛，背面被白色茸毛及绢毛。花果期6—9月。

〔生境分布〕班玛、玛沁、尖扎、大柴旦、共和、贵南、乐都、刚察。生于干山坡、沙丘、山坡灌丛，海拔3 000～3 800 m。分布于西藏、云南、四川、甘肃。

鸡冠茶 *Sibbaldianthe bifurca*

蔷薇科 Rosaceae　毛莓草属 *Sibbaldianthe*

〔形态特征〕多年生草本，高5～14 cm。根圆柱形，纤细，木质。茎直立或上升，密被长柔毛或微硬毛。奇数羽状复叶具小叶9～17，长3～8 cm；叶柄密被长柔毛；小叶无柄，对生或近对生（最上方2～3对小叶基部下延与叶轴合生），倒卵状椭圆形或椭圆形，长5～15 mm，宽4～8 mm，先端常2裂，稀3裂，基部楔形或宽楔形，两面绿色，密被或疏被长柔毛；基生叶托叶膜质，褐色，被毛或无毛；茎生叶托叶草质，绿色，常全缘，稀具齿。近伞房状聚伞花序顶生；花梗长6～16 mm，被柔毛；花直径7～10 mm；萼片卵形，先端急尖，副萼片椭圆形，先端急尖或钝，较萼片短或近等长，背面被疏柔毛；花接黄色，倒卵形，先端钝圆，较萼片稍长；心皮沿腹部被稀疏柔毛，花柱侧生，棒形，基部较细，柱头扩大。瘦果表面光滑。花期5—8月，果期8—9月。

〔生境分布〕生地边、道旁、沙滩、山坡草地、黄土坡、半干旱荒漠草原及疏林下，海拔800～3 600 m。分布于我国黑龙江、内蒙古、河北、山西、陕西、甘肃、宁夏、青海、新疆、四川；蒙古国、俄罗斯、朝鲜也有分布。

蕨麻 *Argentina anserina*

蔷薇科 Rosaceae　委陵菜属 *Potentilla*

〔形态特征〕多年生草本。根延长，在中部或末端膨大呈纺锤形或椭圆形的块根，根皮棕褐色。里面粉白色。茎匍匐，紫红色，节上生根，并形成新植株。基生叶为间断的或不间断的奇数羽状复叶，具小叶11～25，长5～30 cm；小叶无柄，长椭圆形、倒卵状椭圆形，长1～3 cm，边缘具缺刻状锐齿，腹面绿色，疏被柔毛，背面密被紧贴银白色绢毛；茎生叶与基生叶相似，仅小叶对数少。花单生叶腋，直径1.5～2 cm；花梗长1.5～5 cm，疏被柔毛；萼片三角状卵形，先端尖，副萼片椭圆形或椭圆状披针形，常2～3裂或全缘，较萼片短小，与萼片背面均被柔毛或近无毛；花瓣黄色，倒卵形，长为萼片的1.5倍；花柱侧生，柱头稍扩大，子房密被长柔毛。花果期5—9月。

〔生境分布〕本省各地。生于高山草甸、山坡湿润草地、河滩、水沟边、路旁附近，海拔1 700～4 400 m。分布于我国西藏、云南、四川、新疆、甘肃、陕西、宁夏、山西、河北、内蒙古、辽宁、吉林、黑龙江；北半球温带其他地区、拉丁美洲（智利）、大洋洲也有分布。

钉柱委陵菜 *Potentiila saundersiana*

蔷薇科 Rosaceae 委陵菜属 *Potentilla*

〔形态特征〕多年生草本，高10～20 cm。根粗壮，圆柱形。茎上升或直立，被白色茸毛及疏柔毛。基生叶为掌状复叶，长2～7 cm，被白色茸毛及疏柔毛；小叶无柄，长圆状倒卵形、长0.5～2 cm，宽0.4～1 cm，先端钝圆，基部楔形，边缘有多数缺刻状锯齿（齿墙急尖），腹面绿色，伏生疏柔毛，背面密被白色茸毛，沿脉伏生疏柔毛；茎生叶1～2；小叶3～5，与基生叶小叶相似；基生叶托叶膜质，褐色；茎生叶托叶草质。绿色，卵状按针形，全缘。聚伞花序顶生，疏散，多花；花梗长1～3 cm，被白色茸毛；花直径1～1.4 cm；萼片三角状披针形，副萼片披针形，与萼片近等长或稍短，均被白色绒毛及柔毛；花瓣黄色，倒卵形，先端下凹，较萼片长；花柱近顶生，基部微膨大，柱头稍扩大。瘦果光滑。花果期6—9月。

〔生境分布〕玛多、玛沁、久治、杂多、囊谦、玉树、尖扎、同仁、泽库、河南、德令哈、乌兰、天峻、兴海、共和、同德、贵德、西宁、大通、湟源、湟中、乐都、互助、海晏、祁连、门源。生于高山灌丛，草甸、山坡草地、河漫滩及多石山顶、海拔2 500～5 400 m。分布于我国西藏、云南、四川、新疆、甘肃、陕西、宁夏、山西；印度、尼泊尔、不丹也有分布。

丛生钉柱委陵菜 *Potentilla Saundersiana* var. *caespitosa*

蔷薇科 Rosaceae　委陵菜属 *Potentilla*

〔形态特征〕本变种与原变种的区别在于：植株矮小丛生，根向下生长较细；基生叶常为三出复叶，小叶宽倒卵形，边缘浅裂或深裂；单花顶生，稀2花。花果期6—8月。

〔生境分布〕玛多、达日、久治、玛沁、杂多、治多、曲麻莱、囊谦、玉树、称多、同仁、格尔木、乌兰、天峻、共和、同德、大通、乐都、互助、祁连、门源。生于高山草甸、灌丛、流石滩及山坡草地，海拔3 000～5 500 m。分布于西藏、云南、四川、新疆、甘肃、陕西、山西、内蒙古。

羽毛委陵菜 *Potentilla plumosa*

蔷薇科 Rosaceae　委陵菜属 *Potentilla*

〔形态特征〕多年生草本，高5～30 cm。根粗壮，圆柱形。茎铺散或上升，被伸展白色绢状长柔毛。基生叶为奇数羽状复叶，具小叶13～19，间隔小，长2～8 cm；叶柄被长柔毛；小叶无柄，椭圆形，长0.2～1.5 cm，宽0.2～0.8 cm，深裂近达中脉，每边各有萼片3～5，腹面绿色，伏生白色短柔毛，背面被白色绒毛，沿脉密被伏生白色长柔毛、在裂片先端呈毛笔状，裂片带形，边稍反卷，先端钝圆；茎生叶与基生叶相似；基生叶托叶膜质，褐色；茎生叶托叶草质，绿色，卵状披针形，边缘有锯齿，背面密被柔毛。伞房状聚伞花序具多花，聚生或疏散；花直径1～1.5 cm；萼片三角状卵形，副萼片卵状披针形，比萼片稍短，背面被长柔毛；花瓣黄色，倒卵形，先端微凹，较萼片长；花柱近顶生，柱头头状。瘦果光滑。花果期6—8月。

〔生境分布〕久治、玛沁、杂多、囊谦、玉树、同仁、泽库、兴海、同德、贵南、刚察、门源、生于高山草坡、草地、水渠边及河滩湿地，海拔3 200～4 050 m。分布于西藏、四川、甘肃。

多裂委陵菜 *Potentilla multifida*

蔷薇科 Rosaceae　委陵菜属 *Potentilla*

〔形态特征〕本变种与原变种的区别在于：多年生矮小草本，高2～8 cm；根木质化；茎铺散；基生叶小叶5～7，长2.5～4 cm；小叶裂片为舌状带形，腹面密被伏生柔毛，背面密被茸毛及长绢毛；花较少。花果期5—7月。

〔生境分布〕治多、曲麻莱、玉树、河南、格尔木、德令哈、都兰、乌兰、天峻、兴海、共和。生于山坡草地、河谷阶地、河漫滩及住宅旁，海拔3 200～4 200 m。分布于我国西藏、新疆、甘肃、陕西、河北、内蒙古；伊朗、俄罗斯、中亚地区及阿尔泰高山地区也有分布。

多茎委陵菜 *Potentilla multicaulis*

蔷薇科 Rosaceae　委陵菜属 *Potentilla*

〔形态特征〕多年生草本，高（2）4～15 cm。根粗壮，圆锥形。茎上升或铺散，被白色长柔毛或短柔毛。基生叶为奇数羽状复叶，具小叶7～11，稀15，长2～5 cm，被白色长柔毛；小叶无柄，椭圆形至倒卵形，上部小叶远比下部小叶大，长5～20 mm，宽3～8 mm，边缘羽状深裂，裂片带形，先端舌状，边缘平坦或稍反卷，腹面绿色，被稀疏伏生柔毛，稀近无毛，背面被白色茸毛，脉上疏生白色长柔毛；茎生叶与基生叶形状相似，小叶较少；基生叶托叶膜质，棕褐色，背面被白色长柔毛，茎生叶3～5对，绿色，全缘。聚伞花序初时密集，花后疏散；花直径7～10 mm；萼片三角状卵形，副萼片狭披针形，较萼片短约一半；花瓣黄色，倒卵形或近圆形，较萼片稍长或长达1倍；花柱近顶生，圆柱形，基部膨大。瘦果有皱纹。花果期5—9月。

〔生境分布〕玛多、同仁、格尔木、兴海、共和、贵南、西宁、大通、湟中、乐都、互助、刚察、门源。生于疏林下、林缘、向阳山坡、草地及河滩、田边和路旁，海拔2 300～4 800 m。分布于西藏、新疆、甘肃、陕西、山西、河北、内蒙古、辽宁、黑龙江、河南。

托叶樱桃 *Prunus stipulacea*

蔷薇科 Rosaceae　李属 *Prunus*

〔形态特征〕灌木，稀小乔木，高1～4 m。小枝开展，灰色，嫩枝无毛或疏被柔毛。叶片卵形或倒卵状椭圆形，长3～6 cm，宽1.5～3 cm，先端骤尾尖或渐尖，基部圆形或宽楔形，边缘通常由2～3（5）锐齿组成的重锯齿，腹面被稀疏短柔毛，背面无毛或仅脉腋有簇毛；叶柄长7～11 mm；托叶在营养枝上较大，卵圆形，在生殖枝上较小，卵状披针形，边缘均有锯齿。常2花、稀3花组成伞形花序，稀1花单生，先叶开放；总苞片红褐色，边缘有腺体，腹面伏生密柔毛；花梗长约5 mm，常无毛，稀被疏柔毛；萼筒筒状，紫红色，长5～7 mm，无毛；萼片三角形，全缘，短于萼筒；花瓣粉红色或白色，宽倒卵形，先端钝圆；雄蕊28～42，较花瓣稍短；花柱通常远长于雄蕊，伸出，下部或基部有稀疏柔毛。核果红色，长椭圆球形，长1～1.2 cm，宽约0.8 mm，核表面稍有棱纹；果梗长8～20 mm，顶端肥厚，无毛。花期5—7月，果期7—9月。

〔生境分布〕久治、尖扎、同仁、河南、大通、湟源、循化、乐都、民和、互助。生于河谷、山坡林下或灌木丛中，海拔2 000～3 450 m。西宁有栽培。分布于四川、甘肃、陕西。

披针叶野决明 *Thermopsis lanceolata*

豆科 Fabaceae　野决明属 *Thermopsis*

〔形态特征〕多年生草本，高20～40 cm。地下根茎粗壮。茎直立，丛生，有分枝，被贴伏白色柔毛。托叶2，卵状披针形或披针形，长1.5～3.5 cm，宽39 mm，先端尖，基部联合；叶柄长3～7 mm；小叶3，常对折，倒披针形或长椭圆状倒披针形，长2～6 cm，宽5～10 mm，先端钝或尖，基部渐狭，腹面无毛，背面疏被白色贴伏柔毛。总状花序顶生，2～3花为一轮；花序梗和轴均被贴伏柔毛；苞片3，卵状披针形，先端尖，两面被伏毛；花梗长2～5 mm；花萼长约1.5 cm，密被贴伏柔毛，萼齿与萼筒几等长或稍短；花冠黄色，长约2.8 cm；旗瓣近圆形，先端微凹；翼瓣和龙骨瓣均短于旗瓣，均具耳；子房密被毛。荚果条形，扁平，长4～9 cm，宽8～12 mm，密被贴伏短柔毛，顶端尖，含种子6～14枚；种子圆肾形，黑褐色，具光泽。花期5—7月，果期7—8月。

〔生境分布〕西宁、大通、海东、海北、海西、海南、黄南、果洛、玉树。耐盐中旱生植物。生于干旱的山坡草地、田埂、路边及砂砾滩地，海拔2 200～3 500 m。分布于我国西北、华北、东北、西南；蒙古国及俄罗斯也有分布。

高山野决明 *Thermopsis alpina*

豆科 Leguminosae　野决明属 *Thermopsis*

〔形态特征〕多年生草本，高15～20 cm。根茎长。茎直立，丛生，疏被柔毛。托叶2枚，基部联合，长椭圆状卵形或卵状披针形，长1.5～3 cm，宽5～12 mm，腹面无毛，背面被长柔毛；叶柄长6～10 mm，疏被毛；小叶3，长椭圆形或长椭圆状倒卵形，长2～3.8 cm，宽6～14 mm，先端急尖或钝，基部圆楔形，腹面无毛，背面密被长柔毛，毛后渐稀疏至几无。花少数，2～3朵轮生，长2.2～2.4 cm；苞片3枚，基部合生，卵形或实卵形，先端尖，密生长柔毛；花梗长6～12 mm，密被长柔毛；花萼长10～15 mm，密被长柔毛，下方萼齿披针形，与萼筒几等长，上方萼齿三角形，短；花冠黄色；旗瓣近圆形，先端凹，长约21 mm；翼瓣略短于旗瓣，耳钝圆；龙骨瓣稍短于翼瓣；子房密被白色长柔毛。荚果扁，褐色，椭圆形或矩圆形，长2.5～4.5 cm，宽1.2～1.5 cm，密被毛，顶端常渐尖，具喙状宿存花柱，含种子1～5枚；种子肾形，稍压扁，栗褐色。长5.5 mm，宽3.5 mm，有白色种脐。花期5—6月，果期7—9月。

〔生境分布〕玉树、果洛、可可西里。生于阴坡灌丛及山坡草地，海拔3 800～4 850 m。分布于我国西藏、云南、新疆、陕西、山西、河北、内蒙古；土库曼斯坦、塔吉克斯坦、乌兹别克斯坦、吉尔吉斯斯坦、哈萨克斯坦、俄罗斯和蒙古国也有分布。

轮生叶野决明 *Thermopsis inflata*

豆科 Fabaceae 野决明属 *Thermopsis*

〔形态特征〕植株矮小，丛生，高10 ~ 20 cm。茎直立或斜生，自基部分枝，疏被白色长柔毛。托叶狭卵形或长椭圆形，背面密被白色长柔毛；小叶柄长约3 mm，疏被毛；小叶矩圆状倒披针形或倒卵形，长1.5 ~ 2 cm，宽4 ~ 8 mm，先端圆，基部渐狭，腹面无毛，背面被长柔毛。花2 ~ 3朵轮生；苞片狭卵形，密被长柔毛；花萼长1.2 ~ 1.6 cm，密被长柔毛，萼齿披针形；花冠黄色，长约2.5 cm；旗瓣近圆形，先端微凹，长23 ~ 24 mm，宽约18 mm，爪长约6 mm；翼瓣狭矩圆形，与旗瓣等长或稍短，宽约45 mm。先端钝圆，爪长7.5 mm，耳钝圆，长约3.5 mm；龙骨瓣与旗瓣近等长或稍短，宽约8 mm，先端钝圆，爪长9 mm，耳长3.5 mm，钝圆；子房有柄，密被污黄色柔毛。荚果矩圆形，黄褐色，长3 ~ 4.5 cm，宽1.4 ~ 2 cm，疏被长柔毛，顶端具宿存花柱。花期5—6月，果期7—9月。

〔生境分布〕玉树、果洛、海南、海北。生于阳坡砂砾质山麓、河漫滩、高寒草原和高寒草甸，海拔3 200 ~ 4 500 m。分布于我国西藏、云南、四川、新疆；印度西北部、克什米尔地区也有分布。

天蓝苜蓿 *Medicago lupulina*

豆科 Leguminosae　苜蓿属 *Medicago*

〔形态特征〕一年生草本，高5 ~ 35 cm。根很短。茎通常四棱形，平铺或斜生，基部多分枝，被白色长柔毛。托叶斜卵状披针形，长5 ~ 8 mm，先端锐尖，基部边缘常有齿牙，下部与叶柄合生，被柔毛；小叶3，宽倒卵形、倒卵形或近菱形，长4 ~ 14（24）mm，宽2 ~ 10（22）mm，先端圆形或截形，微凹，具齿尖，基部宽楔形，上部边缘有锯齿，两面被柔毛；小叶柄长0.5 ~ 5 mm，被毛。总状花序花密集，具6 ~ 28花；总花梗长10 ~ 20 mm，被毛；花梗短，有毛；苞片极小，条状锥形；花萼钟状，长约1.5 mm，被柔毛，萼齿条状披针形，长于萼筒；花冠稍长于花萼；旗瓣宽倒卵形，先端微凹；翼瓣明显短于旗瓣，基部具爪，内弯，耳短；龙骨瓣近等长于翼瓣或稍长，有爪和耳。荚果弯曲呈肾形，长2 ~ 3 mm，成熟时黑色，具网纹，无刺，被柔毛；种子小，黄褐色。花期6—7月，果期7—9月。

〔生境分布〕西宁、大通、海东、海北、海南、黄南、果洛、玉树。生于山坡、沟谷草地、田边、水边湿地，海拔2 000 ~ 3 500 m。分布于我国西北、华北、华中、东北、西南；朝鲜、日本、蒙古国、俄罗斯、印度和欧洲也有分布。

花苜蓿 *Medicago ruthenica*

豆科 Leguminosae　苜蓿属 *Medicago*

〔形态特征〕豆科苜蓿属的多年生草本植物。株高可达0.2 ~ 1 m；茎直立或上升，四棱形，基部分枝；羽状三出复叶，托叶披针形，锥尖耳状，小叶倒披针形、楔形或线形，顶生小叶稍大；花序伞形腋生，花萼钟形，花冠黄褐色，中央有深红或紫色条纹，旗瓣倒卵状长圆形、倒心形或匙形，子房线形；荚果长圆形或卵状长圆形，顶端具短喙，基部窄尖并稍弯曲，脉纹横向倾斜，腹缝有时具流苏状的窄翅；种子椭圆状卵圆形。花期6—9月；果期8—10月。

〔生境分布〕常生长于草原、沙地、河岸及砂砾质土壤的山坡旷野。其喜冷凉的环境气候，较耐寒、耐旱、耐贫瘠。繁殖方式一般为种子繁殖。分布于我国东北、甘肃、山东等地；蒙古国、俄罗斯等亦有分布。

青海苜蓿 *Medicago archiducis-nicolai*

豆科 Leguminosae　苜蓿属 *Medicago*

〔形态特征〕多年生草本植物，高可达20 cm。茎微被柔毛，纤细，具棱，多分枝。羽状三出复叶；托叶戟形，先端尖三角形，具尖齿，脉纹清晰；叶柄细，小叶片阔卵形至圆形，纸质，基部圆钝，边缘具不整齐尖齿，上面近无毛，下面微被毛，侧脉稍隆起；顶生小叶较大，小叶柄侧生小叶柄甚短。花序伞形，具花，疏松；总花梗比叶稍长，腋生；苞片刺毛状，甚小，长约1 mm；花梗纤细，被毛；萼钟形，被柔毛，萼齿三角形，锥尖，旗瓣倒卵状椭圆形，与翼瓣近等长，龙骨瓣长圆形，具长瓣柄，子房线形，无毛，花柱短，上指，荚果长圆状半圆形，扁平，种子阔卵形，棕色，光滑，种脐位于一端；胚根发达。花期6—8月，果期7—9月。

〔生境分布〕生长在海拔2 500～4 000 m的高原坡地、谷地和草原上。分布于我国陕西、宁夏、甘肃、青海、四川、西藏。

短叶锦鸡儿 *Caragana brevifolia*

豆科 Leguminosae　锦鸡儿属 *Caragana*

〔形态特征〕丛生矮灌木，高0.5～1.5 m。老枝灰褐色，树皮龟裂，幼枝具棱，全珠无毛。托叶宿存并硬化成针刺状，长4～8 mm；叶密集；小叶4枚，较小，假掌状着生，披针形或倒卵状披针形，长3～9 mm，宽1～3 mm，先端通常具针尖，基部楔形，无毛或背面疏生短柔毛；长枝上的叶轴宿存并硬化成针刺状，花单生于叶腋；花梗长3～10 mm，被毛，近基部具关节；花萼钟形，长5～7 mm，基部偏斜，通常有白霜，带褐色，或为绿黄色带紫晕，萼齿5枚，三角形，边缘白色，被毛，有短尖头。花冠黄色，长14～17 mm；旗瓣倒卵形，长14～17 mm，宽9～11 mm，先端微凹，基部楔形；翼瓣长15～18 mm，宽约4 mm，爪长8 mm，耳长约1.5 mm；龙骨瓣短于翼瓣；子房线形，长约10 mm，无毛。荚果圆柱形，无毛，长2～2.5 cm，成熟后黑色或呈黄色，含种子数枚。花期6—7月，果期7—8月。

〔生境分布〕西宁、大通、海东、黄南、海北、海南、果洛、玉树。生于山坡草地，海拔2 100～3 800 m。分布于甘肃、四川。

鬼箭锦鸡儿 *Caragana jubata*

豆科 Leguminosae　锦鸡儿属 *Caragana*

〔形态特征〕多刺落叶矮灌木，高2 ~ 1.5 m。基直立或横卧，基部分枝；树皮绿灰色。深灰色或黑色。托叶宿存，但不硬化成针刺状；叶长2 ~ 6 cm，密集于枝条上部，叶轴全部硬化成针刺状，宿存，幼时密被长柔毛；小叶通常4 ~ 6对，羽状排列，长圆形至条状长椭圆形，长5 ~ 18 mm，宽2 ~ 6 mm，先端具针尖，两面疏生柔毛或有时密被柔毛，边缘密生长柔毛。花单生于叶腋；花梗长2 ~ 5 mm，基部具关节；花萼筒状钟形，长10 ~ 18 mm，被柔毛，基部常偏斜，萼齿5枚，披针形或三角形，长约为萼筒之半；花冠浅红色，长2 ~ 3.5 cm；旗瓣倒卵形，先端圆形或微凹，基部渐狭成爪；翼瓣和龙骨姜均短于旗瓣，皆具长爪与耳；翼瓣耳条形，稍短于爪；龙骨瓣耳短小，齿状；子房长椭圆形，密生短柔毛。荚果长椭圆形，长约22 mm，宽约5 mm，密生丝状长柔毛，先端具尖头。花期6—7月，果期8—9月。

〔生境分布〕大通、海北、海东、黄南、海南、果洛、玉树。生于阴山坡和高山重丛中，海拔3 000 ~ 4 700 m。分布于我国甘肃、宁夏、新疆、山西、内蒙古、河北、辽宁、四川、西藏；蒙古国、俄罗斯、尼泊尔、不丹也有分布。

川西锦鸡儿 *Caragana erinacea*

豆科 Leguminosae 锦鸡儿属 *Caragana*

〔形态特征〕多分枝灌木，高0.3～1 m。树皮褐色、绿褐色至黑色，有纵条纹；分枝短而奢，幼枝红褐色，密被短柔毛。托叶红褐色，披针状三角形或三角形，急尖，密被短柔毛，边缘呈撕裂状，有时硬化成针刺；叶轴宿存并硬化成针刺，长1～2 cm，细瘦或有时粗壮，密集成簇状，或在短枝者脱落；小叶2～4对，常3对，倒披针形或狭倒卵状披针形，长3～12 mm，宽1.5～2 mm，先端具短尖头，两面疏被短柔毛。花梗极短或几无花梗，被毛；花萼筒状，长8～11 mm，密生短柔毛，萼齿三角形，长1～3 mm，两面密被短柔毛；花冠黄色，长为花萼的2倍以上；旗瓣带橙红色，长椭圆状倒卵形；翼瓣狭矩圆形，爪稍长于瓣片，耳小；龙骨瓣先端尖，内弯，爪长于瓣片；子房条形，密校柔毛。荚果圆筒形，顶端渐尖，长2～3 cm，密生短柔毛。花期5—7月，果期7—9月。

〔生境分布〕玛沁、久治、达日、大通、河南、同德、玉树。

黑紫花黄芪 *Astragalus przewalskii*

豆科 Leguminosae　黄芪属 *Astragalus*

〔形态特征〕多年生草本，高30～80 cm。块根纺锤形。茎常带紫色，中部以下无叶，仅有叶鞘。托叶分离，长6～12 mm，无毛或疏被毛；奇数羽状复叶，长5～12 cm；小叶5～15，线状披针形、线形或卵状披针形，长8～40 mm，宽2～12 mm，先端钝圆或稍尖，基部圆形，腹面无毛，背面被贴伏短柔毛。总状花序生上部叶腋，长于叶，密生多数下垂的花；总花梗被毛；苞片线形，长4～6 mm，疏被黑色毛；花梗密被毛；花萼钟状，长5～6 mm，被黑和白色短柔毛，萼齿长1～2 mm，两面被黑色毛；花冠深紫色；旗瓣倒卵形，长约12 mm，宽约7 mm，先端微凹，基部爪宽；翼瓣长约11 mm，爪与瓣片等大，耳短；龙骨瓣长约10 mm，爪长5 mm；子房被毛，有柄，花柱无毛。荚果膨胀，梭状或卵状披针形，长18～30 mm，宽5～9 mm，疏被黑毛，无隔膜；种子肾形，褐色，长2 mm。花期7—8月，果期8—9月。

〔生境分布〕玛沁、玛多、大通、祁连、门源、湟中、乐都、互助、同仁、泽库、河南、共和、兴海、同德、玉树。生于山坡、沟谷的林下、林缘草甸及阴坡高寒灌丛中，海拔2 900～4 300 m。分布于甘肃。

多花黄芪 *Astragalus floridus*

豆科 Leguminosae　黄芪属 *Astragalus*

〔形态特征〕直立草本，高30～80 cm。茎粗壮，中空、坚韧，下部有时无枝叶，疏被白色或黑色短柔毛。托叶披针形，长8～10 mm，疏被长毛；奇数羽状复叶，长6～13 cm；小叶15～41，狭矩圆形，披针状矩圆形或有时下部小叶近圆形或倒卵形，长6～20 mm，宽2～6 mm，先端圆形或钝，具小尖头，基部圆楔形，腹面无毛，背面被白色贴伏长柔毛或短柔毛。总状花序生上部叶腋，密生多数下垂而常偏向一侧的花；总花梗长10～15 cm，被黑色和白色短毛；苞片披针形，常扭转，被黑色毛；花萼钟形，长5～6 mm，密被黑白色相间短柔毛，萼齿不等长，长约为萼筒之半；花冠黄色或白色；旗瓣矩圆形，长11～13 mm，爪短；翼瓣狭窄，稍短于旗瓣；龙骨瓣等长于旗瓣；子房密被黑色长柔毛，具长柄，花柱无毛。荚果近梭形，长约18 mm，宽约5 mm，密被黑色和白色长柔毛，果柄稍长于萼筒，1室。花期6—7月，果期8—9月。

〔生境分布〕玛沁、久治、西宁、大通、祁连、门源、互助、同仁、泽库、河南、兴海、同德、玉树、称多、杂多、囊谦。生于林缘草地、河谷及山坡灌丛，海拔2 300～4 300 m。分布于我国甘肃、四川、西藏；尼泊尔、不丹也有分布。

金翼黄芪 *Astragalus chrysopterus*

豆科 Leguminosae　黄芪属 *Astragalus*

〔形态特征〕多年生草本，高30～60 cm，全株密被白色短柔毛。主根粗壮，黄褐色。茎细弱，分枝或不分枝。托叶分离，披针形，长3～5 mm；奇数羽状复叶，长4～10 cm，小叶柄短，疏被毛；小叶9～19，椭圆形或矩圆形，长5～18 mm，宽3～7 mm，先端钝圆或截形，具尖突，有时微凹，基部圆形，腹面无毛，背面疏生白色贴伏短柔毛。总状花序腋生或顶生，疏生多数下垂花；总花梗长于叶；苞片披针形，疏被毛；花梗短；花萼钟形，长3～4 mm，疏被毛；萼齿披针形，短于萼筒；花冠黄色，长12～14 mm；旗瓣倒卵形，长10～12 mm，宽6～7 mm，先端圆形；翼瓣长圆形，与旗瓣近等长，耳与爪几等长；龙骨瓣最长，具爪和耳；子房有柄，无毛，1室，花柱弯曲。荚果窄椭圆状倒卵形，扁平，无毛，具网纹，长6～9 mm，宽3～4 mm，顶端具下弯长喙，含种子2～4枚。花期6—8月，果期8—9月。

〔生境分布〕玛沁、大通、祁连、门源、互助、乐都、民和、循化、湟中、同仁、泽库、河南、同德、都兰。生于山坡及沟谷的林下、灌丛中，海拔2 300～3 750 m。分布于甘肃、陕西、山西、河北、四川。

肾形子黄芪 *Astragalus skythropos*

豆科 Leguminosae　黄芪属 *Astragalus*

〔形态特征〕多年生草本，高10～35 cm。根纺锤形，棕褐色。根状茎较细。奇数羽状复叶基生，长4～20 cm；托叶宽披针形，离生，长8～15 mm；小叶11～35，卵形或矩圆形，有时近圆形，长4～14 mm，宽3～10 mm，先端钝圆或微凹，基部圆形，腹面无毛或疏被毛，背面疏或密被毛。总状花序密生多花，花下垂并常排列于一侧；总花梗长5～20 cm，被长柔毛；苞片披针形，长6～10 mm，疏被毛；花梗长1～3 mm，密被黑毛；花萼筒状钟形，长7～10 mm，密被黑色和白色或同棕褐色相混生的长柔毛，萼齿披针形，等长或短于萼筒；花冠红色或紫红色；旗瓣倒卵形，长约15 mm；翼瓣与旗接近等长，爪稍长于瓣片；龙骨瓣长约17 mm，爪近等长于瓣片；子房密被毛，有柄。荚果梭形或卵状披针形，膨胀，长15～20 mm，密被黑白色相间长柔毛，含种子4～8枚；种子黑色。花期6—8月，果期8—9月。

〔生境分布〕大通、海北、海东、黄南、海南、果洛、玉树。生于高山草甸及阴坡灌丛草甸，海拔3 100～4 700 m。分布于甘肃、四川、云南、西藏。

云南黄芪 *Astragalus yunnanensis*

豆科 Leguminosae　黄芪属 *Astragalus*

〔形态特征〕多年生草本。主根长而粗壮。几无茎，基部常被沙土掩埋。奇数羽状复叶，长2～9 cm；叶柄和叶轴均疏被长柔毛；托叶分离，披针形或长椭圆形，长6～14 mm，仅边缘疏被毛；小叶23～35，无柄，卵形、卵状椭圆形或椭圆形，长4～9 mm，宽2～6 mm，先端钝圆或截形，基部圆形，腹面无毛，背面疏被白色长柔毛，边缘毛较密。总状花序腋生，顶端密生多数下垂的花；总花梗长2～10 cm，有沟槽，疏被黑色和白色长柔毛；苞片膜质，披针形，长5～7 mm，疏被毛；花萼筒状，长8～10 mm，密被黑色和白色长柔毛，萼齿披针形，长约3 mm；花冠黄色；旗瓣长1.4～1.8 cm，瓣片宽卵形，下部渐狭成爪，爪与瓣片近等长；翼瓣稍短于旗瓣，明显具耳；龙骨瓣与旗瓣几等长；子房密被白色和黑色长柔毛，具柄。荚果卵形，被白色和黑色长柔毛，1室。花果期6—8月。

〔生境分布〕玛多、玛沁、久治、尖扎。生于山坡草地、阴坡灌丛、高山草甸及山顶碎石地，海拔3 600～4 800 m。分布于我国西藏、云南西北部、四川西南部、甘肃洮河流域；尼泊尔也有分布。

马衔山黄芪 *Astraglus mahoschanicus*

豆科 Leguminosae　黄芪属 *Astragalus*

〔形态特征〕多年生草本；高15～35 cm，全株被平伏短柔毛。茎较细，斜生，常有分枝。托叶三角形，离生，长4～6 mm，被毛；奇数羽状复叶，长4～8 cm，叶轴疏被毛；小叶11～19，椭圆形、宽椭圆形、倒卵形或矩圆状披针形，长5～20 mm，宽2～7 mm，先端圆或稍尖，基部圆或楔形，具短柄，腹面无毛，背面密被或疏被贴伏白色短柔毛。总状花序腋生，长于叶，密生多花；苞片披针形，长1.5～3 mm，疏被毛；花萼钟状，长3～5 mm，与花梗和花序梗同被黑色毛，萼齿长约2 mm；花冠黄色；旗瓣倒卵形，长8～9 mm，先端微凹，爪短；翼瓣长7～8 mm，先端不等2裂，基部具耳和爪；龙骨瓣长约5 mm；子房具短柄，密被黑色白色毛；花柱和柱头无毛。荚果圆球形，直径3～4 mm，密被白色和黑色长柔毛。花期6—8月，果期8—9月。

〔生境分布〕西宁、大通、海北、海东、黄南、海南、果洛、玉树和都兰。生于林缘灌丛、高山草甸及阳坡、河滩草地、沙土地，海拔2 000～4 250 m。分布于新疆、甘肃、内蒙古、四川。

丛生黄芪 *Astragalus confertus*

豆科 Leguminosae　黄芪属 *Astragalus*

〔形态特征〕多年生矮小密丛生草本，高2～5 cm。根粗，木质。较长的分枝常平卧，密被黑色和白色柔毛。托叶卵形，长1～3 mm，疏被毛，中部以下联合，与叶柄分离；奇数羽状复叶，长1～3 cm，叶柄密被黑色和白色短柔毛；小叶9～25，矩圆形、椭圆形或卵状椭圆形，长1～3 mm，宽0.5～1.5 mm，先端尖或钝圆，基部圆形，两面密被白色短柔毛。总状花序腋生，近头状；总花梗长于叶，密被短柔毛；苞片披针形，疏被毛；花萼钟状，长3～4 mm，密被黑色短柔毛，萼齿披针形，短于萼筒；花冠蓝紫色；旗瓣长约7.5 mm，瓣片近圆形，先端微凹，基部有爪；翼瓣长约6.5 mm，爪长约3.5 mm，耳短圆；龙骨瓣长约5 mm，爪长2.5 mm；子房被毛，有柄。荚果半矩圆形，微呈镰形弯，长4～5 mm，宽1.5～2 mm，密被黑色和白色短柔毛，1室。花期6—8月，果期8—9月。

〔生境分布〕大通、湟中、贵德、海南、海西、果洛、玉树。生于高山草地、砂砾坡、河滩沙地林缘草甸，海拔3 500～4 700 m。分布于我国西藏；印度北部、克什米尔地区也有分布。

斜茎黄芪 *Astragalus laxmannii*

豆科 Leguminosae 黄芪属 *Astragalus*

〔形态特征〕多年生草本，高20～60 cm。根粗壮，较长，暗褐色。茎多分枝，斜生或直立，被白色丁字毛和黑色毛。奇数羽状复叶，长5～12 cm；托叶三角形，离生，长3～6 mm；小叶7～29，椭圆形、卵状椭圆形或矩圆形，长4～26 mm，宽2～10 mm，先端钝圆，有时微凹，全缘，两面或有时仅背面疏被白色丁字毛；小叶柄短。总状花序腋生，圆筒状，密生多花；总花梗长于叶或近等长，疏被毛；苞片小，三角状披针形，宿存；花梗极短；花萼筒状钟形，长5～7 mm，被黑色或混生白色“丁”字毛，萼齿5，几相等，线形，短于萼筒；花冠蓝紫色或紫红色；旗瓣倒卵状匙形，长12～18 mm，宽5～8 mm，先端圆形微凹，基部渐狭；翼瓣稍短，具细长爪；龙骨瓣短于翼瓣；子房被毛，具柄，花柱无毛。荚果直立，2室，三棱柱形，长8～16 mm，顶端具喙，疏被白色和黑色“丁”字毛。花期6—8月，果期8—9月。

〔生境分布〕西宁、大通、海北、海东、黄南、海南、海西、果洛。生于林缘、河滩灌丛、盐碱沙地、山坡草甸、草原，海拔1 900～3 600 m。分布于我国西北、华北、东北、西南；朝鲜、日本、蒙古国、俄罗斯也有分布。

雪地黄芪 *Astragalus nivalis*

豆科 Leguminosae　黄芪属 *Astragalus*

〔形态特征〕多年生草本，高6～20 cm。根粗壮，木质。茎密丛生，纤细，常匍匐生长，被灰白色并间有黑色短柔毛。奇数羽状复叶，长2.4～3.8 cm；小叶11～19，矩圆形，长3～9 mm，先端钝，两面密被白色“丁”字毛或背面无毛；托叶小，卵状披针形，先端尖，下部彼此联合，但不与叶柄合生。总状花序密集成头状，具6～20花；总花梗长2.4～4.8 cm，被白色和黑色“丁”字毛；苞片宽披针形，密被长柔毛；花萼筒状，长1～1.4 cm，膜质，密被黑白色相间的长柔毛，花后期萼筒十分膨大，萼齿短，披针形，背面密被黑色毛，腹面密被黑色白色相间的毛；花冠紫色或蓝紫色，长20～22 mm；翼瓣长18～20 mm，爪长约11 mm，耳短小；龙骨瓣长16～18 mm，爪长约10 mm。荚果斜矩圆形，两面凸起，包于萼筒内，长6～9 mm，密被白色毛，腹缝线外密被黑色毛，具长柄，背缝线向内凹陷；种子褐色，长2～2.5 mm。花果期6—8月。

〔生境分布〕玛多、玛沁、玉树、称多、杂多、都兰、乌兰、德令哈、格尔木、可可西里、大柴旦、冷湖、茫崖、天峻、兴海、共和、刚察、祁连。生于沙质山坡、河沟石隙、砂砾滩地、干旱草原，海拔2 800～4 400 m。分布于我国西藏、新疆；印度、俄罗斯也有分布。

毛柱蔓黄芪 *Phyllolobium heydei*

豆科 Leguminosae 蔓黄芪属 *Phyllolobium*

〔形态特征〕豆科、蔓黄芪属植物。根状茎圆柱形，近木质。羽状复叶具13～19片小叶，长10～30 mm。总状花序呈伞形，生2～4花，较叶稍长。根状茎圆柱形，近木质，黄褐色，直径1.5～2 mm。茎单一或2～3枝生于根状茎顶部，高2.5～6 cm，疏被银白色毛或无毛。羽状复叶具13～19片小叶，长10～30 mm，宽7～9 mm；叶轴连同叶柄疏被银白色开展毛；叶柄长5～6 mm；托叶合生，卵形，长2～2.5 mm，近无毛；小叶长圆形或倒卵状长圆形，长3～5 mm，宽2.5～4 mm，先端圆或近截形，基部圆形，上面近无毛或散生白色毛，下面被白色硬直毛，密集或重叠；小叶柄很短或不显。

总状花序呈伞形，生2～4花，较叶稍长；总花梗长14～23 mm，连同苞片、花梗疏被白色开展毛；苞片卵形，长2.5～3 mm；花梗细短，黑色；花萼紫色，钟状，长5～6 mm，宽约3 mm，被褐色和白色硬毛，萼筒长3.5～4 mm，萼齿披针状三角形，长1.5～2.5 mm；花冠紫红色，顶端色较深，旗瓣长11～12 mm，宽10～11 mm，瓣片圆形，长8～9 mm，先端微缺，基部突然收狭为瓣柄，瓣柄长2.5～3 mm，翼瓣长8.5～9 mm，瓣片长圆形，长7～7.5 mm，宽3.5～4 mm，先端钝，瓣柄长3～3.5 mm，龙骨瓣长10～11 mm，瓣片近倒卵形，长8～8.5 mm，宽4.5～5 mm，瓣柄长3.5～4 mm；子房有柄，密被黑褐色粗伏毛，花柱长约4 mm，柱头上的簇毛下延至花柱上部内侧，柄长约2 mm。荚果紫色，长圆形或椭圆形，长12～22 mm，宽9～10 mm，膨胀，疏被褐色短伏毛，先端尖，基部突然收狭，果颈不露出宿萼外，1室，含多颗种子；种子褐色，圆肾形，长2.5～2.8 mm，横宽2.8～3 mm，平滑。花期7月，果期8月。

〔生境分布〕生于海拔4 572～5 300 m的高山地带砂砾地。分布于我国青海南部（杂多）、西藏西部和南部；巴基斯坦也有分布。

高山豆 *Tibetia himalaica*

豆科 Leguminosae　高山豆属 *Tibetia*

〔形态特征〕植株高5～15 cm。根圆锥状，粗厚，主根直下，有侧根。茎明显伸长且多分枝，节间明显。托叶卵形，长5～7 mm，2枚合生，与叶对生，密被贴伏长柔毛；叶柄被长柔毛；小叶7～15，圆形、倒卵形或宽椭圆形，先端微凹，基部圆形，长4～12 mm，宽3～10 mm，两面密被贴伏长柔毛，边缘有睫毛。伞形花序具（1）2～3（4）花；总花梗长4～14 cm；花梗长2～3 mm，被毛；苞片长三角形，长1.5～2 mm，被长柔毛；花萼长4～5 mm，密被毛，上方2萼齿长2 mm，合生部分1 mm；花冠深蓝紫色，长约9 mm；旗瓣扁圆形，长宽各约8 mm，先端凹入；翼瓣等长于旗瓣，具爪；龙骨瓣长约4 mm，有爪；子房密被长柔毛。荚果圆柱状，有时稍压扁，1室，长1.2～2.2 cm，顶端具短尖，疏被短柔毛；种子肾形，有时不规则，长约2 mm，有斑纹。花期6—7月，果期8—9月。

〔生境分布〕大通、海东、海北、黄南、海南、海西、果洛、玉树。生于高山草甸、林旅温丛、河谷阶地、阳坡、河漫滩，海拔2 400～4 150 m。分布于我国甘肃、四川、西藏；尼泊尔、不丹、印度也有分布。

急弯棘豆 *Oxytropis deflexa*

豆科 Leguminosae　棘豆属 *Oxytropis*

〔形态特征〕多年生草本，高4～24 cm，全株密被开展的白色或淡黄色长柔毛，呈灰绿色。茎短缩或近无茎。托叶分离，披针形，密被长柔毛；奇数羽状复叶，长3～15 cm；叶柄被毛；小叶15～35，密集，卵形、卵状披针形或矩圆形，长3～18 mm，宽2～9 mm，先端尖或钝圆，基部圆形或宽楔形，两面被贴伏或半开展的长柔毛。总花梗等长或稍长于叶；总状花序密生多花，后期延伸；苞片膜质，线形，等长于萼筒，超出花梗；花萼钟状，长4～6 mm，密被黑白色相间的柔毛，萼齿线形，长2～4 mm；花冠小，淡蓝紫色，完全开放时下垂；旗瓣长约7 mm，宽约4 mm，瓣片卵形，先端微凹，基部具爪；翼瓣与旗瓣近等长；龙骨瓣长约5 mm，喙长0.5 mm；子房有毛。荚果矩圆形，长10～18 mm，宽4～5 mm，被开展黑色与黑白色相间的短柔毛。花期6—8月，果期6—9月。

〔生境分布〕大通、海北、黄南、海南、海西、果洛、玉树。生于高山草甸、林缘灌丛、河滩沙地，海拔2 900～4 500 m。分布于我国新疆、甘肃、山西、内蒙古；蒙古国、俄罗斯也有分布。

黄花棘豆 *Oxytropis ochrocephala*

豆科 Leguminosae　棘豆属 *Oxytropis*

〔形态特征〕多年生草本，高20～40 cm。根粗壮，圆柱状棕褐色。茎粗壮，基部分枝，密被白色或黄色长柔毛。托叶卵形，先端尖，密被长柔毛，下部联合；奇数羽状复叶，长10～16 cm；叶轴密被长柔毛；小叶15～41，卵状披针形，长10～28 mm，宽39 mm，先端渐尖，基部圆形，两面密被丝状长柔毛。总状花序腋生，圆筒状或卵圆形，密生多花；总花梗长10～26 cm，密生长柔毛；苞片披针形，长8～12 mm，密被毛；花萼筒状，后期略膨胀，长12～16 mm，密被白色或黄褐色长短交织的柔毛，萼齿条状披针形，与萼筒等长或稍长；花冠黄色；旗瓣长15～16 mm，宽约8 mm，瓣片扇形，先端圆形，中部以下渐狭成长爪；翼瓣长约12 mm，爪长于瓣片；龙骨瓣短于翼瓣，喙长1 mm。荚果卵状矩圆形，膨胀，长12～15 mm，宽5～6 mm，密被黑色、褐色或白色短柔毛。花期6—8月，果期7—9月。

〔生境分布〕西宁、大通、海北、海东、黄南、海南、果洛、玉树和德令哈。生于林缘草地、沟谷灌丛、高山草甸、山坡砾地，海拔2 000～4 300 m。分布于甘肃、内蒙古、四川、西藏。

甘肃棘豆 *Oxytropis kansuensis*

豆科 Leguminosae　棘豆属 *Oxytropis*

〔形态特征〕多年生草本，高10～35 cm。茎直立，丛生，较细弱，基部分枝，疏被白色和黑色柔毛。托叶卵状披针形，疏被毛，彼此联合至中部，抱茎；奇数羽状复叶，长6～12 cm；小叶13～27，卵状披针形，长6～22 mm，宽2～5 mm，先端渐尖，基部圆形，两面疏被白色平伏长柔毛。总状花序腋生，密集多花，呈头状；总花梗长8～22 cm，疏被柔毛；苞片条状披针形，长4～10 mm，疏被长柔毛；花萼筒状，长7～10 mm，密被黑色和白色相间的短柔毛，萼齿等长于萼筒或稍短；花冠黄色；旗瓣长约13 mm，接片宽卵形，先端微凹，基部具爪；翼瓣长约12 mm，爪长5 mm；龙骨瓣长约8 mm，爪长4.5 mm，耳短，具短喙；子房被毛。荚果长椭圆形或卵状矩圆形，长10～14 mm，宽4～5 mm，膨胀，密被毛；种子肾形，褐色，长约2 mm。花期6—8月，果期8—9月。

〔生境分布〕本省各地。生于高山草甸、山沟林下、阴坡灌丛、河滩草地，海拔2 300～4 600 m。分布于我国甘肃、四川西部和西北部、云南西北部、西藏；尼泊尔也有分布。

黑萼棘豆 *Oxytropis melanocalyx*

豆科 Leguminosae　棘豆属 *Oxytropis*

〔形态特征〕多年生疏丛生草本，直立或铺散，高6～15 cm。茎较短，细弱，基部分枝。奇数羽状复叶，长4～10 cm；托叶草质，卵状三角形，彼此联合但与叶柄分离。疏被长柔毛；叶柄和叶轴疏被短柔毛；小叶9～23，卵状披针形、卵形或矩圆状披针形、长4～12 mm，宽2～5 mm，先端渐尖，基部圆形，两面疏被白色贴伏长柔毛。伞形总状花序腋生，具3～10花；总花梗长于叶，疏被白色和黑色短柔毛苞片卵状披针形，被毛；花萼钟状，长6～9 mm，密被黑色短柔毛并杂有白色长柔毛，萼齿条状披针形，与萼筒近等长或稍短于萼筒；花冠蓝紫色；旗瓣长10～14 mm，宽7～9 mm，瓣片宽卵形或近圆形，先端微凹，爪长3～5 mm；翼瓣长9～12 mm，先端微凹，细爪长3～5 mm，耳钝圆；龙骨瓣稍短于翼瓣，喙长不及1 mm，爪长于瓣片；子房条形，腹缝线及上部被黑色毛。荚果纸质，长椭圆形，长15～18 mm，宽6～8 mm，稍膨胀，疏被黑色短柔毛，腹缝线不凹，无隔膜，具短柄。花期6—7月，果期7—8月。

〔生境分布〕玛多、玛沁、久治、杂多、囊谦、玉树、称多、河南、同德、贵德、湟中。生于高山草甸、阴坡灌丛、林缘草地，海拔3 500～4 300 m。分布于西藏、四川、云南、甘肃、陕西。

镰荚棘豆 *Oxytropis falcata*

豆科 Leguminosae　棘豆属 *Oxytropis*

〔形态特征〕多年生草本，高10～25 cm，具腺体，有黏性，被伏生柔毛。茎短缩，丛生，基部密被宿存的残叶柄。奇数羽状复叶，长4～15 cm；托叶宽卵形，下半部与叶柄联合，先端渐尖或锐尖，被长柔毛和腺体；小叶20～45，对生或互生，少有4枚轮生，条状披针形或条形，长3～12 mm，宽1～2 mm，先端锐尖或钝，边缘内卷，被毛。总状花序近头状，密集6～10花；总花梗与叶近等长或长于叶；苞片卵形或卵状披针形，长6～12 mm，宽3～5 mm；花萼筒状，长10～12 mm，被黑色、褐色和白色长柔毛，萼齿长约2 mm；花冠蓝紫色；旗瓣倒卵形，长约25 mm，宽约12 mm，先端微凹，爪稍短于瓣片；翼瓣长约22 mm，上部宽，爪与瓣片近等长；龙骨瓣长约18 mm，喙长约2 mm，瓜稍长于瓣片；子房棒状，密被毛。荚果镰刀形弯曲，长2～3.5 cm，宽4～8 mm，近2室，开裂，有腺毛和柔毛；种子多数。花期5—7月，果期7—9月。

〔生境分布〕玛多、达日、班玛、甘德、久治、杂多、治多、曲麻莱、囊谦、玉树、称多、玛礼，泽库、河南、格尔木、德令哈、大柴旦、都兰、乌兰、天峻、兴海、共和、刚察、祁连、海晏、门源。生于湖滨沙滩、砾石地、山坡草地、河滩灌丛，海拔2 700～4 900 m。分布于甘肃、新疆、四川。

胀果棘豆 *Oxytropis stracheyana*

豆科 Leguminosae　棘豆属 *Oxytropis*

〔形态特征〕多年生高山垫状草本，植丛高2～6 cm，基部密被宿存的叶柄和托叶。主根粗壮，木质。奇数羽状复叶，长2～4 cm；托叶白色，透明，膜质，于叶柄背面的一侧彼此联合，基部与叶柄贴生，分离部分三角形，无毛；小叶5～13，矩圆形，长3～8 mm，宽1～2 mm，两面密被银灰色贴伏柔毛。总状花序具1～4花；总花梗长于叶或短于叶，密被毛；苞片卵状披针形，长3～4 mm，密被毛；花萼筒状钟形，长8～12 mm，密被白色或有时杂有黑色长柔毛，萼齿狭三角形或钻形，长2～3 mm；花冠紫红色或蓝紫色；旗瓣长19～21 mm，宽9～10 mm，瓣片宽卵状矩圆形或扁圆形，先端微凹或钝，爪短于瓣片，翼瓣长16～18 mm，瓣片倒卵状矩圆形或倒卵形，爪等长于瓣片，耳长约2 mm；龙骨瓣长15～17 mm，爪长于瓣片，喙长2～3 mm；子房密被白色长柔毛，具短柄。荚果卵圆形，长约1.6 cm，膨胀，密被白色长柔毛，腹缝线具狭窄的隔膜。花期6—7月，果期7—8月。

〔生境分布〕玛多、玛沁、杂多、治多、玉树、曲麻莱、格尔木、都兰、乌兰、德令哈、刚察、祁连、贵南。生于山坡草地、河滩砾地、砾石坡、沙丘，海拔3 200～5 000 m。分布于我国西藏；巴基斯坦、印度、俄罗斯也有分布。

宽苞棘豆 *Oxytropis latibracteata*

豆科 Leguminosae 棘豆属 *Oxytropis*

〔形态特征〕多年生草本，高10～33 cm。主根粗壮。茎极短缩，基部具多数褐色枯叶柄。托叶膜质，卵形或三角状披针形，与叶柄基部合生，密被长柔毛；奇数羽状复叶，长4～20 cm；叶轴密生平伏绢毛；小叶9～21，卵形至披针形，长4～16 mm，宽2～5 mm，先端渐尖，基部圆形，两面密被白色或黄褐色贴伏绢毛。总状花序近头状，密生数花至10余花；总花梗长8～32 cm，密被毛；苞片卵状披针形，长5～12 mm，宽3～4 mm，密被毛；花萼筒状，长10～13 mm，宽4～5 mm，密被长绢毛并混生黑色短毛。萼齿长2.5～3.5 mm；花冠紫红色、蓝色或蓝紫色1旗瓣矩圆形，长20～25 mm，宽7～8 mm，先端微凹，中部以下渐狭；翼瓣长18～21 mm，有长爪；龙骨瓣长17 mm，爪长11 mm，荚果膨胀，卵状矩圆形或卵形，长10～17 mm，顶端急尖，具喙，密被短柔毛。花期6—8月，果期7—9月。

〔生境分布〕玛沁、玛多、大通、海北、海东、黄南、海南、海西、玉树、治多。生于高寒草甸、高寒草原、荒漠带河滩草地林缘灌树丛干旱阳坡草地，海拔2 500～4 500 m。分布于甘肃、内蒙古、四川西北部。

小花棘豆 *Oxytropis glabra*

豆科 Leguminosae　棘豆属 *Oxytropis*

〔形态特征〕豆科棘豆属的多年生草本。株高可达20～80 cm；茎分枝多，直立，无毛或疏被短柔毛；奇数羽状复叶，披针形或卵状披针形，先端尖或钝，基部宽楔形或圆，上面无毛，下面微被贴伏柔毛；托叶草质，卵形或披针状卵形，彼此分离或基部合生；多花组成稀疏总状花序，花序梗长，苞片膜质，窄披针形，花萼钟形，被贴伏白色短柔毛，萼齿披针状锥形，瓣片圆形，子房疏被长柔毛；荚果膜质。花期6—9月，果期7—9月。

〔生境分布〕生于海拔4 400～3 400 m的山坡草地、石质山坡、河谷阶地、冲积川地、草地、荒地、田边、渠旁、沼泽草甸、盐土草滩上。分布于我国内蒙古、山西、陕西、甘肃、青海、新疆和西藏等地；俄罗斯西伯利亚、巴基斯坦、克什米尔地区、蒙古国等地均有栽培。

红花岩黄耆 *Corethrodendron multijugum*

豆科 Fabaceae　山竹子属 *Corethrodendron*

〔形态特征〕半灌木，高0.3～1 m。根木质。茎下部木质化，被白色柔毛，有纵沟。托叶膜质，卵状披针形，长2～5 mm，下部联合，先端分离，背面有柔毛；叶长6～14 cm；叶轴有沟槽，密被白色柔毛；小叶15～35，椭圆形、卵形或倒卵形，长5～12 mm，宽3～6 mm，先端钝或微凹，基部近圆形，腹面无毛，背面密被贴伏短柔毛；小叶柄极短，被毛。总状花序生于上部叶腋，长20～35 cm，疏生9～25花；苞片早落；花梗长2～3 mm，被柔毛；花萼斜钟状，长5～6 mm，外面被贴伏短柔毛，萼齿短；花冠长15～19 mm，紫红色，有黄色斑点；旗瓣倒卵形，先端微凹，长14～18 mm，爪短；翼瓣狭，长68 mm，宽约1 mm，爪长为瓣片之半，耳与爪近等长；龙骨瓣稍短于旗瓣。荚果扁平，常1～3节，两侧有网纹和小刺。花期6—8月，果期7—9月。

〔生境分布〕本省各地。生于阳坡、沟谷、河滩、堤岸、砂砾地，海拔1 800～3 800 m。分布于我国西北、华北、西南；蒙古国和俄罗斯也有分布。

锡金岩黄耆 *Hedysarum sikkimense*

豆科 Fabaceae　岩黄耆属 *Hedysarum*

〔形态特征〕多年生草本，高10～25 cm。根肥厚。茎基部多分枝。叶长4～16 cm，叶轴微有柔毛；小叶9～33，对生或互生，矩圆形、椭圆形或卵状椭圆形，先端圆形或微凹，长0.6～1.6 cm，宽3～6 mm，腹面无毛，背面初时被毛，后期仅中脉被长柔毛；托叶棕褐色，膜质，与叶对生，联合，先端2裂，被白色长柔毛。总状花序腋生，长10～22 cm，密生12～20花；总花梗疏被长毛；苞片膜质，长6～12 mm，外被白色长柔毛；花梗长2～3 mm，密被白色或黑色长柔毛；花萼钟状，密被黑褐色或白色柔毛，萼齿披针形，长3～5 mm，长于萼筒，两面被毛，常呈黑褐色；花冠紫红色，长约20～21 mm；旗瓣短于翼瓣；翼瓣的爪与耳等长，瓣片中下部小部分镶入龙骨瓣折囊内；龙骨瓣最长，爪长约为瓣片的1/2；子房密被毛。荚果2～5节，下垂，节荚具网纹，被毛。花期6—8月，果期8—9月。

〔生境分布〕果洛、玉树、黄南。生于高寒草甸或林缘灌丛，海拔3 500～4 900 m。分布于我国西藏、云南西北部、四川西部；不丹、尼泊尔东部也有分布。

块茎岩黄耆 *Hedysarum algidum*

豆科 Fabaceae　岩黄耆属 *Hedysarum*

〔形态特征〕本变种与原变种的区别在于：小叶卵圆形；花较大，长约20 mm；花萼长10 ~ 11 mm，萼齿长为萼筒的2倍；苞片与小苞片也较大而宽；荚果亦较宽。

〔生境分布〕玛沁。生于高山草甸及流石滩，海拔3 900 m左右。分布于云南、四川。

窄叶野豌豆 *Vicia sativa* subsp. *nigra*

豆科 Fabaceae　野豌豆属 *Vicia*

〔形态特征〕一年生或二年生草本，高20～50 cm。茎斜生、蔓生或攀援，多分枝。被疏柔毛。偶数羽状复叶；卷须发达；托叶半箭头形或披针形，长约1.5 mm，具2～5齿，被微柔毛；小叶4～6对，线形或线状长圆形，长1～2.5 cm，宽2～5 mm，先端平被或微缺，具短尖头，叶脉不明显，两面被浅黄色疏柔毛。花单生，或总状花序具2～4花。腋生，有小苞片；花萼钟形，萼齿5，三角形，背面被黄色疏柔毛；花冠红色或紫红色，长1～1.5 cm；旗瓣倒卵形，先端钝圆，微凹，有爪；翼瓣与旗瓣近等长；龙骨瓣短于翼瓣；子房纺锤形，被毛，具短柄，花柱先增具一束翼毛。荚果长线形，微旁，成熟后果皮无毛，长2.5～5 cm，宽约5 mm，含种子5～8枚，种皮黑褐色，革质，种脐长相当于种子圆周长的1/6，花果期6—9月。

〔生境分布〕班玛、同仁、尖扎、泽库、河南、兴海、共和、同德、西宁、贵德、门源、湟中、平安、化隆、循化、乐都、民和、互助。生于河滩、山地、林缘、田边草丛，海拔2 100～3 300 m。分布于我国西南、西北、华中、华东、华南；欧洲、亚洲及非洲北部也有分布。

大花野豌豆 *Vicia bungei*

豆科 Leguminosae　野豌豆属 *Vicia*

〔形态特征〕一年生或二年生缠绕或匍匐状草本，高15～40（50）cm。茎有棱，多分枝，近无毛。偶数羽状复叶；卷须有分枝；托叶半箭头形，长3～7 mm，有锯齿；小叶3～5对，长圆形或狭倒卵状长圆形，长1～2.5 cm，宽2～8 mm，先端平截、微缺，稀齿状，腹面叶脉不明显，背面叶脉明显被疏柔毛。总状花序长或近等长于叶，具2～4（5）花；花萼钟形，疏被柔毛，萼齿披针形；花冠红紫色或蓝紫色，旗瓣倒卵状披针形，先端微缺；翼瓣短于旗瓣，长于龙骨瓣；子房柄细长，沿腹缝线被金色绢毛，花柱上部被长柔毛。荚果扁长圆形，长2.5～3.5 cm，宽约7 mm，含种子2～8枚；种子球形，直径约3 mm。花果期6—8月。

〔生境分布〕班玛、西宁、大通、循化。生于水沟边、林缘、草地，海拔2 100～2 500 m。分布于西南、西北、华北、东北及山东、江苏、安徽。

歪头菜 *Vicia unijuga*

豆科 Leguminosae　野豌豆属 *Vicia*

〔形态特征〕多年生草本，高0.15 ~ 1 m。根茎粗壮。通常数茎丛生，具棱，疏被柔毛（老时渐脱落），基部红褐色或紫褐色。偶数羽状复叶；叶轴顶端为细刺尖头，稀为卷须；托叶戟形或近披针形，长0.8 ~ 2 cm，宽3 ~ 5 mm，边缘不规则啮蚀状；小叶1对，卵状披针形或近菱形，长3.7 ~ 7（11）cm，宽1.5 ~ 5 cm，先端渐尖，边缘小齿状，两面疏被微柔毛。总状花序，稀圆锥花序，明显长于叶，密生8 ~ 20花；花萼紫色，斜钟状或钟状，长约4 mm，无毛或近无毛，萼齿明显短于萼筒；花冠蓝紫色、紫红色或淡蓝色，长1 ~ 1.6 cm；旗瓣倒提琴形，中部缢缩，先端钝圆，微凹；翼瓣略短于旗瓣，长于龙骨瓣；子房线形，无毛，具柄；花柱上部四周被毛。荚果扁，长圆形，长2 ~ 3.5 cm，宽5 ~ 7 mm，无毛，果皮棕黄色，近革质，具喙，含种子3 ~ 7枚；种子扁圆球形，直径2 ~ 3 mm，种皮黑褐色，种脐长相当于种子圆周长的1/4。花果期6—9月。

〔生境分布〕班玛、尖扎、同仁、泽库、河南、西宁、大通、湟源、湟中、平安、化隆、循化、乐都、民和、互助、刚察、海晏、祁连、门源。生于林缘草甸、河谷灌丛、河边、山坡湿地、林下，海拔1 800 ~ 3 000 m。分布于我国西南、西北、东北、华北、华东；俄罗斯、蒙古国、朝鲜、日本也有分布。

多茎野豌豆 *Vicia multicaulis*

豆科 Leguminosae　野豌豆属 *Vicia*

〔形态特征〕多年生草本，高10～50 cm。根茎粗壮。茎多分枝，具棱，被微柔毛或近无毛。偶数羽状复叶；卷须分枝或单一；托叶半戟形，长3～6 mm，脉纹明显；小叶4～8对，线形至线状长圆形，长1～2 cm，宽1.5～3 mm，先端具短尖头，基部圆形，背面疏被柔毛；叶脉羽状，侧脉向上斜展，甚明显。总状花序长于叶，具14～15花；花萼钟形，萼齿狭三角形，下方萼齿较长；花冠紫色或蓝紫色，长1.3～1.7 cm；旗瓣长圆状倒卵形，中部缢缩；翼瓣及龙骨瓣均短于旗瓣，瓣片短于爪；子房线形，有细柄，花柱上部被毛。荚果扁，长3～3.5 cm，棕黄色，顶端具喙；种子扁圆球形，直径约3 mm，深褐色，种脐长相当于种子圆周长的1/4。花果期6—9月。

〔生境分布〕玛沁、玉树、同德。生于林缘灌丛、阳坡、田边，海拔3 000～3 850 m。分布于我国新疆、内蒙古及东北；俄罗斯、蒙古国、日本也有分布。

驴食豆 *Onobrychis viciifolia*

豆科 Leguminosae　驴食豆属 *Onobrychis*

〔形态特征〕多年生草本，高40～80 cm。茎直立，中空，被向上贴伏的短柔毛。小叶片长圆状披针形或披针形，长20～30 mm，宽4～10 mm。总状花序腋生，明显超出叶层；花多数，长9～11 mm，具1 mm左右的短花梗；子房密被贴伏柔毛。荚果具1个节荚，节荚半圆形，上部边缘具或尖或钝的刺。

〔生境分布〕适应性强，喜温暖半干燥的气候条件，在海拔3 500 m左右的甘南高寒牧区也能生长。我国华北、西北地区有栽培；主要分布于欧洲。

熏倒牛 *Biebersteinia heterostemon*

牻牛儿苗科 Geraniaceae　熏倒牛属 *Biebersteinia*

〔形态特征〕一年生草本，茎直立，高30 ~ 90 cm，全株被深棕色腺毛和白色短柔毛，根直立，细圆柱形，红褐色。叶互生，长圆状披针形，长7 ~ 24 cm，宽4 ~ 16 cm，三回羽状全裂，小裂片条状披针形，边有粗齿，两面被疏微毛；叶柄长达10 cm。聚伞状圆锥花序顶生，长达35 cm；花梗长3 ~ 7 mm；苞片卵圆形，有短尖；萼片宽卵圆形，长约6 mm，内面2枚稍狭，先端尖；花瓣黄色，倒卵形，略短于萼片，边缘波状。蒴果不开裂，顶端无喙，成熟时果瓣不向上反卷；种子肾形。花期6—8月，果期8—9月。

〔生境分布〕玛多、玉树、尖扎、回仁、泽库、兴海、同德、西宁、湟中、平安、乐都、民和、互助。生于山坡、草地、田边、路旁或河滩，海拔1 900 ~ 3 700 m。分布于西藏、新疆、甘肃、宁夏。

草地老鹳草 *Geranium pratense*

牻牛儿苗科 Geraniaceae　老鹳草属 *Geranium*

〔形态特征〕多年生草本，高25～70 cm。根状茎短，被棕色鳞片状托叶，下部具多数肉质粗根。茎直立，向上分枝，下部被倒向伏毛及柔毛，上部混生腺毛。叶对生，肾状圆形，宽3～8 cm，裂片菱状卵形，羽状分裂，小裂片具缺刻或大的齿牙，顶部叶常3～5深裂，两面均被稀疏伏毛，下面沿脉毛较密；基生叶具长柄，长达20 cm，茎生叶柄较短；托叶披针形，渐尖，淡棕色。聚伞花序生于小枝顶端，通常具2花；总花梗长2～6 cm，与花梗均被短柔毛和密腺毛；花梗长1～3 cm，果期向下弯；萼片卵形，具3脉，先端具短芒，密被短毛及开展腺毛，长约8 mm；花瓣蓝紫色，倒卵形，较萼片长1倍，基部有毛；花丝基部扩大，被长毛；花柱合生部分长5～7 mm，分枝部分长2～3 mm。蒴果具短柔毛及腺毛，长2～3 cm。花期6—7月，果期8—9月。

〔生境分布〕班玛、玛沁、杂多、囊谦、玉树、移多、同仁、泽库、乌兰、共和、兴源、大通、乐都。祁连、门源。生于林下及灌丛下和河滩。分布于我国西藏、四川及西北、华北、东北；欧洲及亚洲西部、中亚地区、喜马拉雅地区、蒙古国、朝鲜、日本也有分布。

甘青老鹳草 *Geranium pylzowianum*

牻牛儿苗科 Geraniaceae 老鹳草属 *Geranium*

〔形态特征〕多年生草本，高10～20 cm。根茎细长，横生，节部常念珠状膨大，膨大处生有不定根和常发育有地上茎。茎直立，细弱，被倒向短柔毛或下部近无毛，具1～2分枝。叶互生；托叶披针形，长4～5 mm，宽1.5～2 mm，基部合生；基生叶和茎下部叶具长柄，柄长为叶片的4～6倍，密被倒向短柔毛；叶片肾圆形，长2～3.5 cm，宽2.5～4 cm，掌状5～7深裂至基部，裂片倒卵形，1～2次羽状深裂，小裂片矩圆形或宽条形，先端急尖，表面被疏伏柔毛，背面仅沿脉被伏毛。花序腋生和顶生，明显长于叶，每梗具2花或为4花的二歧聚伞状；总花梗密被倒向短柔毛；苞片披针形，长5～8 mm，宽2～3 mm，边缘被长柔毛；花梗与总花梗相似，长为花的1.5～2倍，下垂；萼片披针形或披针状矩圆形，长8～10 mm，宽4～5（6）mm，外被长柔毛；花瓣紫红色，倒卵圆形，长为萼片的2倍，先端截平，基部骤狭，背面基部被长毛；雄蕊与萼片近等长，花丝淡棕色，下部扩展，被疏柔毛，花药深紫色；子房被伏毛，花柱分枝暗紫色。蒴果长2～3 cm，被疏短柔毛。花期7—8月，果期9—10月。

〔生境分布〕玛多、班玛、久治、玛沁、囊谦、玉树、尖扎、同仁、泽库、兴海、同德、贵德、湟源、湟中、乐都、互助。生于高山草甸、灌丛下，林下及滩地潮湿处，海拔2 900～3 000 m。分布于西藏、云南西北部、四川西部、甘肃、陕西。

鼠掌老鹳草 *Geranium sibiricum*

牻牛儿苗科 Geraniaceae　老鹳草属 *Geranium*

〔形态特征〕一年生或多年生草本植物。根为直根，有时具不多的分枝。茎纤细，仰卧或近直立，多分枝。叶对生；托叶披针形，棕褐色先端渐尖，基部抱茎，外被倒向长柔毛；基生叶和茎下部叶具长柄；下部叶片肾状五角形，基部宽心形；上部叶片具短柄，3～5裂。总花梗丝状，单生于叶腋，长于叶，被倒向柔毛或伏毛，具1花或偶具2花；苞片对生，棕褐色、钻伏、膜质；萼片卵状椭圆形或卵状披针形；花瓣倒卵形，淡紫色或白色。蒴果被疏柔毛，果梗下垂。种子肾状椭圆形，黑色。

〔生境分布〕生于林缘、疏灌丛、河谷草甸或杂草中。分布于我国黑龙江、吉林、辽宁、内蒙古等地；欧洲、高加索、中亚、俄罗斯西、蒙古国、朝鲜、日本也有分布。

牻牛儿苗 *Erodium stephanianum*

牻牛儿苗科 Geraniaceae　牻牛儿苗属 *Erodium*

〔形态特征〕一年生或二年生草本，高15～45 cm。根圆柱状，细长。茎多分枝，被柔毛。叶对生，卵形、长卵形或椭圆状三角形，长3～7 cm，宽3～6 cm，二回羽状深裂，一回裂片3～7对，条形，基部下延至中脉；叶柄长3～7 cm，被长柔毛或近无毛；托叶条状披针形，边缘膜质，被柔毛。伞形花序腋生，通常具2～5花；总花梗长3～16 cm；花梗在花后明显伸长；萼片矩圆形或近椭圆形，花后逐渐增大，在果期长达12 mm，先端钝，具长芒，背面被长毛，边缘膜质；花瓣淡紫色或紫蓝色，倒卵形，较萼片稍短，先端钝圆，基部被白毛；子房被灰色长硬毛。蒴果长2.5～4 cm，顶端具长喙，成熟时5果瓣与中轴分离，喙呈螺旋状卷曲。花期5—6月，果期7—8月。

〔生境分布〕玛沁、囊谦、玉树、同仁、泽库、德令哈、兴海、同德、贵南、西宁、乐都、民和、互助。生于山坡草地、田边及路旁，海拔1 700～3 750 m。分布于我国黄河以北各地区；中亚地区、阿富汗、克什米尔地区、尼泊尔、俄罗斯、蒙古国也有分布。

泽漆 *Euphorbia helioscopia*

大戟科 Euphorbiaceae　大戟属 *Euphorbia*

〔形态特征〕一年生或二年生草本，高11～48 cm。茎分枝，疏生柔毛。叶互生，倒卵形，长1.5～2.2 cm，宽0.7～1.4 cm，先端微凹并具细齿，边缘中下部全缘，两面疏生长柔毛，基部渐狭。杯状花序组成聚伞花序，顶生和腋生；顶生者下部具苞叶5，苞叶倒卵形至倒阔卵形，长1.5～2.5 cm，宽1～1.6 cm，疏生柔毛；伞梗疏生柔毛，1级者5，2级者3，下具苞叶3，3级者2～3，下具苞叶2～3，4级者以上则为2，各具苞叶2；总苞杯状，5裂，裂片长0.5 mm，里面被柔毛；腺体4，横椭圆形，长0.6 mm；雄花10；雌花1，子房具微突，花柱3，合生，先端2裂；无苞片。蒴果卵球形，长约2.4 mm，表面被微突；种子卵形，长约2 mm，表面具网纹，无种阜。花果期5—8月。

〔生境分布〕玛沁、班玛、尖扎、同仁、泽库、共和、西宁、湟中、循化、乐都、互助。生于林缘、山坡、河滩、田边，海拔2 210～3 800 m。分布于我国各地；欧洲及日本、印度也有分布。

青藏大戟 *Euphorbia altotibetica*

大戟科 Euphorbiaceae　大戟属 *Euphorbia*

〔形态特征〕多年生草本，高7 ~ 26 cm。根状茎匍匐生根，通常发出数茎。茎具条纹，分枝，无毛。茎生叶互生，下部者膜质，鳞片状，以上则为三角状心形、椭圆形至近披针形，长0.7 ~ 2.2 cm，宽0.4 ~ 1.8 cm，先端钝，边缘微波状并具细齿，基部心形抱茎，近无柄，无毛。杯状花序组成聚伞花序，顶生和腋生；顶生者其下部具苞叶3，苞叶轮生，三角状心形至狭卵形，长2 ~ 2.2 cm；1级伞梗通常3，2级以上伞梗均为2，各具苞叶2；总苞5裂，裂片长约1 mm，先端通常2裂，里面和边缘具柔毛；腺体4 ~ 5，横椭圆形，长2.3 ~ 2.8 mm；雄花约30；雌花1，子房无毛，花柱3，花梗下具苞片5，花瓣状，长3 mm，先端具齿，背面具1枚片状附属物，被柔毛。蒴果阔卵球形，长4 ~ 5 mm，宿存花柱浅2裂，无毛；种子卵球形，长2.7 mm，具种阜，无毛。花果期5—8月。

〔生境分布〕玛多、玛沁、杂多、曲麻莱、玉树、称多、尖扎、泽库、河南、格尔木、德令哈、兴海、共和、同德、贵南、刚察、祁连。生于高山草甸、草原、山坡石隙、沙丘，海拔2 560 ~ 4 400 m。分布于西藏、甘肃、宁夏。

甘青大戟 *Euphorbia micractina*

大戟科 Euphorbiaceae 大戟属 *Euphorbia*

〔形态特征〕多年生草本，高6～50 cm。根圆锥形。茎无毛，中下部具不育枝。茎生叶互生，倒卵形、长椭圆形至近披针形，长0.7～3.3 cm，宽3～9 mm，先端钝圆，全缘，基部圆形或稍抱茎，无毛。杯状花序组成聚伞花序，顶生和腋生；顶生者1级伞梗4～9，下具苞叶4～9，苞叶近倒卵形，长7～17 mm，无毛，2级伞梗3，下具苞叶3，苞叶倒阔卵形；腋生者2级伞梗3，下具苞叶3；总苞杯状，长约4 mm，里面被绵毛，5裂，裂片近圆形，长约1 mm，边缘具细齿和睫毛；腺体4，横椭圆形，长1.5～2 mm；雄花16～19；苞片10枚，线形至倒披针形，全缘，被柔毛；雌花1，子房具瘤，花柱3，先端浅2裂。蒴果扁圆形，长约4 mm，具瘤突；种子卵形，长约2 mm，无毛，具种阜。花果期6—8月。

〔生境分布〕久治、玛沁、杂多、囊谦、玉树、称多、尖扎、同仁、河南、湟中、民和、互助、门源。生于高山草甸、灌丛下、林缘，海拔2 400～4 500 m。分布于我国西藏、四川、新疆、甘肃、陕西、宁夏、山西、河南；克什米尔地区也有分布。

甘肃大戟 *Euphoria kansuensis*

大戟科 **Euphorbiaceae** 大戟属 ***Euphorbia***

〔形态特征〕多年生草本，高1～36 cm。根圆锥形，肉质肥大。茎疏生柔毛，具不育枝。叶互生，下部者鳞片状，向上则变大，长椭圆形至线形，长1.3～4.6 cm，宽2～12 mm，先端钝，基部具短柄，边缘和背面被柔毛。杯状伞形花序顶生者具伞梗5～6，伞便不分枝，疏生柔毛，下具苞叶5，苞叶披针形至线形，长1.8～2.2 cm，伞梗顶端各具苞叶2和1单生杯状花序；腋生者具1伞梗，亦不分枝；总苞杯状，外面无毛，稀具柔毛，里面腺体下被柔毛，5浅裂，裂片横椭圆形，长1 mm，边缘具齿，通常无毛；腺体4～5，肾形至新月形，长1.6～2 mm；雄花18～21，苞片9～11，线形，全缘或2裂，长1.5 mm，无毛；雌花1，子房无毛，花柱3，下部合生，先端2浅裂。蒴果球形，直径4 mm，无毛；种子卵形，长4 mm，无毛，具种阜。花果期5—8月。

〔生境分布〕久治、玛多、班玛、玛沁、杂多、治多、称多、泽库、河南、兴海、共和。生于高山流石坡、高山草甸，海拔3 200～4 400 m。分布于西藏、四川、甘肃。

川西凤仙花 *Impatiens apsotis*

凤仙花科 Balsaminaceae　凤仙花属 *Impatiens*

〔形态特征〕一年生草本，高10 ~ 35 cm。茎细弱，具纤细短的分枝，无毛。叶互生；叶片薄膜质，卵形，长2 ~ 5 cm，宽1.5 ~ 2.5 cm，先端渐尖或稍尖，基部楔形，边缘具粗齿，齿端钝、微凹或具小尖头，基部无腺体；叶柄细，长1 ~ 4 cm，扁平。总花梗生于叶腋，长于或短于叶柄，具1 ~ 2花；花梗纤细，长约1 cm，中部以上有苞片1枚；花小，白色，长约8 mm；萼片2，条形，绿色，先端尖，背面中脉具龙骨状突起；旗瓣绿色，舟状，背面中脉具短而宽的翅；翼瓣具柄，基部裂片卵形，尖，上部裂片斧形，钝；唇瓣檐部舟状，基部延长成内弯且与檐部等长的距；雄蕊5，花药小，顶端钝。蒴果线形，顶端尖，未成熟。花果期6—9月。

〔生境分布〕班玛。生于沟谷、山坡林下，海拔3 200 ~ 3 700 m。分布于西藏东部、四川西北部。

野葵 *Malva verticillata*

锦葵科 Malvaceae　锦葵属 *Malva*

〔形态特征〕二年生草本，高10～70 cm。茎直立，被星状毛。叶片肾形至圆形，长4～11 cm，基部心形，掌状5～7浅裂，裂片三角形，先端钝圆，边具钝锯齿，两面均被疏糙伏毛或腹面近无毛；叶柄长2～8 cm，上面沟槽内密被长硬毛。花簇生于叶腋；花梗极短；苞片3枚，线状披针形，被长硬毛；萼齿宽三角形，被长硬毛和星状毛；花瓣淡红色，倒卵形，长为花萼的2倍，先端微凹，爪无毛；雄蕊筒长约4 mm，被毛或无毛；花柱分枝10～11。分果扁圆形，直径5～7 mm，分果瓣10～11，背面平滑，两侧具网纹；种子微小，紫褐色，肾形，无毛。花果期6—9月。

〔生境分布〕玛沁、治多、囊谦、玉树、尖扎、同仁、泽库、河南、兴海、共和、同德、贵南、西宁、大通、湟源、湟中、循化、乐都、民和、互助、门源。生于田边、村旁路边或河滩，海拔1 800～4 200 m。分布于我国各地；朝鲜、印度、缅甸及欧洲也有分布。

突脉金丝桃 *Hypericum przewalskii*

金丝桃科 Hypericaceae　金丝桃属 *Hypericum*

〔形态特征〕茎直立，圆柱形，少分枝。叶对生，卵形，基部心形，抱茎，长4～5 cm，宽2～2.5 cm，下面叶脉隆起。花顶生，成聚伞花序，直径长约2 cm，黄色；萼片5，矩圆形，长约1 cm；花柱顶端五裂，长约5 mm。蒴果圆锥形，长约1.3 cm。

多年生草本，高0.3～0.5 m，全体无毛。茎多数，圆柱形，具多数叶，不分枝或有时在上部具腋生小枝。叶无柄，叶片向茎基部者渐变小而靠近，茎最下部者为倒卵形，茎上部者为卵形或卵状椭圆形，长2～5 cm，宽1～2.5（3）cm，先端钝形且常微缺，基部心形而抱茎，全缘，坚纸质，上面绿色，下面白绿色，散布淡色腺点，侧脉约4对，与中脉在上面凹陷，下面凸起，脉网稀疏，只在下面隐约可见。花期6月，果期9月。

〔生境分布〕生于山坡和林边草丛中。分布于青海、甘肃、陕西、河南、湖北、四川。

匍匐水柏枝 *Myricaria prostrata*

柽柳科 Tamaricaceae 水柏枝属 *Myricaria*

〔形态特征〕匍匐矮生灌木，高5～30 cm。匍匐枝生不定根，老枝淡灰白色到暗棕红色，幼枝紫红色，无毛。叶密集，矩圆状条形、狭椭圆形或长圆形，长2.5～3.5 mm，宽约1 mm，全缘，无柄。总状花序圆球形，由2～3花组成，稀花单生；花梗极短，基部被鳞片，紫红色或绿色，有白色膜质边缘；苞片卵形或矩圆形，长4 mm，宽2～2.5 mm；萼片5，披针形，绿色，长约4 mm，有狭膜质边缘；花瓣5，淡紫红色，倒卵形，长约5 mm，宽约2 mm；雄蕊10，花丝长7 mm，约2/3以下合生，花药矩圆形；子房狭卵形，无花柱，柱头头状。蒴果圆锥形，长约1.3 cm，宽约5 mm，5瓣裂，果柄长4 mm；种子狭条形，长约3 mm，顶端芒柱全部被白色长柔毛。花期6—8月，果期7—9月。

〔生境分布〕玛多、玉树、门源、唐古拉南山、祁连山哈拉湖地区。生于河滩、湖边及山麓洪积扇旁，海拔3 600～5 000 m。分布于我国西藏、新疆、甘肃；印度、巴基斯坦、塔吉克斯坦、吉尔吉斯斯坦、乌兹别克斯坦、哈萨克斯坦也有分布。

狼毒 *Stellera chamaejasme*

瑞香科 Thymelaeaceae 狼毒属 *Stellera*

〔形态特征〕多年生草本，茎直立，丛生，高14 ~ 30 cm。根粗大，圆锥形，木质，棕褐色。叶片披针形或矩圆状披针形，长1.4 ~ 2 cm，宽3 ~ 4 mm，先端锐尖或钝尖，基部圆形或宽楔形，全缘，无毛；叶柄长仅1 mm。头状花序顶生；花被筒高脚碟状，里面白色，外面紫红色，具绿色总苞；花被筒长1 ~ 1.2 cm，先端5裂，裂片卵形，长约3 mm；雄蕊10，2轮，花丝着生在花被筒中上部及喉部，花药细长，花丝极短；子房长卵形，顶端或全部被疏短刚毛；花盘鳞片，条形，淡紫色或灰白色；花柱短，柱头头状。果卵形，包于宿存花被筒中，黑褐色。花期6—8月，果期7—9月。

〔生境分布〕本省各地。生于草原、高山草甸、干燥山坡、河滩，海拔2 200 ~ 4 700 m。分布于我国西南、西北、华北、东北及河南；朝鲜、蒙古国、俄罗斯、印度也有分布。

唐古特瑞香 *Daphne tangutica*

瑞香科 Thymelaeaceae　瑞香属 *Daphne*

〔形态特征〕常绿灌木，高15～60 cm。老枝灰黑色或橙黄色，无毛，幼枝淡绿色或淡黄色，被黄色或黄白色刚伏毛；冬芽卵形，仅鳞片边缘有短睫毛。叶片革质，条状披针形、倒披针形或矩圆形，多密集枝顶，长2～5.5 cm，宽7～17 mm，先端钝或有凹铁，基部楔形，边缘反卷，叶面皱缩，无毛；无叶柄。头状花序无总花梗，常3～8花与1芽共生于当年生枝顶端；花梗极短；花被筒高脚碟状，筒长约1 cm，外面紫红色或浅紫色，里面白色，有香气，裂片4，卵状三角形；雄蕊8，2轮，着生在花被筒中部及上部；花盘环状，边缘不规则裂；子房圆锥形，无毛，花柱极短，柱头头状，具乳突。浆果卵形，肉质，红色，成熟时在果梗顶部脱落。花期5—6月，果期7—9月。

〔生境分布〕除海西外，本省各地均产。生于山坡灌丛、林下、林缘或岩石缝中，海拔2 700～3 800 m。分布于西藏、云南、四川、甘肃、陕西。

肋果沙棘 *Hippophae neurocarpa*

胡颓子科 Elaeagnaceae　沙棘属 *Hippophae*

〔形态特征〕灌木，高0.6～3 m，具棘刺，棘刺常侧生多条小刺。老枝光滑，灰棕色，幼枝黄褐色，密被银白色盾鳞和星状毛，或散生少量锈色盾鳞；冬芽卵圆形，被锈色盾鳞。叶互生；叶片条形至条状披针形，长1.8～3.5 cm，宽2～4 mm，先端急尖，基部楔形，全缘，腹面幼时密被银白色星状毛和盾鳞（后渐脱落），背面密被上述毛和盾鳞外，还有少数褐色盾鳞；无叶柄。花序短总状，簇生于幼枝基部；雌雄异株；花小型，黄绿色，先叶开放；雄花的花被筒2裂，花被裂片长约1 mm，雄花的花被片长约3 mm，具银色和褐色盾鳞；雄蕊花丝极短，线形；花柱圆柱形，褐色，伸出花被裂片外。果圆柱形，弯曲，肉质，具纵肋5～7条，褐色，长6～8 mm，宽3～4 mm，果梗极短；种子圆柱形，黄褐色。花期4月，果期9月。

〔生境分布〕久治、囊谦、河南、兴海、祁连。生于河谷、阶地、河漫滩，海拔2 900～4 000 m。分布于西藏、四川、甘肃。模式标本采自青海。

中国沙棘 *Hippophae rhamnoides* subsp. *sinensis*

胡颓子科 Elaeagnaceae　沙棘属 *Hippophae*

〔形态特征〕灌木或小乔木，高1 ~ 4 m或更高，具棘刺。老枝黑灰色，粗糙，幼枝褐绿色，密被银白色与褐色相间的盾鳞，有时杂生少量星状毛；冬芽大，阔卵形，锈色或黄褐色。单叶常对生；叶片狭披针形或矩圆状披针形，长2 ~ 6 cm，宽4 ~ 9 mm，先端钝尖，基部楔形，腹面绿色，幼时被白色星状毛和盾鳞，背面密被银白色盾鳞；叶柄长约2 mm。花单性，雌雄异株；短总状花序，着生在短枝基部；花小，先叶开放；雄花淡黄色，花被片2；雌花具短柄，花被筒短，2裂，包被子房，花柱直立，柱头微伸出花被裂片之外。果卵圆形或圆球形，橙色或橘红色，肉质多浆，长5 ~ 8 mm，或直径5 ~ 7 mm；种子卵形，黑色或紫黑色，有光泽。花期4—5月，果期7—9月。

〔生境分布〕本省各地。生于高山灌丛、河谷两岸、阶地、河漫滩和山坡，海拔1 800 ~ 3 800 m。分布于西南、西北、华北及河南。

西藏沙棘 *Hippophae tibetana*

胡颓子科 Elaeagnaceae　沙棘属 *Hippophae*

〔形态特征〕小灌木植物。西藏沙棘枝常无刺，枝顶刺状；叶轮生或对生，线形或长圆状线形，上面幼时散生白色鳞片，老后鳞片脱落，暗绿色，下面密被灰白色和褐色鳞片；雌雄异株；雄花黄绿色；雌花淡绿色；果宽椭圆形或近球形，多汁，熟时黄褐色顶端具有放射状黑色条纹。花期5—6月，果期9月。

〔生境分布〕西藏沙棘生长于灌丛、高山草甸、河漫滩、山谷，海拔较高的地区。其根系发达，耐寒、耐旱。西藏沙棘繁殖方法为种子繁殖和扦插繁殖。分布于甘肃、青海、四川、西藏等地。

高山露珠草 *Circaea alpina*

柳叶菜科 Onagraceae　露珠草属 *Circaea*

〔形态特征〕多年生草本，高11 ~ 23 cm。地下茎纤细，具块茎。茎有时分枝，被短柔毛。叶对生，被短柔毛；叶片卵形、阔卵形至卵状心形，长1.1 ~ 3.9 cm，宽825 mm，先端急尖，边缘有疏锯齿，基部圆形至心形；叶柄长6 ~ 32 mm。总状花序顶生或腋生；花序轴被开展柔毛（有时带腺头）；苞片三角状卵形，长约0.3 mm，先端具腺头；延伸的托杯较浅；萼片2，开展至反曲，卵形至椭圆形，长1.4 ~ 1.5 mm，宽约1 mm，先端钝，3脉于先端汇合；花瓣2，白色，倒阔卵形，长1.3 ~ 1.5 mm，宽1.2 ~ 1.4 mm，先端2裂，基部渐狭成长约2 mm之爪；雄蕊2，长约1 mm；子房下位，1室，花柱长约1 mm，柱头状。果棒状倒卵形，长约2.4 mm，被钩状柔毛，含种子1枚。花果期7—9月。

〔生境分布〕班玛、久治、囊谦、玉树、同仁、泽库、同德、湟中、平安、乐都、民和、互助、门源。生于岩隙、灌丛下、林下、田边，海拔2 300 ~ 4 300 m。分布于我国西南、西北、华北、东北、华中；北温带其他地区也有分布。

柳兰 *Chamerion angustifolium*

柳叶菜科 Onagraceae　柳兰属 *Chamaenerion Seguier*

〔形态特征〕多年生草本，高0.57～1.02 m。茎直立，稀分枝，被短柔毛或无毛。叶互生，长椭圆状线形至披针状线形，长6～18.5 cm，宽6～25 mm，先端锐尖，边缘具波状齿或全缘，基部具短柄，被短柔毛，总状花序顶生，长20～28 cm；苞片线形，被短柔毛；花序轴和花梗被短毛；萼片4，开展，线形，长1.7～1.9 cm，宽3～3.7 mm，先端渐尖，背面被短柔毛；花瓣4，红紫色，倒卵形至倒阔卵形，长1.9～2 cm，宽1.2～1.5 cm，先端微缺，边缘啮蚀状，基部渐狭成长2～3 mm之爪；雄蕊8，1轮，长1～1.9 cm，花丝基部扩大；子房棒状，长约1.3 cm，外被短柔毛，花柱长约1.6 cm，基部被柔毛，柱头4裂。果圆柱形，长约2.3 cm，含种子多数；种子倒卵形，先端具长约2 mm的白色簇毛。花果期7—9月。

〔生境分布〕班玛、玉树、泽库、河南、同德、大通、湟中、平安、乐都、民和、互助、祁连。生于林下、林缘、山沟、河滩，海拔2 150～3 800 m。分布于我国西藏、云南、四川、新疆、甘肃、陕西、宁夏、山西、河北、内蒙古、辽宁、吉林、黑龙江；日本、朝鲜及喜马拉雅地区、中亚地区、欧洲、北美洲也有分布。

沼生柳叶菜 *Epilobium palustre*

柳叶菜科 Onagraceae　柳叶菜属 *Epilobium*

〔形态特征〕多年生草本，高15～40 cm。根状茎基部具鳞片（覆瓦状排列，半圆形，肉质）和鞭匐枝。茎单一或分枝，均匀被曲柔毛，无毛棱线。叶对生，线形至狭披针形，长2.2～4.5 cm，宽4～10 mm，先端通常渐尖，边缘具疏齿或全缘，基部具短柄，疏生曲柔毛。近伞房花序；苞片互生，叶状；花序轴和花梗被曲柔毛；延伸托杯长约1.5 mm；萼片4，狭卵形，长约3 mm，宽约1.3 mm，先端短渐尖，背面和边缘具短柔毛；花接5，紫红色，倒卵形，长约5 mm，宽约3 mm，先端微缺，基部具短爪；雄蕊8，2轮，长1.5～2 mm；子房圆柱形，长约1 cm，外被白色曲柔毛，花柱长约4 mm，柱头棒状。蒴果圆柱形，长4.4～6.8 cm；种子倒披针形，长约2 mm，顶端具短喙，被微乳突，簇毛长约6 mm。花果期7—8月。

〔生境分布〕玛多、玛沁、治多、囊谦、玉树、称多、河南、乌兰、共和、贵德、西宁、大通、湟中、平安、乐都、民和、互助、门源。生于高山灌丛下、林下、林缘、河滩。分布于我国西藏、云南、四川、新疆、甘肃、陕西、宁夏、山西、河北、内蒙古、辽宁、吉林、黑龙江；北半球温带其他地区与寒带地区也有分布。

短梗柳叶菜 *Epilobium royleanum*

柳叶菜科 **Onagraceae**　柳叶菜属 ***Epilobium***

〔形态特征〕多年生草本，高30～50 cm；具根状茎。茎分枝，具4条凸起棱线，其2条具曲柔毛。叶对生，长椭圆形至披针形，长1.2～3.5 cm，宽4～10 mm，先端急尖，边缘具疣状齿突，基部具长1～3 mm之柄，两面（沿脉）和边缘具曲柔毛。近伞房花序；苞片互生，叶状；花序轴和花梗被曲柔毛；延伸托杯长约1 mm；萼片4，直立，狭卵形至披针形，长3.7～4.1 mm，宽1～1.5 mm，先端渐尖，背面和边缘具腺毛，具羽状脉；花瓣4，紫红色，倒卵形，长6.5～7 mm，宽约4 mm，先端微缺，基部具短爪；雄蕊8，2轮，长2.6～4 mm；子房圆柱状，长1.6～1.8 cm，外被腺毛，花柱长约3.5 mm，无毛，柱头头状。蒴果圆柱形，长5.7～6 cm，被腺毛；种子狭倒卵形，长约1.3 mm，被微乳突，簇毛长约6.5 mm。花果期7—9月。

〔生境分布〕班玛、玛沁、玉树、同德、循化、乐都、民和、互助。生于林下、林缘、山坡、河滩，海拔1 500～4 200 m。分布于我国西藏、云南、贵州、四川、新疆、甘肃、陕西、湖北、河南；阿富汗、克什米尔地区、印度也有分布。

穗状狐尾藻 *Myriophyllum spicatum*

小二仙草科 Haloragaceae　狐尾藻属 *Myriophyllum*

〔形态特征〕多年生水生草本，无毛；茎节上生须根。茎圆柱形，伸长，多分枝。叶无柄，4枚轮生，长1.5 cm，羽状全裂，裂片10～18对，丝状，长1～2.7 cm，全缘。穗状花序伸出水面，长3～8 cm；苞片卵形至长椭圆形，全缘，小苞片近圆形，边缘具细齿；花两性或单性，4朵轮生于花序轴上，如为单性，则雄花生于花序上部，雌花在下；雄花：萼筒钟状，萼齿4，卵状三角形，长约0.8 mm；花瓣4，近匙形，长约3 mm，宽1～2 mm，先端钝，早落；雄蕊8，长约2 mm；雌花：萼筒近钟形，长约1 mm，具4沟、萼齿细小；子房下位，4室，柱头4裂。果球形，长约3 mm，具4条纵裂，分离为4果瓣。花果期7—8月。

〔生境分布〕玛多、久治、玛沁、河南、乌兰。生于水池、湖泊中，海拔2 814～4 600 m。分布于我国各地；世界其他地区也有分布。

红毛五加 *Eleutherococcus giraldii*

五加科 Araliaceae　五加属 *Eleutherococcus*

〔形态特征〕本变种与上述原变种和变种的区别在于：嫩枝被贴伏茸毛；总花梗密被粗毛或硬毛。花梗密被或疏被长柔毛；有时叶下面脉上疏生短刺。

〔生境分布〕班玛、民和。生于山坡灌丛中，海拔2 600 ~ 3 700 m。分布于四川北部、甘肃、陕西、宁夏、湖北。

首阳变豆菜 *Sanicula giraldii*

伞形科 Apiaceae　变豆菜属 *Sanicula*

〔形态特征〕多年生草本，高19～54 cm。根茎短。茎少分枝，无毛。基生叶具长柄，叶片五角状心形，长3.3～5 cm，宽4～8 cm，3全裂，侧裂片再2深裂，小裂片倒卵形至狭倒卵形，通常再3浅裂，边缘有锯齿，齿先端具芒；茎生叶与基生叶同形，但柄短。假二歧分枝式伞形花序；总苞片4，狭卵形，先端具芒，全缘或具3齿；伞辐3，无毛；小总苞片4，长1～1.8 mm，先端具短尖；小伞形花序，中间者较先发育，具5～6花；雄花通常3，花梗长0.7 mm；两性花2～3，近无花梗；萼齿阔卵形，长0.5 mm，先端具短尖；花瓣白色，先端微凹，内折成小舌片；两性花的花柱外曲，长1 mm。果椭圆形，长2～3 mm，具钩状皮刺，果瓣油管5。花果期6—8月。

〔生境分布〕班玛、玉树、同仁、大通、湟中、循化、乐都、民和、互助。生于林缘或林下和灌丛中，海拔2 300～3 550 m。分布于西藏、四川、甘肃、陕西、山西、河北、河南。

裂叶独活 *Semenovia malcolmii*

伞形科 Apiaceae　独活属 *Heracleum*

〔形态特征〕多年生草本，高6～36 cm，被白色柔毛。主根纺锤形。基生叶为二回羽状复叶，被白色柔毛；总叶柄长2～15 cm，基部具鞘，小叶具短柄，扇形至近圆形，长3～5 mm，宽2～6 mm，羽裂，末回裂片狭卵形至披针形；茎生叶向上渐变小。复伞形花序；总苞片5～7，披针形至线形，长4～8 mm，宽1～2 mm，被白色柔毛；伞辐7～11，长1～2.3 cm，被白色柔毛；小总苞片7～9，披针形至线形，长2～4 mm，宽0.5～0.8 mm，被白色柔毛；小伞形花序具9～21花；萼片卵形至狭卵形，长0.5～1 mm；花瓣白色或粉红色，二型，不等大，长1～4 mm；花柱基黑褐色，花柱极短。果阔椭圆形，长5～6 mm，被柔毛；果瓣具5棱，侧棱翅状，每棱槽油管1，合生面2。花果期7—9月。

〔生境分布〕玛多、达日、甘德、久治、玛沁、杂多、治多、曲麻莱、玉树、称多、同仁、泽库、河南、天峻、共和、兴海、同德、贵南、大通、湟源、刚察、祁连。生于高山草甸、草原、灌丛、林下、湿沙地、岩隙，海拔2 700～4 800 m。分布于西藏、云南、四川、甘肃。

白亮独活 *Heracleum candicans*

伞形科 Apiaceae 独活属 *Heracleum*

〔形态特征〕多年生草本，高43～96 cm。根圆柱形，分枝。茎分枝，被白色卷曲柔毛。三出复叶；总叶柄基部具鞘，被卷曲柔毛；小叶卵形至狭卵形，长11～18 cm，宽5.5～13 cm，羽状浅裂至全裂，裂片先端钝，边缘具锯齿，腹面被短毛，背面被白色绵毛。复伞形花序；总苞片少数或无；伞辐11～17，不等长，长3～10 cm，被卷曲柔毛；小伞形花序具19～27花；花梗的毛有时带腺头；小总苞片3～4，线形，长4.5～9.5 mm，宽0.9～1.8 mm，先端尾状，被柔毛；萼齿近阔卵形，先端渐尖；花瓣黄白色，二型，长1.5～4 mm，宽1.1～3 mm；花柱基黄褐色。幼果纺锤形，长约4.5 mm，被柔毛；果瓣具5棱，每棱槽油管1，合生面2。花果期7—9月。

〔生境分布〕班玛、玉树、大通。生于山坡，海拔3 300～3 700 m。分布于我国西藏、云南、四川；尼泊尔、巴基斯坦也有分布。

青藏滇藁本 *Hymenidium pulszkyi*

伞形科 Apiaceae　滇藁本属 *Hymenidium*

〔形态特征〕多年生草本，高7～22 cm，常带紫色。根具分枝。茎直立，粗壮，节间短缩，无毛。三出羽状复叶，无毛；叶柄基部扩大成鞘；小叶阔卵形至狭卵形，长1.5～5.8 cm，宽1.8～2.8 cm，羽裂，末回裂片卵形、狭卵形至披针形，长1～7 mm，宽0.6～28 mm；茎生叶向上渐变小，且减化，最上部者叶柄变为膜质宽鞘。复伞形花序；总苞片5～8，膜质，长椭圆形、匙形至狭倒卵形，长1～1.3 cm；伞辐10～15，上部被膜片状毛；小伞形花序具17～34花；小总苞片7～12，膜质，长椭圆形至披针形，长0.7～1 cm，超出花或果，边缘波状；萼齿卵形至狭卵形，膜质，单脉，长约1 mm；花瓣白色带紫，倒卵形至狭倒卵形，先端稍内折，具爪，长1.5～2 mm；花柱基紫色，边缘波状。果阔椭圆形，长3～4 mm；果棱波翅状，每棱槽油管2～3，合生面6；胚乳腹面凹陷。花果期7—9月。

〔生境分布〕玛多、达日、玛沁、久治、杂多、治多、玉树、同仁、泽库、河南、乌兰、天峻、兴海、大通、乐都、互助、祁连、门源。生于高山灌丛、高山草甸、高山碎石隙，海拔3 800～4 900 m。分布于西藏、甘肃。

西藏滇藁本 *Hymenidium Chloroleucum*

伞形科 Apiaceae　滇藁本属 *Hymenidium*

〔形态特征〕多年生草本，高10～36 cm。根粗壮。茎少分枝，仅最上部具鳞片状毛。二回羽状复叶；小叶柄腋部具鳞片状毛；小叶卵形至阔卵形，长6～11 mm，宽5～9 mm，羽状深裂至全裂，末回裂片卵形至披针形，长1～2.5 mm；茎生叶向上渐变小。复伞形花序；总苞片4～6，线形、长圆形至倒卵形，长0.8～3 cm，先端尾状或2裂至羽裂，边缘和腹面脉上具细齿；伞辐5～11，被乳突；小总苞片10～18，匙形至长圆形，长4.5～10 mm，先端尾状，边缘和腹面脉上具细齿，与花近等高；小伞形花序具27～46花；萼齿卵形，长0.8 mm，先端渐尖；花瓣白色或带紫，近圆形，长3 mm，先端渐尖而内折，具爪；花柱基黑褐色。幼果长2.5 mm，果棱翅状，每棱槽油管3，合生面6。花果期7—9月。

〔生境分布〕玛多、达日、甘德、久治、玛沁、玉树、治多、曲麻莱、囊谦、称多、泽库、兴海、同德、大通、祁连。生于高山灌丛、高山草甸，海拔3 230～4 750 m。分布于西藏、云南、四川、甘肃。

垫状滇藁本 *Hymenidium hedinii*

伞形科 Apiaceae　滇藁本属 *Hymenidium*

〔形态特征〕多年生草本，高1 ~ 4 cm。根粗壮。茎极短缩，分枝。近羽状复叶呈莲座状；总叶柄具乳突，小叶柄极短；小叶肉质，卵形至阔卵形，长3.5 ~ 6.5 mm，宽3 ~ 6 mm，一至二回羽裂，末回裂片倒披针形至倒卵形，长1 ~ 3 mm，宽0.6 ~ 1.2 mm，边缘具乳突。复伞形花序；总苞片9至多数，披针形或匙形，长7.5 ~ 35 mm，全缘或上部羽裂，裂片肉质且边缘具乳突，边缘膜质；伞辐11至多数，被乳突；小总苞片6 ~ 14，倒披针形至长圆形，长2.5 ~ 7 mm，全缘或先端2 ~ 4裂，边缘膜质且与脉均具乳突；小伞形花序具7 ~ 30花；萼齿三角形至卵形；花瓣白色，倒卵形，长2 mm，花柱基黑色。果被细小泡状突起，果棱翅状，波状褶皱，每棱槽油管1，合生面2。花期7—8月，果期9月。

〔生境分布〕达日、玛多、玛沁、治多、曲麻莱、称多、兴海。生于高山碎石隙、高山草甸，海拔3 980 ~ 4 900 m。分布于西藏。

粗茎滇藁本 *Hymenidium wilsonii*

伞形科 Apiaceae 滇藁本属 *Hymenidium*

〔形态特征〕多年生草本，高14 ~ 32 cm。根黄褐色。茎通常分枝，无毛。近一回羽状复叶无毛；总叶柄基部扩大成鞘；小叶阔卵形至倒卵形，长0.5 ~ 1.2 cm，宽0.3 ~ 1 ~ 1 cm，羽裂，末回裂片卵形至狭卵形，长0.5 ~ 3 mm，宽0.4 ~ 1.8 mm；茎生叶向上渐变小。复伞形花序；总苞片6 ~ 8，叶状，长2 ~ 2.6 cm，其柄扩大成鞘，鞘边缘膜质；伞辐9 ~ 13，近等长，通常具乳突；小总苞片7 ~ 10，卵形，长7 ~ 9 mm，宽3.5 ~ 5 mm，不知过花，无毛，先端羽裂，具膜质边缘；小伞形花序具15 ~ 35花；萼片近半圆形；花舞白色或带紫，狭卵形，长约2 mm，先端稍内折，基部无爪；花药黄褐色；花柱基紫黑色。果椭圆形，长2.7 mm，果棱翅状，具波状褶皱。花果期7—9月。

〔生境分布〕久治、大通、乐都、门源、祁连。生于灌丛、高山灌丛、高山草甸，海拔3 050 ~ 4 000 m。分布于云南西北部、四川西部、甘肃南部。

长茎藁本 *Ligusticum thomsonii*

伞形科 Apiaceae　藁本属 *Ligusticum*

〔形态特征〕多年生草本，高20～55 cm。根多分枝，茎少分枝，多少具短毛。基生叶为回羽状复叶，总叶柄长5～19 cm，小叶近卵形，长1～2.2 cm，宽0.5～1.8 cm，明裂具齿（齿端具短尖），边缘与脉具刚毛；茎生叶向上渐变小。复伞形花序；总苞片4～8。边缘膜质，线形，长8 mm，宽1.5 mm，先端尾状，背面和边缘具短毛，单脉；伞辐16～23，被粗毛；小伞形花序具22～23花；小总苞片11～13，线形，长4～7 mm，宽0.9～1 mm，先端尾状，边缘膜质，背面和边缘具短毛，单脉；萼齿小；花瓣白色或淡红色，近卵形，长1 mm，先端内折成小舌片，在腹面中脉凸出呈鸡冠状；花柱基肥厚。果椭圆形，长3.5 mm，疏生乳突；果瓣背腹压扁，果棱5，翅状，每棱槽油管3～4，合生面6～10。花果期7—9月。

〔生境分布〕玛多、达日、班玛、甘德、玛沁、久治、杂多、治多、曲麻莱、玉树、同仁、泽库、河南、德令哈、兴海、大通、乐都、互助、刚察、祁连、门源。生于林下、林缘、高山灌丛、高山草甸、田边，海拔2 600～4 300 m。分布于我国西藏、甘肃；印度、巴基斯坦也有分布。

矮泽芹 *Chamaesium paradoxum*

伞形科 Apiaceae　矮泽芹属 *Chamaesium*

〔形态特征〕矮小草本，高8～30 cm。根圆锥形。茎分枝。基生叶和茎下部叶具柄；叶柄长2.4～2.8 cm，基部具宽鞘；叶片轮廓椭圆形至长圆形，长2.6～3.2 cm，宽1.8～2.5 cm，羽状全裂，裂片卵形、长圆形、披针形至扇形，长8～13 mm，宽3～10 mm，全缘或2～5浅裂；茎上部叶，裂片披针形至线形，全缘。复伞形花序；总苞片2～3，全缘，或3～5全裂；伞辐6～11，不等长，长0.5～5.5 cm；小总苞片1～6，线形至披针形，长2～4 mm，宽0.2～1 mm，通常短于小伞形花序，全缘；小伞形花序具7～22花；花姜黄绿色，倒阔卵形，长1 mm，宽0.7～1 mm，先端微凹，稍内弯，单脉；花柱基压扁。果瓣具棱9～10，每棱槽油管1，合生面2。花果期7—9月。

〔生境分布〕达日、班玛、久治、玛沁、治多、玉树、称多、同仁。生于林下、高山灌丛和高山草甸，海拔3 300～4 600 m。分布于云南、四川。

黑柴胡 *Bupleurum smithii*

伞形科 **Apiaceae** 柴胡属 ***Bupleurum***

〔形态特征〕多年生草本，常丛生，高29～57 cm。根黑褐色，分枝。基少分枝。叶革质，狭长圆形、披针形至线形，长4～12 cm，宽0.4～1.5 cm，先端急尖或钝，基部渐狭，7～8脉；基生叶具长2～3 cm之柄；茎生叶下部者具柄，以上渐无柄，抱茎。复伞形花序直径1～3 cm；总苞片1～3或无，革质，披针形至长圆形，长0.6～2.1 cm，宽1.2～7 mm，先端急尖或钝，基部具短柄，7至多脉；伞辐4～14，长1～3.5 cm；小伞形花序直径1～1.25 cm，具19～21花；小总苞片（5）6～10，革质，黄绿色，椭圆形至长圆形，长4～7 mm，宽2.5～4.1 mm，先端具短尖，5～7脉，长过小伞形花序半倍至1倍；花梗长1～2 mm；花瓣黄色；花柱基扁盘形。幼果黄褐色，卵球形，长1.5 mm，宽1 mm，棱狭翅状，每棱槽油管3，合生面3～4。花果期7—9月。

〔生境分布〕班玛、久治、玉树、同仁、泽库、西宁、大通、湟源、湟中、循化、乐都、民和、互助、祁连、门源。生于灌丛、林缘、山坡、田边，海拔2 400～3 800 m。分布于陕西、甘肃、山西、河北、内蒙古、河南。

迷果芹 *Sphallerocarpus gracilis*

伞形科 Apiaceae 迷果芹属 *Sphallerocarpus*

〔形态特征〕多年生草本，高15～68 cm，根圆锥形，基多分枝，被白色柔毛，基生叶为至二回羽状复叶，总叶柄基部具鞘，被白色柔毛，小叶柄腋部具柔毛，小叶卵形至狭卵形，长8～19 mm，宽4.5～9 mm，一至二回羽裂，末回裂片卵形至披针形，长1～4 mm，宽0.5～1.6 mm；茎生叶向上渐变小。复伞形花序顶生和腋生；总苞片无或1，卵形至披针形，长3.5～9 mm，宽2～3 mm，先端具短尖或尾状，边缘被长柔毛；伞辐3～10，不等长，无毛；小总苞片6～7，倒卵形至近长椭圆形，长3～4 mm，先端具短尖，边缘具白色长柔毛；小伞形花序具15～20花；萼齿近三角形；花瓣白色，倒阔卵形，长1～1.4 mm，无爪。果卵形至长椭圆形，长4.6 mm，果棱线形，每棱槽油管3，合生面6。花果期6—8月。

〔生境分布〕玛多、班玛、玛沁、治多、曲麻莱、囊谦、玉树、尖扎、同仁、泽库、河南、德令哈、乌兰、兴海、共和、同德、贵南、贵德、西宁、大通、循化、乐都、民和、互助。生于林下、灌丛下、草甸、草原和田边、河畔。海拔1 800～4 350 m。分布于山西、河北、内蒙古、辽宁、吉林、黑龙江、新疆、甘肃、陕西。

宽叶羌活 *Hansenia forbesii*

伞形科 Apiaceae　羌活属 *Hansenia*

〔形态特征〕多年生草本，高0.6 ~ 1.5 m。根粗壮。根状茎发达。茎带紫，少分枝。基生叶和茎下部叶为二回羽状复叶；总叶柄基部具鞘，具乳突；小叶3全裂至羽状全裂，裂片狭卵形、披针形至椭圆形，长1.3 ~ 7 cm，宽0.7 ~ 3.2 cm，先端急尖，边缘具锯齿且与脉上均有乳突。复伞形花序；总苞片无或1，狭披针形，长9 mm，宽2 mm，上部具齿，疏生乳突；伞辐10 ~ 20，长0.8 ~ 4.5 cm；小伞形花序具12 ~ 22花；小总苞片2 ~ 4。线形，长2 ~ 3.5 mm，宽0.2 ~ 0.6 mm，先端尾状；萼齿三角状卵形；花瓣淡黄色，狭卵形，长1.5 mm，先端渐尖而内折成小舌片；花柱基扁盘形。果近圆形，长约5 mm；果瓣具5翅状棱，每棱槽油管3 ~ 4，合生面6。花果期7—9月。

〔生境分布〕班玛、玛沁、同仁、泽库、河南、兴海、同德、贵德、大通、湟源、湟中、循化、乐都、民和、互助、门源。生于高山灌丛草甸、高山灌丛、林下、林缘，海拔2 300 ~ 3 900 m。分布于四川、甘肃、陕西、山西、内蒙古、湖北。

羌活 *Hansenia Weberbaueriana*

伞形科 Apiaceae　羌活属 *Hansenia*

〔形态特征〕多年生草本，高0.5～1.5 m。根状茎发达。茎少分枝。三回羽状复叶；总叶柄基部具鞘，疏生乳突；小叶三角状卵形至狭卵形，长1.2～3.3 cm，宽0.7～2.6 cm，羽状深裂，末回裂片卵形至狭卵形，边缘和脉上具乳突；茎生叶向上则简化。复伞形花序；总苞片1～3，线形，长0.9～1.6 cm，上部边缘具乳突，下部膜质且扩大呈鞘状；伞辐11～16，长0.5～4 cm；小伞形花序具25～33花；小总苞片4～5，线形，长1～8 mm，先端锐尖；萼齿小；花瓣黄白色，狭卵形，长1.6 mm，先端渐尖，内折；花柱基扁盘形。果椭圆形，长约5 mm；果瓣具5翅状棱，每棱槽油管2～3，合生面6。花果期7—8月。

〔生境分布〕达日、班玛、久治、玛沁、玉树、称多、曲麻莱、泽库、河南、兴海、共和、同德、贵南、湟中、乐都、民和、祁连、门源。生于高山草甸、高山灌丛草甸、林下，海拔2 700～4 200 m。分布于西藏、四川、新疆、甘肃、陕西。模式标本采自曲麻莱。

宽叶栓果芹 *Cortiella caespitosa*

伞形科 Apiaceae　栓果芹属 *Cortiella*

〔形态特征〕多年生细小草本，老株根颈上端呈指状分叉，根圆锥形。果实圆形略带方形，黄白色。根圆锥形，有时有支根。基生叶多数，叶柄短，扁平，光滑无毛，基部具宽阔叶鞘，边缘膜质；叶片轮廓长圆形，长2～2.5 cm，宽0.5～1 cm，2回羽状分裂或全裂，末回裂片长卵形或椭圆形，长2～5 mm，宽1～1.5 mm，先端圆钝，很少尖锐，质厚。伞形花序从基部抽出，比叶短或近等长，总苞片2～4，羽状分裂，与叶同形；小总苞片4～8，线形，长3～5 mm，宽0.3 mm，不分裂；花瓣卵形或椭圆形，白色微带紫红色，中脉显著，紫褐色，小舌片微曲；花柄粗壮，萼齿三角形，先端长渐尖；花柱短粗，直立，花柱基无或呈扁压状。果实圆形略带方形，长6 mm，宽5.5 mm，黄白色，5条棱均扩展成宽翅，成熟时翅宽1～1.2 mm；每棱槽内油管1，合生面油管2。花期8月，果期9—10月。

〔生境分布〕宽叶栓果芹产自我国西藏定日、尼木。宽叶栓果芹产自我国西藏定日、尼木。

青海当归 *Angelica nitida*

伞形科 Apiaceae　当归属 *Angelica*

〔形态特征〕多年生草本，高14～90 cm。根不分枝，黄棕色。近一至二回奇数羽状复叶；总叶柄基部膨大成筒状叶鞘，被短毛；小叶（或末回裂片）卵形、椭圆形、倒阔卵形、狭倒阔卵形至长圆形，长1.5～4.5 cm，宽1～2 cm，先端钝或急尖，边缘有锯齿，基部具短柄至近无柄，两面沿中脉被毛，边缘具睫毛；上部茎生叶的叶柄膨大成囊状叶鞘，叶片变小。复伞形花序；总苞片无或1～3；伞辐9～17，长2～5.5 cm，被棍棒状毛；小伞形花序具18～40花；小总苞片6～11，狭卵形、披针形至匙形，锐尖至急尖，全缘至3～5浅裂，边缘具短睫毛，具羽状脉；花梗具短毛；萼齿无；花瓣紫红色，卵形至倒卵形，先端渐尖，内曲；花柱基黑紫色。果长4～6 mm，侧棱翅状；果瓣横剖面凸镜形，每棱槽油管1～2，合生面2～3。花果期7—9月。

〔生境分布〕达日、班玛、玛沁、久治、泽库、河南、同德、大通、互助、门源。生于灌丛、灌丛草甸、林缘、山坡、河谷，海拔3 100～4 050 m。分布于四川北部、甘肃南部。

田葛缕子 *Carum buriaticum*

伞形科 Apiaceae　葛缕子属 *Carum*

〔形态特征〕多年生草本，高0.24～1 m。根圆柱形。茎分枝。基生叶为近二回羽状复叶，总叶柄长11～15 cm，基部鞘状，小叶卵形，长6～9 mm，宽3～6 mm，羽状全裂，末回裂片披针形至线形；茎生叶向上渐变小。复伞形花序；总苞片3～4，狭卵形至线形，长2～8 mm，宽1～1.9 mm，先端渐尖至尾状，边缘膜质，3脉；伞辐5～11，不等长，长0.7～4 cm，无毛；小总苞片7～10，卵形至狭卵形，长1～3 mm，宽0.4～1 mm，先端尾状，单脉；小伞形花序具10～28花；花梗长1～4 mm；花瓣白色或粉红色，近圆形，长1.8 mm，宽1.6 mm，先端内折，5～6脉；花柱基圆锥状。果阔椭圆形至椭圆形，每棱槽油管1，合生面2。花果期6—9月。

〔生境分布〕班玛、囊谦、同仁、泽库、共和、贵南、西宁、大通、乐都、民和、祁连、门源。生于灌丛下、林下、林缘、山坡、滩地、道旁、田边，海拔1 700～3 610 m。分布于西藏、四川及西北、华北、东北。

头花杜鹃 *Rhododendron capitatum*

杜鹃花科 Ericaceae 杜鹃花属 *Rhododendron*

〔形态特征〕灌木，高达1 m；分枝开展或丛生，幼枝密被鳞片，黄褐色，老枝黑灰色。叶椭圆形、长圆形或近卵圆形，长6～26 mm，宽3.5～9 mm，先端圆形或钝，基部楔形，上面鳞片灰白色，下面鳞片2色，褐色与黄绿色，两者均匀分布，对比明显；叶柄长2～3 mm，有鳞片。花序具3～5花，近头状；花梗短，有鳞片；花萼膜质，常带蓝紫色，长2～6 mm，裂片长圆形，边缘有或无缘毛，背面有鳞片；花冠宽漏斗形，蓝紫色或淡紫红色，长10～17 mm，筒部长3～5 mm，内部喉部有毛，外面有时有毛，裂片卵状长圆形；雄蕊10，露出花冠外或与裂片等长，花丝有毛；子房有鳞片，花柱与雄蕊等长或短，基部有毛或光滑。蒴果有鳞片。花果期6—8月。

〔生境分布〕玛沁、尖扎、同仁、泽库、河南、兴海、贵德、同德、湟中、循化、平安、乐都、互助、门源。生于高山阴坡，海拔2 970～4 300 m。分布于甘肃、四川北部。

海乳草 *Lysimachia maritima*

报春花科 Primulaceae　珍珠属 *Lysimachia*

〔形态特征〕多年生草本。全株无毛，高2～15 cm。茎直立或下部匍匐，节间短，通常有分枝。叶近无柄，交互对生，间距为1～6 mm；近茎基部的3～4对叶鳞片状，膜质；上部叶肉质，长椭圆形或阔卵形，长4～11 mm，宽1.5～4.5 mm，先端渐尖或钝圆，基部楔形，全缘。花单生于茎中上部的叶腋中，花梗长约3 mm，或极短；花萼钟形，粉红色，花冠状，长约4 mm，分裂达中部，裂片长圆形，宽约2 mm，先端钝圆；无花冠；雄蕊5，略短于花萼；子房卵球形，上半部密被小腺点，花柱与雄蕊近等长。蒴果卵球形，长2.5～3 mm，先端稍尖成喙状。花果期5—8月。

〔生境分布〕玛多、久治、杂多、治多、囊谦、玉树、尖扎、同仁、泽库、河南、格尔木、大柴旦、乌兰、共和、西宁、大通、民和、网察、门源。生于河滩沼泽、草甸、盐碱地、沟边、阶地，海拔2 800～4 500 m。分布于我国西藏、四川、新疆、甘肃、陕西、河北、内蒙古、辽宁、黑龙江、山东；欧洲、亚洲、北美洲也有分布。

羽叶点地梅 *Pomatosace filicula*

报春花科 Primulaceae　羽叶点地梅属 *Pomatosace*

〔形态特征〕一年生或二年生草本，高7.5～14 cm。主根粗，须根少数。叶基生，多数，叶片轮廓长圆形，长2.5～9.5 cm，宽8～16 mm，羽状深裂或全裂，裂片三角形或矩圆形，宽1.5～4 mm，先端钝圆，全缘或具牙齿，两面沿中肋被白色长柔毛；叶柄短或长为叶片的1/3，疏被白毛，近基部扩展，微呈鞘状。花葶多数，疏被白色长柔毛；伞形花序具4～16花；苞片线状至狭披针形，长3～8 mm，疏被白毛；花梗长1～12 mm，无毛；花萼杯状，长2.5～4 mm，果实长4～5 mm，分裂达全长的1/3，裂片三角形，先端尖，内部微被毛；花冠粉红色，冠筒长约2 mm，裂片倒卵状长圆形，宽约1 mm，先端钝圆。蒴果球形，直径约4 mm，盖裂为上下两半，通常具种子6～12枚。花果期7—8月。

〔生境分布〕玛多、班玛、久治、玛沁、杂多、曲麻莱、囊谦、玉树、称多、尖扎、同仁、泽库、河南、天峻、兴海、共和、同德、祁连、门源。生于灌丛、林缘草地、草甸、林下湖边、干旱山坡，海拔3 100～4 800 m。分布于四川、西藏。

直立点地梅 *Androsace erecta*

报春花科 Primulaceae　点地梅属 *Androsace*

〔形态特征〕多年生草本。主根细长木质。茎单生，直立，被多细胞长柔毛。基部叶丛生，常早枯，深褐色；茎生叶互生，卵圆形或卵状椭圆形，长4～11 mm，宽2～6 mm，先端锐尖或稍钝，具尖头，基部渐狭，全缘具软骨质边缘，两面均被疏毛；叶柄极短，长约1 mm，被柔毛。伞形花序生于枝顶或叶腋中；苞片阔卵形或卵状披针形，长约3 mm，先端骤尖，边缘软骨质，被腺毛；花梗纤细，长5～23 mm；花萼钟状，长3～4 mm，具明显的条棱，分裂近中部，裂片三角形，先端具小尖头，疏被短柄腺体；花冠白色或粉红色，裂片长圆形，小，长0.8～1.1 mm。蒴果圆柱状，长于花萼。花果期6—8月。

〔生境分布〕玛沁、杂多、玉树、同仁、泽库、兴海、同德、湟源、大通、民和、乐都、门源。生于山坡草地、河漫滩，海拔2 600～4 000 m。分布于我国西藏、四川、云南、甘肃；尼泊尔也有分布。

小点地梅 *Androsace gmelinii*

报春花科 Primulaceae 点地梅属 *Androsace*

〔形态特征〕一年生草本，主根细长，叶基生，近圆形，直径0.5～1.1 cm，基部心形，边缘具7～8个圆齿，两面疏被贴伏毛；叶柄长1.3～2.7 cm，上被短硬毛。花葶单一，纤细，高1.9～2.7 cm，伞形花序具2～3花；苞片披针形，长1～2 mm，先端尖，上密被短毛；花梗长4～12 mm；花萼钟形，密被短毛，长约2 mm；花冠白色，略长于花萼，裂片长卵形，先端钝。蒴果球形。花果期6—8月。

〔生境分布〕玛多、玛沁、久治、尖扎、同仁、同德、大通、湟中、循化、互助、祁连。生于灌丛、草地，海拔2 400～4 500 m。分布于四川、甘肃、内蒙古；蒙古国、俄罗斯也有分布。

石莲叶点地梅 *Androsace integra*

报春花科 Primulaceae　点地梅属 *Androsace*

〔形态特征〕二年生或多年生草本。主根木质，褐色，具少数支根。莲座状叶丛基生，直径2.5～4 cm。叶匙形，长0.9～3 cm，先端圆形，具小尖头，基部渐狭，两面被毛至渐无毛，边缘软骨质，被篦齿状缘毛。花葶通常单生于叶丛中心，高5～12 cm，被多细胞柔毛；伞形花序具2至多花；苞片披针形，长3～6 mm，宽1.5～3 mm，先端渐尖，基部囊状，被疏毛，边缘具缘毛；花梗初期较短，后期伸长，果期长可达2.8 cm，被卷曲柔毛；花萼钟形，长约0.5 cm，密被短硬毛，分裂达1/3～1/2处，裂片狭三角形，先端尖，边缘具纤毛；花冠紫红色，冠筒与花萼近等长，裂片倒卵形，全缘或微凹。蒴果圆柱形，高出宿存花萼。花果期7—8月。

〔生境分布〕班玛。生于林下，海拔3 200～3 450 m。分布于西藏、云南、四川。

西藏点地梅 *Androsace mariae*

报春花科 Primulaceae 点地梅属 *Androsace*

〔形态特征〕多年生草本。主根木质，根出条短或长。叶丛间有明显的间距形成疏丛。叶二型，外层叶舌形成匙形，长0.4～0.9 cm，宽0.15～0.2 cm，先端锐尖，基部渐狭，两面秃净或被疏毛，边缘具长缘毛；层叶倒披针形或匙形，长1.2～4.5 cm，宽0.2～0.5 cm，先端锐尖或圆形而具骤尖头，基部渐窄，下延，两面均不被毛，边缘具软骨质及长缘毛。花葶高2～17 cm，被白色多细胞毛和短柄腺体；伞形花序具2～10花；苞片披针形至线形，长3～7 mm，被白色多细胞毛；花梗在花期长3～5 mm，果期长达18 mm；花萼钟形，长3 mm，密被长柔毛，分裂达中部，裂片三角形；花冠红色或白色，直径6～9 mm，裂片倒卵形，全缘或略呈波状。蒴果球形。花果期6—7月。

〔生境分布〕玛多、久治、玛沁、杂多、囊谦、称多、尖扎、同仁、泽库、都兰、乌兰、兴海、共和、同德、贵德、西宁、大通、湟源、循化、乐都、民和、互助、门源。生于山坡、灌丛、草甸、林缘，海拔2 030～4 500 m。分布于西藏、四川、甘肃、内蒙古。

垫状点地梅 *Androsace tapete*

报春花科 Primulaceae　点地梅属 *Androsace*

〔形态特征〕多年生草本。全株呈半球形的坚实垫状体，由大量的根出条紧密排列而成。根出条短，呈棒状。新生莲座状叶丛叠生于老叶丛上，无节间，直径为0.4～0.5 cm；叶二型，外层叶小，长1～2 mm，三角形或披针形，略肉质，叶背具隆起的脊，先端钝，具密集的成画笔状白毛；内层叶线状披针形，长2～3 mm，中上部淡绿色，干后变黄色，下部白色膜质，边缘具缘毛。花葶极短或无；花单生，无梗或具很短的梗，包藏于叶丛中；苞片1枚，线形，膜质，有细肋，长约4 mm；花萼筒状，长约4 mm，上具明显的5棱，分裂近中部，裂片三角形，先端渐尖，边缘具绢毛；花冠粉红色或白色，直径0.3～0.5 cm，冠筒与花萼等长，喉部具黄色附属物，裂片矩圆形，全缘或微呈波状。花期6—7月。

〔生境分布〕玛多、玛沁、杂多、玉树、治多、曲麻莱、格尔木（唐古拉山）。生于山顶石隙、河谷滩地、山坡，海拔3 800～5 200 m。分布于西藏、云南、四川、新疆、甘肃。

雅江点地梅 *Androsace yargongensis*

报春花科 Primulaceae　点地梅属 *Androsace*

〔形态特征〕多年生草本。地上部分具多数粗壮的根出条，根出条初被稀疏柔毛及腺毛，渐无毛，变为深褐色，节间长5～15 mm，节上被枯存的叶丛。当年生叶丛位于枝顶，直径4～11 mm，花葶及新生根出条从中抽出。叶近二型，外层叶线状至舌状长圆形，长2～4 mm，宽1～1.5 mm，先端钝，早枯，枣红色，两面无毛，边缘具短睫毛；内层叶匙形或舌形，黄绿色，长5～9 mm，宽1.5 mm，先端钝或微尖，无毛或仅沿中肋被稀疏硬毛，缘毛在先端较密。花葶单一，高7～16 mm，被长茸毛；伞形花序具5～6花；苞片椭圆形或长圆形，常对折成舟状，中上部深褐色，下部绿色，长4～4.5 mm，宽1.8～2.8 mm，先端钝圆，基部微成囊状，被柔毛和无柄腺体；花梗基短，被柔毛及无柄腺体；花萼钟形，长2.5～3 mm，分裂达中部，裂片卵圆形，先端钝圆，被长柔毛及缘毛；花冠粉红色或白色，喉部紫红色，冠筒略长于花萼，裂片阔倒卵圆形，边缘微成波状。

〔生境分布〕玛多、班玛、久治、玛沁、治多、玉树、曲麻莱、河南、同德、兴海、循化、互助、门源。生于高山草甸，海拔3 500～5 000 m。分布于四川、甘肃。

高原点地梅 *Androsace zambalensis*

报春花科 Primulaceae　点地梅属 *Androsace*

〔形态特征〕多年生草本。植株由多数莲座状叶丛或根出条形成密丛；根出条短，褐色，被长柔毛，下部节间长达8 mm，节上宿存枯叶丛，上部节间短，新叶叠生于老叶丛之上。莲座叶丛直径4～9 mm；叶近两型，外层叶小，舌形至线形，长2～4 mm，宽0.5～1 mm，早枯，褐色，先端钝，微向内弯拱，两面均被白色硬毛，上部边缘被缘毛。内层叶狭舌状，长5～6 mm，宽1.5～2.2 mm，绿色，毛被同外层叶，较密。花葶单生，高0.5～2.1 cm，被长柔毛；伞形花序具2～8花；苞片倒披针形或矩圆形，长约5 mm，宽1～2 mm，先端钝，背部及边缘被长柔毛；花梗甚短；花萼阔钟形或杯形，长约4 mm，密被长柔毛，分裂达中部，裂片阔三角形，先端钝；花冠白色，喉部粉红色，直径4～6 mm，裂片阔倒卵形或楔状倒阔形，全缘。花期6—7月。

〔生境分布〕玛多、玛沁、曲麻莱、玉树、唐古拉地区、可可西里、兴海。生于沼泽草甸、湿地，海拔3 600～5 000 m。分布于西藏、云南、四川。

多脉报春 *Primula polyneura*

报春花科 Primulaceae　报春花属 *Primula*

〔形态特征〕多年生草本，根状茎短，具多数须根，叶阔卵形或阔三角形，长1.3 ~ 8 cm，宽25 cm，基部心形，掌状7 ~ 11深裂，裂片长圆形或阔卵形，边缘具粗锯齿，稀近全缘，两面被毛，下面毛较密；叶柄长为叶片的1 ~ 1.5倍，被黄色茸毛。花葶纤细，高13 ~ 23 cm，被柔毛或无毛；伞形花序1 ~ 2轮，每轮具3 ~ 10花；苞片披针形，长3 ~ 7 mm，被毛；花梗纤细，长5 ~ 15 mm，被毛；花萼筒状，长5 ~ 10 mm，外面被毛，分裂近中部，裂片披针形，先端渐尖，具3 ~ 5条纵脉；花冠红紫色，冠筒口周围黄绿色，冠筒长10 ~ 13 mm，裂片倒卵形，先端深凹缺；雄蕊着生冠筒口部或中部；花柱长达冠筒口或更长。蒴果长圆柱形，比花萼稍长。花果期6—8月。

〔生境分布〕班玛。生于山坡灌丛中，海拔3 400 ~ 3 450 m。分布于甘肃、云南、四川。

甘青报春 *Primula tangutica*

报春花科 Primulaceae　报春花属 *Primula*

〔形态特征〕多年生草本。全株无粉。根状茎短，具多数须根。叶丛基部无鳞片；叶片椭圆状披针形或倒披针形，连柄长3.5～22 cm，宽1～2.5 cm，先钝圆或渐尖，基部楔形，边缘具小齿，有时全缘；叶柄具狭翅，短至与叶片近等长。花葶高14.5～60 cm；伞形花序1～2轮，具2～7花；苞片线状披针形，长4～9 mm，微被柔毛；花梗长5～45 mm，疏被柔毛；花萼筒状，长1～1.4 cm，分裂达全长的1/3处，裂片三角形至披针形；花冠红褐色，裂片线状，长达10 mm，宽仅1 mm；长花柱花，冠筒与花萼近等长或稍长，雄蕊着生冠筒基部或中部；花柱长2～7 mm。蒴果筒状，长于宿存花萼。花果期6—8月。

〔生境分布〕久治、玛沁、玉树、尖扎、同仁、河南、天峻、共和、兴海、同德、贵德、大通、湟中、循化、乐都、民和、互助、祁连。生于阴坡湿地、林下草地、灌丛，海拔2 600～4 100 m。分布于四川、甘肃。

紫罗兰报春 *Primula purdomii*

报春花科 Primulaceae　报春花属 *Primula*

〔形态特征〕根状茎粗，须根发达。叶丛基部被鳞片和枯存叶柄包叠成假根茎状；叶片披针形或倒披针形，长2～15.6 cm，宽0.8～2.5 cm，先端尖，基部渐狭，边缘具小齿，两面微被白粉；叶柄具宽翅，稍短于叶片。花葶高6～42 cm，上端被白粉；伞形花序顶生，具3～26花；苞片基部三角形，上部钻形，长5～10 mm，被柔毛；花梗长5～15 mm，被白色或黄色粉，果实长达1～5 cm；花萼狭钟形，长6～10 mm，分裂达中部。裂片长圆形，先端圆钝，萼筒外被小腺毛，内面被白粉；花冠紫蓝色至近白色，冠筒长11～15 mm，裂片矩圆形或狭矩圆形，长9～10 mm，宽4～8 mm，先端钝圆；雄蕊着生花冠筒中上部或近基部；花柱长2.5～6 mm。蒴果呈筒状，约长于花萼1倍。花果期6—8月。

〔生境分布〕久治、杂多、治多、曲麻莱、囊谦、玉树、称多、河南、同德、贵德。生于高山草甸、砾石坡、流石滩、湿润处，海拔3 700～5 000 m。分布于四川、甘肃。

狭萼报春 *Primula stenocalyx*

报春花科 Primulaceae　报春花属 *Primula*

〔形态特征〕多年生草本。根状茎短，具多数须根。基生叶丛密集或疏松；叶片匙形或倒披针形，连柄长1～5.7 cm，宽4.5～12 mm，先端圆形或钝，基部楔形，下延成柄，边缘具齿。上面无粉，下面具白粉，有小腺体；叶柄通常较短，有时稍短于叶片。花葶高4.5～22 cm，上部具小腺体或被白粉；伞形花序具3～11花；苞片狭披针形，长4.5～9 mm，基部膨大，被小腺体；花梗长1～20 mm，上部具腺体；花萼筒状，长5～11 mm，具5棱，外面多少被小腺体；裂片披针形或长圆形，与萼筒等长或略短于萼筒；花冠紫红色或蓝紫色，冠筒长5～13 mm，裂片倒心形，先端2裂，长3～10 mm；雄蕊着生在冠筒基部或上部；花柱长达冠筒中部。蒴果椭圆形，长6～8 mm。花果期6—8月。

〔生境分布〕久治、玛沁、杂多、囊谦、玉树、称多、尖扎、同仁、同德、贵德、大通、乐都、民和、互助、门源。生于灌丛、阴坡、林下、草地，海拔2 300～4 400 m。分布于西藏东部、四川西部、甘肃南部。模式标本采自青海。

天山报春 *Primula nutans*

报春花科 Primulaceae　报春花属 *Primula*

〔形态特征〕多年生草本，根状茎短，具多数须根。叶丛基生；叶片卵圆形或近圆形，长6.5～25 mm，宽5～14 mm，先端钝圆，基部圆形或楔形，全缘，两面均无毛；叶柄细，与叶片近等长，或长为叶片的2～3倍。花葶高3.5～32 cm；伞形花序1～2轮，具2～6花；苞片长圆形，长5～7 mm，先端渐尖，边缘具小腺毛，基部下延成垂耳状，耳长1～1.5 mm，边缘具缘毛；花梗长0.5～4 cm；花萼狭钟状，长5～7 mm，具5棱，外被褐色斑点，基部收缩下延成囊，裂片阔三角形，长为花萼的1/3，边缘密被小腺毛；花冠红紫色或蓝紫色，冠筒长5～8 mm，喉部具环状附属物，裂片倒心形，先端深2裂；雄蕊着生冠筒中部或上部；花柱长达冠筒中部或伸出冠筒口。蒴果筒形，长7～8 mm。花果期6—8月。

〔生境分布〕玛多、班玛、久治、玛沁、玉树、尖扎、同仁、泽库、格尔木、德令哈、天峻、兴海、共和、乐都、刚察、祁连、门源。生于沼泽、湿地、草甸、山坡，海拔2 700～4 500 m。分布于我国四川、新疆、甘肃、内蒙古；欧洲、亚洲、北美洲也有分布。

岷山报春 *Primula woodwardii*

报春花科 Primulaceae　报春花属 *Primula*

〔形态特征〕多年生草本。根状茎粗短，具肉质长根。叶丛基部由鳞片、叶柄包叠成假茎状，高2～6 cm；鳞片披针形，干时膜质，褐色，有时顶端被黄粉。叶披针形、矩圆状披针形或倒披针形，长6～12 cm，宽1～3 cm，先端锐尖或钝，基部渐狭窄，边缘具小圆齿或近全缘，厚纸质，幼时两面被微柔毛，渐变为无毛，无粉，中肋宽扁，侧脉不明显；叶柄具宽翅，通常稍短于叶片并为鳞片所覆盖。花葶高8～25 cm，上部被微柔毛和小腺体；伞形花序1轮，具3～15花；苞片线状披针形，长5～8 mm；花梗长5～20 mm，被小腺毛；花萼狭钟状，长7～11 mm，分裂略超过中部，裂片披针形，先端锐尖或稍钝；花冠蓝紫色，淡紫红色或淡紫色，筒部颜色较深，冠檐直径2～3 cm，裂片披针形或窄矩圆形，常与筒部等长；长花柱花：冠筒长约1 cm，雄蕊着生处距冠筒基部约4 mm，花柱长约5.5 mm；短花柱花，冠筒长12～13 mm，雄蕊着生处距冠筒基部约8 mm，花柱长约2.5 mm。蒴果筒状，长8～15 mm。花期6—7月。

〔生境分布〕达日、玛沁、甘肃南部（岷山）、青海东部（互助）和陕西南部（太白山）。

鸡娃草 *Plumbagella micrantha*

白花丹科 **Plumbaginaceae**　鸡娃草属 ***Plumbagella***

〔形态特征〕一年生草本，高5～40 cm。茎直立，多分枝，具棱，沿棱有小皮刺。叶倒卵状披针形至卵状披针形或狭披针形，长2～9.5 cm，宽0.7～3.5 cm，先端急尖或渐尖，全缘，基部耳状抱茎。复花序长0.5～3 cm，含4～15个小穗，穗轴被毛；小穗含2～3花，苞片最下部者长，向上渐短，宽卵形，先端渐尖，常黑紫色；小苞片较苞片小，膜质；花萼绿色，长约4 mm，筒部具5棱，裂片5，狭三角形，两侧有具柄腺体，结果时棱上生出鸡冠状突起；花冠淡蓝紫色，略长于萼，狭钟形，裂片5。蒴果暗红褐色，具5条浅色条纹。花果期7—9月。

〔生境分布〕玛沁、达日、久治、杂多、治多、泽库、河南、德令哈、共和、贵南、湟源、西宁、乐都、互助、门源、祁连、刚察。生于荒地、田边、河滩、山坡，海拔2 230～4 200 m。分布于我国西藏、四川、甘肃、新疆；中亚地区及蒙古国、俄罗斯也有分布。

黄花补血草 *Limonium aureum*

白花丹科 Plumbaginaceae　补血草属 *Limonium*

〔形态特征〕多年生草本，高10～40 cm。茎基部被有残存叶柄和红褐色芽鳞。叶常早落；基生叶匙形或倒披针形，长1.5～3.5 cm，宽0.6～1.2 cm，先端钝圆，有时急尖，边缘全缘或有时波状皱缩，基部渐狭成柄；叶柄扁平，长至2 cm。花序圆锥状；花序轴多数从生，多分枝，不育枝多数，小枝曲折，密被疣状突起，末级分枝无棱；穗状花序生分枝顶端，初时密集近头状，后伸长，由3～5个小穗组成；小穗含2～3花；外苞长约3 mm，宽卵形，第一内苞长约5 mm，全部苞片在花蕾期带紫红色；花萼漏斗形，长6～7 mm，筒部被毛，檐部金黄色，具5脉，裂片狭三角形或近圆形，多变，先端具尖头、钩状小尖或无尖头，间生裂片多数；花冠橙黄色（干时）或金黄色。花果期6—8月。

〔生境分布〕玛多、玉树、格尔木、德令哈、大柴旦、乌兰、都兰、西宁、门源、刚察。生于林缘、荒漠、盐碱滩、山坡，海拔2 230～4 200 m。分布于我国西北、华北、东北及四川西部；蒙古国、俄罗斯也有分布。

岷县龙胆 *Gentiana purdomii*

龙胆科 Gentianaceae 龙胆属 *Gentiana*

〔形态特征〕多年生草本，高4～5 cm。根茎短缩，具多数肉质须根。枝2～4个丛生，其中花枝1个，全部枝包于膜质叶鞘中；花枝直立，不伸长或伸长。叶大部基生，常对折，线状椭圆形或线状披针形，长2～8 cm，宽0.3～1 cm，先端钝，基部渐狭，叶柄膜质；茎生叶1～3对，与基生叶同形，较小。花1～8朵，顶生；无梗或有短梗；花萼钟形，长1.5～2 cm，萼筒膜质，一侧开裂或不开裂，萼齿不整齐，线状披针形或线状长圆形，长5～8 mm；花冠黄白色，有或无蓝色短细条纹，长3.5～4.5 cm，裂片三角形，长约5 mm，褶偏斜，截形；雄蕊着生于冠筒中下部。蒴果内藏；种子黄褐色，表面具海绵状网隙。花果期8—9月。

〔生境分布〕玛多、玛沁、班玛、久治、玉树、囊谦、称多、杂多、治多、曲麻莱、格尔木、循化。生于山顶草地、草甸、沼泽草甸，海拔3 500～5 000 m。分布于西藏、四川、甘肃。

麻花艽 *Gentiana straminea*

龙胆科 Gentianaceae　龙胆属 *Gentiana*

〔形态特征〕多年生草本，高10～35 cm，全株光滑，基部被枯存的纤维状叶鞘包。须根多数，扭结成一个圆锥形根。花枝多数，斜生，莲座丛叶宽披针形或卵状椭圆形，长6～20 cm，宽0.8～4 cm，两端渐狭，叶脉3～5条，叶柄宽，膜质，长2～4 cm；茎生叶小，线状披针形至线形，长2.5～8 cm，宽0.5～1 cm，叶柄宽，长0.5～2.5 cm。聚伞花序顶生及腋生，排列成疏松的花序；花梗斜伸，不等长，小花梗长达4 cm，总花梗长达9 cm；花萼膜质，长1.5～2.8 cm，一侧开裂，萼齿2～5，钻形，长至1 mm；花冠黄绿色，喉部具绿色斑点，漏斗形，长3～4.5 cm，裂片卵形，长5～6 mm，褶偏斜，三角形，长2～3 mm；雄蕊整齐，蒴果内藏；种子褐色，表面有细网纹。花果期7—9月。

〔生境分布〕玛多、玛沁、久治、玉树、同仁、泽库、河南、德令哈、都兰、兴海、共国、贵南、贵德、化隆、循化、湟源、湟中、大通、乐都、互助、门源、祁连。生于山坡草地、河滩、灌丛、林缘、高山草甸，海拔2 600～4 500 m。分布于我国西藏、四川、甘肃、宁夏及湖北西部；尼泊尔也有分布。

达乌里秦艽 *Gentiana dahurica*

龙胆科 Gentianaceae　龙胆属 *Gentiana*

〔形态特征〕多年生草本，高5 ~ 20 cm；基部被枯存的纤维状叶鞘。须根粘结成左拧的圆柱形根。枝多数，斜生，常紫红色，光滑。莲座丛叶披针形或线状椭圆形，长5 ~ 12 cm，宽至1.5 cm，先端渐尖，叶柄膜质，鞘状，长至4 cm；茎生叶少，线形至线状披针形，长至4 cm，鞘长至1 cm。花少数，顶生和腋生，组成疏松的聚伞花序；花梗不等长，长至2.5 cm；花萼筒膜质，黄绿色，筒状，不裂，稀一侧浅裂，长7 ~ 15 mm，萼齿5，不整齐，线形，长1 ~ 6 mm，萼缺平截或近圆形；花冠深蓝紫色，有时喉部有多数黄色斑点，筒状或漏斗形，长3.5 ~ 4.5 cm，或侧花销短，裂片5，卵形或卵状椭圆形，长5 ~ 7 mm，先端钝或圆形，稀稍有尖头；褶小，三角形；雄蕊着生冠筒中下部。蒴果内藏；种子表面有细网纹。花果期7—9月。

〔生境分布〕玛多、玛沁、同仁、泽库、德令哈、乌兰、兵和、兴海、贵南、湟源、湟中、化隆、循化、乐都、互助、刚察、祁连、门源。生于干草原、阳坡、河谷阶地、林中干旱山坡、沙丘、田边，海拔2 500 ~ 4 300 m。分布于我国西北、华北、东北；俄罗斯、蒙古国也有分布。

管花秦艽 *Gentiana siphonantha*

龙胆科 Gentianaceae 龙胆属 *Gentiana*

〔形态特征〕多年生草本，高10～30 cm，基部被枯叶鞘纤维。须根粘结成圆柱状根。枝少数，直立，光滑。莲座丛叶线形或线状披针形，长达15 cm，一般宽7～10 mm，有时宽或窄，先端渐尖，叶柄长3～6 cm；茎生叶与莲座叶同形，较小。花多数，无梗，簇生茎顶呈头状；花萼长为花冠的1/5～1/4，萼筒膜质，长4～6 mm，一侧开裂或不裂，萼齿不整齐，丝状或钻形，长1～3 mm；花冠深蓝色，筒形，长2～2.8 cm，裂片5，长圆形，长约4 mm，先端钝圆，褶狭三角形，长约3 mm，全缘或2裂；雄蕊着生于冠筒下部。蒴果内藏；种子表面具细网纹。花果期7—9月。

〔生境分布〕玛多、玛沁、玉树、曲麻莱、泽库、德令哈、格尔木、乌兰、都兰、共和、兴海、湟中、循化、乐都、祁连、门源。生于河滩、山坡草甸、灌丛中，海拔3 000～4 500 m。分布于四川、甘肃、宁夏。

短柄龙胆 *Gentiana stipitata*

龙胆科 Gentianaceae　龙胆属 *Gentiana*

〔形态特征〕多年生草本，高4～10 cm，基部被多数残茎。茎地下部包于枯叶柄中，成圆柱形，形似“主根”；根茎短，根须状，肉质。花枝常多数，长达10 cm，平卧。莲座丛叶卵形或卵状披针形，长1～2 cm，宽0.4～0.5 cm，先端渐尖，边缘白色软骨质；茎生叶卵形，椭圆形或匙形，长4～7 mm，宽2.5～4 mm，先端钝圆或急尖，边缘白色软骨质。花单生枝顶；花萼筒膜质，倒锥状筒形，长8～12 mm，裂片叶状，倒披针形，长5～10 mm，宽至4 mm，先端钝，边缘白色软骨质；花冠浅蓝灰色，有时白色，具蓝灰色条纹，宽筒形，长3～4.5 cm，裂片卵形，长约4.5 mm，先端钝，褶整齐，卵形，长为裂片之半，全缘；雄蕊生于冠筒中部；子房具柄。蒴果内藏；种子表面具浅蜂窝状网纹。花果期7—9月。

〔生境分布〕玛沁、班玛、久治、玉树、囊谦、称多。生于高山草甸、阳坡草地、滩地，海拔3 700～4 600 m。分布于西藏、四川。

六叶龙胆 *Gentiana hexaphylla*

龙胆科 Gentianaceae 龙胆属 *Gentiana*

〔形态特征〕多年生草本，高5～20 cm。根须状，肉质，花枝多数，斜生，紫红色，具乳突。莲座丛叶不发达，三角形，长5～10 mm，宽约2 mm，先端急尖；茎生叶轮生，6～7枚，下部叶卵形，上部叶倒卵状长圆形，长2～10 mm，宽约2 mm，先端钝，具小尖头。花单生枝顶，6～7数；花萼筒倒锥形，长8～10 mm，裂片叶状，与上部叶同形，同大；花冠蓝色，具深蓝色条纹和斑点，漏斗形，长4～4.5 cm，裂片6～7卵形，长约5 mm，先端钝，具尾状尖头，褶整齐，截形或宽三角形，长约1 mm，边缘啮蚀形；雄蕊着生于冠筒下部；子房有柄，花柱线形，短；蒴果内藏；种子表面具蜂窝状网隙。花果期8—9月。

〔生境分布〕班玛、久治。生于高山草甸、阳坡裸地，海拔3 300～4 300 m。分布于四川、甘肃。

蓝玉簪龙胆 *Gentiana veitchiorum*

龙胆科 Gentianaceae　龙胆属 *Gentiana*

〔形态特征〕多年生草本，高5～10 cm。根肉质，须状。花枝多数丛生，铺散，具乳突。莲座丛叶发达，线状披针形，长3～6 cm，宽2～5 mm，先端急尖，边缘粗糙；茎生叶愈向茎上部愈密愈长，下部叶卵形，长2.5～7 mm，中部叶狭椭圆形或椭圆披针形，长7～15 mm，宽3～4 mm，上部叶线状披针形，长10～25 mm，宽至4 mm。花单生枝顶，下部包围于上部叶丛中；花萼长为花冠的1/3～1/2，萼筒长12～15 mm，裂片与上部叶同形，长至12 mm，宽约2 mm；花冠上部深蓝色，下部黄绿色，具蓝色斑点或条纹，漏斗形，长4～6 cm，裂片卵状三角形，长7～8 mm，褶宽卵形，先端全缘；雄蕊着生于冠筒中下部。蒴果内藏；种子黄褐色，表面有蜂窝状网纹。花期8—9月。

〔生境分布〕玛沁、玉树、称多、杂多、治多、曲麻莱、泽库、河南、兴海、共和。生于山顶草甸、草滩、河岸草地，海拔3 200～4 200 m。分布于我国西藏、云南、四川、甘肃；印度、不丹、缅甸也有分布。

线叶龙胆 *Gentiana lawrencei* var. *farreri*

龙胆科 Gentianaceae　龙胆属 *Gentiana*

〔形态特征〕多年生草本，高5 ~ 12 cm。根肉质，须状。花枝多数，丛生，铺散。莲座丛叶极不发达，披针形，长4 ~ 6 mm，宽2 ~ 3 mm；茎生叶愈向茎上部愈密愈长，下部叶狭长圆形，长3 ~ 6 mm，宽1 ~ 2 mm。中上部叶线形，长达20 mm，宽约2 mm。花单生枝顶，基部包于上部叶丛中；花萼长为花冠的1/2，萼筒筒形，长13 ~ 15 mm，裂片与上部叶同形，长至15 mm；花冠上部天蓝色，下部黄绿色，具蓝色条纹，倒锥状筒形，长4.5 ~ 6 cm，裂片三角形，长6 ~ 8 mm，褶宽卵形，整齐，长4 ~ 5 mm，边缘啮蚀形；雄蕊着生于冠筒中部。蒴果内藏，具长柄；种子表面具蜂窝网隙。花果期8—10月。

〔生境分布〕玛多、玛沁、玉树、泽库、河南、湟源、互助、刚察、祁连、门源。生于高山草甸，山谷草滩，海拔3 050 ~ 4 500 m。分布于西藏、四川、甘肃。

条纹华龙胆 *Sinogentiana striata*

龙胆科 Gentianaceae　龙胆属 *Gentiana*

〔形态特征〕一年生草本，高10～30 cm。根细，少分枝。茎淡紫色，直立，从基部分枝。茎生叶少而疏离，长三角状披针形或卵状披针形，长1～3 cm，宽0.5～1.2 cm，先端渐尖，基部圆形或平截，抱茎，边缘粗糙或被短毛，叶下面中脉常有短毛。花单生茎、枝顶端；花萼钟形，长2～2.5 cm，裂片线状披针形，略短于萼筒，先端针状，中脉下延呈翅，翅上有短硬毛，弯缺圆形；花冠淡黄色，有黑色纵条纹，长4～6 cm，裂片卵形，长约7 mm，先端具尾尖，褶偏斜，截形，边缘具细齿；雄蕊着生于冠筒中部，有长短二型；花柱线形，长1～1.5 cm。蒴果仅先端外露，扁平；种子褐色，三棱形，沿棱具翅，表面具网纹。花果期8—9月。

〔生境分布〕久治、玛沁、泽库、河南、同德、湟中、乐都。生于高山灌丛、河谷灌丛和林下，海拔3 200～3 900 m。分布于四川、甘肃、宁夏。

偏翅龙胆 *Gentiana pudica*

龙胆科 Gentianaceae　龙胆属 *Gentiana*

〔形态特征〕一年生草本，高3～12 cm。茎从基部多分枝，枝铺散。基生叶圆匙形，茎中上部叶宽椭圆形，全部叶长4～9 mm，宽至4 mm，先端圆形，边缘膜质常不明显，基部渐狭，柄连合成短筒。花单生小枝顶端；花梗长达2.5 cm；花萼外面常带蓝色，筒状漏斗形，长10～12 mm，裂片三角形，长约2.5 mm，先端钝，边缘膜质，中脉在背部突起呈龙骨状；花冠上部深蓝色或蓝紫色，下部黄绿色，宽筒形，长15～25 mm，喉部直径6～8 mm，裂片卵形，长约5 mm，先端钝，褶长圆形，先端具细齿。蒴果内藏，长圆形，两端钝，边缘无翅；种子长圆形，一侧具翅，表面具细网纹。花果期6—9月。

〔生境分布〕玛沁、泽库、河南、兴海、化隆、循化、乐都、互助、祁连、门源。生于山顶草地、山坡草地、滩地，海拔2 600～4 200 m。分布于四川、甘肃。

刺芒龙胆 *Gentiana aristata*

龙胆科 Gentianaceae　龙胆属 *Gentiana*

〔形态特征〕一年生草本，高3～10 cm。茎光滑，从基部多分枝，枝铺散。基生叶大，宿存，卵形或卵状椭圆形，长7～8 mm，宽约4 mm，先端钝或急尖，具小头，边缘软骨质；茎生叶对折，线状披针形，长5～10 mm，宽1.5～2 mm，先端渐尖，具小尖头，边缘质。花单生分枝顶端；花梗长至2 cm；花萼漏斗形，长7～10 mm，裂片线状披针形，长3～4 mm，先端渐尖，中脉在背面突起；花冠下部黄色，上部蓝紫色、紫红色或蓝色，喉部外面有蓝灰色宽条纹，倒锥形，长10～15 mm，裂片卵形或卵状椭圆形，长3～4 mm，先端钝，褶短于裂片，先端截形，有条裂齿；花药常弯曲呈肾形。蒴果外露，倒卵状长圆形，先端钝圆，有宽翅，边缘有窄翅；种子表面有细网纹。花果期6—9月。

〔生境分布〕玛沁、久治、玉树、称多、杂多、同仁、泽库、河南、兴海、大通、湟源、化隆、循化、乐都、互助、祁连、门源。生于山坡草地、河滩草地、沼泽草地、高山草地、灌丛中，海拔2 900～4 600 m。分布于西藏、四川、甘肃。

蓝白龙胆 *Gentiana leucomelaena*

龙胆科 Gentianaceae　龙胆属 *Gentiana*

〔形态特征〕一年生草本，高1.5～7 cm。茎从基部分枝，铺散。基生叶大，卵形或卵状椭圆形，长5～8 mm，宽2～3 mm，先端钝，边缘有不明显膜质；茎生叶小，椭圆形至椭圆状披针形，有时下部叶为匙形或卵形，长3～9 mm，宽至2 mm，先端钝，边缘膜质不明显、花单生分枝顶端；花梗长至40 mm；花萼钟形，长4～5 mm，裂片三角形，长约2 mm，先端钝；花冠白色、淡蓝色、稀蓝色，外面具蓝灰色宽条纹，喉部具蓝色斑点，钟形，长8～13 mm，裂片卵形，长约3 mm，褶长圆形，先端截形，有条裂齿。蒴果内藏或外露，倒卵形，先端圆形，具宽翅，边缘具狭翅；种子表面具念珠状网纹。花果期6—9月。

〔生境分布〕玛多、玛沁、玉树、囊谦、称多、杂多、治多、曲麻莱、同仁、泽库、河南、德令哈、茫崖、可可西里、兴海、共和、门源。生于沼泽草甸、河滩草甸、高山草甸，海拔2 500～4 600 m。分布于我国西藏、四川、甘肃、新疆；中亚地区及印度、尼泊尔、克什米尔、巴基斯坦、俄罗斯、蒙古国也有分布。

白条纹龙胆 *Gentiana burkillii*

龙胆科 Gentianaceae　龙胆属 *Gentiana*

〔形态特征〕一年生草本，高2～8 cm。茎从基部多分枝，枝斜生或铺散。基生叶大，卵形，长3～6 mm，宽2～3 mm，先端外反，有小尖头，边缘软骨质；茎生叶倒卵形，长3～5 mm，宽1.5～3 mm，先端外翻，有小尖头，边缘软骨质不明显或极窄。花单生分枝顶端；花梗有细乳突；花萼筒形，萼筒长4～9 mm，具相间的5条白色膜质条纹与5条绿色条纹，裂片短，内拱，三角形，长约2 mm；花冠蓝色，下部黄绿色，长7～15 mm，裂片卵形，长至2.5 mm，褶卵形，先端钝。蒴果外露，长圆形，先端及边缘具翅；种子表面具细网纹。花果期5—8月。

〔生境分布〕玛多、玛沁、玉树、囊谦、杂多、治多、曲麻莱、都兰、乌兰、兴海、循化、民和、刚察。生于山坡草地、谷地、沟边，海拔2 200～4 500 m。分布于我国西藏；阿富汗、喜马拉雅西部、克什米尔、尼泊尔、俄罗斯也有分布。

鳞叶龙胆 *Gentiana squarrosa*

龙胆科 Gentianaceae　龙胆属 *Gentiana*

〔形态特征〕是龙胆科龙胆属一年生矮小草本植物。鳞叶龙胆茎密被黄绿色或杂有紫色乳突，基部多分枝；叶缘厚软骨质，基生叶卵形、宽卵形或卵状椭圆形，茎生叶倒卵状匙形或匙形；花单生枝顶，花萼倒锥状筒形，花冠蓝色，筒状漏斗形；蒴果倒卵状长圆形，顶端具宽翅，两侧具窄翅；种子具亮白色细网纹。花果期4—9月。

〔生境分布〕生于山坡、山谷、山顶、干旱草原、河滩、荒地、路边、灌丛中及高山草甸，海拔110～4 200 m。分布于我国除西藏外西南、西北、华北及东北等地区；俄罗斯、蒙古国、朝鲜、日本也有分布。

椭圆叶花锚 *Halenis elliptica*

龙胆科 Gentianaceae　花锚属 *Halenia*

〔形态特征〕二年生草本，高5 ~ 50 cm。茎直立，四棱形，有分枝或不分枝。基生叶早落；茎生叶椭圆形，卵形或卵状披针形，长0.8 ~ 6.5 cm，宽0.3 ~ 1.7 cm，先端钝或急尖，基部圆形，半抱茎，叶脉3 ~ 5条，无柄或有极短的柄。圆锥状聚伞花序多花；花梗不等长；花4数；花萼裂片椭圆形或卵形，长3 ~ 6 mm，宽1.5 ~ 2.5 mm，先端钝或急尖，有小尖头；花冠蓝色或蓝紫色，稀白色，长4 ~ 8 mm，裂片椭圆形或卵圆形，先端急尖，具小尖头，距细，长4 ~ 5 mm，水平开展；花丝线形，花药卵形；子房卵形，花柱极短。蒴果宽卵形，略长于花冠，先端渐狭呈喙状；种子褐色，表面光滑。花果期7—9月。

〔生境分布〕玛沁、班玛、久治、杂多、玉树、囊谦、称多、同仁、泽库、河南、湟源、湟中、化隆、循化、大通、乐都、民和、互助、祁连、门源。生于林中空地、林缘、灌丛中、山坡草地、河滩、水边，海拔1 900 ~ 4 000 m。分布于我国西南、西北、华北及湖南、湖北；尼泊尔、不丹、印度、哈萨克斯坦也有分布。

本种在西宁地区试种成功，可正常生长，开花结实。植株高70 ~ 100 cm。当年播种，幼苗越冬，第二年开花结实。

扁蕾 *Gentianopsis barbata*

龙胆科 Gentianaceae　扁蕾属 *Gentianopsis*

〔形态特征〕与原变种的区别：茎从基部分枝，呈帚状，花萼细筒形，口部宽2～4 mm，长为花冠的1/2，远短于花冠筒，裂片线形。

〔生境分布〕玛多、玛沁、杂多、曲麻莱、玉树、囊谦、称多、都兰、兴海、刚察、祁连。生于高山草甸、半阴坡草甸、灌丛中、林中、河滩、沼泽地，海拔3 700～4 300 m。分布于西藏、四川。

湿生扁蕾 *Gentianopsis paludosa*

龙胆科 Gentianaceae 扁蕾属 *Gentianopsis*

〔形态特征〕二年生草本，高3.5～4.5 cm。主根明显。茎直立，通常从基部分枝，分枝不等长，下部节间短缩，上部花葶状；有时主枝中部有分枝或完全不分枝则茎单生。基部叶3～5对，匙形，长0.3～4.5 cm，宽1.5～14 mm，先端圆形，基部渐狭成短而扁平的柄；茎生叶无柄，长圆形或卵状披针形，稀卵形，长0.5～4 cm，宽1.5～10 mm，先端急尖或钝。花4数，单生茎及分枝顶端；花萼筒状钟形，长0.8～2.8 cm，裂片2对，近等长，内对三角形，外对披针形，先端急尖；花冠蓝色或上部蓝色，下部黄白色，长1～5.5 cm，裂片4，长圆形，长至2 cm，先端圆形，两侧有细条裂齿；花丝线形，花药黄色。蒴果与花冠等长或外露，具柄；种子褐色，表面密生指状突起。花果期7—8月。

〔生境分布〕久治、玛多、玛沁、班玛、杂多、治多、曲麻莱、玉树、囊谦、称多、同仁、泽库、河南、乌兰、天峻、兴海、共和、贵德、大通、湟源、湟中、化隆、循化、乐都、民和、互助、刚察、海晏、祁连、门源。生于山坡草地、山麓、灌丛中、河滩，海拔2 400～4 500 m。分布于西藏、云南、四川、甘肃、陕西、宁夏、山西、河北；尼泊尔、印度、不丹也有分布。

喉毛花 *Comastoma pulmonarium*

龙胆科 Gentianaceae　喉毛花属 *Comastoma*

〔形态特征〕一年生草本，高10～35 cm。茎单生，直立，分枝或不分枝，枝斜生。基生叶早落，匙形或长圆状匙形；茎生叶无柄，卵形或卵状披针形，稀近圆形或椭圆形，长0.6～3 cm，宽0.3～1 cm，先端钝急尖，基部钝圆，半抱茎。聚伞花序或单花；花梗不等长，长达7 cm；花5数；花萼长为花冠的1/4，深裂，裂片开展，披针形或狭椭圆形，稀为卵状三角形，长3～8 mm，先端急尖，边缘有乳突；花冠淡蓝色，具蓝色条纹，筒状，长9～26 mm，一般长15～20 mm，浅裂，裂片直立，卵状椭圆形，长为花冠的1/4，先端急尖或钝，基部具1束副冠；花丝白色，被柔毛，花药黄色。蒴果长于花冠，2裂；种子多数，褐色，表面光滑。花果期7—8月。

〔生境分布〕玛沁、班玛、久治、杂多、治多、曲麻莱、玉树、囊谦、称多、同仁、泽库、共和、兴海、贵德、湟中、大通、适化、化隆、乐都、民和、互助、门源、祁连。生于林下、灌丛、山坡、河滩、高山草地，海拔2 600～4 500 m。分布于我国西藏、云南、四川、甘肃、陕西、山西；日本、俄罗斯也有分布。

镰萼喉毛花 *Comastoma falcatum*

龙胆科 Gentianaceae 喉毛花属 *Comastoma*

〔形态特征〕二年生草本，高4～25 cm。根细，肉质，直伸。茎从基部分枝，稀不分枝；分枝斜生，基部节间短缩，上部伸长，花梗状。叶大部分基生，长圆状匙形或长圆形，连柄长达4 cm，宽2～6 mm，先端钝圆，基部渐狭呈细长柄；茎生叶无柄，长圆形或椭圆形。稀为卵形或线状匙形较基生叶小，先端钝或急尖。花5数，单生枝顶；花梗带紫色，长达12 cm；花萼有时带蓝色，长为花冠的1/3～2/3，深裂，裂片不整齐，卵状披针形或披针形，稀卵形弯曲成镰状，先端急尖或渐尖，边缘有时皱波状；花冠蓝色、蓝紫色或深蓝色，有深色脉纹，高脚杯状，长9～25 mm，喉部膨大，直径3～9 mm，中裂，裂片长圆形，先端钝圆，基部具2束副冠；花丝白色，花药黄色。蒴果长于花冠。花果期7—9月。

〔生境分布〕玛多、玛沁、班玛、杂多、治多、曲麻莱、玉树、囊谦、称多、泽库、都兰、乌兰、德令哈、共和、兴海、化隆、乐都、互助。生于高山草甸、高山流石滩、山坡草地沼泽草甸，海拔3 200～4 850 m。分布于我国西藏、四川、甘肃、新疆、山西、河北、内蒙古；克什米尔、印度、尼泊尔、蒙古国、塔吉克斯坦、哈萨克斯坦、俄罗斯也有分布。

本种生于青海省西部、西南部，海拔较高的山地，植株各部均小，形成明显的小花居群；东部及东南部则个体大，花也大，成为大花居群。

长梗喉毛花 *Comastoma pedunculatum*

龙胆科 Gentianaceae 喉毛花属 *Gentianella*

〔形态特征〕一年生草本，高4 ~ 15 cm。茎常从基部分枝，枝少而疏，斜生，四棱形。基生叶少、近无柄，矩圆状匙形，长5 ~ 16 mm，宽至3 mm，先端钝或圆形，基部渐狭成柄，叶脉在两面不明显或仅中脉在下面明显；茎生叶无柄，椭圆形或卵状矩圆形，长2 ~ 12 mm，宽2 ~ 5 mm，先端尖，下面中脉不明显。花5数，单生分枝顶端，大小不等；花梗斜伸，近四棱形，长达20 cm；花萼绿色，长为花冠之半，长3 ~ 8 mm，深裂近基部，裂片不整齐，卵状披针，形或披针形，宽1 ~ 4 mm，先端急尖或渐尖，有时具黑色边缘，基部有浅囊，背面有不明显的1 ~ 3脉；花冠上部深蓝色或蓝紫色，下部黄绿色，具深蓝色脉纹，筒状，长6 ~ 10 mm，果实长14 ~ 18 mm，宽达4 mm，中裂，裂片近直立，卵状矩圆形，长3 ~ 11 mm，先端钝圆，喉部具一圈白色副冠，副冠5束，长2 ~ 2.5 mm，上部流苏状条裂，冠筒基部具10个小腺体；雄蕊着生冠筒中部，花丝线形，白色，长约3 mm，基部下延于冠筒成狭翅，花药黄色，宽椭圆形，长约1 mm；子房无柄，狭椭圆形，花柱不明显，柱头2裂。蒴果无柄，略长于花冠；种子深褐色，宽矩圆形，长约0.5 mm，表面平滑。花果期7—10月。

〔生境分布〕生长于海拔3 200 ~ 4 800 m的河滩、高山草甸。分布于我国西藏、云南西北部、四川北部及西部、青海、甘肃；克什米尔地区（模式标本产地）至不丹也有分布。

黑边假龙胆 *Gentianella azurea*

龙胆科 Gentianaceae　假龙胆属 *Gentianella*

〔形态特征〕一年生草本，高0.5～30 cm。茎直立，常紫红色，有棱，分枝或不分枝。茎生叶无柄，椭圆形、长圆形或狭披针形，稀卵状长圆形，长3～17 mm，宽1.5～6 mm，先端钝或急尖，基部略狭，聚伞花序顶生和腋生，稀单花顶生；花梗长短不等，通常紫色；花5数；花萼长为花冠1/2或2/3，长3～8 mm，裂片卵状长圆形、椭圆形或线状披针形，先端钝或急尖，边缘及背部中脉常黑色（果期更明显）；花冠蓝色，筒状，长6～13 mm，中裂，裂片长圆形或椭圆形，先端钝或急尖，冠筒基部具10个小腺体；雄蕊着生冠筒中部，花丝线形，长至4 mm，花药蓝色，长圆形，长约1 mm；子房先端渐尖，与花柱界线不明显。蒴果稍长于花冠；种子褐色；表面有极细网纹。花果期8—9月。

〔生境分布〕玛沁、玉树、囊谦、杂多、治多、曲麻莱、泽库、河南、德令哈、兴海、共和、同德、化隆、大通、湟中、乐都、刚察、祁连、门源。生于高山流石滩、高山草甸、山坡草地、湖边沼泽地，海拔2 700～4 850 m。分布于我国西藏、云南、四川、甘肃、新疆；不丹、哈萨克斯坦、俄罗斯、蒙古国也有分布。

紫红假龙胆 *Gentianella arenaria*

龙胆科 Gentianaceae 假龙胆属 *Gentianella*

〔形态特征〕一年生草本，高2 ~ 4 cm，全株紫红色。茎从基部分枝，呈帚状，枝近等长，基部节间短，上部伸长。基生叶和茎下部叶匙形或长圆状匙形，长3 ~ 8 mm，宽约1 mm，先端圆形，基部渐狭成柄，叶柄扁平，长达4 mm。花4数，单生枝顶；花梗长达3 cm，有棱；花萼紫红色，长为花冠的2/3，长3 ~ 4.5 mm，裂片匙形，先端钝圆，外翻，基部狭缩；花冠紫红色，长4 ~ 6 mm，浅裂，裂片长圆形，长至2 mm，先端钝圆，冠筒基部具8个小腺体；雄蕊着生于冠筒中上部，花丝线形，花药黄色，子房先端渐尖，与花柱无明显界线。蒴果略长于花冠；种子褐色，表面具极细网纹。花果期7—9月。

〔生境分布〕玛沁、杂多、治多、曲麻莱、玉树、囊谦、称多、共和、祁连、门源。生于高山流石滩、河滩砾石、高山草地、山谷草地，海拔3 500 ~ 5 400 m。分布于西藏、甘肃。

肋柱花 *Lomatogonium carinthiacum*

龙胆科 Gentianaceae　肋柱花属 *Lomatogonium*

〔形态特征〕一年生草本，高3～15 cm。茎直立，自基部分枝，枝斜生，叶对生，无柄；茎下部叶匙形或匙状长圆形，上部叶卵形或卵状椭圆形，稀为披针形，全部叶长4～15 mm，宽2～3 mm，先端钝或急尖，基部钝。聚伞花序或花单生枝顶；花梗长达6 cm；花5数，稀3或4数；花萼长为花冠的1/2或略过之，长4～7 mm，分裂近基部，萼筒长约1 mm，裂片卵形或披针形稀线状披针形，先端急尖；花冠蓝色，外面常绿色，长8～12 mm，冠筒长约1 mm，裂片椭圆形或卵形，先端急尖，基部具2具腺窝，腺窝管形，白色，顶部具裂片状流苏；花丝扁平，长5～7 mm，花药蓝色，长圆形，长2～2.5 mm；子房剑形，柱头下延至子房中部。蒴果与花冠等长；种子光滑。花果期8—9月。

〔生境分布〕玛多、玛沁、称多、玉树、杂多、治多、曲麻莱、泽库、河南、鲁海湖地区。生于高山石质山坡、草甸、河滩湿地，海拔3 656～4 700 m。分布于我国西藏、云南、四川、甘肃、新疆、山西、河北；欧洲、亚洲一些地区也有分布。

华北獐牙菜 *Swertia wolfgangiana*

龙胆科 Gentianaceae　獐牙菜属 *Swertia*

〔形态特征〕多年生草本，高8～26 cm。根茎短。茎直立，近圆形，不分枝，花葶状。叶对生；叶丛和茎基部叶具柄，叶片长圆形或椭圆形，长1.5～6.5 cm，宽0.7～2.3 cm，先端钝或圆形，基部渐狭成柄，叶柄扁平，长至3 cm；茎中上部无叶或具1～2对苞片状叶。聚伞花序或单花顶生；花梗四棱形，长至5 cm；花萼深裂，裂片卵状披针形或披针形，长7～13 mm，先端急尖，边缘白色膜质；花冠黄绿色，深裂，裂片长圆形或椭圆形，长1.5～2 cm，先端圆形或钝，全缘或啮蚀状，背部中央蓝色，基部具2个腺窝，腺窝下部囊状，边缘具长柔毛状流苏；花丝线形，花药蓝色，长约3 mm；子房无横的皱褶，卵状长圆形。蒴果与花冠等长；种子多数，表面具纵的皱褶。花果期8—9月。

〔生境分布〕久治、玛多、玛沁、玉树、曲麻莱、称多、同仁、泽库、河南、兴海、互助。生于高山草甸、阴坡灌丛中，海拔3 470～4 600 m。分布于西藏、四川、甘肃、山西。

四数獐牙菜 *Swertia tetraptera*

龙胆科 Gentianaceae 獐牙菜属 *Swertia*

〔形态特征〕二年生草本，高5 ~ 32 cm，主根粗，近肉质。茎直立，四棱形，棱上有窄翅，从基部起分枝，枝多数，粗细不等，纤细枝具小花，中上部花序分枝近等长。叶对生，主茎上的叶比小枝的叶大；茎基部叶具长柄。叶片长圆形或椭圆形，长0.7 ~ 4 cm，宽0.3 ~ 1.8 cm，先端钝，基部渐狭成柄，柄长至3 cm；茎中上部叶无柄，卵状披针形，长1.5 ~ 5.5 cm，宽至1.5 cm，先端钝或急尖，基部近圆形，半抱茎。圆锥状聚伞花序或聚伞花序，稀单花顶生；花梗有棱，花4数，大小相差甚远；大花的花萼裂片卵状披针形或披针形，长6 ~ 8 mm，先端急尖；花冠黄绿色，裂片卵形，长9 ~ 12 mm，先端钝基部具2个长圆形，边缘具短裂片状流苏的腺窝；小花的花萼裂片宽卵形，长1.5 ~ 4 mm；花冠裂片卵形，长2.5 ~ 4 mm；先端钝圆，腺窝不明显。蒴果大小不等，卵状长圆形或近圆形，长4 ~ 14 mm；种子长圆形，光滑。花果期7—9月。

〔生境分布〕久治、班玛、玛沁、杂多、囊谦、玉树、称多、同仁、泽库、河南、兴海、共和、贵德、大通、湟源、湟中、化隆、乐都、民和、互助、刚察、海晏、祁连、门源。生于山顶草地、山坡湿地、山麓、河滩、灌丛中，海拔2 300 ~ 4 000 m。分布于西藏、四川、甘肃。模式标本采自青海祁连山。

抱茎獐牙菜 *Swertia franchetiana*

龙胆科 Gentianaceae　獐牙菜属 *Swertia*

〔形态特征〕一年生草本，高10～45 cm。茎直立，从基部起分枝，四棱形，基部常紫色。叶对生；基生叶早落；茎生叶无柄，披针形或卵状披针形，长11～35 mm，宽至7 mm，向上渐小，先端渐尖，基部耳形，半抱茎，并向茎下延成狭翅。圆锥状复聚伞花序几乎占据了整个植株；花梗四棱形，长至4 cm；花5数，大小不等；花萼长6～12 mm，裂片狭披针至线形，先端渐尖；花冠淡蓝灰色，长7～15 mm，裂片卵状披针形至披针形，先端渐尖，具芒尖，基部具2个腺窝，腺窝长圆形，边缘具长柔毛状流苏；花丝线形，花药蓝色；子房狭椭圆形。蒴果长于花冠；种子多数，近圆形，表面具细网纹。花果期8—9月。

〔生境分布〕玛沁、玉树、称多、泽库、共和、西宁、大通、湟中、化隆、乐都、互助。生于林缘、山坡草地、河滩，海拔2 300～3 800 m。分布于西藏、四川、甘肃西南部。

银灰旋花 *Convolvulus ammannii*

旋花科 Convolvulaceae 旋花属 *Convololvulus*

〔形态特征〕多年生草本，高2～15 cm。根状茎横走，颈部多分枝。茎直立，数个丛生，密被银灰色绢毛。叶线形或线状披针形，长1～2.5 cm，宽1～3 mm，偶有基生叶椭圆形，宽至7 mm，两端渐狭，无柄，两面密被银灰色绢毛。花单生叶腋；花梗长1～3 cm，中部具1枚线形苞片；花萼片不等大，长4～5 mm，卵形或长圆形，稀为椭圆形，先端渐尖，外面被银灰色短毛；花冠白色，外面具5个淡紫色、被毛的瓣中带，漏斗形，长7～10 mm，5浅裂，裂片不显；雄蕊不等长，花丝无毛；子房上半部被白色短毛。蒴果球形，先端被短毛，长约4 mm。花果期6—8月。

〔生境分布〕玛沁、同仁、尖扎、德令哈、都兰、乌兰、兴海、共和、贵南、西宁、化隆、乐都、民和、刚察、门源。生于干旱山坡、草原、荒滩、洪积扇、沼泽边缘，海拔1 800～3 400 m。分布于我国西北至东北地区以及西藏、河南；中亚地区及俄罗斯、蒙古国、朝鲜也有分布。

中华花葱 *Polemonium chinense*

花葱科 Polemoniaceae　花葱属 *Polemonium*

〔形态特征〕多年生草本，高40～60 cm。根状茎圆柱状，具多数纤维状须根。茎直立，被长茸毛，后无毛。奇数羽状复叶，长7～12 cm；小叶互生，披针形，长1～1.5 cm，宽2～5 mm，先端渐尖，基部近圆形，全缘，无毛，无小叶柄；叶柄长2.5～4.8 cm，向上渐短。圆锥状聚伞花序疏散，花序梗长，花序梗及花梗密被腺毛；花萼钟状，长3～5 mm，分裂近达中部，裂片三角形，先端急尖，外被腺毛；花冠蓝紫色，长8～12 mm，展开直径12～15 mm，钟状，裂片倒卵形，先端钝圆；雄蕊伸出花冠之外，花药球形，黄色，花丝基部被毛；雌蕊伸出花冠之外，子房球形，柱头3裂。蒴果未见。花期6—8月。

〔生境分布〕玛沁、大通、湟中、循化、民和、互助、门源。生于林下灌丛、林间空地、河漫滩，海拔2 300～3 700 m。分布于四川、甘肃、陕西、山西、湖北。

附地菜 *Trigonotis peduncularis*

紫草科 Boraginaceae 附地菜属 *Trigonotis*

〔形态特征〕附地菜是紫草科附地菜属二年生草本植物，其株较高；茎常多条，直立或斜生，密被短糙伏毛；叶基生叶卵状椭圆形或匙形，先端钝圆，基部渐窄成叶柄，两面被糙伏毛；茎生叶长圆形或椭圆形，具短柄或无柄；花序顶生；无苞片或花序基部具少量苞片；花萼裂至中下部，裂片卵形，先端渐尖或尖；花冠淡蓝或淡紫红色，裂片倒卵形，开展；花药卵圆形；小坚果斜三棱锥状四面体形，被毛，稀无毛，背面三角状卵形，具锐棱，着生面具短柄；花果期4—7月。

〔生境分布〕达日、玛多、同仁、兴海、大通、乐都、民和、门源。生于林下、林缘河滩、灌丛地、草甸，海拔2 000 ~ 2 800 m。分布于我国西藏、云南、新疆、甘肃、内蒙古、辽宁、吉林、黑龙江、江西、福建、广西北部；欧洲东部、亚洲温带地区也有分布。

颈果草 *Metaeritrichium microuloides*

紫草科 Boraginaceae　颈果草属 *Metaeritrichium*

〔形态特征〕一年生草本。茎从基部辐射状分枝，平铺地面，肉质而压扁，粗可达3 mm，长3～5 cm。叶匙形、阔椭圆形至倒卵状披针形，长1～2 cm，宽5～8 mm，下面疏生短硬毛，上面被毛稀疏以至无毛；叶柄扁平，长1～1.5 cm。花单生叶腋或腋外，花梗压扁，果后伸长可达2 cm；花萼蓝绿色，披针形，长约1.5 mm，宽约0.5 mm，果期增大，长达2 mm，宽约1.2 mm，内面上部被伏毛，外面毛少或几无毛；花冠小，紫蓝色，钟状筒形，筒长0.8～1 mm，裂片近圆形，长约0.5 mm，附属物横向半椭圆状，宽约0.4 mm，高约0.1 mm；花药卵状三角形，长约0.3 mm；雌蕊基平坦。小坚果背腹二面体型，生微毛或无毛，除棱缘的刺外，长约2 mm，宽约1.2 mm，背盘和腹面均为卵形，着生面位于腹面近顶端，棱缘刺约10枚，三角形，长0.8～1 mm，先端有锚钩，基部连合形成宽翅，腹面下部边缘又生少数短的锚状刺。花果期7—8月。

〔生境分布〕治多、玉树、兴海。生于高山流石滩及附近草甸处、草甸裸处，海拔4 350～4 550 m。分布于西藏（安多、班戈）。

糙草 *Asperugo procumbens*

紫草科 Boraginaceae　糙草属 *Asperugo*

〔形态特征〕一年生草本。茎柔弱，长超过60 cm，具棱，棱上有短倒钩刺毛，多分枝。最下部叶具长达4 cm的柄，叶柄向上渐短至近无柄；叶片匙形至倒卵状长圆形，长达10 cm，宽达2.5 cm，全缘或有极疏小齿，基部楔形下延，两面疏被短伏毛。花可遍生于叶腋；果期花梗伸长而下弯；花萼钟形，长约2 mm，筒部约占全长的1/3，花后增大，左右压扁，呈蚌壳状，边缘齿不整齐，裂片狭披针形，背面及边缘被短毛，裂片间常有小齿；花冠蓝紫色，长约3 mm，筒部稍短，檐部裂片宽倒卵形，附属物梯形，先端微凹；雄蕊着生于花冠筒中部，内藏，花药卵形；花柱内藏，柱头头状。小坚果倒卵形，表面有疣点，稍两侧压扁，背面有不明显的棱，着生面位于腹面近基部，圆形。花果期6—9月。

〔生境分布〕达日、玛沁、久治、囊谦、同仁、河南、兴海、共和、同德、贵德、贵南、西宁、大通、乐都、民和、海晏。生于农田边、村舍附近、山坡干旱处，海拔3 200～3 900 m。分布于我国西藏东北部、四川西部、陕西北部、山西、内蒙古；欧亚大陆温带地区、非洲也有分布。

卵盘鹤虱 *Lappula redowskii*

紫草科 Boraginaceae 鹤虱属 *Lappula*

〔形态特征〕一年生草本，高15～50 cm，全株密被具基盘长硬毛。茎直立，通常单生，仅花序分枝或偶有分枝。叶基生或茎生，通常茎中部以下及基生叶早枯；茎生叶互生，叶片线形或狭披针形，长1.1～3.8 cm，宽达4 mm，常沿中肋对折，先端急尖或渐尖，基部渐狭或微卵形，两面密被硬毛。花序花期后伸长而疏花，有时较细弱；苞片叶状，长于花萼；花梗果期稍伸长；花萼近全裂，裂片狭披针形或狭长圆形，长约1 mm，果期伸长至6 mm，星状开展；花冠天蓝色或淡蓝色，长2～3 mm，筒部长约1 mm，檐部宽钟形，附属物梯形，被微毛；花柱和雌蕊基相加约与小坚平齐。小坚果卵形，具疣状突起或皱褶，边缘具1行锚状刺，刺基部增宽相互邻接，向上部离生。花果期6—9月。

〔生境分布〕玛沁、尖扎、同仁、乌兰、共和、兴海、同德、贵德、贵南、西宁、循化、民和、乐都、互助、海晏、刚察、门源。生于干旱山坡、田边，海拔1 800～3 500 m。分布于我国西藏、四川西北部、甘肃西部及华北、东北；俄罗斯、蒙古国也有分布。

锚刺果 *Actinocarya tibetica*

紫草科 Boraginaceae　锚刺果属 *Actinocarya*

〔形态特征〕一年生草本。根向下膨大而肉质，根颈部具鳞片。茎铺散丛生，长达15 cm，被极疏短伏毛或无毛。叶互生，叶片倒卵状线形或匙形，长不超过2.4 cm，宽达5 mm，仅下面疏被短伏毛，先端圆钝，全缘，基部渐狭成具翅的短柄。花可遍生于叶腋；花梗长达1.8 cm；花萼几5全裂，长约1 mm，狭披针形，果期增宽至1 mm左右，具缘毛；花冠白色或淡蓝色，近辐状，长不过1.8 mm，筒部长约1 mm，檐部5深裂，裂片近圆形，喉部具5枚肾形附属物，顶端微凹；雄蕊着生于花冠筒中部，内藏，花药卵形，药室叉开；花柱稍高于子房，柱头头状。小坚果狭倒卵形，具锚状刺和短毛，背部部分锚状刺联合成环状或鸡冠状突起，突起边缘具锚状刺或齿。花果期7—9月。

〔生境分布〕久治、玛沁、壤谦、同仁、泽库、兴海。生于河漫滩、灌丛草甸及草甸破坏处，海拔3 100～4 500 m。分布于我国西藏、甘肃；印度西北部、克什米尔也有分布。

西藏微孔草 *Microula tibetica*

紫草科 Boraginaceae　微孔草属 *Microula*

〔形态特征〕植株平铺地面。地下茎直立，长达8 cm，地上茎极度缩短呈球形，多分枝，被短伏毛。叶密集，几呈莲座状，叶片匙形，长倒卵形至长倒披针形，长3～15 cm，宽1.2～4 cm，先端圆钝，基部楔形，近圆形或渐狭成很宽的柄，全缘或有极疏的细齿，齿端具短刚毛，上面被较密有或无基盘的短伏毛，散生短刚毛，下面仅具有基盘的短刚毛。花序密集；苞片下部者叶状；花梗短，粗壮；花萼裂片狭披针形，长1～1.5 mm，果期略增大，外面及边缘密被短伏毛；花冠蓝色或白色，筒部长约1.2 mm，近基部稍缢缩，檐部直径2.5～35 mm，附属物半月形或低梯形，被微毛。小坚果卵形，长1.5～2.2 mm，多少具小瘤状突起和短刺毛，突起顶端具锚状刺毛，无背孔，着生面位于腹面中部之上。花果期7—9月。

〔生境分布〕玛多、久治、杂多、治多、称多、泽库、河南、可可西里、德令哈、天峻、兴海、祁连。生于河漫滩、阳坡石流、向阳石质山坡，海拔3 850～4 400 m。分布于我国西藏；克什米尔也有分布。

小花西藏微孔草 *Microula tibetica* var. *pratensis*

紫草科 Boraginaceae　微孔草属 *Microula*

〔形态特征〕本变种与原变种的区别在于：花较小，花冠檐部直径1.5 ~ 1.8 cm；小坚果背孔存在，位于背面近中部，近圆形，长0.2 ~ 1 mm，着生面位于腹面近中部，有较密的瘤状突起和短毛。

〔生境分布〕玛多、玛沁、囊谦、玉树（巴颜喀拉山）、称多、河南、可可西里、天峻、兴海、共和（日月山）、湟源、祁连。生于草甸化草原、河滩、草甸破坏处、向阳石质山坡，海拔3 300 ~ 4 700 m。分布于西藏东北部、南部、西南部，新疆南部。

宽苞微孔草 *Microula tangutica*

紫草科 Boraginaceae　微孔草属 *Microula*

〔形态特征〕植株高3～10 cm。茎斜生，自基部起多分肢，多少被柔毛。叶匙形，线状匙形或线状倒披针形，长5～25 mm，宽3～9 mm，先端圆钝或微尖，基部渐狭，上面被较密端柔毛，下面光滑或仅中脉有短毛。花序少花，密集生于小枝端；苞片宽卵形至倒心形，包被花序，先端尖或微凹，边缘及内面被柔毛，外面除脉上被毛外无毛；花萼裂片狭披针形，长约1 mm，果期稍增大，缘毛密集；花冠白色，筒部长约1 mm，檐部直径2～2.5（6）mm，附属物半月形。小坚果卵形，长1.5～2 mm，具小瘤状突起，无毛，背面有钝棱，无背孔，着生面位于腹面顶端。花果期6—9月。

〔生境分布〕玛多、班玛、达日、玛沁、囊谦、玉树、同仁、泽库、乌兰、兴海、共和、同德、贵德、乐都、互助、祁连、门源。多生于雪线附近流石滩及其草甸、草甸裸处，海拔2 800～4 700 m。分布于西藏东北部、甘肃（天祝）。

微孔草 *Microula sikkimensis*

紫草科 Boraginaceae　微孔草属 *Microula*

〔形态特征〕植株高5～55 cm。茎自基部起分枝，被短伏毛和开展刚毛。下部叶具长达6 cm的柄；叶片卵形或卵状披针形，长1.5～10 cm，宽0.8～2.6 cm，先端微尖至渐尖基部宽楔形至近心形，两面或多或少被短伏毛，并散生刚毛；中上部叶较小，线状披针形或卵状披针形，无柄。花序狭长或短而密集，腋生或顶生，常在花序下有一朵具长柄的花；苞片下部者叶状明显，上部者不明显；花萼裂片线状披针形，长2～3 mm，果期增大，后期星状开展，外面及边缘被较密短毛和刚毛；花冠蓝色或白色，筒部长2.5～3.5 mm，檐部直径4～11 mm，附属物梯形，被毛。小坚果卵形，长2～3 mm，有小瘤状突起和短刺毛，背孔狭卵形或长圆形，长1.5～2 mm，位于背面中部之上，着生面位于腹面近中部。花果期6—9月。

〔生境分布〕玛多、达日、班玛、玛沁、久治、杂多、治多、曲麻莱、囊谦、玉树、同仁、泽库、兴海、共和、同德、贵德、西宁、大通、湟源、湟中、乐都、互助、民和、刚察、门源。生于林下、林缘、灌丛、草甸及其破坏处、河滩地、砾石堆、干旱山坡、弃耕地、田边，海拔2 300～4 400 m。分布于西藏东北部和南部、云南西北部、四川西部、甘肃、陕西西南部。

疏散微孔草 *Microula diffusa*

紫草科 Boraginaceae 微孔草属 *Microula*

〔形态特征〕花在枝端形成长2～8 cm像总状花序的狭长花序，苞片叶状，线形或狭线形，长0.8～2.5 cm，宽1～3 mm；或少数花在叶腋形成密集的短花序；花梗长约0.8 mm；花萼长约1.6 mm，果期长达4.5 mm，5深裂，裂片三角形，外面有长硬毛；花冠紫蓝色或白色，无毛，檐部直径2～3 mm，5裂，裂片圆卵形，筒长约1 mm，附属物低梯形，高约0.3 mm。疏散微孔草果实形态小，坚果狭卵形，长2～2.2 mm，宽约1.2 mm，有稀疏小瘤状突起和短毛，背孔狭三角形，长1.2～1.5 mm，在边缘之内的膜质突起高约0.3 mm，着生面位于腹面近基部处。 花期6—9月。

〔生境分布〕生长于海拔3 000～4 200 m的沙地、河滩、多石砾山坡，林中或田边，但在甘肃肃南降至2 200 m。分布于甘肃西北部及西南部、青海东部及南部、西藏东部。

白苞筋骨草 *Ajuga lupulina*

唇形科 Lamiaceae　筋骨草属 *Ajuga*

〔形态特征〕多年生草本，高7～35 cm。根茎短，有时分枝。茎直立，沿棱被白色有节长柔毛，有时从下部分枝。叶片椭圆形，长0.9～7.5 cm，宽0.6～2.5 cm，先端纯或急尖，近全缘，基部楔形，下延，两面多少被有节柔毛；叶柄具翅，长不足3 cm，基部略抱茎。穗状花序长4～19 cm；苞叶黄白色，卵形或阔卵形，长2～6.5 cm，宽1.5～3.5 cm，向上渐小，多为阔卵形，长宽近相等，先端急尖或渐尖，基部略狭，抱茎，全缘，两面多少被有节长柔毛，花黄白色，具紫色斑纹；花萼狭钟形，长7～10 mm，萼齿5，狭三角形，先端渐尖呈尾状，边缘被长柔毛；花冠长1.5～21 cm，外面被长柔毛，内面有毛环，二唇形，上唇小，直立2圆形，下延伸，3裂，中裂片较长，雄蕊着生冠筒中部，伸出、花丝有毛。小坚果4个，背部有突起网纹。

〔生境分布〕全省大部分地区、生于河谷滩地、山坡、灌丛、高山草甸，海拔2 900～4 500 m。分布于西藏、四川、甘肃、山西、河北。模式标本采自大通。

本种随海拔及纬度的变化，植株大小有变化，在矮小的类型中花自然小，因而不必分出矮小及短花之类的变型。

圆叶筋骨草 *Ajuga ovalifolia*

唇形科 Lamiaceae　筋骨草属 *Ajuga*

〔形态特征〕多年生草本，高6 ~ 10 cm。具短根茎。茎直立，四棱形，被白色有节长柔毛，不分枝或有时从基部分枝。叶片阔卵形或阔椭圆形至长圆形，长3 ~ 8.5 cm，宽1.5 ~ 6 cm，先端钝或圆形，边缘具不整齐圆齿，基部宽楔形或楔形，下延，两面被白色有节短柔毛；叶柄具狭翅，长达2.5 cm。头状聚伞花序由3 ~ 4轮伞花序组成，顶生；苞叶叶状，下部1对较大，上部者小，椭圆形，长1 ~ 4 cm，边缘具圆齿，两面被白色有节柔毛；花梗极短；花蓝色；花萼筒状，长5 ~ 7 mm，筒部无毛，萼齿5，狭披针形，边缘被白色节长柔毛；花冠筒状，长2.5 ~ 2.8 cm，外面被白色短毛，内面基部有毛环，二唇形，上唇2裂，裂片圆形，下唇3裂，中裂片大，扇形，侧裂片小，圆形；雄蕊4，着生于冠筒喉部，花丝无毛；花柱被微毛或无毛，柱头2裂。蒴果未熟。花期7—8月。

〔生境分布〕班玛、久治。生于河谷、阴坡草地，海拔3 300 ~ 3 900 m。分布于四川西部、甘肃西南部。

高原香薷 *Elsholtzia feddei*

唇形科 Lamiaceae 香薷属 *Elsholtzia*

〔形态特征〕穗状花序长1～1.5 cm，生于茎、枝顶端，偏于一侧，由多花轮伞花序组成；苞片圆形，长宽约3 mm，先端具芒尖，外面被柔毛，在脉上尤为明显；边缘具缘毛，内面无毛，脉紫色；花梗短，与序轴被白色柔毛。花萼管状，长约2 mm，外面被白色柔毛，萼齿5，披针状钻形，具缘毛，长短不相等，通常前2枚较长，先端刺芒状。花冠红紫色，长约8 mm，外被柔毛及稀疏的腺点，冠筒自基部向上扩展，冠檐二唇形，上唇直立，先端微缺，被长缘毛，全缘，下唇较开展，3裂，中裂片圆形，全缘，侧裂片弧形。雄蕊4，前对较长，均伸出，花丝无毛。花柱纤细，伸出，先端相等2浅裂。小坚果长圆形，长约1 mm，深棕色。花果期9—11月。

〔生境分布〕治多、曲麻莱、囊谦、玉树、称多、同仁、泽库、同德、西宁、循化、民和、互助。生于河滩、田边、荒地、山坡草丛中，海拔2 000～4 100 m。分布于西藏、云南、四川、甘肃、陕西、山西、河北。

鸡骨柴 *Elsholtzia fruticosa*

唇形科 Lamiaceae　香薷属 *Elsholtzia*

〔形态特征〕穗状花序圆柱状，长6 ~ 20 cm，顶生或腋生，由具短梗多花的轮伞花序所组成，位于穗状花序下部2 ~ 3个轮伞花序稍疏离而多少间断，上部者均聚集而连续；苞叶位于穗状花序下部者多少叶状，超过轮伞花序，向上渐呈苞片状，披针形至狭披针形或钻形，均较轮伞花序短；花梗长0.5 ~ 2 mm，与总梗、序轴密被短柔毛。花萼钟形，长约1.5 mm，外面被灰色短柔毛，萼齿5，三角状钻形，长约0.5 mm，近相等，果时花萼圆筒状，长约3 mm，宽约1 mm，脉纹明显。花冠白色至淡黄色，长约5 mm，外面被蜷曲柔毛，间夹有金黄色腺点，内面近基部具不明显斜向毛环，冠筒长约4 mm，基部宽约1 mm，至喉部宽达2 mm，冠檐二唇形，上唇直立，长约0.5 mm，先端微缺，边缘具长柔毛，下唇开展，3裂，中裂片圆形，长约1 mm，侧裂片半圆形。雄蕊4，前对较长，伸出，花丝丝状，无毛，花药卵圆形，2室。花柱超出或短于雄蕊，但均伸出花冠，先端近相等2深裂，裂片线形，外卷。小坚果长圆形，长1.5 mm，径0.5 mm，腹面具棱，顶端钝，褐色，无毛。花期7—9月，果期10—11月。

〔生境分布〕玉树、囊谦、称多。生于河谷中，海拔3 600 ~ 4 300 m。分布于我国西藏、云南、贵州、四川、湖北西部、甘肃南部；尼泊尔、不丹、印度北部也有分布。

密花香薷 *Elsholtzia densa myosurus*

唇形科 Lamiaceae 香薷属 *Elsholtzia*

〔形态特征〕一年生草本，高达80 cm。根细而多，须状。茎直立，多分枝，四棱形，被短柔毛。叶对生，叶片宽披针形至椭圆形，长1.5 ~ 10 cm，宽0.7 ~ 25 cm，先端渐尖或有时急尖，边缘有锯齿，基部楔形或宽楔形，两面被短柔毛；叶柄长至2 cm，通常具短柄。穗状花序圆柱形，长2 ~ 6.5 cm，直径1 ~ 2.2 cm，密被紫红色念珠状长毛；苞片卵圆形，长约1.5 mm，短于花；花萼钟形，外面密被紫红色念珠状毛，花期小，果时强烈膨大，长达9 mm，宽至6 mm，萼齿5，近相等，三角形；花冠紫红色，长不足3 mm，外面被紫红色念珠状毛，二唇形，下唇中裂片较侧裂片短；雄蕊4，前对外露，花药圆形。小坚果4，近球形，暗褐色，有短毛及突起。花果期6—9月。

〔生境分布〕生于荒地、田边、路边、水沟边，海拔1 800 ~ 3 800 m。分布于我国西藏、云南、四川、新疆、甘肃、陕西、山西、河北；中亚地区及阿富汗、巴基斯坦、印度、尼泊尔也有分布。

康定鼠尾草 *Salvia prattii*

唇形科 Lamiaceae　鼠尾草属 *Salvia*

〔形态特征〕多年生草本，高20～60 cm。根粗大。茎直立，不分枝，被白色茸毛和头状腺毛，上部尤密。基生叶多数，叶片长圆状戟形或长圆状心形，稀卵形，长4～10 cm，宽2.5～5 cm，先端钝，边缘具不整齐圆齿或细齿，基部近戟形、心形或圆形，两面被短硬毛，下面密被腺点，叶柄细，长至14 cm，被短硬毛；茎生叶少，常1对，向上渐小，呈苞片状。轮伞花序2～6花，组成顶生总状花序；苞片椭圆形或长圆形；花梗短；花萼钟形，长1～2 cm，外面密被头状腺毛，二唇形，上下唇近等长，上唇不裂，具3个小齿，下唇2裂，具2个三角形齿，齿端均具小尖头；花冠蓝紫色，长3.5～4 cm，外面被柔毛，内面冠筒基部有毛环，冠筒基部窄，向上渐宽，喉部宽1～1.5 cm，二唇形，上唇近全缘，下唇3裂，中裂片倒心形；雄蕊2，花丝长约6 mm，药隔孤形，长约6 mm，两臂等长。小坚果倒卵形，长约3 mm。花果期7—8月。

〔生境分布〕久治、杂多、囊谦、玉树、称多。生于山坡草地、岩石缝、半阴坡草地、河滩、林下、林缘，海拔3 550～5 000 m。分布于四川。

甘西鼠尾草 *Salvia przewalskii*

唇形科 Lamiaceae　鼠尾草属 *Salvia*

〔形态特征〕多年生草本，高50 ~ 80 cm。根粗大，外皮紫褐色。茎直立，多分枝，丛生，上部花序有分枝，密被短柔毛和头状腺毛。叶基生与茎生，叶片三角状或长圆状戟形或卵状卵形，长10 ~ 27 cm，宽至17.5 cm，先端钝，边缘具细或粗齿，基部戟形或心形，上面被短硬毛，下面密被白色绒毛；叶柄长至15 cm，被微柔毛。轮伞花序2 ~ 4花，组成总状花序；苞片卵状披针形或长圆形；花萼钟形，长8 ~ 12 mm，外被头状腺毛，二唇形，上唇具3小齿。下唇具2齿，先端尖；花冠蓝紫色或紫色，长2.5 ~ 3.5 cm，外被柔毛，冠筒内面基部有毛环，基部窄，向上渐宽，喉部宽约1 cm，二唇形，上唇全缘，下唇3裂，中裂片倒卵形；雄蕊2，花丝长约4 mm，药隔长约3 mm，两臂近等长。小坚果倒卵形，长约3 mm。花果期7—8月。

〔生境分布〕班玛、玛沁、尖扎、同仁、循化、民和、互助。生于山谷、林下、山坡、河滩，海拔1 900 ~ 3 800 m。

黏毛鼠尾草 *Salvia roborowskii*

唇形科 Lamiaceae　鼠尾草属 *Salvia*

〔形态特征〕二年生草本，高10 ~ 60 cm。根细圆锥形。茎直立，被密的黏腺状长硬毛，多分枝，四棱形。叶对生，叶片戟形或三角状戟形，长2.5 ~ 8 cm，宽1.5 ~ 6 cm，先端钝或急尖，边缘具圆齿，基部浅心形或截形，两面被硬伏毛；叶柄长1.5 ~ 6 cm，被与茎同样的毛。轮伞花序组成顶生的圆锥状总状或总状花序；苞片戟形或披针形；花梗极短；花萼钟形，长5 ~ 10 mm，外面被腺状长毛及腺体，内面有硬毛，二唇形，上唇先端具3小齿，下唇2裂，齿端均有小尖头；花冠黄色，长1 ~ 1.5 cm，外面无毛，二唇形，上唇全缘，下唇3裂，中裂片倒心形；雄蕊2，花丝长约4 mm，药隔弧形，长约4 mm，两臂等长。小坚果4，倒卵形，浅褐色，长约2 mm。花果期7—8月。

〔生境分布〕全省各地。生于山谷、林中空地、河滩及田边，海拔2 800 ~ 4 200 m。

连翘叶黄芩 *Scutellaria hypericifolia*

唇形科 Lamiaceae　黄芩属 *Scutellaria*

〔形态特征〕多年生草本，高15 ~ 35 cm。根茎细，多分枝。茎下部弯曲，上部直立，丛生，四棱形，被短柔毛。叶对生，无柄或近无柄；叶片卵状长圆形或长圆形，长1 ~ 3.5 cm，宽0.4 ~ 1.8 cm，先端钝圆或有时急尖，全缘，边缘有缘毛，基部圆形，上面有短毛，下面沿脉有短毛，腺点不明显，叶脉在下面凸起呈白色。总状花序顶生，长4 ~ 8 cm，具少数花；苞片叶状，较小，卵形，先端急尖，边缘具长缘毛；花梗极短；花萼钟状，长3 ~ 4 mm，常紫色，外面被柔毛，口部边缘具长缘毛，二唇形，盾片高约2 mm；花冠紫蓝色，长2.4 ~ 2.9 cm，外面被短柔毛，内面在基部膝曲处有柔毛，二唇形，上唇盔形，下唇3裂，中裂片大；雄蕊4，前对较长，具半药，后对较短，具全药，药室口有毛；子房4裂。花期7月。

〔生境分布〕班玛、久治、河南（外寺）。生于半阴坡、山谷、苗圃，海拔3 200 ~ 3 700 m。分布于四川西部。

鼬瓣花 *Galeopsis bifida*

唇形科 Lamiaceae　鼬瓣花属 *Galeopsis*

〔形态特征〕一年生草本，高8～45 cm。茎直立，四棱形，被倒向有节刚毛和短柔毛，从基部起分枝，稀不分枝。叶对生，叶片卵状披针形或披针形，长1.5～6 cm，宽0.7～3.2 cm，先端渐尖，边缘有锯齿，基部宽楔形至楔形，上面贴生刚毛，下面在脉上生有短柔毛；叶柄长0.6～2 cm，被短柔毛。轮伞花序多花密集，生于顶部叶腋中，通常1～2轮；小苞片线形，先端刺状，边缘有刚毛；花萼筒状，长0.8～1 cm，外面被刚毛，萼齿5，三角状钻形，先端刺状；花冠黄白色，长1～1.2 cm，外面被短刚毛，二唇形，上唇卵圆形，先端具小齿，下唇3裂，中裂片长圆形，先端微凹，侧裂片全缘；雄蕊4，前对较长，花丝下部被短柔毛，花药卵形，二瓣横裂，内瓣具纤毛。小坚果4，倒卵状三棱形，长约3 mm，褐色，光滑。花果期7—9月。

〔生境分布〕班玛、玉树、称多、同仁、泽库、河南、同德、大通、湟中、循化、民和、门源。生于田边、河滩、荒地、路边，海拔1 850～3 700 m。分布于我国西藏、云南、贵州、四川、甘肃、陕西、山西、内蒙古、吉林、黑龙江、湖北西部；欧洲、亚洲及北美洲的温带也有分布。

甘露子 *Stachys sieboldii*

唇形科 Lamiaceae 水苏属 *Stachys*

〔形态特征〕多年生草本，高10～50 cm。根茎横走，末端膨大呈念珠状块茎，白色。茎直立，四棱形，被疏的硬毛和腺状柔毛，不分枝或多分枝。叶对生，叶片卵状披针形或卵状长圆形，长1.3～9 cm，宽0.4～3 cm，先端急尖，边缘具圆齿，基部近圆形或平截，两面疏被硬毛；叶柄长至1.5 cm，被硬毛。顶生穗状花序，有间断，长至23 cm；苞片叶状，向上渐小，花梗极短；花萼钟形，长6～7 mm，外面被硬毛和腺状柔毛，萼齿5，等大，三角形，先端刺状，反折；花冠紫红色，下唇有紫斑，长10～11 mm，外面有微柔毛，内面下部有毛环，二唇形，上唇直立，全缘，下唇3裂，中裂片大，雄蕊4，上升，前对较长，花丝有毛，药室叉开。小坚果卵形，长约2 mm，黑色，光滑。花果期7—8月。

〔生境分布〕班玛、玉树、称多、囊谦、同仁、尖扎、河南、泽库、西宁、大通、祁连、湟中、乐都、循化、民和、互助、门源。生于林下、河滩草地、田边、水沟边，海拔2 000～4 200 m。野生于我国西北、华北地区，其他地区多有栽培。

甘青青兰 *Dracocephalum tanguticum*

唇形科 Lamiaceae　青兰属 *Dracocephalum*

〔形态特征〕多年生草本，高15～45 cm。根茎短，多分枝。茎多数，成丛，分枝或在叶腋有短枝，四棱形，上部被倒向小毛，中下部无毛。叶片长1.5～6 cm，羽状全裂，侧裂片2～3对，中裂片长达3.5 cm，宽至0.4 cm，全部裂片线形，全缘，边缘翻卷或强烈翻卷，上面光滑，下面密被灰白色短毛。轮伞花序3～9轮，每轮具2～10花，形成间断穗状花序；苞片与叶同形，较小，侧裂片1～2对；花萼筒状，带紫色，长12～16 mm，外面被密的白色短毛，常有分泌物凝结的圆点，近二唇形，5齿近等大，披针形，先端渐尖，针状；花冠蓝紫色，长2～3 cm，外面被短毛，二唇形，下唇较长，中裂片近圆形；花丝被毛。小坚果4。花果期7—9月。

〔生境分布〕本省大部分地区。生于阳坡、阳坡林下、河谷，海拔2 400～4 200 m。分布于西藏东南部、四川西部、甘肃西南部。

白花枝子花 *Dracocephalum heterophyllum*

唇形科 Lamiaceae　青兰属 *Dracocephalum*

〔形态特征〕多年生草本，高5～40 cm。根肉质，粗壮，长达30 cm，颈部多分枝。茎多数，丛生，匍匐地面或下部平卧地面，上部直立，四棱，被白色倒向小毛，分枝或不分枝。叶对生，阔卵形至狭长圆形，长0.5～4.2 cm，宽0.2～3.2 cm，先端钝或圆形，边缘具圆齿或小锯齿，基部心形或平截，稀宽楔形，两面光滑或密被白色短毛；叶柄长至4 cm，被密短毛。轮伞花序密集成穗状，长1.5～22 cm，每轮具4～10花；苞片倒披针形至狭长圆形，边缘具刺齿及缘毛；花萼筒状，带紫红色，长0.9～2.2 cm，二唇形，上唇3齿短，卵形，下唇2齿长，披针形，齿端均具刺尖；花冠白色，长1.5～3 cm，外被白色短毛，二唇近等长；花丝无毛，花药黑紫色。小坚果4，倒卵状三棱形，长约3 mm，黑褐色。花果期7—8月。

〔生境分布〕本省各地。生于山坡、河滩、田边、沙丘，海拔2 000～4 700 m。分布于西藏、四川、新疆、甘肃、宁夏、山西、内蒙古。

本种在青海省东部植株高，叶无毛。向西，随海拔升高，则植株变小，叶片密被短毛。

夏至草 *Lagopsis supina*

唇形科 Lamiaceae　夏至草属 *Lagopsis*

〔形态特征〕多年生草本，披散于地面或上升，具圆锥形的主根。茎高15～35 cm，四棱形，具沟槽，带紫红色，密被微柔毛，常在基部分枝。叶轮廓为圆形，长宽1.5～2 cm，先端圆形，基部心形，3深裂，裂片有圆齿或长圆形犬齿，有时叶片为卵圆形，3浅裂或深裂，裂片无齿或有稀疏圆齿，通常基部越冬叶较宽大，叶片两面均绿色，上面疏生微柔毛，下面沿脉上被长柔毛，余部具腺点，边缘具纤毛，脉掌状，3～5出；叶柄长，基生叶的长2～3 cm，上部叶较短，通常在1 cm左右，扁平，上面微具沟槽。轮伞花序疏花，径约1 cm，在枝条上部者较密集，在下部者较疏松；小苞片长约4 mm，稍短于萼筒，弯曲，刺状，密被微柔毛。花萼管状钟形，长约4 mm，外密被微柔毛，内面无毛，脉5，凸出，齿5，不等大，长1～1.5 mm，三角形，先端刺尖，边缘有细纤毛，在果时明显展开，且2齿稍大。花冠白色，稀粉红色，稍伸出于萼筒，长约7 mm，外面被绵状长柔毛，内面被微柔毛，在花丝基部有短柔毛；冠筒长约5 mm，径约1.5 mm；冠檐二唇形，上唇直伸，比下唇长，长圆形，全缘，下唇斜展，3浅裂，中裂片扁圆形，2侧裂片椭圆形。雄蕊4，着生于冠筒中部稍下，不伸出，后对较短；花药卵圆形，2室。花柱先端2浅裂。花盘平顶。小坚果长卵形，长约1.5 mm，褐色。花期3—4月，果期5—6月。

〔生境分布〕生于路旁、旷地上。分布于我国黑龙江、吉林、辽宁、内蒙古、河北、河南、山西、山东、浙江、江苏、安徽、湖北、陕西、甘肃、新疆、青海、四川、贵州、云南等地；俄罗斯西伯利亚、朝鲜也有分布。

康藏荆芥 *Nepeta prattii*

唇形科 Lamiaceae　荆芥属 *Nepeta*

〔形态特征〕多年生草本，高40～80 cm。根茎长，顶端有分枝。茎直立，四棱形，不分枝，被短硬毛及腺柔毛。叶卵状披针形、宽披针形至披针形，长4～8 cm，宽1.5～2.6 cm，先端急尖，边缘有锯齿，基部平截或浅心形，两面被密或疏的短硬毛和腺柔毛；叶柄短至无柄，下部者长3～5 mm，向上无柄，半抱茎。轮伞花序生茎端，初时密集近头状，后疏离；苞叶与茎生叶同形，较小，边缘有齿或全缘；小苞片线状披针形，长于花萼，边缘具睫毛，两面被短硬毛和柔毛；花萼筒状，长10～13 mm，带蓝紫色，被短毛，上唇3裂，下唇2裂，萼齿披针形，先端渐尖；花冠蓝紫色，长2.2～3 cm，外面被短柔毛，冠筒细，略弯曲，喉部扩展，二唇形，上唇直立，2深裂，下唇3裂，中裂片宽肾形，边缘有小齿，基部有白毛；雄蕊略伸出花冠。小坚果4，倒卵形，长约2 mm，黑褐色，光滑。花果期7—8月。

〔生境分布〕班玛、玛沁、囊谦、玉树、称多、同仁、泽库、河南、兴海、同德、大通、湟源、湟中、循化、乐都、民和、互助、门源。生于灌丛中、山坡草地、田边，海拔2 300～3 900 m。分布于西藏、四川、甘肃、陕西、山西、河北。

独一味 *Phlomoides rotata*

唇形科 Lamiaceae　糙苏属 *Phlomoides*

〔形态特征〕多年生草本，高2～10 cm。根圆形，肉质，顶部有时分枝。无茎或有短茎，呈花葶状，常单生。叶常4枚，辐状对生，铺于地面，幼时小，成熟后变大；叶片扇形、肾形或幼时为菱形或卵形，长宽可达15 cm，先端圆形，边缘具圆齿，基部浅心形或宽楔形，上面被密或疏的短毛，具皱纹，下面仅脉上被短毛，叶脉掌状，出自叶柄，在下面突起；叶柄扁平，长至4 cm，被短毛。轮伞花序密集成穗状，有时下部分枝，近似圆锥状；花序轴被短毛；苞片披针形至线形；小苞片针刺状；花萼筒状，具10脉，长8～9 mm，疏被短毛，萼齿5，针刺状，内面被毛，齿间平截；花冠紫红色，长10～11 mm，二唇形，上唇圆形，内面被密柔毛，下唇小，3裂，中裂片内面被毛；雄蕊4，内藏，花丝被毛，花药2室，汇合。小坚果4，倒卵状三棱形，无毛。花果期6—9月。

〔生境分布〕达日、玛沁、久治、杂多、玉树、囊谦、称多、河南、民和。生于高山草甸、灌丛下、河滩，海拔3 430～4 300 m。分布于我国西藏、云南、四川、甘肃；尼泊尔、不丹也有分布。

宝盖草 *Lamium amplexicaule*

唇形科 Lamiaceae 野芝麻属 *Lamium*

〔形态特征〕二年生草本，高8～35 cm。茎直立，从基部分枝或不分枝，四棱形，疏被短毛。叶片肾形或圆形，长0.7～2 cm，宽1～3.5 cm，先端圆形，边缘具圆齿，基部浅心形，两面疏被短毛；叶脉掌状；叶柄下部者长达3 cm，向上渐短至无柄。轮伞花序多花，疏离；小苞片线形，被短毛，与花萼近等长；花萼筒状，长4～6 mm，外面被短毛，萼齿5，钻形，等大；花冠紫红色，长1.3～1.5 cm，外面被短柔毛，上唇顶部被紫红色柔毛，冠筒细长，喉部膨大，上唇直立，长圆形，下唇3裂，中裂片倒心形，先端2裂；花丝无毛，花药被毛。小坚果倒卵状三棱形，长约2 mm，表面具疣状突起。花果期6—8月。

〔生境分布〕玛沁、久治、杂多、治多、曲麻莱、玉树、囊谦、称多、同仁、泽库、河南、兴海、贵德、西宁、湟中、乐都、民和、互助、门源。生于田边、田间、水沟边，海拔2 160～4 300 m。分布于我国西南、西北、华中、华东；欧洲、亚洲其他地区也有分布。

并头黄芩 *Scutellaria scordiifolia*

唇形科 Lamiaceae　黄芩属 *Scutellaria*

〔形态特征〕株高达36 cm，根茎斜行或近直伸，茎四棱形直立，常带紫色，在棱上疏被上曲的微柔毛；叶具很短的柄或近无柄，叶片三角状狭卵形、三角状卵形或披针形；花单生于茎上部的叶腋内，花梗被短柔毛，花冠蓝紫色，外面被短柔毛，花丝扁平，前对内侧后对两侧下部被疏柔毛，花柱细长；小坚果黑色，椭圆形，具瘤状突起，腹面近基部具果脐。花期6—8月，果期8—9月。

〔生境分布〕常生于草地或湿草甸，海拔2 100 m以下。分布于我国内蒙古、黑龙江、河北、山西、青海等地；蒙古国、日本等也有分布。

天仙子 *Hyoscyamus niger*

茄科 Solanaceae 天仙子属 *Hyoscyamus*

〔形态特征〕二年生草本，高40 ~ 70 cm。根稍粗，近木质。茎直立，在上部有分枝。叶在茎基部呈莲座状，在茎上散生，卵形、卵状长圆形或长圆形，长3 ~ 12 cm，宽至5 cm，先端渐尖，羽状浅裂或有粗齿，基部渐狭成具翅的柄，两面有黏腺毛，脉上有柔毛。花单生叶腋，在茎、枝上组成蝎尾状总状花序，花常偏向花序一侧，近无花梗；花萼筒状钟形，长约1 cm，外面生腺毛和柔毛，花后增大，基部圆形，具10条纵肋，5浅裂，裂片先端具刺；花冠浅黄色或黄灰色，长达2 cm，5裂，裂片近圆形，具紫色网脉。蒴果藏于萼内，长卵圆形，长约1.5 cm，略短于果萼；种子近圆盘形；果萼近革质，具明显纵肋。花果期5—8月。

〔生境分布〕玛沁、同仁、尖扎、同德、兴海、贵德、贵南、湟中、西宁、循化、化隆、乐都、民和、门源。生于荒地、田边、村庄附近，海拔1 900 ~ 3 250 m。分布于我国西南、西北、华北；欧洲、中亚地区及印度、俄罗斯、蒙古国也有分布。

山莨菪 *Anisodus tanguticus*

茄科 Solanaceae　山莨菪属 *Anisodus*

〔形态特征〕多年生草本，高达1.2 m。主根粗大，肉质，长达1 m，直径约10 cm。茎直立，多分枝，无毛或在小枝上被微毛，单生或数个丛生。叶长圆形、卵状长圆形或近菱形，长5～13 cm，宽至5.5 cm，先端渐尖或尾状渐尖，全缘或具波状浅齿至先端渐尖的少数大齿及腺状短缘毛，基部楔形，下延，两面无毛，叶柄长1～5 cm，上部有狭翅。花单生分枝间叶腋，下垂；花梗长达4 cm；花萼钟形，长2～4 cm，无毛，浅裂，裂片宽三角形，近似波状，先端钝，略不等大；花冠钟形，暗紫色，长2～4 cm，仅裂片露出萼外，裂片短，半圆形，冠筒里面被柔毛。蒴果球形，径约1.5 cm，包于膨大的萼中；果萼长达6.5 cm，花梗长至10 cm，顶端膨大。花果期6—8月。

〔生境分布〕玛沁、班玛、玉树、囊谦、称多、杂多、曲麻莱、同仁、泽库、河南、兴海、贵南、共和、祁连、刚察、海晏、门源、湟源、湟中、互助。生于田边、山谷、山坡、村庄，海拔2 300～4 150 m。分布于云南、西藏、甘肃。

马尿脬 *Przewalskia tangutica*

茄科 Solanaceae　马尿脬属 *Przewalskia*

〔形态特征〕多年生草本，高5～30 cm。根粗壮，肉质，长达50 cm，直径达5 cm，颈部具数个黄色休眠芽。茎极短或伸长，茎下部具鳞片，常埋于土中，茎中上部被腺毛。叶散生茎上或因茎不伸长，密集顶部，卵形、倒卵状长圆形或长圆形，长3～18 cm，宽至6 cm，先端钝或近圆形，全缘或波状，具腺缘毛，基部渐狭成长柄，幼时两面被腺毛，后脱毛。花单生或2～3朵生于总花梗上，叶腋生；总花梗和花梗长至1 cm，有腺毛；花萼筒状钟形，长8～10 mm，萼齿3～5，三角形，先端急尖，外面有腺毛；花冠黄色或内面黄色，外面紫色，筒状或漏斗形，长至20 mm，径2～4 mm，檐部5浅裂，裂片卵形，先端钝圆；雄蕊生于冠筒喉部，花丝极短；花柱伸出花冠外，柱头膨大，紫色。蒴果球形；果萼极度膨大，长至13.5 cm，宽至9 cm；种子圆形，扁平，黑色。花果期5—9月。

〔生境分布〕玛多、玛沁、达日、玉树、称多、曲麻莱、泽库、河南、兴海、同德、祁连。生于山坡、滩地、河岸坡地等多石裸地，海拔3 400～5 100 m。分布于西藏、四川、甘肃。

茄参 *Mandragora caulescens*

茄科 Solanaceae　茄参属 *Mandragora*

〔形态特征〕多年生草本，高5 ~ 10 cm。根圆柱状，径约2 cm，肉质，表皮黄白色。茎的地下部呈圆柱形，具鳞片状叶，地上部短缩或略伸长，无毛。叶集生茎端，长圆形或卵状长圆形，长3 ~ 10 cm，宽至2.5 cm，先端钝，全缘，密生缘毛，基部楔形，具短柄，两面疏被柔毛，中脉宽，明显。花单生叶腋，下垂；花梗较粗，长1 ~ 2 cm，被柔毛；花萼钟形，长6 ~ 8 mm，径约7 mm，疏生白色柔毛，5中裂，裂片长圆形，先端钝，密生缘毛，略不等大；花冠黄色，钟状，长约10 mm，5浅裂，裂片宽卵形，长宽近相等，长3 ~ 3.5 mm，先端圆形，外面被毛，基部略收缩；花丝长约3.5 mm。浆果球形，径达2 cm；种子长约3 mm。花果期6—8月。

〔生境分布〕玛沁、达日、久治、玉树、杂多、祁连。生于河滩、山坡或山麓，海拔3 200 ~ 4 500 m。分布在于西藏东部。模式标本采自青海久治。

本种在寒冷地区，花在地表面开放，果在土中或一半露出地表面发育。又本种的幼株在无花和果的情况下，与马尿泡十分相似，但后者叶有腺毛，后脱毛。

肉果草 *Lancea tibetica*

通泉草科 **Mazaceae** 肉果草属 ***Lancea***

〔形态特征〕植株高2～10 cm。茎节部分具2条毛线，其余无毛。基部叶1～2对，鳞片状或匙形，茎生叶具短柄或无柄；叶片倒卵形或倒卵状披针形，长2～6 cm，宽0.7～2.6 cm，全缘或有疏齿，光滑或有时幼叶两面或背面被毛，后脱落。花序有花2至数朵；花梗长4～8 mm；花萼钟形，筒部长2～3 mm，裂片近等大，果期稍增大；花冠紫色或蓝紫色，长1.5～1.8 cm，上唇裂片稍翻卷，下唇具褶，黄白色，密被黄色长柔毛；雄蕊着生于花冠筒中部，后方两枚稍短，花丝光滑。果实红色或紫褐色，卵球形。花果期6—9月。

〔生境分布〕本省大部分地区均有分布。生于高山灌丛、草甸、河漫滩、弃耕地、砾石滩地、林缘灌丛、河边草地、疏林内，海拔2 240～4 400 m。分布于我国西藏、云南、四川、甘肃、陕西；印度也有分布。

本种分布较广，植株大小，花冠大小，叶形均有很大变化，有时幼叶两面被毛，后逐渐脱落。

细穗玄参 *Scrofella chinensis*

车前科 Plantaginaceae　细穗玄参属 *Scrofella*

〔形态特征〕多年生草本，高15 ~ 53 cm。根状茎细长，茎直立，单一，少有分枝，光滑。叶互生，无柄；叶片线状披针形或线状倒披针形，长1 ~ 5.5 cm，宽4 ~ 11 mm，先端钝或渐尖，基部半抱茎，全缘，无毛或有时幼叶被白色柔毛。穗状花序顶生，小花密集，长2 ~ 4.5 cm；苞片金黄色，具缘毛；花梗长不过1 mm；花萼几开裂至基部，果期呈金黄色，长约2.5 mm，膜质，裂片5，后方1枚较大；花冠黄绿色或浅黄色，果期为黑绿色，筒部坛状，长约2 mm，檐部二唇形，上唇兜状，顶端平截或有微圆齿，下唇喉部加厚，3裂，中裂片长为上唇的一半，尖齿状，翻卷，侧裂片圆齿状，不明显；雄蕊2，着生于花冠筒中部，微露，花药2室；花柱微露；花盘腺状。蒴果腹缝开裂；种子多数，扁圆形，表面具蜂窝状网纹。花期7—8月。

〔生境分布〕班玛、久治、玛沁、同仁、河南、平安、同德。生于高山灌丛、河滩草地、沼泽滩地、林缘，海拔3 100 ~ 3 900 m。分布于四川北部、甘肃东南部及西南部。

光果婆婆纳 *Veronica rockii*

车前科 Plantaginaceae 婆婆纳属 *Veronica*

〔形态特征〕多年生草本，高25～40 cm。根簇生于极短的根状茎上。茎直立，节间长达7.4 cm。叶对生，无柄或有极短的柄；叶片卵状披针形，长1.9～4.0 cm，宽5～19 mm，基部近圆形，边缘有细锯齿，先端急尖，两面多少被多细胞长毛。花序侧生，常2枝，花疏；花梗长于花或与花萼近等长；花萼裂片5，后方1枚甚小，针状或缺失，其余4枚线状披针形，长3～3.5 mm；花冠蓝色或蓝紫色，长约3.5 mm，裂片4，长约2 mm，上方1枚较宽，下方1枚最窄，内面无毛；花丝大部分贴于花冠筒上，短于花冠；花柱长约1 mm，柱头近头状。蒴果长卵形，光滑无毛或具极疏的毛；种子棕色，长约0.8 mm，表面有极细的条纹。花期6—7月，果期7—9月。

〔生境分布〕班玛、久治、玛沁、囊谦、玉树、称多、泽库、河南、同德、大通、循化、民和、乐都、互助。生于林下、林缘灌丛、林间空地、河滩灌丛，海拔2 400～4 400 m。分布于四川北部、甘肃、陕西、山西、河北、河南、湖北。

毛果婆婆纳 *Veronica eriogyne*

车前科 **Plantaginaceae** 婆婆纳属 ***Veronica***

〔形态特征〕多年生直立草本，高15～40 cm，全株被白色多细胞长柔毛。根茎极短，密生须根。茎不分枝。叶对生，近无柄；叶片披针形至线状披针形，长2～4.4 cm，宽4～12 mm，基部楔形，边缘有锯齿，先端渐急尖。花序1～4条，侧生于茎顶端叶腋，有时花序下部叶腋可再有花枝，果期稍伸长；小花密集；花萼裂片5，后方1枚远小，偶有缺失，线形或线状披针形，长4～5 mm，果期伸长达9 mm；花冠蓝色或蓝紫色，长5～6 mm，近二唇形，筒部占全长的1/2～2/3，内面被极疏的毛或否，裂片5，倒卵形或长圆形，前方两枚较窄；花丝大部与花筒贴生；花柱长0.8～1.5 mm。蒴果长卵形，长6～7 mm，宽3～4 mm，顶端钝，密被毛；种子棕色，长约0.8 mm，表面具极细条纹。花期6—7月。

〔生境分布〕班玛、久治、玛沁、曲麻莱、玉树、称多、同仁、泽库、河南、海晏、共和、同德、贵德、民和、互助、祁连、门源。生于河滩灌丛、草地、高山灌丛、草甸、林下，海拔2 500～4 500 m。分布于西藏、四川、甘肃。

长果婆婆纳 *Veronica ciliata*

车前科 Plantaginaceae　婆婆纳属 *Veronica*

〔形态特征〕多年生草本，高3～40 cm，全株被长毛。根状茎极短，密生须根。茎单出或丛生，上部不分枝。叶对生，下部者有短柄，上部无柄；叶片卵形至卵状披针形，长1～4.5 cm，宽5～18 mm，先端急尖，边缘有锯齿或全缘，基部圆钝。总状花序1～4条，侧生于基顶端叶腋，有时花序下部有分枝，伸长或有时短而近头状；苞片近线形；花萼裂片5，后方1枚甚小或缺失，其余长3～4 mm，果期伸长达8 mm，狭披针形；花冠常蓝紫色，近辐状，长4～6 mm，筒部仅为全长的1/4～2/5，内面无毛，裂片4～5，倒卵形至近圆形，不等宽；花丝多少贴生于花冠筒上；花柱长1～2 mm。黄果长卵圆形，长6～8 mm，宽3～4 mm，顶端微凹，被毛；种子棕色，长0.6～0.8 mm。花期6—8月。

〔生境分布〕玛多、玛沁、久治、杂多、治多、曲玛莱、囊谦、玉树、称多、同仁、泽库、河南、格尔木、都兰、乌兰、天峻、刚察、兴海、共和、同德、贵德、大通、湟源、湟中、乐都、互助、门源、祁连。生于高山灌丛、草甸及草甸破坏处、林下、阳性干旱山坡、流石滩草甸处，海拔2 450～4 600 m。分布于我国西藏北部、四川西北部及西北各地；蒙古国、中亚地区、俄罗斯也有分布。

本种与毛果婆婆纳很难区分，主要是前者叶片卵形至卵状披针形，基部圆钝，花冠筒部极短，占全长的1/4～2/5，花柱稍短；后者叶片披针形至线状披针形，基部楔形，花冠筒部较长，占全长的1/2～2/3，花柱稍长。

两裂婆婆纳 *Veronica biloba*

车前科 Plantaginaceae 婆婆纳属 *Veronica*

〔形态特征〕植株高5～50 cm。茎直立，通常中下部分枝，疏生白色柔毛。叶全部对生，有短柄，矩圆形至卵状披针形，长5～30 mm，宽4～13 mm，基部宽楔形至圆钝，边缘有疏而浅的锯齿，花序长2～40 cm，各部分疏生白色腺毛；苞片比叶小，披针形至卵状披针形；花梗与苞片等长，花后伸展或多少向下弯曲；花萼侧向较浅裂，裂达3/4，裂片卵形或卵状披针形，急尖，果期长达4～8 mm，明显3脉；花冠白色、蓝色或紫色，直径3～4 mm，后方裂片圆形，其余3枚卵圆形；花丝短于花冠。蒴果长3～4.5 mm，宽4～5 mm，被腺毛，几乎裂达基部而成两个分果，凹口叉开30°～45°，裂片顶端圆钝，宿存的花柱比凹口低得多。种子长1.2～1.5 mm，有不明显横皱纹。花期4—8月。

〔生境分布〕玉树、同仁、泽库、河南、同德、西宁、大通、循化、互助、门源。生于林下、林缘、灌丛边、草甸、弃耕地及草甸破坏处，海拔2 500～3 700 m。分布于我国西藏、四川西部、新疆、甘肃、陕西、宁夏；亚洲中部和西部也有分布。

丝梗婆婆纳 *Veronica filipes*

车前科 Plantaginaceae　婆婆纳属 *Veronica*

〔形态特征〕植株高6～15 cm。茎多支丛生，下部常紫色。下部叶鳞片状，正常叶卵形至圆形，长12～25 mm，宽6～18 mm，顶端圆钝至急尖，基部楔状渐狭成短柄，两面多少被多细胞柔毛或硬毛，下部叶全缘或具圆齿，上部叶边缘具钝齿或尖齿。总状花序多支，侧生叶腋，除花冠外，各部被多细胞柔毛，花期近头状，花后略伸长，有花数朵；苞片倒卵状披针形至宽条形，比花梗长或短；花梗长3～10 mm；花萼裂片4或5枚，如5枚，则后方1枚渺小，其余4枚宽条形至条状椭圆形，长3～5 mm；花冠蓝色或淡紫色，长5～7 mm，筒部短，长0.8～1.8 mm，因而花冠呈辐状，筒内有一圈柔毛，裂片长卵形至圆形；雄蕊与花冠等长或伸出2 mm。蒴果短，矩圆形或卵圆形，侧扁，长3 mm，宽2.5 mm，被长硬毛，花柱长5～7 mm。种子每室数颗，矩圆形，扁而平滑，长1.2 mm，宽0.8 mm。花期6—8月。

〔生境分布〕称多、泽库、河南、兴海、贵德、乌兰。生于高山流石滩及草甸，海拔3 700～4 350 m，分布于四川西北部、甘肃西南部。

砾玄参 *Scrophularia incisa*

玄参科 Scrophulariaceae　玄参属 *Scrophularia*

〔形态特征〕半灌木状草本，高20 ~ 50（70）cm。茎近圆形，无毛或上部生微腺毛。叶片狭矩圆形至卵状椭圆形，长（1）2 ~ 5 cm，顶端锐尖至钝，基部楔形至渐狭呈短柄状，边缘变异很大，从有浅齿至浅裂，稀基部有1 ~ 2枚深裂片，无毛。顶生、稀疏而狭的圆锥花序长10 ~ 20（35）cm，聚伞花序有花1 ~ 7朵，总梗和花梗都生微腺毛；花萼长约2 mm，无毛或仅基部有微腺毛，裂片近圆形，有狭膜质边缘；花冠玫瑰红色至暗紫红色，下唇色较浅，长5 ~ 6 mm，花冠筒球状筒形，长约为花冠之半，上唇裂片顶端圆形，下唇侧裂片长约为上唇之半，雄蕊约与花冠等长，退化雄蕊长矩圆形，顶端圆至略尖；子房长约1.5 mm，花柱长约为子房的3倍。蒴果球状卵形，连同短喙长约6 mm。花期6—8月，果期8—9月。

〔生境分布〕共和、同德、民和、刚察、祁连、门源。生于山坡林缘、干旱山坡、沙质草滩。海拔2 550 ~ 3 400 m。分布于我国甘肃、宁夏、内蒙古、黑龙江；蒙古国、俄罗斯及中亚地区也有分布。

短腺小米草 *Euphraia regelii*

列当科 Orobanchaceae　小米草属 *Euphrasia*

〔形态特征〕一年生草本，高5 ~ 30 cm。茎常不分枝，少有分枝，被伏生硬毛及腺毛。叶无柄，宽卵形，长6 ~ 20 mm，宽6 ~ 17 mm，基部楔形，边缘有条齿状，齿端有尾尖，两面多少被伏生硬毛和腺毛，背面靠边缘脉间密被腺状突起。花序一般占茎长的2/3；苞片叶状，杂有腺毛；花萼管状钟形，长约6 mm，裂片狭三角形，先端渐尖而有尾尖，背面杂生腺毛；花冠白色至浅粉红色，有数条深色脉纹，长约9 mm，上唇盔状，顶端2浅裂，较短，下唇较长，裂片先端凹缺。蒴果长约7 mm；种子具多数狭的纵翅。花期6—8月，果期7—9月。

〔生境分布〕久治、杂多、曲麻莱、囊谦、玉树、称多、尖扎、同仁、泽库、河南、兴海、共和、同德、西宁、大通、湟源、湟中、循化、乐都、民和、互助、祁连、门源。生于林下、林缘、河滩、灌丛、草甸、河边沼泽化草甸中，海拔2 200 ~ 4 200 m。分布于西藏、新疆、山西、甘肃、河北、内蒙古、湖北。

小米草 *Euphrasia pectinata*

列当科 Orobanchaceae　小米草属 *Euphrasia*

〔形态特征〕植株直立，高10～30 cm，不分枝或下部分枝，被白色柔毛。叶与苞叶无柄，卵形至卵圆形，长5～20 mm，基部楔形，每边有数枚稍钝、急尖的锯齿，两面脉上及叶缘多少被刚毛，无腺毛。花序长3～15 cm，初花期短而花密集，逐渐伸长至果期果疏离；花萼管状，长5～7 mm，被刚毛，裂片狭三角形，渐尖；花冠白色或淡紫色，背面长5～10 mm，外面被柔毛，背部较密，其余部分较疏，下唇比上唇长约1 mm，下唇裂片顶端明显凹缺；花药棕色。蒴果长矩圆状，长4～8 mm。种子白色，长1 mm。花期6—9月。

〔生境分布〕囊谦、同仁、泽库、兴海、共和、同德、循化、互助、门源。生于高山灌丛、草甸潮湿处、山沟流水旁、河漫滩、林缘、林下，海拔2 200～4 600 m。分布于我国西藏、新疆、甘肃、宁夏、山西、河北、内蒙古；欧洲、蒙古国、俄罗斯也有分布。

短穗兔耳草 *Lagotis brachystachya*

车前科 Plantaginaceae 兔耳草属 *Lagotis*

〔形态特征〕多年生草本，高5～8 cm。根状茎直立，外被纤维状枯叶鞘，从叶腋中抽出数条匍匐茎，长达60 cm，顶端生有须根，可以形成新的植株，有时有分枝或叶腋内生花。叶莲座状，叶片长披针形或线状披针形，长达15 cm，全缘，基部下延成翅。花茎短于叶，无叶，下垂。花序穗状，下部无苞叶，长不过2 cm；苞片线状披针形，背面被柔毛；花萼几成2裂片，或后方裂至1/2，长3～4 mm，膜质，具长缘毛；花冠白色至蓝紫色，长约8 mm，筒部直，长于裂片，上唇狭椭圆形，长于下唇，下唇常2裂，裂片线形或线状披针形，开展；雄蕊花丝长3～4 mm，花药肾形；花柱伸出花冠外，柱头微2裂。果实红色，近倒卵形，外果皮肉质；具1～2枚种子。花期6—7月。

〔生境分布〕玛多、久治、玛沁、杂多、治多、曲麻莱、囊谦、玉树、称多、尖扎、同仁、泽库、河南、可可西里、天峻、兴海、共和、同德、贵南、西宁、湟源、刚察、祁连。生于河边滩地、阔叶疏林下、弃耕地及山坡裸地，海拔2 600～4 400 m。分布于西藏、四川、甘肃。

阴郁马先蒿 *Pedicularis tristis*

列当科 Orobanchaceae　马先蒿属 *Pedicularis*

〔形态特征〕多年生草本，高16～62 cm。细长的鞭状根茎连着萝卜状肉质粗根。茎直立，粗壮，不分枝，偶见花序下部有分枝。叶互生，叶柄短，向上至无柄；叶片线状长圆形，羽状深裂，长达8 cm，宽达2 cm，裂片有齿，上部叶基部耳状抱茎，边缘仅具重齿，两面疏被毛。花序多少紧密，少花；苞片叶状；花萼狭钟形，长1.4～1.8 cm，外面被卷毛，裂片5，裂至1/2，近等大，有时后方1枚较小，侧齿稍结合，全缘至有齿；花冠黄色，长3.2～5.0 cm，外面多少被毛，筒部稍弯，内面脉上被毛，盔弓曲，盔端钝尖或略有小凸尖，下缘密被多节长须毛，下唇稍长于盔，近直立，裂片近等大，中裂片稍宽，向喉部有褶；花丝基部密被柔毛，偶有1对顶部也被柔毛，后方1对毛被极疏。种子灰白色，长2 mm，具蜂窝状网纹。花果期7—9月。

〔生境分布〕玛沁、久治、尖扎、同仁、泽库、河南、同德、贵德、门源。生于山坡灌丛、草甸、林间草地、山脊云杉林下、田边，海拔2 700～4 000 m。分布于我国四川西部、甘肃、山西；俄罗斯、蒙古国也有分布。

粗野马先蒿 *Pedicularis rudis*

列当科 Orobanchaceae　马先蒿属 *Pedicularis*

〔形态特征〕多年生草本，高可达2 m。鞭状根茎细长，根萝卜状增粗。茎直立，粗壮，不分枝。有时基部或花序下部有分枝，被长柔毛。叶茎生，茎中部较大，近无柄；叶片线状长圆形，长达15 cm，宽达3 cm，羽状深裂至3/4处，两面疏被短毛，裂片线形或披针形，具重锯齿，齿间多少具胼胝。花序顶生，至花期后伸长而花疏离；花萼钟形，长7～8 mm，外面被毛，齿5枚，近等大，有时两齿之间另有小齿，边缘锯齿明显；花冠黄色，长2.2～2.5 cm，外面被毛，筒部长于花萼近两倍，弯曲，盔镰状弓曲，下缘有多节长缘毛，盔端突狭为极小的尖喙，下唇多少直立，裂片近圆形或倒卵形，具多节长缘毛，中裂片稍大，从基部向喉部有两条不明显的褶，向下与两条毛线相连；花丝无毛；蒴果长约1.2 cm，有喙尖；种子多少肾形，长约2 mm，表面有蜂窝状网纹及三条狭翅。花果期7—9月。

〔生境分布〕班玛（玛可河林场）、同仁、泽库、贵德、大通、湟中、乐都、平安、民和。生于山坡灌丛、林缘及林下，海拔2 000～3 700 m。分布于四川西部、甘肃西部和西南部、内蒙古西部。

硕大马先蒿 *Pedicularis ingens*

列当科 Orobanchaceae　马先蒿属 *Pedicularis*

〔形态特征〕多年生草本，高15～110 cm。鞭状根茎连着萝卜状肉质粗根。茎直立，粗壮，单一或偶见上部有纤细分枝。叶密集，茎中间者大，向上渐小为苞片，长3～11 cm，宽4～15 mm，羽状浅裂至深裂，基部耳状抱茎，裂片有细锯齿，齿端翻卷，两面无毛或有疏柔毛，无柄。花排列密集；苞片叶状，下部等于或长于花；花萼筒状钟形，长9～13 mm，齿5枚，长2～3 mm，近等大，有细锯齿，翻卷；花冠黄色，长2～3 cm，筒部稍弯曲，长1.4～2.0 cm，盔略膨大为舟形，弯曲，前端渐狭为极短的喙，下缘有多节长缘毛，下唇长至10 mm，宽1.2 cm，裂片卵形至倒卵形，顶部急尖或有啮状小齿，有时具黄色缘毛，中裂片稍宽；花丝前方1对有疏毛，基部被长柔毛。蒴果长约1.6 cm；种子长约3 mm，表面具蜂窝状网纹，稍具三棱。花果期7—9月。

〔生境分布〕玛多、达日、久治、玛沁、甘德、杂多、囊谦、泽库、河南、兴海、贵德。生于山谷、河边灌丛、山坡草地、草甸、公路边，海拔3 400～4 600 m。分布于西藏东部、四川北部、甘肃。

毛盔马先蒿 *Pedicularis trichoglossa*

列当科 Orobanchaceae 马先蒿属 *Pedicularis*

〔形态特征〕多年生草本，高25～40 cm。鞭状根茎细长，茎直立，不分枝。叶茎生，线状狭披针形或线状长圆形，长2.5～7.5 cm，宽0.7～1.4 cm，先端圆钝，边缘浅裂，裂片卵形；有重细齿，两面近无毛；下部者有长约15 cm的柄，至上部耳状抱茎。花序排列较疏；苞片下部者叶状，稍长于花萼，上部为卵状披针形，近等长于花萼，边缘具重齿，密被多节长柔毛；花萼钟形，长约1.2 cm，前方稍开裂，外面密被紫色多节长毛，齿5枚，近等大，有疏齿，长约6 mm；花冠紫红色，长约1.7 cm，筒部自基部起弓曲，较花萼稍短，外面被多节长毛，向上渐密，盔强烈弓曲，稍偏，背部及下部有密紫色多节长柔毛，先端渐狭为喙，光滑，下唇宽，裂片肾形无爪；花丝仅着生处有长柔毛。种子灰白色，长约3 mm，表面具蜂窝状网纹及狭的三棱。花期7—8月。

〔生境分布〕久治、杂多、囊谦、玉树、称多。生于高山灌丛、山顶草甸、林下、河谷处，海拔3 500～4 600 m。分布于西藏、云南西北部、四川西部。

毛颏马先蒿 *Pedicularis lasiophrys*

列当科 Orobanchaceae　马先蒿属 *Pedicularis*

〔形态特征〕多年生草本，高8～32 cm。鞭状根茎细长。茎直立，不分枝，被卷曲状毛或仅有4条毛线。叶互生，下部者发达，具短柄，向上渐疏或稍密，无柄；叶片长1.5～3.8 cm，宽2～7 mm，线状圆形或线状长圆形，先端圆钝或急尖，边缘有羽状深齿，基部耳状抱茎，两面多少被毛。花序多少伸长，花排列紧密或稍疏；苞片叶状，全缘，密被腺毛；花萼钟形，长约7 mm，前方稍裂，外面密被腺毛，齿5枚，近等大，长3～4 mm；花冠黄色，长约1.4 cm，筒部近直，稍长于花萼，盔顶端以直角弓曲，额部、颏部及下缘密被黄色长须毛，先端有长3～5 mm的喙，光滑，下唇开展，裂片近圆形，基部有短柄，有极疏的缘毛；花丝两对基部有毛。种子棕色，长约2 mm，表面具蜂窝状网纹，有明显的三条狭棱。花期7—8月

〔生境分布〕玛多、玛沁、久治、杂多、囊谦、玉树、同仁、泽库、天峻、兴海、共和、大通、湟中、乐都、祁连、门源。生于高山灌丛、草甸、沼泽滩地、林缘灌丛、林下、公路边、岩石缝中、高山碎石带，海拔2 500～4 800 m。分布于甘肃西部和西南部。

绒舌马先蒿 *Pedicularis lachnoglossa*

列当科 Orobanchaceae　马先蒿属 *Pedicularis*

〔形态特征〕多年生草本，高15 ~ 35 cm。根萝卜状，肉质；根颈外具残存枯叶柄。茎从根颈抽出，多条，疏被毛。叶大部基生，叶柄长达6 cm，具缘毛；叶片线状长圆形，长4 ~ 9 cm，宽0.5 ~ 1.2 cm，羽状全裂，裂片多少线形，边缘浅裂至为钝齿，翻卷；茎生叶互生，无或有1 ~ 3枚，疏离。花序顶生；苞片狭披针形，具长渐尖，齿翻卷，下部者与花等长，上部者短于花；花萼狭钟形，长约9 mm，前方稍裂，背面脉上具极疏长毛或无，萼齿多少线形，先端渐尖，全缘或有不明显锯齿，具紫色长缘毛；花冠淡紫红色至紫红色，长13 ~ 15 mm，筒部在中部膝曲，盔稍向左扭，前端渐狭成长约3 mm的喙，背部及下缘均密被紫色多节长毛，毛被在喙端呈丛状，下唇近全裂，裂片近等大，披针形或倒卵形，有长缘毛；花丝无毛。种子表面具纵的蜂窝状网纹。花果期7—9月。

〔生境分布〕班玛、囊谦、玉树。生于林缘草地、河滩地、沼泽草甸及山坡草地，海拔3 650 ~ 4 300 m。分布于西藏、云南东北部及四川西北部。

侏儒马先蒿 *Pedicularis pygmaea*

列当科 Orobanchaceae　马先蒿属 *Pedicularis*

〔形态特征〕一年生草本，高不及6 cm。根多少增粗而肉质，根颈外有数对膜质鳞片。茎直立，单一或从基部分枝，茎四棱，沟中有成行之长柔毛。基生叶柄长4 ~ 7 mm，膜质，有缘毛，茎生者柄较短，仅1轮；叶片卵圆形至卵状长圆形，长不及10 mm，宽不及5 mm，羽状全裂至深裂，齿端有胼胝硬尖，常翻卷，疏被毛。花序密集；苞片下部者羽裂，中部以上者常3掌裂，疏被毛；花萼卵球形，长4 ~ 5 mm，前方深裂，边缘及脉上被多细胞长毛，脉明显，齿5枚，稍偏聚后方，三角形至多少线形、甚小；花冠紫红色。长9 ~ 11 mm，筒部约在近基部2.5 mm处以直角向前膝曲，向喉部强烈扩大，盔长4 ~ 6 mm，稍弓曲，前端下缘有三角形喙状凸起，下唇长4 ~ 6 mm，宽6 ~ 9 mm，中裂片圆形，有柄，稍凸出；花丝两对除基部外无毛。花期7—8月。

〔生境分布〕玛多、玉树、称多、河南、互助。生于山坡、草甸、河边及沼泽草甸，海拔3 400 ~ 4 500 m。青海特有种。

甘肃马先蒿 *Pedicularis kansuensis*

列当科 Orobanchaceae　马先蒿属 *Pedicularis*

〔形态特征〕一年生草本，高15～40 cm。茎常自基部发出，有时单一而较纤细。叶3～4枚轮生，下部者具长达2 cm的柄，向上渐短至近无柄；叶片线状长圆形至卵形，长达6 cm，宽达1.7 cm，羽状全裂，裂片多少披针形，浅裂至深裂，齿端常具胼胝而翻卷。花序可占茎长的2/3以上，中部以下多疏离；苞片下部叶状，向上渐为近3掌裂，稀不裂，基部膜质膨大，边缘具长缘毛；花萼近球形，长4～6 mm，前方不裂或微裂，外面脉上多少被多节长硬毛，齿5枚，不等大，多少具齿；花冠紫红色或为白色，长15～16 mm，筒部在近基部膝曲，盔稍弯曲，额高凸，上缘常有波状的鸡冠状凸起，先端前缘无凸尖，下唇长6～8 mm，宽7～9 mm，侧裂片大，中裂片宽大于长；花丝前方1对上部被长毛，基部均有粗短毛。花期5—9月。

〔生境分布〕玛多、玛沁、久治、杂多、曲麻莱、玉树、称多、尖扎、同仁、泽库、都兰、乌兰、天峻、兴海、共和、同德、贵德、贵南、西宁、大通、湟中、循化、乐都、民和、互助、刚察、海晏、祁连、门源。生于林下、林缘、弃耕地、河滩、阳性干旱山坡、村舍旁、灌丛、草甸，海拔2 200～4 600 m。分布于我国西藏、四川西部、甘肃；尼泊尔东部也有分布。

四川马先蒿 *Pedicularis szetschuanica*

列当科 Orobanchaceae　马先蒿属 *Pedicularis*

〔形态特征〕一年生草本，高7～30 cm。根茎部常具膜质鳞片。茎自基部分枝，上部决不分枝，有时单出，具4条毛线，叶多两轮，基部有长达15 cm的柄，向上较甚短；叶片卵状椭圆形至三角状披针形，长1～3 cm，宽5～10 mm，羽状深裂至浅裂，疏被毛，边缘有时具胼胝。花序紧密，下部疏离；苞片下部者叶状，向上渐短，菱形；花萼钟形，除齿外膜质，长5～6 mm，前方不裂，上部网脉明显，齿5枚，多少披针形，有不明显锯齿，缘毛疏而长；花冠紫红色，长13～15 mm，筒部在约2 mm处膝曲，向喉部稍扩大，盔稍弯曲，长约5 mm，鸡冠状突起不明显，先端前缘稍有小凸尖，下唇基部近心形，长8～9 mm，宽11～12 mm，侧裂片稍大，中裂片基部缢缩；花丝两对均无毛；柱头稍稍伸出。花期7—8月。

〔生境分布〕玛沁、久治、玉树、称多、同仁、泽库、河南、同德。生于山脊草甸、圆柏林下、高山灌丛草甸，海拔3 200～4 300 m。分布于西藏昌都、四川西北部及甘肃西南部。

碎米蕨叶马先蒿 *Pedicularis cheilanthifolia*

列当科 Orobanchaceae　马先蒿属 *Pedicularis*

〔形态特征〕多年生草本，高5～28 cm。根圆锥状稍肉质。茎单出或从基部发出数枝，上部也有分枝，沟内生有密毛，基生叶早枯；茎生叶3～4枚轮生，具长0.5～3 cm的柄；叶片线状披针形或卵状披针形，长1.5～3.5 cm，宽不过1.2 cm，羽状全裂，裂片具齿。花序穗状，紧密，有时下部稍疏离；苞片叶状，下部者长于萼，花萼筒状钟形，长约12 mm，前面开裂至1/2，背面脉上密被长毛，口部沿边缘具毛环，齿5枚，后方枚狭三角形，全缘，余者靠合，具钝齿；花冠花色多变，长约20 mm，筒部在萼内膝曲，喉部内面具毛线及腺点，盔镰状弓曲，长约11 mm，前端突狭成长约1 mm的短喙，下唇宽心形，有褶，长约8 mm，宽约13 mm，中裂片较小，近卵圆形，花丝除基部及着生无毛，花药具突尖。种子表面纵向网纹，腹线有狭翅。花果期6—10月。

〔生境分布〕玛多、玛沁、久治、杂多、治多、曲麻莱、囊谦、玉树、称多、同仁、泽库、河南、格尔木、德令哈、天峻、兴海、共和、同德、贵德、贵南、西宁、大通、乐都、互助、刚察、祁连、门源、可可西里。生于杨树林下、云杉林下、河滩地、路边、高山草甸破坏处、高山灌丛及草甸，海拔2 500～4 700 m。分布于西藏、新疆、甘肃西部；中亚地区也有分布。

阿拉善马先蒿 *Pedicularis alaschanica*

列当科 Orobanchaceae　马先蒿属 *Pedicularis*

〔形态特征〕多年生草本，高10～30 cm。根圆柱形，木质化。茎由基部发出数条斜生的分枝，被毛。叶对生或3～4枚轮生，叶片卵状长圆形或披针形，长2.5～6 cm，宽0.7～1.2 cm，羽状全裂，裂片线形，有钝齿。花序下部花轮较疏，苞片下部者长于花，至上部仅与花等长；花萼坛状，长9～15 mm，花期后膨大，前侧开裂至1/2，背面脉上被长毛，齿5枚，后方1枚三角形，全缘或有细齿，侧方两枚独立或结合成大齿，有齿；花冠黄色，长1.7～2.2 cm，管部于近端处多少向前弓曲，盔稍弓曲，前缘具厚褶，褶上具乳突，顶端突狭成长1.5～3.5 mm的喙，下唇近肾形，长9～12 mm，宽达18 mm，中裂片甚小，宽达5 mm，宽卵形或扁圆形至倒卵形；花丝前方1对顶部多少被长柔毛。种子表面具多条纵翅，翅上有网纹。花果期6—10月。

〔生境分布〕玛多、玛沁、杂多、治多、曲麻莱、囊谦、玉树、称多、尖扎、同仁、格尔木、德令哈、都兰、乌兰、天峻、兴海、共和、同德、贵德、贵南、西宁、大通、平安、乐都、民和、互助、刚察、海晏、门源。生于阳性干旱山坡、沙地、田边、路边、草甸化草原、河漫滩，海拔2 300～4 300 m。分布于西藏、甘肃、宁夏、内蒙古。

半扭转马先蒿 *Pedicularis semitorta*

列当科 Orobanchaceae　马先蒿属 *Pedicularis*

〔形态特征〕一年生草本，高20 ~ 55 cm。茎单一或有分枝，中空，有4条毛线。基生叶花期枯萎，茎生叶3 ~ 5枚轮生，下部有时有长达20 mm的柄；叶片卵状长圆形或长圆形，长达5 cm，宽达25 cm，羽状全裂，疏或密，裂片浅裂至深裂，小裂片有齿，上面无毛或脉上有极疏的毛，下面近光滑，边缘有或无胼胝。花序穗状，下部花轮有时疏离；苞片下部者叶状，上部者掌状3裂，基部扩大膜质；花萼狭卵形，长7 ~ 9 mm，前侧开裂至1/2，齿5枚，线形而偏聚于后侧；花冠黄色，管部直立，顶部略弯使花前俯，长7 ~ 8 mm，盔含雄蕊部分基部强烈扭转，前缘向前凸起，喙部扭转成环，喙端指向前上方，下唇宽卵形，裂片近圆形，先端圆钝，中裂片稍小，无缘毛；花丝两对有毛。蒴果斜尖卵形；种子具纵网纹，一侧有狭翅。花果期7—9月。

〔生境分布〕玛沁、久治、玉树、同德、湟中、门源。生于沙棘或圆柏林缘、林下、阳性山坡、干旱草坡、温性草原河滩上，海拔3 000 ~ 4 600 m。分布于四川北部、甘肃中部与西南部。

多齿马先蒿 *Pedicularis polyodonta*

列当科 Orobanchaceae　马先蒿属 *Pedicularis*

〔形态特征〕多年生草本，高6～15 cm。茎单出或自基部分枝，密被褐色柔毛。叶2～4枚，对生，最下部都有长达1.8 cm的柄，上部近无柄，宽大；叶片三角状线形或卵状披针形。长1～2.5 cm，宽0.5～1.1 cm，基部圆形至近心形，浅裂，裂片具圆齿，两面被较密长毛。花序紧密，有时最下部花轮具7 cm的间距；苞片叶状，基部宽；花萼管状钟形，长1.0～1.3 cm，密被柔毛，前方不开裂，齿25枚，后方1枚狭小，全缘，余者上部略膨大而具反卷之齿；花冠黄色，长（19）22～25 mm，花管直立，与花萼近等长，喉部被长柔毛，盔弓曲，向上渐宽，额部具明显波状鸡冠状凸起，下缘有齿3～5对。下唇短于盔，裂片近圆形，近等大或中裂片稍大，基部缢缩，边缘啮蚀状，中部有两条高凸之褶；花丝无毛，基部及着生处疏被短毛。蒴果长约1.5 cm；种子长约1.5 mm。具纵网纹。花果期7—9月。

〔生境分布〕班玛、囊谦、玉树、同仁、泽库、兴海、同德。生于高山草甸、灌丛、林缘、林下、林间草地、河滩地、阳性山坡灌丛地，海拔3 000～4 200 m。分布于四川西北部与北部、甘肃西南部。

琴盔马先蒿 *Pedicularis lyrata*

列当科 Orobanchaceae　马先蒿属 *Pedicularis*

〔形态特征〕一年生草本，高4～9 cm。茎节缩短，被毛。基生叶具长达1.5 cm的细柄，叶片椭圆状长圆形或稍卵状长圆形，长达1.7 cm，羽状浅裂或全缘，两面被毛；茎生叶稍大于基生叶，具短柄，叶片多卵状长圆形，基部不扩大呈三角形，楔形或狭楔形。花序紧密，少花，偶见花序稍伸长；苞片叶状，稍长于花萼；花萼筒状钟形，长达11 mm；前侧不开裂，背面被较密的毛，齿5枚，后方1枚三角形全缘，其余线形，全缘或有疏齿；花冠黄色，长约2 cm，筒部直立，喉部稍扩大，内面有两丛密毛，盔在近上部弓曲，长9～11 mm，顶端具高凸的鸡冠状突起，前端下缘有3～4枚小齿，下唇长约6 mm，宽约10 mm，中部具褶，裂片近等大或中裂片稍大，边缘具细齿；花丝仅基部有毛。种子表面具纵肋，肋间具横隔。花果期7—9月。

〔生境分布〕久治、杂多、治多、曲麻莱、玉树、同仁、泽库、河南、祁连山地区。生于高山灌丛、草甸及草点破坏处、圆柏林下、河滩地，海拔2 800～4 250 m。分布于我国西藏、四川西部、甘肃西部及西南部；喜马拉雅地区也有分布。

团花马先蒿 *Pedicularis sphaerantha*

列当科 Orobanchaceae　马先蒿属 *Pedicularis*

〔形态特征〕多年生草本，高8～15 cm。根肉质，纺锤形。茎单一或从基部发出数条，被毛。叶对生，基生叶具长达25 mm的柄，常在花后期枯萎；茎生叶近无柄或具极短的宽柄，叶片椭圆形或宽椭圆形，长10～15 mm，宽5～9 mm，羽状深裂，裂片线形，有重锯齿，两面被较密柔毛。花序少花，密集成近头状，有时仅2朵花；苞片基部楔形、膜质，上部叶质，亚掌状开裂，被密柔毛；花萼筒状钟形，长约9 mm，背面脉上被较密多节长毛，齿5枚，后方1枚针状全缘，其余先端膨大而3裂，具柄；花冠紫红色，喙部颜色较深，长约20 mm，筒部直立，近端处稍弯曲，长约12 mm，内面近喉部被长柔毛，盔直立部分的前缘具耳状突起，上部以近直角弯曲，先端渐狭成长6～8 mm的喙，喙稍向下弓曲，下唇宽大，长约10 mm，宽约12 mm，具缘毛，中裂片甚小，显作兜状，稍凸出，花丝前方1对有疏毛。蒴果长约12 mm；种子细小，具纵网纹。花果期7—9月。

〔生境分布〕玛沁、杂多、玉树、称多、泽库、同德、乐都、互助。生于高山草甸及灌丛中、乱石堆，海拔3 200～4 200 m。分布于西藏昌都地区。

华马先蒿 *Pedicularis oederi* var. *sinensis*

列当科 Orobanchaceae　马先蒿属 *Pedicularis*

〔形态特征〕多年生草本，高5～15 cm。根多少纺锤状，肉质；根颈外常具数枚长达13 mm的膜质鳞片。茎单出或由根颈部发出数条，被长柔毛，基生叶发达，有长达28 mm的柄，叶片线状长圆形，长达7 cm，宽达14 mm，羽状全裂，裂片浅裂，两面多少被毛；茎生叶互生，2～4枚，集中于茎下部。花序总状，紧密；苞片基部卵状披针形，上部有齿；花萼筒状，长约11 mm，前侧不开裂，背面及齿上被较密长柔毛，齿5枚，后方1枚三角形全缘，其余4枚基部三角形，先端稍扩大或线形，有齿；花冠除盔端紫色或黑紫色外，其余黄色，长约22 mm，筒部在近端处稍弓曲，盔长6～9 mm，其直立部分的前缘中部具不明显三角形凸起，前端圆钝，前缘有凸尖，下唇近肾形，开展，宽几为长的2倍，中裂片近圆形，基部具柄，向前凸出；花丝前方1对上部被长柔毛。种子表面具细条纹，有横纹。花期6—8月，果期7—10月。

〔生境分布〕玛多、久治、玛沁、杂多、治多、曲麻莱、囊谦、玉树、称多、尖扎、同仁、泽库、可可西里、格尔木、德令哈、都兰、乌兰、天峻、兴海、共和、同德、贵德、大通、循化、乐都、互助、刚察、海晏、祁连、门源。生于高山灌丛草甸、沼泽草甸土丘上及流石滩草甸和石隙处，海拔2 800～5 085 m。分布于我国西藏、云南、四川、甘肃、陕西、山西、河北；不丹也有分布。

这个类群在花冠大小，筒部和盔部长短及叶裂片数目变化很大。

青藏马先蒿 *Pedicularis przewalskii*

列当科 Orobanchaceae　马先蒿属 *Pedicularis*

〔形态特征〕多年生草本，高15～20 cm。根多少纺锤形而肉质。茎单出或由根颈发出，直立。基生叶发达，具长达30 mm的柄，叶柄具缘毛，叶片线状长圆形，长达7 cm，宽至11 mm，边缘浅裂，两面多少被毛。花序密集，有时仅有2～3朵花；苞片叶状，稍长于或与花萼近等长；花萼卵状椭圆形长15～18 mm，口部收缩，前方开裂至中部，沿口部边缘被毛，背面毛被较密，齿5枚，聚于后方，不等大，有柄，顶部扩大为宽卵形，具条裂状重锯齿；花冠紫红色，喉部内面黄白色，具浓郁的香味，管部长28～33 mm，外面被长毛及腺状毛，盔高约9 mm，前端突狭成长约6 mm的喙，喙端深2裂，稍向右扭，下唇宽大，长16～22 mm，宽17～24 mm，基部深心形，中裂片较小，宽卵形至近圆形，基部缢缩成柄；花丝两对密被毛，有时后方1对无毛至疏被毛。种子表面具细条纹，条纹间有横隔。花期6—8月。

〔生境分布〕玛多、达日、玛沁、杂多、治多、曲麻莱、囊谦、玉树、称多、大通、兴海、乐都、互助。生于高山草甸、灌丛边草甸上，海拔3 400～4 950 m。分布于西藏、甘肃西南部、四川西部。

中国马先蒿 *Pedicularis chinensis*

列当科 Orobanchaceae 马先蒿属 *Pedicularis*

〔形态特征〕一年生草本，高10～35 cm，全株多少被长柔毛，茎斜卧或直立。叶互生，叶柄长达8 cm；叶片长圆形或卵状长圆形，长2～11 cm，宽达2 cm，羽状全裂至浅裂，裂片宽卵形，基部下延成翅，边缘具细齿。花序穗状，紧密排列，多花或少花，有时呈伞房状；苞片柄略加宽，上部叶质，短于柄部；花萼筒状，长约18 mm，前方开裂至中部，齿2枚，偏聚后方，基部缢缩，先端宽卵形，近掌状开裂；花冠黄白色或浅黄色，筒部长35～60 mm，盔稍偏斜，其含雄蕊部分稍膨大，前端渐狭成长6～8 mm的喙，喙端浅2裂，下唇为横的倒卵状长圆形，长约12 mm，宽约20 mm，中裂片宽倒卵形，两侧与侧裂片重叠，先端稍圆或平；花丝两对被密毛。蒴果长约24 mm。种子长约2 mm，表面具细纵肋，肋间有横隔。花期7—8月，果期9—10月。

〔生境分布〕久治、玛沁、同仁、泽库、河南、同德、贵德、大通、湟源、湟中、循化、乐都、民和、互助、刚察、海晏、祁连、门源。生于河滩草地、灌丛湿处、林缘灌丛、林间空地湿草地、高山灌丛，海拔2 300～3 600 m。分布于西藏、甘肃、山西、河北北部。

长花马先蒿 *Pedicularis longiflora*

列当科 Orobanchaceae　马先蒿属 *Pedicularis*

〔形态特征〕多年生草本，高5～10 mm。根通常呈不同程度的圆锥状，深埋于土层中，根颈通常生出若干纤细的茎，其节间膨大，呈念珠状（青海）。茎细弱，仰卧，有1～2个分枝，被柔毛。托叶披针形，棕褐色干膜质，长6～10 mm，合生至上部，外被短柔毛；小叶5～11，近无柄，小叶片椭圆形或卵形，长8～10 mm，宽4～5 mm，上面无毛，下面被贴伏短柔毛，先端圆形或截平状，基部四楔形。总状花序腋生，高于叶近1倍；花6～12朵，长12～15 mm，外展，疏散排列，具3～4 mm长的被短柔毛的花梗；苞片披针形，棕褐色干膜质，稍长于花梗，被短柔毛；花萼钟状，长4～6 mm，萼筒紫红色，萼齿三角状披针形，与萼筒约等长，被柔毛，下萼齿稍长于其余萼齿，齿间呈锐角；花冠紫红色，下部色较淡或近白色，旗瓣倒卵形，长13～14 mm，翼瓣线形，与旗瓣近等长，龙骨瓣稍长于旗瓣；子房线形，腹缝线具柔毛，其余部分几无毛。

〔生境分布〕玛多、达日、玛沁、久治、杂多、治多、曲麻莱、囊谦、玉树、称多、同仁、泽库、河南、德令哈、兴海、共和、同德、贵德、大通、乐都、互助、海晏、祁连、门源。生于高山灌丛、草甸湿处、河滩灌丛，海拔2 100～4 800 m。分布于我国西藏、云南西南部、四川西南部、甘肃西部和西南部；不丹、尼泊尔向西至克什米尔地区也有分布。

密花角蒿 *Incarvillea compacta*

紫葳科 Bignoniaceae 角蒿属 *Incarvillea*

〔形态特征〕多年生草本，高3 ~ 36 cm。根壮。茎于花期伸长达36 cm。羽状复叶，花期前呈莲座状，平铺地面，花期后互生于花茎下部，有长达6 cm的柄；顶生小叶远大于侧生小叶，有时稍大或稍小，近圆形、宽卵形或狭披针形，长1.2 ~ 3.4 cm，宽（5）8 ~ 32 mm，全缘；侧生小叶卵状披针形或狭披针形，长1.4 ~ 2.4 cm，宽4 ~ 15 mm，先端急渐尖，有尖头，全缘。花序总状，初时聚生于叶丛中，果期时抽出叶丛外，最外部花序轴长达13 cm；苞片三角状长线形，无柄；小苞片形同苞片，较短；花萼钟形，具紫斑，长10 ~ 15 mm，裂片三角状卵形，先端有小尖头；花冠紫红色，筒部具紫斑，长3.8 ~ 4.6 cm，裂片多少近圆形，先端徽凹；退化雄蕊呈突起状。蒴果长披针形，长7 ~ 11 cm，稍具4棱；种子扁平，四周具翅，上面密被肤屑状鳞片，下面光滑。花期6—7月。

〔生境分布〕本省大部分地区。生于阳性石质山坡，海拔2 400 ~ 4 600 m。分布于西藏、甘肃。本种叶大小多变，总状花序在花期时密集于未抽出叶丛的茎顶端，花期后，茎整体伸长，花序明显具分枝或分枝短而苞片好像位于花梗中部附近。

矮生豆列当 *Mannagettaea hummelii*

列当科 Orobanchaceae　豆列当属 *Mannagettaea*

〔形态特征〕低矮寄生草本，高不过6 cm，多簇生。茎极短，光滑。叶鳞片状，宽卵圆形，长约7 mm，具疏缘毛。花数朵簇生，近头状；苞叶长卵形或长椭圆状披针形，长1.3～1.7 cm，背面顶部及边缘被污白色长柔毛；小苞片线形或线状狭倒披针形，被毛，常1枚较宽；花萼筒形，长1～2.2 cm，先端3～5齿，有时前侧深裂至一半以上，或齿再2裂，背面被较密长柔毛；花冠淡紫色至黑紫褐色，外面向上多少被污白色长棉毛，上唇宽，兜状，全缘至浅2裂，下唇3裂，极少2裂，裂片线形，多被毛，近等长；花丝基部及着生处被长柔毛，花药黄色，稍被毛至光滑，先端尖而靠合，基部有小尖；花柱光滑。花期7—8月。

〔生境分布〕玛沁、称多、兴海、共和、同德、祁连。在青海常寄生于鬼箭锦鸡儿（*Caragana jubata*）的根上，海拔3 200～4 300 m。分布于我国甘肃西南部和西部；俄罗斯（萨彦岭地区）也有分布。

平车前 *Plantago depressa*

车前科 Plantaginaceae　车前属 *Plantago*

〔形态特征〕多年生草本，高7～25 cm。直根圆柱状，长3～11 cm，叶基生，直立或平铺，椭圆形或椭圆状披针形，长4～12 cm，宽1～5 cm，先端渐尖，基部楔形，渐狭成叶柄，全缘或具不整齐的缺刻，上面绿色，下面黄绿色，初时两面被白色柔毛，后变无毛，脉5～7条；叶柄长1.5～4 cm，基部有宽叶鞘花葶4～11个，弧曲，长4～25 cm，疏被柔毛；穗状花序长4～20 cm，顶部端花密集，下部花较稀疏；苞片三角状卵形，长约2 mm，具绿色龙骨状突起；花萼裂片椭圆形，长约2 mm，具明显的龙骨状突起；花冠裂片椭圆形或卵形，先端有浅齿；雄蕊稍超出花冠。蒴果圆锥形，长约3 mm，棕褐色；种子5粒，长圆形，长约1.5 mm，黑色。花果期7—8月。

〔生境分布〕玛多、久治、玛沁、杂多、囊谦、玉树、治多、曲麻莱、尖扎、同仁、河南、德令哈、都兰、共和、兴海、贵南、西宁、大通、湟中、循化、乐都、民和、互助、刚察、门源。生于灌丛草甸、山坡、田边、路边，海拔2 300～4 100 m。分布于我国各地；中亚地区、印度、俄罗斯、蒙古国、日本也有分布。

茜草 *Rubia cordifolia*

茜草科 Rubiaceae　茜草属 *Rubia*

〔形态特征〕多年生攀援草本。根紫红色或橙红色。茎有明显的4棱，棱上生有倒刺。叶4枚轮生，叶柄长1～5 cm，上面生有倒刺；叶片心状卵形至心状披针形，长1～7 cm，宽0.5～4 cm，先端急尖或渐尖，基部钝圆或心形，边缘略反卷或不反卷，两面被糙毛，脉上有倒刺或密生长刺毛，基出脉3～5条。聚伞花序顶生或腋生，通常组成大而疏松的圆锥花序；总苞片卵圆形，长约4 mm；花梗长2～3 mm；花小，黄色，裂片5，披针形；雄蕊生于花冠基部，花药近球形；花柱短，柱头2，头状。果球形，红色或黑色。花果期6—8月。

〔生境分布〕班玛、玛沁、玉树、囊谦、称多、同仁、泽库、兴海、贵南、湟源、湟中、循化、乐都、民和、互助、祁连。生于河谷、阴坡、林下、沙丘，海拔2 000～4 200 m。分布于我国西藏、云南、四川；亚洲及澳大利亚也有分布。

在所观察的标本中，本种叶片的形状及大小等变异较大，一般生长在阳坡等干旱环境中的植株，叶片较小，多少为革质，叶脉明显或不明显，而生长在阴坡灌丛下等阴湿环境中的植株，叶片较大，膜质，叶脉不明显。

拉拉藤 *Galium Spurium*

茜草科 Rubiaceae 拉拉藤属 *Galium*

〔形态特征〕拉拉藤为多枝、蔓生或攀援状草本。茎四棱，棱上、叶缘及叶下面中脉上均有倒生小刺毛。叶4～8片轮生，近无柄，叶片条状倒披针形，长1～3 cm，顶端有凸尖头。聚伞花序腋生或顶生，单生或2～3个簇生，有黄绿色小花数朵；花瓣4枚，有纤细梗；花萼上也有钩毛，花冠辐射状，裂片矩圆形，长不及1 mm。果干燥，密被钩毛，每一果室有1颗平凸的种子。

〔生境分布〕生于路旁、荒地、菜地、田边土壤肥沃处，海拔350～4 300 m的山坡、旷野、沟边、湖边、林缘、草地。在我国各地均有分布；日本、朝鲜、巴基斯坦等地也有分布。

蓬子菜 *Galium verum*

茜草科 Rubiaceae　拉拉藤属 *Galium*

〔形态特征〕多年生直立草本，高9～40 cm。根暗紫红色，茎4棱形，分枝，被短柔毛，基部稍木质。叶6～10枚轮生，无柄，线形，长0.7～3 cm，宽0.5～2 mm，先端锐尖，具小尖头，基部渐狭，边缘反卷，两面光滑无毛，基出脉1。聚伞花序顶生或腋生，在枝上部排成圆锥花序状；花梗长2～8 mm，被疏毛；苞片长卵形或长线形；花萼小，无毛；花冠黄色，辐状，裂片4，卵形，外面及内面近喉部被短毛；雄蕊伸出花冠筒外。果小，无毛。花果期7—9月。

〔生境分布〕玛沁、尖扎、同仁、泽库、河南、共和、贵南、大通、湟源、刚察、乐都、民和、祁连。生于高山草甸灌丛、河滩、山坡、路旁，海拔2 100～4 300 m。分布于我国西南、西北、华北、东北和长江流域；欧洲、亚洲、北美洲、北非洲也有分布。

砧草 *Galium boreale*

茜草科 Rubiaceae 拉拉藤属 *Galium*

〔形态特征〕多年生直立小草本，高20 ~ 40 cm。根丝状，红色。茎4棱形，微被柔毛，节部较密。叶4枚轮生，无柄，披针形或卵状披针形，长1 ~ 2.7 cm，宽2 ~ 5 mm，先端钝圆，基部宽楔形，边缘略反卷，具缘毛，上面无毛或疏被微毛，下面光滑无毛，基出脉3条。聚伞花序在茎枝顶端组成圆锥花序；花小，白色，具短梗；花萼被卷曲的白毛；花冠4裂，裂片近圆形，长约1 mm，外面疏被毛；花柱2裂至近基部。果小，双球形，密被白色钩毛。

〔生境分布〕玉树、同仁、泽库、共和、湟源、乐都、民和。生于阴坡、山坡、田边，海拔2 350 ~ 3 500 m。分布于我国西藏、四川、新疆、甘肃、陕西、宁夏、山西、河北及东北；欧洲、亚洲、北美洲也有分布。

莛子藨 *Triosteum pinnatifidum*

忍冬科 Caprifoliaceae　莛子藨属 *Triosteum*

〔形态特征〕多年生草本，高30～70 cm。根茎粗，多分枝。茎直立，被白色刚毛及腺毛，不分枝或顶端有分枝。叶羽状深裂，长7～15 cm，宽达13 cm，裂片5～7个，椭圆披针形，先端尾状渐尖，两面被刚毛，下面脉上毛较密；叶柄短。聚伞花序各具3花，集生茎顶，无总花梗，常呈穗状花序；萼筒被刚毛和腺毛，萼齿三角形；花冠黄绿色，筒形，长约1 cm，基部弯曲，一侧肿大，被腺毛，裂片圆形，内面有紫色斑点；雄蕊生于冠筒中下部，花丝短；花柱有毛，柱头头状。果球形，肉质，具三槽，成熟时白色，长约1 cm；种子黑色，腹面具2。花果期5—8月。

〔生境分布〕玛沁、班玛、同仁、大通、湟中、循化、乐都、民和、互助。生于山坡灌丛中及林下，海拔2 500～3 700 m。分布于我国四川、湖北、河南、甘肃、宁夏、陕西、河北、山西；日本也有分布。

华西忍冬 *Lonicera webbiana*

忍冬科 Caprifoliaceae　忍冬属 *Lonicera*

〔形态特征〕落叶灌木，高1 ~ 3 m。幼枝无毛，被红色腺体，老枝具黑色圆点。冬芽卵形，鳞片约5对，顶端尖，内鳞片反折。叶卵形、卵状椭圆形或披针形，长2 ~ 9 cm，宽0.7 ~ 3.2 cm，先端尾状渐尖或钝，全缘或边缘波状至浅圆裂，有缘毛，基部圆形或宽楔形，两面有毛及腺体；叶柄长至1 cm，无毛。总花梗长约3 cm，无毛；苞片线形，与萼近等长；小苞片极小，分离；双花的萼筒分离，近光滑，萼齿微小；花冠紫红色，长约1 cm，外面有短毛和腺体或无毛，唇形，冠筒甚短，具浅囊，唇瓣长，下唇反曲；花丝有毛；花柱下半部有毛。果先红色后变为黑色，圆形。花果期6—7月。

〔生境分布〕班玛、久治、玉树、民和。生于林下、山坡灌丛中，海拔2 000 ~ 4 200 m。分布于我国西藏、云南、四川、湖北、江西、甘肃、陕西、宁夏、山西；欧洲东南部、阿富汗及克什米尔至不丹也有分布。

矮生忍冬 *Lonicera rupicola* var. *minuta*

忍冬科 Caprifoliaceae　忍冬属 *Lonicera*

〔形态特征〕落叶小灌木，高5～30 cm，多分枝，近似帚状，主干较粗。小枝淡绿色，被小柔毛，老枝先端棘状，节密集，具小的冬芽。叶对生，线状长圆形、卵状长圆形或线状倒披针形，长5～14 mm，宽2～5（7）mm，先端钝，边缘反卷，基部截形或楔形，幼时两面被小柔毛，老时脱毛，中脉在下面突起；叶柄短，扁平。花生于幼枝基部，无总花梗；苞片叶状，与叶同形，较小；小苞片合生，杯状，2裂，裂片半圆形，被小毛，果时增大，比萼短；双花萼筒分离，长约2 mm，萼齿长圆形，被毛；花冠淡紫红色，筒状漏斗形，长8～13 mm，裂片长约3 mm，冠筒内面及裂片基部有毛；花药稍伸出冠筒，花丝短；花柱内藏。果实较大，长达10 mm。花果期6—8月。

〔生境分布〕玛多、玛沁、久治、治多、曲麻莱、称多、河南、德令哈、乌兰、都兰、共和、兴海、刚察、海晏、门源、祁连。生于河滩、山坡，海拔2 780～4 550 m。分布于甘肃西北部。

岩生忍冬 *Lonicera rupicola*

忍冬科 Caprifoliaceae　忍冬属 *Lonicera*

〔形态特征〕落叶灌木，高0.2～1.2 m。幼枝被白色卷曲柔毛和腺毛，枯枝先端棘状。叶3～4枚轮生、稀对生，线状长圆形至长圆形，长7～20 mm，宽2～6 mm，先端急尖或钝，边缘反卷，基部楔形至圆形或平截，上面无毛，下面被白色毡状柔毛；叶柄短，被毛；总花梗极短；苞片叶状，长于花萼；杯状小苞4裂，裂片先端平截，具微毛和腺体；双花萼筒分离，无毛，萼齿披针形，略长于萼筒，长约2 mm；花冠淡紫红色或紫红色，筒状，长8～12 mm，外面被毛，内面上部有毛，裂片卵形，长至5 mm；花药及花柱藏于冠筒内。果红色，圆形，长6～8 mm。花果期6—9月。

〔生境分布〕班玛、玛沁、久治、杂多、玉树、囊谦、称多、河南。生于山谷、山坡、河滩及林缘，海拔3 200～4 500 m。分布于西藏、云南、四川、甘肃、宁夏。

刚毛忍冬 *Lonicera hispida*

忍冬科 Caprifoliaceae　忍冬属 *Lonicera*

〔形态特征〕落叶灌木，高0.5 ~ 1.5 m。幼枝被刚毛、小糙毛及腺毛，老枝灰色，被具基盘刚毛。冬芽具1对有纵槽的鳞片，长卵形，长约1.5 cm。叶较厚，椭圆形、卵状长圆形或近圆形，长1.5 ~ 6 cm，宽0.7 ~ 3.6 cm，先端钝或急尖，边缘有缘毛，基部楔形或近圆形，两面有刚毛和短糙毛；叶柄短，被刚毛。总花梗长约1.5 cm，被刚毛；苞片宽卵形，长至2.5 cm，宽至1.5 cm，常紫红色，有网脉及刚毛；小苞片缺；双花的萼分离，具刚毛，萼齿不明显；花冠黄色，筒状漏斗形，整齐，长1.5 ~ 2 cm，外面被刚毛和短毛，冠筒长于裂片，基部具囊；花柱伸出冠筒外，下半部被毛。果红色，圆形或长圆形，长约1 cm。花果期5—8月。

〔生境分布〕班玛、玛沁、久治、杂多、治多、曲麻莱、囊谦、玉树、称多、尖扎、同仁、泽库、乌兰、兴海、共和、大通、湟源、平安、循化、乐都、民和、互助、祁连、门源。生于河谷、山坡、灌丛中、林缘，海拔2 450 ~ 4 100 m。分布于西藏、云南、四川、新疆、甘肃、宁夏、陕西、河北；印度、哈萨克斯坦、蒙古国也有分布。

唐古特忍冬 *Lonicera tangutica*

忍冬科 Caprifoliaceae　忍冬属 *Lonicera*

〔形态特征〕落叶灌木，高1～3 m。幼枝被2列柔毛或无毛，老枝灰黑色。冬芽小，具5～6对芽鳞，内鳞展开，鳞片卵形，先端尖，背面有脊。叶倒卵状长圆形、倒卵形或菱状倒披针形，长1.5～4.5 cm，宽0.7～13 cm，先端钝或急尖，边缘具缘毛，基部渐狭成短柄，两面无毛或上面初时被短伏毛，后脱毛；叶柄短，被毛。总花梗纤细，多弯曲，通常长2～2.5 cm，有时达3 cm，无毛；苞片线形或线状披针形，长于花萼；小苞片不裂或浅裂，有缘毛或不存在；双花花萼合生达2/3以上，无毛，萼齿三角形或平截；花冠淡紫色，长10～18 mm，外面无毛，基部一侧肿大；花药高达花冠筒的上部，内藏；花柱伸长。果红色。花果期6—8月。

〔生境分布〕班玛、玉树、尖扎、同仁、泽库、西宁、大通、循化、乐都、民和、互助、祁连、门源。生于山谷、山坡、林缘，海拔2 450～3 750 m。分布于西藏、云南、四川、湖北、甘肃、宁夏、陕西。

缬草 *Valeriana officinalis*

忍冬科 Caprifoliaceae　缬草属 *Valeriana*

〔形态特征〕多年生草本，高40～150 cm。根状茎粗短，须根簇生；茎直立，中空，具纵棱，被粗毛，节部尤多，老后脱落。基生叶常在花期凋落；茎生叶对生，卵形至长卵形，长5～17 cm，羽状深裂，具3～5对侧裂片，顶裂片与侧裂片同形，近等大，侧裂片椭圆状披针形或条状披针形，长1.2～8 cm，先端渐尖，基部下延，边缘具齿，两面多少被毛。花小，紫红色或粉红色，组成顶生的伞房状三出聚伞圆锥花序；苞片线状披针形或披针形，先端具芒状突尖，基部平截，边缘膜质，具粗缘毛；花萼多裂，裂片在花期内卷，不明显；花冠钟状，长约5.5 mm，冠檐直径约2 mm，5裂，裂片长椭圆形；雌雄蕊均伸出花冠筒外。瘦果长卵形，长3～4 mm，基部平截，光秃或被毛。花果期6—8月。

〔生境分布〕班玛、久治、囊谦、玉树、称多、同仁、泽库、河南、湟源、湟中、循化、乐都、民和、互助、祁连、门源。生于林下、灌丛、草甸，海拔2 600～4 000 m。分布于我国西藏、贵州、四川、甘肃、陕西、宁夏、山西、河北、湖北、湖南、河南、山东；欧洲、亚洲也有分布。

甘松 *Nardostachys jatamansi*

忍冬科 Caprifoliaceae 甘松属 *Nardostachys*

〔形态特征〕多年生草本，高5～45 cm。根状茎密被片状枯存老叶鞘，斜生。基生叶丛生，线形或狭披针形，长3～14 cm，主脉平行3～5出，先端钝圆，基部渐狭为叶柄，全缘，具缘毛；茎生叶1～2对，对生，长卵圆形，长1～5 cm，无柄，先端渐尖或钝。聚伞花序头状，顶生，果期主轴及侧轴明显伸长；总苞片披针形，长0.5～1.8 cm；小苞片卵状披针形或阔卵形，具缘毛；花萼小，5裂，裂片半圆形，较厚，全缘；花冠紫红色。钟状，筒外被毛，基部偏突，裂片5，阔卵圆形，长约3.3 mm，先端钝圆，冠筒喉部具长髯毛；雄蕊4，花丝被柔毛；花柱与雄蕊近等长，柱头头状。瘦果倒卵形，长约3 mm，光滑无毛；宿萼不等5裂，半圆形，光滑无毛。花果期7—8月。

〔生境分布〕班玛、玛沁、久治、泽库、河南、同仁。生于灌丛下草甸、河漫滩、山坡、河谷、沼泽地等，海拔3 200～4 200 m。分布于四川。

白花刺续断 *Acanthocalyx alba*

忍冬科 Caprifoliaceae　刺续断属 *Acanthocalyx*

〔形态特征〕多年生草本，高10～50 cm，根肉质，粗壮。茎直立，带紫褐色，被数行纵列柔毛。基生叶丛生，1～2束，茎生叶对生，全部叶长披针形或长椭圆形，长4～17 cm，宽0.6～1.3 cm，先端急尖或渐尖，全缘，具疏离的针刺，基部楔形，下延成柄，两面光滑，叶脉平行；叶柄短，基部鞘状或茎生者合生。轮伞花序多轮，密集顶端假头状，有时下部1轮疏离，每轮有总苞片2；总苞片基部宽卵形，上半部尾状渐尖，外翻，短于花，边缘有刺；小总苞筒状，顶端具刺及柔毛；花萼筒状，口部斜裂，上部3齿联合较长，下部2齿短，外部常紫色，与小总苞近等长，长7～9 mm；花冠白色，长2 cm左右，冠筒细，弯曲，外被毛，顶端5裂，裂片倒心形。

〔生境分布〕班玛、玛沁、玉树、囊谦、称多、杂多、河南、乐都、互助。生于灌丛中、山坡草地，海拔2 800～4 400 m。分布于西藏、云南、四川、甘肃。

圆萼刺参 *Morina chinensis*

忍冬科 Caprifoliaceae　刺参属 *Morina*

〔形态特征〕多年生草本，高15～80 cm，根肉质。茎直立，有棱，上部紫红色，被数行纵列白色茸毛，基部有残叶。基生叶丛生，茎生叶轮生，每轮4～5枚，全部叶线状披针形。长6～17 cm，宽0.8～1.5 cm，先端急尖，边缘羽状浅裂，裂片半圆形，边缘具短刺，两面光滑，无柄，轮生叶基部合生成短筒。轮伞花序6～10轮，花期密接，果时疏离；每轮总苞片4，基部卵形或宽卵形，上半部尾状渐长，边缘及顶端具硬刺，外翻或平展，全长1.5～2.5 cm；小总苞筒状，长至10 mm，先端具刺，其中2刺较长，外部被长柔毛，网纹明显；花萼长于小总苞，裂片2浅裂或微凹，小裂片先端钝圆，无刺；花冠淡绿色，短于萼，近二唇形，裂片圆形，外面被毛。瘦果有皱纹。花果期6—9月。

〔生境分布〕玛沁、达日、玉树、同仁、泽库、河南、装和、兴海、贵德、同德、大通、乐都、刚察、祁连、门源。生于灌丛中、山坡、林中空地、河滩，海拔2 200～4 850 m。分布于四川、甘肃、内蒙古。

大头续断 *Dipsacus chinensis*

忍冬科 Caprifoliaceae　川续断属 *Dipsacus*

〔形态特征〕多年生草本，高达2 m。茎中空，具粗棱，棱上具刺，槽中被细毛，后脱毛。叶对生，宽披针形，长达25 cm，宽至7 cm，羽状分裂，顶裂片稍大，侧裂片3～7对，卵形或卵状披针形，两面被疏的粗毛，具柄至无柄。头状花序球形或长圆形，直径4～5 cm，长4～6 cm；花序梗粗壮，长达80 cm；总苞片线形，先端刺状；小苞片倒卵状披针形或披针形，长至1.5 cm，先端喙长至0.8 cm，刺状，边缘具刺毛和柔毛；花萼小，杯状，被毛；花冠白色，长8～10 mm，管部细，上部膨大，4裂，1裂片稍大；子房包于小总苞片内。瘦果被毛。花果期7—9月。

〔生境分布〕班玛、玉树。生于山坡或苗圃中，海拔3 200～3 700 m。分布于我国西藏、云南和四川；阿富汗、克什米尔、印度、尼泊尔、不丹、缅甸也有分布。

匙叶翼首花 *Bassecoia hookeri*

忍冬科 Caprifoliaceae　翼首花属 *Bassecoia*

〔形态特征〕多年生草本，高10～50 cm，全株被白色柔毛。根肉质，粗壮，颈部常分枝。叶全部基生，莲座状，倒披针形、匙形或长椭圆形，长3.5～15 cm，宽0.7～1.7 cm，稀较宽，先端急尖或钝，全缘或羽状深裂，基部楔形，渐狭成柄；侧裂片2～5对，斜卵形或长圆形，长达1.5 cm，顶裂片较大，两面被毛，中脉突起。花葶直立，被密毛，无苞片。头状花序单生顶端，右径2～2.5 cm，球形；总苞片2～3层，卵形或卵状披针形，长约1.5 cm，边缘具长柔毛；小苞片线状披针形，长约1 cm；小总苞筒状，长约5 mm，外部被毛，先端具齿；花萼全裂，裂片羽毛状，多达20条；花冠漏斗状，黄白色，长约1 cm，5裂，裂片先端钝，近等长；花药黑紫色。瘦果被毛，有纵肋，具宿存羽毛状萼裂片。花果期7—9月。

〔生境分布〕玛沁、班玛、久治、玉树、称多、囊谦、杂多。生于山坡草地、石崖缝中，海拔3 200～4 400 m。分布于我国西藏、云南、四川；印度、尼泊尔、不丹也有分布。

青海刺参 *Morina kokonorica*

忍冬科 Caprifoliaceae　刺参属 *Morina*

〔形态特征〕多年生草本，高（20）30～50（70）cm；根粗壮，长40 cm，不分枝或下部分枝；茎单1，稀具2或3分枝，下部具明显的沟槽，光滑，上部被茸毛，基部多有残存的褐色纤维状残叶。基生叶5～6，簇生，坚硬，线状披针形，长（7）10～15（20）cm，宽1～1.5 cm，先端渐尖，基部渐狭成柄，边缘具深波状齿，齿裂片近三角形，裂至近中脉处，边缘有3～7硬刺，中脉明显，两面光滑；茎生叶似基生叶，长披针形，常4叶轮生，2～3轮，向上渐小，基部抱茎。轮伞花序顶生，6～8节，紧密穗状，花后各轮疏离，每轮有总苞片4；总苞片长卵形，近革质，长2～3 cm，渐尖，边缘具多数黄色硬刺；小总苞钟状，藏于总苞内，长1.2～1.5 cm，网脉明显，具柄，边缘具10条以上的硬刺，刺长短不等，通常有1～2条较长，可达7 mm；萼杯状，质硬，长8～12（15）mm，露出总苞之外约3 mm，外面光滑，内面有柔毛，基部具髯毛，2深裂，每裂片再2或3裂，成4～5（6）裂片，裂片披针形，先端常具刺尖；花冠二唇形，5裂，淡绿色，外面被毛，长6～8 mm，较花萼为短；雄蕊4，能育雄蕊2，插生于花冠管的上部，花丝短，被长柔毛，不育雄蕊2，生于花冠管的基部，几无柄；花柱不露出花冠之外，较雄蕊稍长，柱头头状。瘦果褐色，圆柱形，近光滑，长6～7 mm，具棱，顶端斜截形。花期6—8月，果期8—9月。

〔生境分布〕生于海拔3 000～4 500 m的沙石质山坡、山谷草地和河滩上。分布于甘肃南部、青海、四川西北部和西藏东部及中部。

绿花党参 *Codonopsis viridiflora*

桔梗科 Campanulaceae　党参属 *Codonopsis*

〔形态特征〕多年生草本，有乳汁。根常肥大呈纺锤状或圆锥状，长10～15 cm，直径1～1.5 cm，表面灰黄色，上部有少数环纹，下部则疏生横长皮孔。主茎1～3枚发自一条茎基，近于直立，高30～70 cm，直径1～3 mm，侧枝着生于主茎近下部，纤细，不育，疏被短硬毛或近于无毛。叶在主茎上的互生，在茎上部的小而呈苞片状，在侧枝上的对生或近于对生，似一羽状复叶；叶片阔卵形、卵形、矩圆形或披针形，长1.5～3.5（5）cm，宽1.3～3 cm，顶端钝，叶基微心形或较圆钝，叶缘疏具波状浅钝锯齿，叶脉明显，上面绿色，下面灰绿色，两面被稀疏或稍密的短硬毛。

〔生境分布〕生于海拔3 000～4 500 m的沙石质山坡、山谷草地和河滩上。分布于甘肃南部、青海、四川西北部和西藏东部及中部。

钻裂风玲草 *Campanula aristata*

桔梗科 Campanulaceae　风玲草属 *Campanula*

〔形态特征〕多年生草本，高10～40 cm。根萝卜状，肉质。茎直立，纤细，光滑，常数枝丛生。叶互生，线状披针形，长1～4.5 cm，宽约0.3 cm，两面无毛；下部叶有细长柄，向上至无柄。花单生茎端；花萼筒状，长12～22 mm，裂片线形，长8～14 mm，宽不足1 mm，基部稍膨大；花冠蓝紫色，长6～12 mm，裂片短。蒴果圆柱状。

〔生境分布〕玛沁、玉树、囊谦、称多、杂多、治多、同仁、泽库、天峻、兴海、湟中、祁连、门源、刚察。生于高山流石滩、灌丛中、高山草甸、山坡草地，海拔3 200～4 600 m。分布于我国西藏、云南、四川、甘肃、陕西；克什米尔也有分布。

川藏沙参 *Adenophora liliifolioides*

桔梗科 Campanulaceae　沙参属 *Adenophora*

〔形态特征〕多年生草本，高达90 cm。茎直立，被白色长毛，或无毛。基生叶未见；茎生叶卵状披针形，边缘有不整齐的锯齿或线状披针形，全缘；全部叶长2.5 ~ 12 cm，宽0.3 ~ 2 cm，先端渐尖，基部楔形，两面有短毛或完全无毛；在卵形叶的植株上，多有短的叶柄，线形叶则无柄。圆锥状或总状花序；花梗丝状，长约1 cm，基部具丝状小苞片；花萼无毛，筒部圆球形，长约4 mm，裂片丝状钻形，长3 ~ 5 mm，宽不足1 mm，全缘；花冠狭筒形，蓝紫色，长7 ~ 10 mm；花盘细筒状，长约3 mm；花柱长，13 ~ 20 mm；雄蕊稍长于花冠，花药微露出。蒴果藏于膨大的萼筒中。花果期8—9月。

〔生境分布〕班玛、久治、玉树。生于山坡、田边，海拔3 200 ~ 3 650 m。分布于西藏、四川、甘肃东南部。

长柱沙参 *Adenophora stenanthia*

桔梗科 Campanulaceae　沙参属 *Adenophora*

〔形态特征〕多年生草本，高20 ~ 30 cm。根粗壮，圆柱形。茎直立，常光滑无毛或生有倒向糙毛，不分枝或分枝。基生叶早落；茎生叶可归为三种类型：线形，宽1 ~ 2 mm，长达70 mm；线状披针形，宽2.5 ~ 9 mm，长达1 ~ 25 mm；卵形或卵状披针形，边缘波状皱折或有尖齿，宽达20 mm，长至50 mm；全部叶通常为线状披针形，两面有短毛或无毛。假总状花序或圆锥状花序；花萼无毛，筒部倒卵形或倒卵状长圆形，裂片长钻形或线状披针形，长2 ~ 6 mm，基部宽至1 mm，全缘；花冠蓝色，筒状或筒状钟形，长8 ~ 20 mm，一般长10 ~ 13 mm；花盘有毛或无毛；花柱伸出花冠达10 mm，一般5 ~ 7 mm。花果期8—9月。

〔生境分布〕玛沁、久治、玉树、囊谦、同仁、泽库、河南、天峻、乌兰、德令哈、香日德、共和、兴海、贵德、贵南、西宁、大通、湟源、湟中、乐都、民和、互助、刚察、祁连、门源。生于柏树林下、灌丛中、草坡、河谷，海拔2 600 ~ 3 900 m。分布于我国甘肃、宁夏、陕西、内蒙古、山西；蒙古国、俄罗斯也有分布。

喜马拉雅沙参 *Adenophora himalayana*

桔梗科 Campanulaceae　沙参属 *Adenophora*

〔形态特征〕多年生草本，高10～70 cm。根细长，颈部有分枝。茎直立，单生或2～3个丛生，无毛，稀有短毛。茎生叶狭卵状披针形至线状披针形，长3～8 cm，宽0.2～1.5 cm，先端渐尖，边缘疏生尖齿或小齿，有时全缘，常无毛或有时下面有毛。花单生或数花排列成总状花序；花萼无毛，裂片钻形，长5～9 mm，宽至1.5 mm，全缘；花冠蓝色，阔钟形，长1.5～2.4 cm，裂片卵状三角形，先端有尖头；花盘较粗，长4～9 mm，直径约2 mm；花柱略伸出花冠外。花期7—8月。

〔生境分布〕班玛、玉树、称多、囊谦、杂多、治多、曲麻莱、同仁、泽库、河南、贵德、大通、乐都、互助、门源。生于林中空地、灌丛中及山坡草地，海拔2 400～4 500 m。分布于我国西藏、四川、新疆、甘肃；喜马拉雅及中亚山地的其他国家也有分布。

青藏狗娃花 *Aster boweri*

菊科 Asteraceae　紫菀属 *Aster*

〔形态特征〕多年生草本，高4～8 cm。主根圆柱形。茎由基部分枝，簇生，密被白色长粗毛。基生叶早落，线状倒披针形，长2～3 cm，宽2～3 mm，先端钝；茎中下部叶与基生叶同形，较窄；上部叶线形，长6～10 mm，宽约1 mm；全部叶两面密被长粗毛。头状花序单生于分枝顶端，直径约3.5 cm；总苞半球形；总苞片2～3层，线形或线状披针形，长5～7 mm，宽1～1.5 mm，先端渐尖，边缘狭膜质，背面被粗毛和腺毛；舌状花约1层，30～50个，管部长2～3 mm，舌片蓝紫色，线状披针形，长约1.5 cm，宽至2.5 mm；管状花黄色，长约5 mm，裂片5，外面常有毛。瘦果倒卵形，有黑斑，被毛；冠毛红褐色，糙毛状，长约4 mm。花果期7—9月。

〔生境分布〕玛多、治多、可可西里、祁连。生于高山坡地、滩地、湖边滩地，海拔3 600～4 700 m。分布于西藏。

阿尔泰狗娃花 *Aster altaicus*

菊科 Asteraceae　紫菀属 *Aster*

〔形态特征〕多年生草本，高15～40 cm。根木质，有分枝。茎由基部起多分枝，直立或斜生，分枝被弯曲或开张的毛，上部有腺体。叶线形、长圆形或倒披针形，长5～35 mm，宽1～7 mm，先端钝或急尖，全缘，两面有短粗毛或细毛，常有腺点。头状花序多数，单生枝顶或在枝顶呈伞房状；总苞半球形，直径1～1.5 cm；总苞片2～3层，近等长，长圆状披针形或线形，长约5 mm，宽至1.5 mm，先端渐尖，边缘狭膜质，背面被有腺毛；舌状花15～20个，管部长约2.5 mm，舌片蓝色，线状长圆形，长至15 mm，宽约2 mm；管状花黄色，长约5 mm，裂片5，不等长，外面有小毛。瘦果倒卵状长圆形，被毛；冠毛红褐色，长约4 mm，糙毛状。花果期7—10月。

〔生境分布〕本省各州的大部分地区，但以东部地区最为普遍。植株较大，生于河滩、山坡、荒地，海拔1 800～4 150 m。分布于我国西北、华北、东北及四川等地；亚洲温带广布。

本种分布广，变异大，种下等级之间难以确定界限，故不细分。

灰枝紫菀 *Aster poliothamnus*

菊科 Asteraceae　紫菀属 *Aster*

〔形态特征〕小灌木，高达50 cm。主根粗，颈部多分枝。茎多分枝，帚状丛生，老枝灰褐色，树皮条裂，幼枝被短糙毛，叶腋有不育枝，具密而小的叶。茎生叶线状长圆形，长10 ~ 26 mm，宽2 ~ 4 mm，先端钝圆，有小尖头，全缘，基部略狭；不育枝的叶小，长至6 mm，宽约1.5 mm。全部叶两面被短毛及腺。头状花序在枝端排列成伞房状；总苞宽钟形，长宽各5 ~ 7 mm；总苞片4 ~ 5层，覆瓦状排列，不等长，外层卵状披针形或披针菜，长2 ~ 3 mm，内层长至7 mm，近革质，先端急尖，背面被短毛和腺点；舌状花蓝紫色，舌片长圆形，长至10 mm；管状花黄色，长5 ~ 6 mm。瘦果被毛；冠毛污白色，2层，外层短，内层与管状花花冠等长，糙毛状。花果期7—9月。

〔生境分布〕玛沁、班玛、久治、玉树、同仁、泽库、河南、兴海、共和、循化、湟源、湟中、乐都、民和。生于干旱山坡、峡谷阳坡石崖上和林间空地，海拔2 500 ~ 3 800 m。分布于西藏、四川、甘肃。

块根紫菀 *Aster asteroiides*

菊科 Compositae　紫菀属 *Aster*

〔形态特征〕年生草本，高5～15 cm。块根4～6个，萝卜状。茎单生，不分枝，上部常紫色，被白色长毛和黑紫色腺毛。叶大部分生于基部，倒卵形、卵形或长圆形，长5～30 mm，宽3～10 mm，先端钝，全缘，基部渐狭成柄，两面被密或疏的长毛或有时两面无毛，仅有缘毛，离基三出脉。头状花序单生茎端；总苞半球形，长6～8 mm，宽10～15 mm；总苞片2～3层，近等长，线状披针形，宽1～1.5 mm，先端渐尖，背面被白色长毛或黑紫色腺毛；舌状花蓝紫色，舌片线状长圆形，长10～15 mm，宽至2.5 mm；管状花黄色，长4～5 mm，裂片5，外面被黑色腺毛。瘦果被毛；冠毛2层，外层极短，膜片状，内层长4～5 mm，糙毛状。花果期7—9月。

〔生境分布〕玛多、玛沁、久治、玉树、囊谦、称多、杂多、治多、曲麻莱、尖扎、同仁、兴海、乐都、互助、刚察、祁连、门源。生于沼泽草甸、山坡草地、高山草甸、高山灌丛中、高山流石滩，海拔2 750～4 800 m。分布于我国西藏、四川；不丹、尼泊尔、克什米尔也有分布。

萎软紫菀 *Aster flaccidus*

菊科 Asteraceae　紫菀属 *Aster*

〔形态特征〕多年生草本，高5～35 cm。根状茎细长，有分枝，具匍匐枝。茎单生，不分枝，直立，被白色长毛，上部混生腺毛。叶大部基生；莲座丛叶与基部叶长圆状匙形、长圆形或卵形，长7～50 mm，宽3～17 mm，先端圆形或急尖，全缘，基部狭缩或渐狭成长或短柄，两面被长毛，稀无毛，有离基三出脉；中上部常无叶，或有线形至长圆形叶。头状花序单生茎端；总苞半球形，长5～11 mm，宽10～20 mm；总苞片2层，近等长，线状披针形，宽约1.5 mm，先端渐尖，内层边缘狭膜质，背面密被白色长毛，常混生腺毛；舌状花蓝紫色，舌片线状长圆形，长10～15 mm；管状花黄色，长约5 mm，裂片外面被短毛。瘦果有毛；冠毛2层，外层极短，内层糙毛状，长约5 mm。花果期7—9月。

〔生境分布〕本省各地，多生于高山地区。生于河滩、草甸、高山草甸、高山流石滩，海拔2 800～5 000 m。分布于我国西藏、云南、四川、新疆、甘肃、陕西、河北、山西；巴基斯坦、克什米尔、印度、尼泊尔、蒙古、中亚地区、俄罗斯也有分布。

夏河紫菀 *Aster yunnonensis*

菊科 Asteraceae　紫菀属 *Aster*

〔形态特征〕多年生草本，高30～50 cm。根茎长，有分枝。茎直立，上部分枝，被紫褐色或白色腺毛及短毛，基部被纤维。莲座丛叶和下部叶长圆形或倒披针形，4～12 cm，宽1.2～2 cm，先端钝圆或急尖，边缘有骨质小齿，基部渐狭成柄，两面被疏短毛和腺毛，叶柄扁，长达8 cm；茎中上部叶长圆形，卵状披针形至线状披针形，较小，先端渐尖，全缘，基部心形或圆形，半抱茎。头状花序2～5，在茎端排成伞房状；花序梗长达8 cm；总苞半球形，长约1 cm，宽2～2.5 cm；总苞片2层，线形，宽1～2 mm，先端渐尖，背面被长毛和紫色腺毛；舌状花蓝紫色，舌片线形，长约2 cm，干时内卷；管状花黄色，长5～7 mm。瘦果被毛；冠毛2层，外层极短，内层长5～6 mm。花果期7—9月。

〔生境分布〕玛沁、久治、玉树、囊谦、称多、杂多、治多、泽库、河南、天峻、兴海、共和、刚察。生于林缘、灌丛中、山坡草地、高山草甸，海拔3 300～4 300 m。分布于西藏、四川、甘肃。

重冠紫菀 *Aster diplostephioides*

菊科 Asteraceae　紫菀属 *Aster*

〔形态特征〕多年生草本，高20～60 cm。根状茎较粗，发达，分枝。茎单生或2～3个，直立，不分枝，基部被褐色纤维状枯叶柄，上部被长节毛和黑紫色具柄腺体。莲座丛叶和茎下部叶倒披针形、长圆状匙形或狭披针形，长6～12 cm，宽0.4～2 cm，先端急尖或近圆形，全缘，基部渐狭成长柄，两面被有节短毛，中脉在下面突起，侧脉不显；茎中上部叶苞叶状，较小。头状花序单生茎端；总苞半球形，长约1 cm，宽2～2.5 cm；总苞片2～3层，线状披针形，宽1～1.5 mm，先端渐尖，内层边缘狭膜质，背部被密的黑褐色具柄腺体和稀疏的长节毛；舌状花2层，极多数，舌片蓝紫色，线形，长2～2.5 cm，宽1～1.5 mm，干时内卷成丝状；管状花黄色，长5～7 mm，开放前先端紫褐色。瘦果被毛及腺体；冠毛2层，外层极短，内层长5～6 mm。花果期8—9月。

〔生境分布〕玛沁、班玛、久治、玉树、囊谦、称多、杂多、曲麻莱、同仁、泽库、河南、德令哈、兴海、共和、贵德、大通、湟中、平安、循化、祁连、门源。生于灌丛中、草甸、滩地、河谷阶地，海拔2 800～4 600 m。分布于我国西藏、云南、四川、甘肃；不丹、尼泊尔、印度、巴基斯坦也有分布。

狭苞紫菀 *Aster farreri*

菊科 Asteraceae　紫菀属 *Aster*

〔形态特征〕茎直立，高30～60 cm，基部为枯叶残存的纤维状鞘所围裹，单生或丛生，或与莲座状叶丛丛生，有棱，下部被开展的长毛，上部常稍紫色，被密卷毛和疏长毛，通常不分枝，下部有较密而上部有疏生的叶。茎下部叶及莲座状叶狭匙形，下部渐狭成长柄，长5～13 cm稀达22 cm，宽1.2～2.2 cm，顶端稍尖，全缘或有小尖头状疏齿；中部叶线状披针形，长7～13 cm，宽0.7～2 cm，顶端渐尖，基部稍狭或圆形而半抱茎；上部叶小，线形，细尖；全部叶质稍薄，上面被疏长伏毛，下面沿脉和边缘被长毛；中脉在下面稍凸起，侧脉显明。头状花序在茎端单生，直径5～8 cm。总苞半球形，直径2～2.4 cm；总苞片约2层，近等长，线形，长10～14 mm，宽1 mm，顶端渐细尖，外层被长毛，草质，内层几无毛，边缘常狭膜质。舌状花100个或更多；舌片紫蓝色，长20～30 mm，宽约1 mm。管状花长约7 mm，管部长2 mm，上部黄色，被疏毛，裂片长1～1.5 mm。冠毛2层，外层极短，膜片状；内层白色或污白色，有与管状花花冠等长的微糙毛。瘦果长圆形，长3 mm，宽1～1.2 mm，一面有肋，被短粗毛，几无腺或下部近无毛。

〔生境分布〕同仁、乌兰、湟源、湟中、乐都、民和、互助、祁连、门源。生于灌丛中、林下、高山草甸，海拔2 600～3 200 m。分布于四川、甘肃、河北、山西。

飞蓬 *Erigeron acris*

菊科 Asteraceae　飞蓬属 *Erigeron*

〔形态特征〕二年生或多年生草本，高15 ~ 60 cm。主根粗，颈部常分枝，茎单生或数个丛生，被长硬毛，最上部常有腺毛。基生叶和茎下部叶倒披针形，长4 ~ 8 cm，宽0.6 ~ 1.2 cm，先端钝圆或急尖，全缘或有疏齿，基部渐狭成长柄，两面被硬长毛；中上部叶小，披针形，长3 ~ 5 cm，宽至8 mm，先端急尖，全缘，基部略狭，两面被硬长毛，无柄。头状花序多数，在茎顶端排列成圆锥状花序或少数成伞房状排列；总苞半球形，长5 ~ 7 mm，宽68 mm片3层线形，宽约1 mm，先端渐尖，紫色，背面被长硬毛；雎花二型，舌状花淡紫色，长5 ~ 7 mm，略长于冠毛，内层雌花细管状，无色，长约5 mm；两性花管状，黄色，长5 ~ 6 mm，上部有微毛。瘦果被短毛；冠毛2层，白色外层短，内层长5 ~ 7 mm。花果期7—8月。

〔生境分布〕玛沁、班玛、久治、玉树、囊谦、称多、泽库、河南、同仁、循化、湟中、民和、互助、祁连、门源。生于河滩、田边、灌丛、山坡草地，海拔2 500 ~ 3 800 m。分布于我国西藏、四川、新疆、甘肃、陕西、宁夏、河北、山西、内蒙古、吉林、辽宁；北美洲、中亚地区及俄罗斯、日本、蒙古也有分布。

香芸火绒草 *Leontopodium haplophylloides*

菊科 Asteraceae 火绒草属 *Leontopodium*

〔形态特征〕多年生草本，高20 ~ 60 cm。根状茎粗，多分枝，具多数丛生的不育茎和花茎。茎直立，纤细，黄褐色，被白色蛛丝状毛，混生小腺毛，下部常脱毛。下部叶在花期枯萎；中上部叶稠密，披针形或线形，长至4 cm，宽0.1 ~ 0.4 mm，先端渐尖，边缘反卷。基部渐狭，两面被灰绿色茸毛，下面常有黑色、球形、易落的分泌物。苞叶椭圆披针形较上部叶宽，先端渐尖，基部狭，近似短柄，上面被厚茸毛，下面与叶同色，较花序长，开展成苞叶群。头状花序1 ~ 8，具短柄，单生或密集；总苞径4 ~ 5 mm，长约5 mm；总苞片3 ~ 4层，被白色柔毛，先端无毛，黄褐色；小花异形，或雌雄异株，长约3 mm。瘦果有短粗毛。花果期7—9月。

〔生境分布〕玛沁、久治、同仁、泽库、河南、西宁、大通、湟中、循化、乐都、互助、门源。生于阳坡、山坡石崖上、灌丛中，海拔2 600 ~ 3 800 m。分布于四川、甘肃。

美头火绒草 *Leontopodium calocephalum*

菊科 Asteraceae　火绒草属 *Leontopodium*

〔形态特征〕多年生草本，高3～35 cm。根状茎细长，有分枝，不育茎顶生叶丛。茎直立，不分枝，被白色蛛丝状棉毛，下部常脱毛。不育茎的叶和茎下部叶线状披针形或线形，长1～6 cm，宽1.5～5 mm，先端急尖，有小尖头，基部窄，渐狭成褐色长鞘；中上部叶卵状披针形至线状披针形，长至5 cm，宽0.2～0.8 mm，抱茎，上部渐尖；全部叶上面常无毛、下面被疏的白色茸毛。苞叶卵状披针形，与茎上部叶同形同大或稍窄，上面被厚的茸毛，下面毛较稀疏而薄，呈绿色，较花序长2～5倍，开展成星状苞叶群，或因花序分枝而成分散的苞叶群。头状花序多数，密集，宽达1.5 cm；总苞长4～6 mm，被柔毛；总苞片4层，先端褐色，三角状；小花异形或雌雄异株，瘦果被短粗毛。花果期7—8月。

〔生境分布〕玛沁、班玛、久治、同仁、泽库、河南、兴海、共和、贵德、湟中、化隆、循化、乐都、互助、门源。生于河滩、山坡、灌丛中、高山草甸，海拔2 600～3 900 m。分布于云南、四川、甘肃。

长叶火绒草 *Leontopodium junpeianum*

菊科 Asteraceae　火绒草属 *Leontopodium*

〔形态特征〕多年生草本，高3～25 cm。根状茎多分枝，有多数不育茎和少数花茎，密丛生，或因分枝细长，而成疏丛，有明显的紫红色长叶鞘。茎直立，紫红色，被白色柔毛或茸毛。莲座丛叶和基生叶线状匙形，长2～4 cm，宽2～3 mm，先端急尖，基部渐狭成柄，柄基部扩大成紫红色叶鞘；茎生叶直立，线状倒披针形或线形，长至5 cm，宽2～4 mm，先端急尖，有小尖头，基部略狭；全部叶上面脱毛，绿色，下面被密的白色茸毛。苞叶狭披针形或线状长圆形，先端急尖或渐尖，上面被白色长茸毛，下面毛较疏，较花序长达3倍，开展成星状苞叶群。头状花序多数或少数，密集；总苞长约5 mm，宽略大于长；总苞片约3层，先端黑色，急尖；小花异形，雌雄异株，长约3 mm。冠毛略长于花冠。花果期7—8月。

〔生境分布〕达日、玛沁、班玛、久治、玉树、囊谦、杂多、治多、同仁、泽库、河南、德令哈、乌兰、兴海、共和、大通、循化、刚察、祁连、门源。生于草地、河滩、山坡、高山草甸、山顶倒石堆，海拔3 200～4 400 m。分布于我国西藏、四川、甘肃、陕西、山西、河北、内蒙古；克什米尔地区也有分布。

矮火绒草 *Leontopodium nanum*

菊科 Asteraceae　火绒草属 *Leontopodium*

〔形态特征〕多年生矮小草本，高2～5（13）cm。根状茎多分枝，呈垫状丛生。无茎或有茎，直立，被厚密的白色绵毛。基部叶和不育茎的莲座丛叶同形，较小；茎生叶较大，匙形、线状匙形或线状长圆形，长至17 mm，宽2～4 mm，先端钝或近圆形，有小尖头，基部渐狭，两面被白色长茸毛。苞叶短小，直立，不开展成星状苞叶群。头状花序1～4，密集或单生；总苞宽达13 mm，长4～5 mm；总苞片4～5层，披针形，先端渐尖，黑褐色；小花异形，雌雄异株，长4～6 mm。冠毛亮白色，在花后增长，远较小花长，高出于总苞之上，长达10 mm。花果期6—9月。

〔生境分布〕玛多、达日、玛沁、久治、玉树、囊谦、称多、杂多、治多、曲麻莱、尖扎、同仁、泽库、可可西里、乌兰、天峻、共和、贵南、互助、刚察、门源。生于山坡草地、高山草甸、山谷滩地、滨湖沙地，海拔3 200～5 000 m。分布于我国西藏、四川、甘肃、新疆、陕西；印度、克什米尔、中亚地区也有分布。

弱小火绒草 *Leontopodium pusilum*

菊科 Asteraceae　火绒草属 *Leontopodium*

〔形态特征〕多年生垫状小草本，高2～8 cm。根状茎分枝细而多，有褐色或紫红色叶鞘，不育茎多数，顶端具莲座状叶丛，与花茎密集丛生，茎直立，被白色密茸毛。莲座丛叶圆匙形、匙形或线状匙形，长0.7～3 cm，宽2～5 mm，先端圆形或钝，基部渐狭成鞘；茎生叶与莲座丛叶同形，较小；全部叶两面被白色或银白色密茸毛。苞叶与茎生叶同形，同大小，被同样的毛，较花序长，开展成星状苞叶群。头状花序少数，密集；总苞长3～4 mm，宽约5 mm；总苞片约3层，先端无毛，深褐色，宽三角形，基部被白色长茸毛；小花异形，雌雄异株，长约3 mm。冠毛白色，略长于小花，稍伸出总苞之上。花果期6—9月。

〔生境分布〕玛多、玛沁、玉树、囊谦、称多、杂多、治多、格尔木、可可西里、德令哈、乌兰、兴海、祁连。生于退化草地、河滩、高山草甸、沼泽草甸及山顶湿草甸，海拔3 600～5 000 m。分布于西藏、新疆。

铃铃香青 *Anaphalis hancockii*

菊科 Asteraceae　香青属 *Anaphalis*

〔形态特征〕多年生草本，高3～30 cm。根状茎细长，有分枝。茎直立，上部被白色蛛丝状毛和头状具柄腺体，下部常脱毛。莲座丛叶和茎下部叶匙形、匙状长圆形或线状匙形，长0.7～10 cm，宽0.4～1.4 cm，先端钝，基部渐狭成具宽翅柄或近无柄；中上部叶直立，贴生，线状披针形或披针形，稀狭长圆形，常较下部叶小，先端渐尖，有褐色尖头，有时急尖，基部沿茎下延成翅；全部叶两面被头状具柄腺体，仅边缘具蛛丝状绵毛，有时两面有蛛丝状毛，具1～3条脉。头状花序大而少，在茎端密集成复伞房状；花序梗短；总苞半球形或宽钟形，长8～10 mm，宽至8 mm；总苞片上部白色，基部黑褐色，被绵毛，约5层，卵形至长圆披针形，先端尖；小花长约5 mm。瘦果具乳突。花果期7—9月。

〔生境分布〕玛多、班玛、玛沁、久治、玉树、杂多、治多、曲麻莱、同仁、泽库、河南、兴海、贵德、大通、湟中、乐都、互助、祁连、刚察、门源。生于河滩草地、山谷、山坡、灌丛中及高山草甸，海拔2 800～4 200 m。分布于西藏、四川、甘肃、陕西、山西、河北。

淡黄香青 *Anaphalis flavescens*

菊科 Asteraceae　香青属 *Anaphalis*

〔形态特征〕多年生草本，高5 ~ 25 cm。根状茎细长，有分枝，不育枝具莲座状叶丛。茎直立，被灰白色蛛丝状绵毛。莲座丛叶匙状长圆形或倒披针形，长1 ~ 4 cm，宽至1.5 cm，先端钝或稍尖，边缘平展；茎生叶直立，长圆形、倒披针形或线形，长2 ~ 6 cm，宽2 ~ 8 mm，先端急尖，有褐色尖头，边缘平，基部下延茎上成翅；全部叶两面被灰色或黄白色蛛丝状绵毛，具1 ~ 3脉。头状花序6 ~ 15，在茎端密集成伞房状；花序梗短；总苞宽钟形，长7 ~ 10 mm，宽至8 mm；总苞片5层，基部黑褐色，被绵毛，上部淡黄色，稀红色，外层短，内层长，椭圆形或卵状披针形，先端尖；小花长约4 mm。瘦果有乳突。花果期7—9月。

〔生境分布〕玛多、达日、玛沁、久治、玉树、囊谦、称多、扎多、治多、曲麻莱、尖扎、同仁、泽库、河南、乌兰、天峻、共和、兴海、西宁、大通、乐都、互助、祁连、门源。生于河滩、山坡、高山草地、高山流石滩，海拔2 200 ~ 4 800 m。分布于西藏、四川、陕西南部、甘肃。

黄腺香青 *Anaphalis aureopunctata*

菊科 Asteraceae　香青属 *Anaphalis*

〔形态特征〕多年生草本，高25 ~ 50 cm。根状茎细长，有分枝，不育枝具莲座叶丛。茎直立，有翅，被白色蛛丝状毛和头状具柄腺体，下部常脱毛。莲座丛叶宽匙形或椭圆状匙形，稀为卵形，长1.5 ~ 8 cm，宽0.8 ~ 3.5 cm，先端钝或急尖，边缘平，基部渐狭或突然渐狭成有翅长柄；下部叶与莲座丛叶同形，早枯萎；中部叶匙形或椭圆形，较小，有长柄，基部下延茎上成宽或狭翅；上部叶小，线状披针形；全部叶两面被白色或灰白色蛛丝状毛和头状具柄腺体，上面常脱毛，仅有腺体，有离基三出脉。头状花序常多数，在茎端排列成复伞房状；花序梗短；总苞狭钟形，长约5 mm，宽至3 mm；总苞片约5层，卵圆形或长圆形，先端钝，白色，基部浅褐色；小花长约3 mm。瘦果有毛。花果期7—9月。

〔生境分布〕班玛、久治、同仁、大通、湟中、循化、乐都、民和、互助、门源。生于林下、灌丛中、草滩和山坡，海拔1 850 ~ 4 000 m。分布于西南、西北、华北、华中、华东及华南的部分地区。

乳白香青 *Anaphalis lactea*

菊科 Asteraceae　香青属 *Anaphalis*

〔形态特征〕多年生草本，高3～50 cm。根状茎粗，木质，有分枝，不育枝顶端具莲座状叶丛。茎直立，被灰白色或白色绵毛。莲座从叶匙状长圆形或倒披针形，连柄长1.5～18 cm，宽0.4～2.3 cm，先端急尖或钝，基部渐狭成长柄，柄长达8 cm；茎生叶直立，贴生长椭圆形至线状披针形，长2～8 cm，宽0.3～1.5 cm，先端渐尖，有褐色长尖头，基部沿茎下延成翅；全部叶两面被与茎上一样的毛，具1～3脉，在两面均明显。头状花序在茎、枝顶端密集成复伞房花序；花序梗短；总苞钟状，长5～6 mm，宽4～5 mm；总苞片约5层，上部乳白色，稀红色，基部褐色，被白色密绵毛，先端钝圆，外层卵形，内层卵状长圆形；小花长3～4 mm。瘦果近无毛；冠毛与花冠等长或稍长。花果期7—9月。

〔生境分布〕玛多、玛沁、尖扎、同仁、泽库、河南、都兰、乌兰、天峻、共和、兴海、贵德、贵南、大通、湟源、湟中、乐都、民和、互助、刚察、海晏、祁连、门源。生于高山草甸、山谷滩地、山坡草甸、灌丛中、林下、林缘、河边、田边，海拔2 600～4 700 m。分布于四川西北部、甘肃。

高原天名精 *Carpesium lipskyi*

菊科 Asteraceae　天名精属 *Carpesium*

〔形态特征〕多年生草本，高达75 cm。茎直立，被长柔毛，上部花序有分枝。基生叶早落或宿存；茎下部叶椭圆形或匙状椭圆形，长5.5 ~ 19 cm，宽2.5 ~ 6.5 cm，先端钝或稍尖，边缘有腺齿或全缘，基部楔形，下延成柄，上面被基部膨大的伏毛，下面被长柔毛，两面有腺点，叶柄长至7 cm，被毛，基部毛较密；中上部叶椭圆形至披针形，稀卵形或阔卵形，具短柄或无柄。头状花序顶生或腋生，腋生小枝具2 ~ 3个头状花序，作总状排列；苞叶5 ~ 7，披针形，长至1.5 cm，先端急尖；总苞盘状，直径10 ~ 15 mm，长约5 mm；总苞片4层，外层披针形，叶状，上部草质，下部膜质，常反折，先端尖，内层膜质，披针形，先端渐尖；小花黄色，长约3 mm，管部有密毛。花果期7—9月。

〔生境分布〕班玛、玉树、大通、湟中、乐都、互助、门源。生于林缘、落丛中、田边、河滩，海拔2 500 ~ 3 700 m。分布于云南、四川、甘肃。

苍耳 *Xanthium strumarium*

菊科 Asteraceae　苍耳属 *Xanthium*

〔形态特征〕一年生草本，高30 ~ 50 cm。茎直立，被短糙毛，常从基部分枝。叶片宽卵形或心形，长5 ~ 12 cm，宽4 ~ 7 cm，先端急尖，基部浅心形，边缘3 ~ 5浅裂或具不规则细齿，两面均粗糙，上面脉上及下面被糙毛，叶柄细长，被短毛。头状花序单性，雌雄同株；雄花序顶生，球形，茎4 ~ 6 mm；总苞片长圆披针形，分离，具多数不结实的两性花，花冠具5个宽裂片，雄蕊5；雌头状花序卵形，外层总苞片小，分离，被毛，内层合生成囊状，成熟时连同喙长8 ~ 10 mm，外面具钩状刺和细毛，内有2个小花，雌花无花冠，花柱分枝线形，伸出坚硬的果喙外。瘦果2，包于总苞内。花果期7—9月。

〔生境分布〕本省大部分地区。生于水边、荒地、农田及路边，海拔1 800 ~ 3 700 m。分布于我国各地；欧洲、中亚地区及伊朗、印度、俄罗斯、朝鲜及日本也有分布。

川西小黄菊 *Tanacetum tatsienense*

菊科 Asteraceae　菊蒿属 *Tanacetum*

〔形态特征〕多年生草本，高5～30 cm。茎直立，单生或数个丛生，被白色长柔毛，上部常紫褐色，基部被褐色枯存叶柄。基生叶长圆形，连柄长2～7 cm，宽至1 cm，一至二回篦齿状羽状全裂，裂片线形，先端尖，两面被白色柔毛，叶轴宽约1.5 mm；茎生叶少，向上渐小，羽状全裂，下部叶柄长，与叶片近等长，上部叶近无柄。头状花序辐射状，单生茎端；总苞半球形，直径1～1.2 cm；总苞片多层，线状披针形或长圆形，长5～10 mm，边缘褐色膜质；舌状花橘红色，舌片长圆形，长1～1.5 cm；管状花黄色或橘黄色，长5～6毫。瘦果圆柱形，具肋及细肋；冠毛冠状，膜片状，稀近无冠毛。花果期7—9月。

〔生境分布〕玛多、玛沁、久治、玉树、囊谦、称多、河南。生于高山草地、灌丛中，海拔2 600～4 850 m。分布于西藏、云南、四川。

灌木小甘菊 *Cancrinia maximowiczii*

菊科 Asteraceae　小甘菊属 *Cancrinia*

〔形态特征〕小灌木，高20～50 cm。老枝灰褐色，上部小枝灰绿色，细长呈帚状，被白色短柔毛和褐色腺体。叶线状长圆形，长1.5～3.5 cm，宽至1 cm，羽状深裂，裂片镰状下弯，线状长圆形，先端急尖，上面无毛，下面被白色短柔毛，两面有腺点。头状花序2～5，在枝端排成伞房状，稀单生；总苞钟形或宽钟形，宽4～6 mm，长约3 mm；总苞片3～4层，卵形、卵状长圆形或长圆状倒卵形，先端钝，边缘淡褐色膜质，背部有疏毛及褐色腺点；全部小花管状，黄色，长约2 cm，冠檐5裂，有腺点。瘦果有肋及腺点；冠毛膜片状，5裂达基部，先端常具芒尖。花果期7—9月。

〔生境分布〕玛沁、尖扎、同仁、泽库、德令哈、乌兰、都兰、香日德、兴海、共和、贵德、循化、西宁、互助、门源、祁连。生于干旱山坡、干河滩，海拔1 850～3 900 m。分布于新疆、甘肃。

铺散亚菊 *Ajania khartensis*

菊科 Asteraceae　亚菊属 *Ajania*

〔形态特征〕多年生草本，高5～15 cm。根状茎细长，多分枝。不育茎具鳞片状叶，主茎地下部分有多数细根，顶端发出多数丛生的分枝，分枝紫红色，被贴伏的灰白色柔毛，叶全形长至1.5 cm，二回3出分裂或掌状3～5裂，小裂片线形，长2～4 mm，两面被灰白色短毛或上面脱毛，近光滑。头状花序少数，在茎枝顶端密集成伞房状花序；总苞钟状，直径4～6 mm；总苞片4层，卵形或宽倒卵形，边缘褐色宽膜质，外层长约2 mm，内层长达5 mm，背部中央和基部被柔毛；边花雌性，细管状，花柱伸出；中央花两性，管状；全部小花黄色，长2～3 mm，花冠外面具腺体。花果期8—9月。

〔生境分布〕杂多、治多、曲麻莱、泽库、河南、格尔木（唐古拉）、德令哈、刚察。生于沙滩、草甸裸地、山坡多石处、河漫滩，海拔2 900～5 000 m。分布于我国西藏、云南、四川、甘肃、宁夏；印度及中亚地区也有分布。

细叶亚菊 *Ajania tenuifolia*

菊科 Asteraceae　亚菊属 *Ajania*

〔形态特征〕多年生草本，高5～30 cm。根状茎发达，根状茎发出多数不育茎和主茎，不育茎具鳞片状叶，主茎的地下部分具多数细根，先端分枝，花枝与不育枝丛生，被灰白色密短柔毛。叶全形长1～4 cm，二回羽状分裂，侧裂片2～3对，小裂片线状长圆形或椭圆形，长1～5 mm，先端急尖或钝，两面被灰白色短柔毛，稀上面淡绿色，被疏毛。头状花序少数，在茎枝顶端排列成复伞房状或伞房状花序；总苞宽钟形，直径4～6（7）mm；总苞片4层，边缘宽膜质，膜质的外缘白色，中间部分褐色，背面中央绿色，外层卵形，长约1 mm，被短毛，内层宽倒卵形，长约3.5 mm，无毛；边花雌性，细管状，长约2.5 mm；中央花管状，长约3 mm；全部小花黄色，外面被腺体。花果期7—9月。

〔生境分布〕玛多、玛沁、班玛、久治、玉树、囊谦、称多、尖扎、同仁、泽库、河南、都兰、天峻、兴海、共和、贵南、湟源、大通、循化、乐都、互助、祁连、门源。生于河滩、草甸裸地、多石山坡，海拔3 000～4 500 m。分布于我国西藏、四川、甘肃；印度也有分布。

大籽蒿 *Artemisia sieversiana*

菊科 Asteraceae 蒿属 *Artemisia*

〔形态特征〕二年生草本，高15～100 cm。主根粗或细。茎单生，从基部或下部起分枝，有时无明显主茎，多数分枝丛生呈帚状，茎、枝被白色短毛。叶两面被灰白色短毛；茎中下部叶具长柄，二至三回羽状分裂，第一回全裂，侧裂片2～3对，再浅或深裂，小裂片不整齐，多呈齿状或条裂，长2～3 mm，宽约1.5 mm；苞片叶在花序下部者一或二回羽状全裂，上部者不裂，线状长圆形或披针形，有时特别发育，长至6 cm，宽达1 cm。头状花序半球形，直径4～7（10）mm，具短梗或有时梗较长而细，下垂，在茎上排成圆锥状花序或在矮小植株上排成疏总状花序；总苞片3～4层，不等长，外层卵形或卵状椭圆形，内层倒卵形，先端圆形或钝，边缘浅褐色或黄白色，膜质，背部常无毛；花托具白色托毛；小花花冠外面无腺体。花果期7—10月。

〔生境分布〕本省各地。生于田边、荒地、河滩、半阴坡、林缘和林中空地，海拔2 000～4 300 m。分布于我国西南、西北、华北、东北；阿富汗、巴基斯坦、印度、克什米尔、哈萨克斯坦、俄罗斯、蒙古、朝鲜及日本也有分布。

臭蒿 *Artemisia hedinii*

菊科 Asteraceae　蒿属 *Artemisia*

〔形态特征〕一年生草本，高3～100 cm，全株有浓烈嗅味。茎单生，不分枝或分枝，枝斜上升，密集，密被腺毛。叶绿色，下面密生腺毛；茎下部叶多数，密集，斜上升，椭圆形，长2～10 cm，宽至4 cm，二回栉齿状羽状分裂，每侧裂片4～15枚，再次羽状分裂，小裂片披针形，长2～3 mm，宽至1 mm，具多枚栉齿；茎中上部叶二回栉齿状羽状分裂；苞片叶一回栉齿状羽状分裂；叶轴与叶柄两侧均有栉齿。头状花序半球形，直径3～5 mm，在小枝上排成穗状，在茎上部组成狭窄的圆锥花序；总苞片3层，椭圆形或卵形，外层总苞片背面被腺毛，边缘紫褐色，膜质；花序托凸起，半球形；两性花紫红色，外面有腺点。花果期8—10月。

〔生境分布〕本省绝大部分地区。生于滩地、河滩、山坡、田边，海拔2 700～4 700 m。分布于我国西藏、云南、四川、新疆、甘肃、内蒙古；巴基斯坦、克什米尔、印度、尼泊尔、塔吉克斯坦也有分布。

细裂叶莲蒿 *Artemisia gmelinii*

菊科 Asteraceae　蒿属 *Artemisia*

〔形态特征〕半灌木，高10 ~ 50 cm。根茎木质，上部多分枝。茎多数，丛生，下半部木质，上部花序部分有分枝或不分枝，初时被毛，后脱毛，有棱，紫红色。叶上面常无毛，有腺点和凹穴，绿色，下面被灰白色短毛，呈灰绿色；营养枝叶和茎下部叶具长柄，二至三回栉齿状羽状分裂，第一二回全裂，第三回浅裂，裂片及小裂片排列紧密，小裂片线形，长1 ~ 2 mm，宽0.2 ~ 0.5 mm，叶轴有齿状裂片；上部叶及苞片叶一二回齿状羽状分裂；最上部苞片叶常不裂。头状花序半球形，直径4 ~ 6（7）mm，具短梗，下垂，在茎上排成狭圆锥状花序；总苞片3 ~ 4层，棕褐色，通常无毛，外层狭卵形，先端急尖，中内层卵形，先端圆钝，边缘宽膜质，背部中肋深褐色；小花鲜黄色。花果期8—9月。

〔生境分布〕玛多、玛沁、达日、玉树、杂多、治多、泽库、同德、兴海、共和、门源。生于阳坡砾石地、山坡、河岸阶地、河滩，海拔2 900 ~ 4 250 m。分布于我国西藏、四川、新疆、甘肃、宁夏、内蒙古；哈萨克斯坦、俄罗斯、蒙古也有分布。

白莲蒿 *Artemisia sgmelinii*

菊科 Asteraceae　蒿属 *Artemisia*

〔形态特征〕半灌木状草本。高50～100 cm。根状茎及茎基木质。茎多分枝，丛生，紫褐色或灰绿色，茎皮常剥落，初时被灰白色短柔毛，后脱毛。叶上面绿色，有白色腺点及小凹穴，初时微有白色短柔毛，后无毛，下面灰白色，有密毛；茎中下部叶卵状三角形至卵状长圆形，长2～6 cm，宽2～5 cm，二回栉齿状羽状分裂，第一回全裂，第二回深裂或全裂；上部叶一二回栉齿状羽状分裂；全部末回小裂片栉齿状披针形或三角形，长1～5 mm，宽2 mm，先端急尖，两侧有时具三角形栉齿；叶柄长1～2 cm；苞片分裂或否。头状花序球形，直径2～3 mm，在茎上部组成开展的圆锥花序；总苞片3～4层，披针形或椭圆形，外层疏被灰白色柔毛，中脉绿色，边缘宽膜质；两性花黄色。花期8—9月。

〔生境分布〕玛沁、尖扎、泽库、河南、同德、西宁、大通、乐都、平安、互助。生于河滩、田边、山坡、林缘，海拔2 300～3 420 m。分布于我国大部分地区；中亚地区及克什米尔、巴基斯坦、印度、阿富汗、尼泊尔、蒙古、俄罗斯、朝鲜、日本也有分布。

蒙古蒿 *Artemisia mongolica*

菊科 Asteraceae 蒿属 *Artemisia*

〔形态特征〕多年生草本，高30 ~ 120 cm。茎单生，有时2 ~ 3个，上部有分枝，密被灰白色蛛丝状毛，后脱毛，下部紫红色。叶上面深绿色，被疏毛或无毛，下面密被灰白色蛛丝状毛；茎中下部叶卵形或宽卵形，长4 ~ 11 cm，宽3 ~ 5 cm，二回羽状全裂或深裂，第一回全裂，每侧具裂片2 ~ 3枚，裂片再羽状深裂至3裂，末回小裂片线形、线状披针形至披针形，或为狭齿，长不逾1 cm，宽2 ~ 4 mm，先端尖，有小尖头，边缘略反卷；上部叶和苞片叶羽状全裂至不裂，裂片披针形或线形。头状花序长圆形或椭圆形，直径1.5 ~ 2 mm，在小枝上排列成穗状，在茎上部组成狭窄的圆锥花序；总苞片3 ~ 4层，狭卵形至长圆形，背面密被灰白色蛛丝状毛，边缘膜质；两性花紫红色。花果期8—9月。

〔生境分布〕玛沁、同仁、泽库、河南、都兰、西宁、大通、湟中、循化、乐都、互助、门源。生于河边、田边、山坡草地、林缘，海拔2 000 ~ 3 200 m。分布于我国绝大部分地区；俄罗斯、蒙古国、朝鲜、日本也有分布。

猪毛蒿 *Artemisia scoparia*

菊科 Asteraceae 蒿属 *Artemisia*

〔形态特征〕多年生草本，高20～40 cm，主根狭纺锤形。茎单生，稀少数，紫褐色或褐色，有纵棱，自下部起分枝，分枝长达35 cm，向上渐短，呈塔形，被柔毛或脱毛。叶被灰白色柔毛或脱毛；基生叶和茎下部叶二至三回羽状分裂，小裂片线状披针形或线形，长3～5 mm，宽约1 mm；中部叶一至二回羽状全裂，小裂片毛发状，长4～12 mm，宽约0.3 mm；苞片叶3～5，小状球形或卵状球形，直径12 mm，具短梗，弯垂，在小枝排成细长的总状或复总状花序，在分枝或茎上部组成开展的圆锥花序；总苞片3～4层，卵形或内层圆形，边缘膜质或内层全膜质，背部无毛，绿色；雌花狭圆锥形；两性花紫红色，管状。花果期7—9月。

〔生境分布〕玛沁、都兰、天峻、泽库、共和、贵南、同德、西宁、乐都、互助、门源。生于山坡、荒地、田边，海拔2 230～3 600 m。分布遍及我国各地；欧亚大陆的温带地区也有分布。

狭舌多榔菊 *Doronicum stenoglossum*

菊科 Asteraceae　多榔菊属 *Doronicum*

〔形态特征〕多年生草本，高达110 cm，全株被腺状柔毛。根状茎短粗。茎直立，不分枝，稀上部多分枝。不育叶丛的叶和基部叶椭圆形或长圆形，长3～8 cm，宽1.5～3.5 cm，先端急尖，边缘有腺状齿，基部楔形，叶柄长至8 cm；茎中部叶大，长圆形，长达17 cm，宽至4 cm，具柄或无柄，耳状抱茎；上部叶卵形至披针形，较小，无柄，抱茎；全部叶两面有腺状柔毛。头状花序3～15，辐射状，茎1～3 cm，在茎端排成总状；花序梗细，长达20 cm；总苞半球形，宽2.5 cm，长1.5～2 cm；总苞片线形，先端渐尖，背部被腺状毛；舌状花黄色，舌片线形，长7～10 mm；管状花多数，长约4 mm。瘦果褐色，有棱，无毛；冠毛淡褐色，长约4 mm。花果期7—8月。

〔生境分布〕玛沁、班玛、玉树、囊谦、称多、泽库、湟中、互助、祁连。生于灌丛中、林下，海拔2 700～4 200 m。分布于西藏、云南、四川、甘肃。

三角叶蟹甲草 *Parasenecio deltophyllus*

菊科 Asteraceae　蟹甲草属 *Parasenecio*

〔形态特征〕多年生草本，高25～60 cm。根状茎粗，横生，具多数须根。茎直立，不分枝，被白色短腺毛。茎下部叶在花期枯落；中上部叶三角形，长3～8 cm，宽2.5～6.5 cm，先端尾状渐尖，边缘有钝三角形齿，基部近平截，上面近无毛，下面密被短腺毛，后脱毛，叶脉掌状，叶柄长1～3 cm；最上部叶披针形。头状花序3～17，盘状，在茎端排列成总状，下垂；花序梗有线形苞片；总苞钟形，长宽近相等，长5～7 mm，或稍宽；总苞片约10个，长圆形，先端急尖，被白色毛，边缘膜质，背部被蛛丝状毛和腺毛；小花管状，黄色，长约6 mm，檐部5裂，裂片披针形。瘦果无毛；冠毛白色，与花冠等长。花果期7—8月。

〔生境分布〕玛沁、泽库、湟中、循化、乐都、互助。生于河滩、山坡草丛中、林下，海拔2 450～3 850 m。分布于四川、甘肃。

橙红狗舌草 *Tephroseris rufa*

菊科 Asteraceae　狗舌草属 *Tephroseris*

〔形态特征〕多年生草本，高5 ~ 50 cm。根状茎粗，具须根。茎直立，细瘦或较粗，被密白色蛛丝状绵毛和有节柔毛，后脱毛。基生叶倒卵状长圆形、长圆形或卵形，长2 ~ 7 cm，宽1 ~ 2.5 cm，先圆形或钝，近全缘，基部渐狭成柄，两面被白色蛛丝状毛，有时杂有节柔毛，后脱毛；茎生叶向上渐小，下部叶倒卵状长圆形，与基生叶同大；中上部叶长圆形、披针形至线形，较小，先端钝或渐尖，两面被白色蛛丝状毛。头状花序辐射状，通生或少数，在茎端排列成伞房状伞形；花序梗被密绵毛，基部具线形苞片；总苞宽钟形，宽为长的2倍，长5 ~ 6 mm；总苞片20以上，线形，紫褐色，先端渐尖；舌状花橙红色或橙黄色，舌片线状长圆形，长17 mm；管状花与舌状花同色，长10 mm。瘦果棕红色，无毛；冠毛白色或淡褐色，长10 mm。花果期6—9月。

〔生境分布〕玛多、达日、玛沁、班玛、久治、玉树、囊谦、称多、杂多、治多、曲麻莱、尖扎、同仁、泽库、河南、乌兰、天峻、兴海、共和、贵南、刚察、门源。生于山坡草地、灌丛中、林下及高山草甸，海拔3 200 ~ 4 150 m。分布于西藏、四川、甘肃。

天山千里光 *Senecio thianschanicus*

菊科 Asteraceae　千里光属 *Senecio*

〔形态特征〕多年生草本，高3～40 cm。根状茎短，具须根。茎直立，常单生，不分枝或上部有分枝，被白色蛛丝状毛或脱毛。基生叶多变异，圆形、长圆形或倒卵形，叶片长0.7～2.5 cm，宽0.4～1.5 cm，全缘或有小齿，基部近圆形或楔形，两面无毛，叶柄细，长达5 cm；茎生叶披针形、长圆形或线形，长1～10 cm，宽0.4～1.5 cm，先端急尖，全缘、有浅齿或羽状浅裂，裂片或齿三角形，上面无毛，下面被白色蛛丝状毛，无柄或有柄，半抱茎。头状花序辐射状，单生或2至多数，在茎枝顶端排成伞房状；花序梗具线形苞片；小外苞片线形；总苞钟形，长5～6 mm，宽约5 mm，稀稍宽；总苞片14～18，线状长圆形，先端尖三角形，紫褐色；舌状花黄色，舌片长圆形，长约6 mm；管状花多数，黄色，长约6 mm。瘦果无毛；冠毛白色，长约6 mm。花果期7—9月。

〔生境分布〕玛多、达日、玛沁、玉树、称多、杂多、曲麻莱、同仁、泽库、德令哈、都兰、宾和、兴海、湟源、乐都、互助、门源、祁连。生于河滩、山谷、水边、灌丛中、林缘、山顶，海拔2 700～4 500 m。分布于我国西藏、四川、甘肃和新疆；中亚地区也有分布。

额河千里光 *Jacobaea argunensis*

菊科 Asteraceae　千里光属 *Senecio*

〔形态特征〕多年生根状茎草本，根状茎斜生，茎7 mm，具多数纤维状根。茎单生，直立，30 ~ 60（80）cm，被蛛丝状柔毛，有时多少脱毛，上部有花序枝。基生叶和下部茎叶在花期枯萎，通常凋落；中部茎叶较密集，无柄，全形卵状长圆形至长圆形，长6 ~ 10 cm，宽3 ~ 6 cm，羽状全裂至羽状深裂，顶生裂片小而不明显，侧裂片约6对，狭披针形或线形，长1 ~ 2.5 cm，宽0.1 ~ 0.5 cm，钝至尖，边缘具1 ~ 2齿或狭细裂，或全缘，稍斜生，纸质，上面无毛，下面有疏蛛丝状毛，或多少脱毛，基部具狭耳或撕裂状耳；上部叶渐小，顶端较尖，羽状分裂。头状花序有舌状花，多数，排列成顶生复伞房花序；花序梗细，长1 ~ 2.5 cm，有疏至密蛛丝状毛，有苞片和数个线状钻形小苞片；总苞近钟状，长5 ~ 6 mm，宽3 ~ 5 mm，具外层苞片；苞片约10，线形，长3 ~ 5 mm，总苞片约13，长圆状披针形，宽1 ~ 1.5 mm，尖上端具短髯毛，草质，边缘宽干膜质，绿色或有时变紫色，背面被疏蛛丝毛。舌状花10 ~ 13，管部长4 mm；舌片黄色，长圆状线形，长8 ~ 9 mm，宽2 ~ 3 mm，顶端钝，有3细齿，具4脉；管状花多数；花冠黄色，长6 mm，管部长2 ~ 2.5 mm，檐部漏斗状；裂片卵状长圆形，长0.7 mm，尖。花药线形，长2 mm，基部有明显稍尖的耳，附片卵状披针形；花药气颈部较粗，向基部膨大。花柱分枝长0.7 mm，顶端截形，有乳头状毛。瘦果圆柱形，长2.5 mm，无毛；冠毛长5.5 mm，淡白色。花期8—10月。

〔生境分布〕同仁、西宁、湟源、湟中、循化、乐都、互助。生于水边、路边、田边、河滩，海拔2 230 ~ 2 600 m。分布于我国西北、华北、东北、华中、华东；俄罗斯、日本、朝鲜也有分布。

褐毛橐吾 *Ligularia purdomii*

菊科 Asteraceae 橐吾属 *Ligularia*

〔形态特征〕多年生高大草本，高达150 cm。茎直立，被褐色有节短柔毛，基部被枯叶柄纤维包围。丛生叶与茎基部叶具柄，柄长达50 cm，被褐毛有节短毛，鞘长而窄，叶片肾形或圆肾形，直径达50 cm，盾状着生，顶端圆形或凹缺，边缘具整齐的骨质小齿，基部弯缺窄，两侧裂片近于覆盖，上面光滑，下面被密的褐色短柔毛；中上部叶较小与下部叶同形；最上部叶仅有鞘。大型复伞房花序，长达50 cm，分枝被褐色有节短毛；苞片线形；头状花序多数，盘状，下垂；总苞钟状陀螺形，长8～13 mm，宽6～10 mm；总苞片6～12，长圆形或披针形，先端急尖，黑色，背部被黄褐色有节短毛；小花全部管状，长7～9 mm。瘦果长7 mm；冠毛长3～4 mm。花果期7—9月。

〔生境分布〕班玛、久治。生于河边、泽沼浅水处，海拔3 600～3 900 m。分布于四川、甘肃。

箭叶橐吾 *Ligularia sagitta*

菊科 Asteraceae　橐吾属 *Ligularia*

〔形态特征〕多年生草本，高25～50 cm。茎直立，光滑或上部及花序被白色蛛丝状毛，基部被枯叶柄纤维包围。丛生叶与茎下部叶具柄，柄长4～20 cm，具狭翅，翅全缘或有齿，基部鞘状，叶片箭形或长圆状箭形，长2～20 cm，基部宽达20 cm，弯缺宽，先端钝或急尖，边缘具小齿，上面光滑，下面被蛛丝状毛或脱毛；茎中上部叶较小，同形，具鞘；最上部叶狭披针形。总状花序长约6.5 cm；苞片卵状披针形至狭披针形；头状花序多数，辐射状；总苞钟形或狭钟形，长7～10 mm，宽4～8 mm，总苞片7～10，长圆形或披针形，先端急尖或渐尖，背部光滑；舌状花5～9，黄色，舌片长圆形，长7～14 mm；管状花黄色，长7～10 mm。瘦果长2.5～6 mm；冠毛白色，长7～8 mm。花果期7—9月。

〔生境分布〕玛沁、囊谦、德令哈、共和、兴海、同德、西宁、大通、循化、互助、门源、祁连。生于山坡、林缘、灌丛中，海拔1 950～3 600 m。分布于西藏、四川、甘肃、宁夏、河北、内蒙古、山西、黑龙江。

黄帚橐吾 *Ligularia virgaurea*

菊科 Asteraceae　橐吾属 *Ligularia*

〔形态特征〕多年生灰绿色草本，高达60 cm。茎直立，光滑，基部被褐色枯叶柄纤维包围，丛生叶与茎基部叶具柄，柄长达21.5 cm，具翅，叶片卵形，椭圆形或长圆状披针形，长3 ~ 15 cm，宽1.3 ~ 7 cm，先端钝或急尖，全缘，基部楔形或宽楔形，渐狭，下延成翅柄，两面光滑，叶脉羽状或近平行；茎生叶小，卵形至线形，常筒状抱茎。总状花序长达22 cm，密集或下部疏离，上部密集；苞片线状披针形至线形；头状花序多数，辐射状；总苞陀螺形或杯状，长7 ~ 10 mm，宽6 ~ 9 mm，总苞片10 ~ 14，长圆形或狭披针形，先端钝至渐尖；舌状花5 ~ 14，黄色，舌片线形，长至2 cm；管状花黄色，长7 ~ 8 mm。瘦果长约5 mm；冠毛长7 ~ 8 mm。花果期7—9月。

〔生境分布〕玉树、果洛、黄南、海南、海北等地。生于沼泽边缘、山麓草地、滩地、山坡湿地，海拔2 700 ~ 4 400 m。分布于我国西藏、云南、四川、甘肃；尼泊尔、不丹也有分布。

本种另有一群个体较矮，茎细弱，叶小，头状花序单生至少数，在茎端排成疏总状花序。此类植物大多生于海拔较高的山地草甸上，由于生境严酷，限制了植株生长，各器官呈现减退趋势，可能是一个生态变异。这一变种由于在头状花序的数目上与原变种并无明确界线，因而过去未被作为种下等级对待。

掌叶橐吾 *Ligularia przewalskii*

菊科 Asteraceae　橐吾属 *Ligularia*

〔形态特征〕多年生草本。根肉质，细而多。茎直立，高30～130 cm，细瘦，光滑，基部直径3～4 mm，被长的枯叶柄纤维包围。丛生叶与茎下部叶具柄，柄细瘦，长达50 cm，光滑，基部具鞘，叶片轮廓卵形，掌状4～7裂，长4.5～10 cm，宽8～18 cm，裂片3～7深裂，中裂片二回3裂，小裂片边缘具条裂齿，两面光滑，稀被短毛，叶脉掌状；茎中上部叶少而小，掌状分裂，常有膨大的鞘。总状花序长达48 cm；苞片线状钻形；花序梗纤细，长3～4 mm，光滑；头状花序多数，辐射状；小苞片常缺；总苞狭筒形，长7～11 mm，宽2～3 mm，总苞片（3）4～6（7），2层，线状长圆形，宽约2 mm，先端钝圆，具褐色睫毛，背部光滑，边膜狭膜质。舌状花2～3，黄色，舌片线状长圆形，长达17 mm，宽2～3 mm，先端钝，透明，管部长6～7 mm；管状花常3个，远出于总苞之上，长10～12 mm，管部与檐部等长，花柱细长，冠毛紫褐色，长约4 mm，短于管部。瘦果长圆形，长约5 mm，先端狭缩，具短喙。花果期6—10月。

〔生境分布〕果洛、玉树、黄南、海南、海东、海北等地。生于河谷草地、灌丛、林缘，海拔2 000～3 900 m。分布于四川、甘肃、宁夏、陕西、内蒙古、山西、江苏。

条叶垂头菊 *Cremanthodium lineare*

菊科 Asteraceae 垂头菊属 *Cremanthodium*

〔形态特征〕多年生草本，高7～30 cm。茎直立，光滑或最上部有白色柔毛，基部被枯叶柄纤维。丛生叶与茎基部叶线形或线状披针形，长达15 cm，宽2.5～5 mm，先端急尖，全缘，基部楔形，叶脉平行；茎生叶多数，线形，苞叶状。头状花序单生，辐射状，下垂；总苞半球形，长1～1.2 cm，宽2 cm，光滑或基部有柔毛；总苞片12～14层，披针形或卵状披针形，宽约2 mm，先端急尖；具白色睫毛，背部黑灰色；舌状花黄色，舌片线状披针形，长达3 cm，宽约2 mm；先端长渐尖；管状花长5～7 mm。瘦果长2～3 mm；冠毛白色，长5～7 mm。

〔生境分布〕玛多、玛沁、达日、久治、泽库、河南、兴海、共和、湟源。生于沼泽草甸、河岸滩地、水沟边，海拔3 100～4 500 m。分布于四川、西藏、甘肃。

褐毛垂头菊 *Cremanthodium brunneopilosum*

菊科 Asteraceae　垂头菊属 *Cremanthodium*

〔形态特征〕多年生草本，高20～60 cm，蓝绿色或灰绿色。根肉质，簇生。茎直立，上部被白色和褐色有节柔毛，基部密被枯叶柄基生叶与茎下部叶长椭圆形至披针形，长6～35 m，宽2～8 cm，先端急尖，全缘或有骨质小齿，基部楔形，下延成翅状柄，上面光滑，下面至少在脉上有点状柔毛；叶柄长10 cm，宽约1.5 cm；茎中上狭部叶椭圆形，抱茎；最上部叶披针形，苞叶状。头状花序辐射状，少数，排成总状花序，偶有单生；花序梗被褐毛；总苞半球形，长1～1.5 cm，宽1.5～2 cm，密被褐色有节柔毛，总苞片2层，披针形或长圆形，先端渐尖；舌状花黄色，舌片线状披针形，长达5 cm，先端尾状渐尖，近透明；管状花多数，长约10 mm，冠毛白色，长约10 mm。花果期6—9月。

〔生境分布〕玛多、玛沁、达日、久治、玉树、治多、曲麻莱、同仁、泽库、河南。生于沼泽草甸、河谷滩地，海拔3 300～4 400 m。分布于西藏、四川。

盘花垂头菊 *Cremanthodium discoideum*

菊科 Asteraceae　垂头菊属 *Cremanthodium*

〔形态特征〕多年生草本，高15～30 cm。茎直立，上部被白色和紫褐色有节长柔毛，下部光滑。丛生叶与茎基部叶具柄，柄长1～6 cm，光滑，叶片卵状长圆形或卵状披针形，长1.5～4 cm，宽0.7～1.5 cm，先端钝，全缘，稀有小齿，基部圆形，两面光滑，上面深绿色，下面灰绿色，叶脉羽状；茎生叶少，披针形至线形。头状花序单生，下垂，盘状；总苞半球形，长8～10 mm，宽1.5～2 cm；被密的黑色有节长柔毛；总苞片8～12，2层，线状披针形，宽1～3 mm，先端渐尖或急尖；小花全部管状，紫黑色，长7～8 mm。瘦果长2～4 mm；冠毛白色，长7～8 mm。花果期7—8月。

〔生境分布〕本省各地高山。生于高山草地、灌丛中，海拔3 000～4 500 m。分布于我国西藏、四川、甘肃；尼泊尔也有分布。

车前状垂头菊 *Cremanthodium ellisii*

菊科 Asteraceae 垂头菊属 *Cremanthodium*

〔形态特征〕多年生草本，高8～35 cm。茎直立，花序有分枝或否，上部被密的铁灰色长柔毛，下部光滑，紫色，基部被厚密的枯叶柄纤维丛生叶具宽柄，柄长1～10 cm，常紫红色，叶片卵形，宽椭圆形至圆形，长1.5～10 cm，宽1～5 cm，先端急尖，全缘或有小齿至缺刻状齿，有时浅裂，基部楔形，下延，近肉质，两面光滑或幼时有毛，叶脉羽状；茎生叶小，卵状长圆形至线形。头状花序1～5，常单生，或呈伞房状总状花序，下垂，辐射状；总苞半球形，长0.8～1.5 cm，宽2 cm，被密的铁灰色柔毛；总苞片8～14，2层，卵状披针形或披针形，先端急尖；舌状花黄色，舌片长圆形，长1～1.7 cm，宽2～5 mm，先端钝圆；管状花长6～7 mm。瘦果长4～5 mm；冠毛白色，长6～7 mm。花果期7—9月。

〔生境分布〕本省各地高山。生于高山草甸、流石滩，海拔3 500～4 900 m。分布于我国西藏、云南、四川、甘肃；喜马拉雅、克什米尔地区也有分布。

矮垂头菊 *Cremanthodium humile*

菊科 Asteraceae　垂头菊属 *Cremanthodium*

〔形态特征〕多年生草本。根肉质，生于地下茎的节上，每节2～3。地上部分的茎直立，单生，高5～20 cm，上部被黑色和白色有节长柔毛，下部光滑，基部直径2～3 mm，无枯叶柄；地下部分的茎横生或斜生，根茎状，有节，节上被鳞片状叶及不定根，其长度随砾石层的深浅和生长的年龄呈正相关。无丛生叶丛。茎下部叶具柄，叶柄长2～14 cm，光滑，基部略呈鞘状，叶片卵形或卵状长圆形，有时近圆形，长0.7～6 cm，宽1～4 cm，先端钝或圆形，全缘或具浅齿，上面光滑，下面被密的白色柔毛，有明显的羽状叶脉；茎中上部叶无柄或有短柄，叶片卵形至线形，向上渐小，全缘或有齿，下面被密的白色柔毛。头状花序单生，下垂，辐射状，总苞半球形，长0.7～1.3 cm，宽1～3 cm，被密的黑色和白色有节柔毛，总苞片8～12，1层，基部合生成浅杯状，分离部分线状披针形，宽2～3 mm，先端急尖或渐尖。舌状花黄色，舌状椭圆形，伸出总苞之外，长1～2 cm，宽3～4 mm，先端急尖，管部长约3 mm；管状花黄色，多数，长7～9 mm，管部长约3 mm，檐部狭楔形，冠毛白色，与花冠等长。瘦果长圆形，长3～4 mm，光滑。花果期7—11月。

〔生境分布〕本省各地高山。生于高山流石滩地，海拔3 500～4 900 m。分布于西藏、云南、四川、甘肃。

狭舌垂头菊 *Cremanthodium stenoglossum*

菊科 Asteraceae　垂头菊属 *Cremanthodium*

〔形态特征〕多年生草本。根肉质，多数。茎花葶状，单生，直立，高10～32 cm，最上部被白色卷曲柔毛和褐色短的有节柔毛，下部光滑，基部直径1.5～3 mm。丛生叶和茎基部叶具柄，柄长2.5～11.5 cm，光滑，基部膨大，鞘状，叶片圆肾形或肾形，长7～20 mm，宽1.5～4 cm，边缘棱角状，具白色有节柔毛，基部弯缺窄，裂片互相重叠，两面光滑，近肉质，叶脉掌状，常不明显；茎下部叶1个，宽肾形，较小，无柄或有短柄，基部鞘状，边缘具棱角状锯齿；茎中上部无叶或有1个长圆形的苞叶。头状花序单生，辐射状，下垂，总苞半球形，长13～16 mm，宽达2 cm，总苞片9～14，紫红色，2层，外层狭披针形，宽1.5～2 mm，内层长圆形，宽3～5 mm，先端渐尖或急尖，有小尖头，被褐色睫毛，背部光滑。舌状花黄色，舌片线状披针形，长2.5～3.5 cm，基部宽约5 mm，先端长渐尖，3浅裂，膜质近透明，脉纹褐色，6～7条。管状花多数，黄色，长7～9 mm，管部长约3 mm，檐部宽2～2.5 mm，冠毛白色与花冠等长。瘦果圆柱形，长约7 mm，具纵肋。花果期7—8月。

〔生境分布〕生长于海拔3 700～4 700 m的灌丛中、水边、沼泽地、高山草甸、岩石隙中、高山流石滩。分布于青海南部、四川。

大丁草 *Leibnitzia anandria*

菊科 Asteraceae　大丁草属 *Leibnitzia*

〔形态特征〕多年生草本，植株具春秋二型之别。春型者根状茎短，根颈多少为枯残的叶柄所围裹；根簇生，粗而略带肉质。叶基生，莲座状，于花期全部发育，叶片形状多变异，通常为倒披针形或倒卵状长圆形，长2～6 cm，宽1～3 cm，顶端钝圆，常具短尖头，基部渐狭、钝、截平或有时为浅心形，边缘具齿、深波状或琴状羽裂，裂片疏离，凹缺圆，顶裂大，卵形，具齿，上面被蛛丝状毛或脱落近无毛，下面密被蛛丝状绵毛；侧脉4～6对，纤细，顶裂基部常有1对下部分枝的侧脉；叶柄长2～4 cm或有时更长，被白色绵毛；花葶单生或数个丛生，直立或弯垂，纤细，棒状，长5～20 cm，被蛛丝状毛，毛愈向顶端愈密；苞叶疏生，线形或线状钻形，长6～7 mm，通常被毛。头状花序单生于花葶之顶，倒锥形，直径10～15 mm；总苞略短于冠毛；总苞片约3层，外层线形，长约4 mm，内层长，线状披针形，长达8 mm，二者顶端均钝，且带紫红色，背部被绵毛；花托平，无毛，直径3～4 mm；雌花花冠舌状，长10～12 mm，舌片长圆形，长6～8 mm，顶端具不整齐的3齿或有时钝圆，带紫红色，内2裂丝状，长1.5～2 mm，花冠管纤细，长3～4 mm，无退化雄蕊。两性花花冠管状二唇形，长6～8 cm，外唇阔，长约3 mm，顶端具3齿，内唇2裂丝状，长2.5～3 mm；花药顶端圆，基部具尖的尾部；花柱分枝长约1 mm，内侧扁，顶端钝圆。瘦果纺锤形，具纵棱，被白色粗毛，长5～6 mm；冠毛粗糙，污白色，长5～7 mm。秋型者植株较高，花葶长可达30 cm，叶片大，长8～15 cm，宽4～6.5 cm，头状花序外层雌花管状二唇形，无舌片。花期春、秋二季。

〔生境分布〕生于海拔650～2 580 m，山顶、山谷丛林、荒坡、沟边或分化的岩石上。我国广泛分布。

黄缨菊 *Xanthopappus subacaulis*

菊科 Asteraceae　黄缨菊属 *Xanthopappus*

〔形态特征〕多年生草本，高5 ~ 7 cm。根粗状，圆柱形，直径1.5 ~ 2 cm，颈部密被褐色枯叶柄。无茎或近无茎。叶基生呈莲座状，革质，叶片长圆形或长圆状披针形，长达30 cm，宽2 ~ 8 cm，羽状深裂，裂片三角形或三角状披针形，先端急尖成针刺，边缘具不规则的锯齿和针刺，上面绿色，无毛，下面密被灰白色蛛丝状毛，叶柄短，基部扩大，半抱根颈及花序柄，被茸毛或无毛。头状花序具短花序梗，丛生叶丛中，8 ~ 10或更多；总苞宽钟形，长3 ~ 6 cm，宽达5 cm，总苞片多层，近革质，不等长，外层长为内层的1/2，狭披针形，先端针刺状，常外反，内层披针形或线形，先端渐尖，全部总苞片背部被毛；小花管状，黄色，长3.5 ~ 3.7 cm。瘦果光滑，具褐色斑点；冠毛多层，淡黄色，糙毛状，长约3 cm。花果期7—9月。

〔生境分布〕玛多、玉树、囊谦、杂多、治多、河南、天峻、兴海、西宁、互助、祁连、刚察、门源。生于阳坡、荒地，海拔2 230 ~ 4 250 m。分布于云南、四川、甘肃。

葵花大蓟 *Cirsium souliei*

菊科 Asteraceae　蓟属 *Cirsium*

〔形态特征〕多年生无茎草本。叶基生，莲座状，狭披针形或长圆状披针形，长10～30 cm，宽2～6 cm，先端急尖，羽状浅裂至深裂，裂片卵形、卵状披针形或偏斜椭圆形，边缘有小裂片，齿和密针刺，两面被有节柔毛，上面叶轴和下面的毛稍多，有时上面近无毛，叶柄不明显或有短柄。头状花序多数，无或有短花序梗，簇生于莲座叶丛中间；总苞半球形，长2～3 cm，宽达4 cm，总苞片多层，近等长或向内层稍长，外层卵状披针形或披针形，宽2～4 mm，全部或上部边缘具针刺，内层线形，近膜质，边缘无刺，先端针刺不坚硬；小花管状，紫红色，长1.8～2.1 cm，管部长为檐部的2倍。瘦果黑褐色；冠毛白色，多层，羽毛状，果期与花冠等长。花果期7—9月。

〔生境分布〕玛沁、久治、玉树、囊谦、杂多、治多、曲麻莱、同仁、泽库、河南、兴海、大通、乐都、互助、门源。生于高山草地，河滩荒地、退化草滩，海拔2 500～4 400 m。分布于西藏、四川、甘肃。

丝毛飞廉 *Carduus crispus*

菊科 Asteraceae 飞廉属 *Carduus*

〔形态特征〕多年生草本，高40～150 cm。根圆柱形。茎直立，粗壮而质软，中空，具纵棱及茎翅，翅缘密生细刺，上部有分枝，被白色有节柔毛。叶长圆状披针形或长椭圆形，长达30 cm，宽2～5 cm，羽状深裂，裂片三角形、斜长圆形或卵形，边缘具缺刻齿及硬针刺。两面光滑或下面疏生白色柔毛或有节柔毛，基部沿茎下延成茎翅；茎上部叶较小，羽状浅裂，裂片边缘具硬针刺，头状花序单生或少数簇生于枝顶；总苞钟形或半球形，长1.5～2 cm，宽1～2 cm。总苞片多层，不等长，外层短，卵状披针形，先端具硬针刺，内层长，线状披针形，先端渐尖，紫红色；小花管状，紫红色，长约15 mm，花丝有白色柔毛。瘦果扁平，光滑；冠毛白色，糙毛状，1层，长约10 mm。花果期7—9月。

〔生境分布〕囊谦、杂多、治多、同仁、泽库、河南、共和、西宁、乐都、民和。生于荒地、山坡、田边，海拔2 230～4 000 m。分布于我国各地；欧洲、北美洲、亚洲（中亚至东北亚）也有分布。

苞叶雪莲 *Saussurea obvallata*

菊科 Asteraceae　风毛菊属 *Saussurea*

〔形态特征〕多年生草本，高20～50 cm。根状茎粗，茎直立，圆柱形，中空，上部被短柔毛，基部有光亮的枯叶柄。基生叫倒卵形或倒卵状长圆形，长10～20 cm，宽3～4 cm，先端钝，边缘具细齿，基部渐狭成宽翅柄，两面被短腺毛，叶柄扁平，长达10 cm；茎生叶向上渐小，长圆形或卵形；最上部叶苞叶状，黄色，6～8个，膜质，卵形或卵状长圆形，长达16 cm，宽7 cm，先端钝圆，边缘有小齿，两面被腺毛，包被顶生花序；头状花序5～15，在茎端密集成半球形；总苞半球形，直径1～1.5 cm；总苞片多层，卵形至狭披针形，长约1 cm，先端及边缘黑褐色，背部被腺毛；小花管状，蓝紫色，长约10 mm，檐部长约5 mm。瘦果无毛；冠毛淡褐色，2层，外层短，内层羽毛状，与花冠等长。花果期7—9月。

〔生境分布〕玛多、玉树、称多。生于高山流石滩，海拔4 100～4 700 m。分布于我国西藏、云南、四川；克什米尔、尼泊尔、不丹也有分布。

钝苞雪莲 *Saussurea nigrescens*

菊科 Asteraceae　风毛菊属 *Saussurea*

〔形态特征〕多年生草本，高15～45 cm。根状茎细。茎簇生或单生，直立，被稀疏的长柔毛或后变无毛，基部被残存的叶柄。基生叶有长或短柄，叶片线状披针形或线状长圆形，长8～15 cm，宽约1 cm，顶端急尖或渐尖，基部楔形渐狭，边缘有倒生细尖齿，两面被稀疏长柔毛或后变无毛；中部和上部茎叶渐小，无柄，顶端急尖或渐尖，基部半抱茎；最上部茎叶小，紫色，不包围总花序。头状花序有长小花梗，小花梗直立，长1.5～7 cm，被稀疏长柔毛，头状花序1～6个在茎顶成伞房状排列。总苞狭钟状，直径1～1.5 cm；总苞片4～5层，干后黑褐色或深褐色，顶端钝或稍钝，外面被白色长柔毛，外层卵形，向内层渐长，披针形或线状披针形。小花紫色，长1.4 cm。瘦果长圆形，长3 mm。冠毛污白色或淡棕色，2层，外层短，糙毛状，内层长，羽毛状。花果期9—10月。

〔生境分布〕生长于海拔3 600～4 800 m的分化带和雪线上的石隙、砾石及沙质湿地中。分布于陕西、甘肃、青海。

唐古特雪莲 *Saussurea tangutica*

菊科 Asteraceae　风毛菊属 *Saussurea*

〔形态特征〕多年生草本，高7～30 cm。根状茎粗，有时分枝，密被褐色枯叶柄。茎直立，被白色柔毛或光滑，淡紫色或紫色。丛生叶和茎基部叶长圆形或披针形，长2～9 cm，宽1.5～2.5 cm，先端急尖，边缘有不整齐尖齿，齿间有头状腺体和白色柔毛，基部渐狭呈柄，两面有腺体，叶柄扁平，长6 cm，基部鞘状，内面有柔毛；茎生叶椭圆形或长圆形，长4～8 cm，宽3.5 cm，无柄，半抱茎；最上部叶淡紫红色，膜质，有明显网状脉，苞叶状，卵状心形或圆形，边缘有细齿、头状腺及柔毛，两面光滑。头状花序1～5，单生或簇生茎端，外被苞叶；总苞球形或钟形，直径2～3 cm；总苞片4层，黑紫色，被白柔毛，线状披针形，近等长，长约1.5 cm；小花管状，蓝紫色，长约12 mm。瘦果幼时有毛；冠毛黄棕色，2层，内层羽毛状，与小花等长或稍长。花果期7—9月。

〔生境分布〕玛多、玛沁、称多、治多、曲麻莱、同仁、泽库、德令哈、乌兰、天峻、兴海、共和、大通、湟源、湟中、化隆、互助、祁连、门源。生于高山流石滩、高山草甸，海拔3 800～5 000 m。分布于西藏、云南、四川、甘肃。

无梗风毛菊 *Saussurea apus*

菊科 Asteraceae　风毛菊属 *Saussurea*

〔形态特征〕根状茎有分枝，被褐色鞘状残迹。叶莲座状，线形或线状披针形，无柄，长3 cm，宽3～4 mm，顶端急尖，有软骨质小尖头，基部深红色长鞘状扩大，倒向羽状浅裂或微锯齿，裂片或锯齿的顶端有白色软骨质小尖头，两面绿色，无毛，向基部边缘有稀疏的白色蛛丝状绵毛。头状花序无小花梗，单生于莲座状叶丛中。总苞钟状，直径1.5 cm；总苞片3～4层，外层长卵形，长7 mm，宽3.5 mm，顶端钝或急尖，外面向顶端被稀疏的长柔毛，中层长椭圆形，长9 mm，宽2 mm，顶端钝，外面向顶端被稀疏的长柔毛，内层宽线状长椭圆形，长1.4 cm，宽2 mm，外面无毛，全部总苞片黑褐色或内层总苞片上部黑褐色。小花紫色，长1.3 cm，细管部长8 mm，檐部长5 mm。瘦果长2 mm，无毛，有脉纹。冠毛2层，外层短，糙毛状，白色，长3 mm，内层长，羽毛状，浅黄色，长1.3 cm。花果期9月。

〔生境分布〕生长于河谷，海拔不详。分布于甘肃、青海、西藏。

西藏风毛菊 *Saussurea tibetica*

菊科 Asteraceae　风毛菊属 *Saussurea*

〔形态特征〕多年生直立草本，高10～16 cm。茎禾秆色，密被灰白色长柔毛，有棱。叶线形，长3～8 cm，宽1～3 mm，两面被灰白色长柔毛，下面的毛较密，边缘全缘，内卷，顶端急尖，基部扩大鞘状抱茎。头状花序2个，生茎枝顶端。总苞倒圆锥状，直径2～3 cm；总苞片4层，紫色，外层长圆状卵形，长8 mm，宽3～5 mm，顶端渐尖，外面密被白色长柔毛，中层线状披针形，长1～1.2 cm，宽2～3 mm，顶端渐尖或急尖，外面被白色长柔毛，内层线形，长1.1 cm，宽1 mm，顶端渐尖，外面无毛。小花紫色，长9～11 mm，细管部长6～7 mm，檐部长3～4 mm。瘦果倒卵状长圆形，长3.5 mm，顶端有小冠，无毛。冠毛淡棕色或淡黄褐色，2层，长1～2 mm，糙毛状，外层羽毛状，长7～8 mm。花果期7—8月。

〔生境分布〕海拔4 500 m。分布于西藏、青海。

尖苞雪莲 *Saussurea polycolea* var. *acutisquama*

菊科 Asteraceae　风毛菊属 *Saussurea*

〔形态特征〕多年生草本，高5～35 cm。根状茎细长，有分枝。茎直立，单生或丛生，被白色长柔毛，上部黑紫色、基部被褐色枯叶柄。基生叶和茎下部叶线状披针形或长圆形，长2～13 cm、宽0.8～2 cm先端渐尖，边缘具倒向小尖齿及长柔毛，基部渐狭成柄，面散生长柔毛，叶柄扁平，长12 cm，基部有鞘；茎生叶与基生叶同形，基部半抱茎；最上部叶小，苞叶状，紫红色，不包被顶生花序。头状花序1～6，单生或在茎端排成伞房状；花序梗长达10 cm，被毛；总苞狭钟形，长1.5～1.6 cm，宽约1 cm；总苞片4～5层，黑紫色，被白色长柔毛，先端渐尖，外层卵状披针形，内层狭披针形，向内层渐长；小花黑紫色或蓝紫色，管状，长约1.5 cm。瘦果无毛；冠毛淡褐色，2层，内层羽毛状，短于小花。花果期7—9月。

〔生境分布〕玛沁、班玛、久治、囊谦、称多、杂多、治多、曲麻莱、同仁、泽库、河南、柴达木地区、兴海、贵南。生于河滩、山坡草地、高山草甸，海拔3 400～4 900 m。分布于西藏、甘肃。

羌塘雪兔子 *Saussurea wellbyi*

菊科 Asteraceae　风毛菊属 *Saussurea*

〔形态特征〕多年生无茎草本，一次结实。根圆锥形，肉质，颈部被褐色枯叶柄。叶莲座状，卵状披针形或线状披针形，长2～5 cm，基部扩大，宽1 cm。中部以上渐狭，呈长尾状，上面中部以上光滑，中部以下被白色或淡黄色绵毛，全部叶下面有密绵毛。头状花序多数，密集成半球形，包于叶丛中；总苞筒状，长约10 mm，宽8 mm；总苞片3～4层，卵状长圆形或长圆形，外层较宽，宽4 mm，先端急尖，紫红色，被白色茸毛；小花管状，紫红色，长8～9 mm。瘦果褐色，无毛；冠毛淡褐色，2层，外层短，粗毛状，长约3 mm，内层羽毛状，与花冠等长。花果期7—8月

〔生境分布〕玛多、玛沁、玉树、囊谦、称多、治多、曲麻莱、可可西里、兴海。生于高山流石滩、山顶湿地，海拔4 300～5 300 m。分布于西藏、四川。

云状雪兔子 *Saussurea aster*

菊科 Asteraceae　风毛菊属 *Saussurea*

〔形态特征〕多年生无茎或有短茎草本，一次结实。根肉质，圆柱形，颈部密被枯叶柄。叶莲座状，密集，线形，线状匙形或匙状长圆形，长1.5～4 cm，宽0.2～1 cm，先端渐尖，急尖或钝，全缘，基部渐狭成柄，上面被黄红色长柔毛，下面被白色长柔毛；最内层叶卵状披针形，约与花序等长，先端急尖、两面被毛。头状花序多数，无花序梗，密集成半球形，直径达5 cm；总苞筒状，长约10 mm，宽7 mm；总苞片约4层，黑紫色，被长柔毛，外层卵形，宽约4 mm，先端钝，内层长圆形至线形，先端急尖或渐尖；小花管状，紫红色，长8～11 mm。瘦果无毛；冠毛2层，淡褐色，外层短，内层羽毛状，与花冠等长。花期7月。

〔生境分布〕玛沁、囊谦、称多、杂多、治多。生于高山流石滩及裸地，海拔3 900～5 000 m。分布于西藏。

本种叶形多样，宽窄不等。例如在囊谦乩扎林场的高山就包括了描述中的3种叶形。虽然叶形有差异，但花序、总苞及小花结构却大体相同，故在种下，未做细分。

星状雪兔子 *Saussurea stella*

菊科 Asteraceae 风毛菊属 *Saussurea*

〔形态特征〕多年生无茎草本，一次结实，全株无毛。根粗壮，颈部密被棕色枯叶柄。叶莲座状，线状披针形至披针形，长3 ~ 12 cm，宽0.3 ~ 1 cm，先端长渐尖，全缘，基部扩大，上部绿色，中部以下紫红色。头状花序多数，在叶丛中密集成半球形；总苞圆柱形，直径0.7 ~ 1 cm；总苞片约5层，近等长，常紫红色，有缘毛，外层长圆形，长0.8 ~ 1.4 cm，宽0.3 ~ 0.5 cm，内层线形，长1.7 cm，宽0.1 ~ 0.2 cm，先端钝圆；小花紫红色，管状，长约1.6 cm。瘦果光滑；冠毛淡褐色，1层，羽毛状，比小花短。花果期7—9月。

〔生境分布〕玛多、玛沁、久治、玉树、囊谦、称多、杂多、治多、曲麻莱、泽库、河南、共和、互助、刚察、祁连、门源。生于河滩草甸、水边、高山阴湿山坡及沼泽草甸，海拔2 450 ~ 4 500 m。分布于我国西藏、云南、四川、甘肃；不丹也有分布。

草甸雪兔子 *Saussurea thoroldii*

菊科 Asteraceae　风毛菊属 *Saussurea*

〔形态特征〕多年生无茎草本，一次结实。根肉质，圆锥形，颈部被褐色枯叶柄。叶莲座状，狭披针形或线形，长至8 cm，宽2 ~ 5 mm，基部扩大，近卵形、紫红色，先端渐尖，羽状深裂，裂片小，下弯，三角形或狭披针形，两面无毛。头状花序多数，无梗，在叶丛中心密集成半球形，径约3 cm；总苞筒状，长6 ~ 10 mm，宽达7 mm；总苞片卵形或长圆形，上半部紫褐色，先端圆形，具白色睫毛或光滑；小花管状，紫红色，长7 ~ 9 mm。瘦果光滑；冠毛淡褐色，2层，外层短，内层羽毛状，比花冠短。花果期7—8月。

〔生境分布〕玛多、治多、德令哈、兴海、共和、祁连、刚察。生于河滩、沙丘、高山草甸，海拔3 150 ~ 4 750 m。分布于我国西藏、新疆；克什米尔也有分布。

水母雪兔子（水母雪莲花）*Saussurea medusa*

菊科 Asteraceae　风毛菊属 *Saussurea*

〔形态特征〕多年生草本，高5～20 cm，全株密被白色绵毛。根肉质，粗壮。茎直立，顶端膨大，基部被褐色枯叶柄。茎下部叶密集，圆形或扇形，长宽几乎相等，长2～25 cm，边缘具条裂状齿，叶柄长2～5 cm；茎上部叶菱形或披针形，羽状浅裂，下翻；最上部叶线形，围绕花序；全部叶两面有白色密绵毛。头状花序多数，无柄，在茎端密集成半球形，外围密被绵毛的苞叶；总苞狭筒形，长17 mm，宽约5 mm；总苞片多层，膜质，线状长圆形倒披针形，近等长，先端或外层总苞片黑紫色，光滑；小花管状，蓝紫色，长10～12 mm，檐部长约5 mm。瘦果线状倒披针形，长约9 mm，黑褐色；冠毛白色，2层，外层短，粗毛状，内层羽毛状，与花冠等长，花果期7—9月。

〔生境分布〕玛多、玛沁、玉树、囊谦、称多、杂多、治多、曲麻莱、同仁、泽库、河南、格尔木、可可西里、大柴旦、都兰、天峻、兴海、大通、湟源、湟中、互助、祁连、门源。生于高山流石滩，海拔3 700～5 200 m。分布于我国西藏、云南、四川、甘肃；克什米尔、尼泊尔也有。

鼠麹雪兔子（鼠麹风毛菊）*Saussurea gnaphalodes*

菊科 Asteraceae　风毛菊属 *Saussurea*

〔形态特征〕多年生丛生草本，高1～6 cm。根状茎细，有分枝，被褐色枯叶柄。茎直立，被灰白色茸毛。丛生叶和茎生叶密集，匙形或长圆形，连柄长达4 cm，宽0.3～1 cm，先端钝，全缘或有疏齿，基部渐狭成柄，两面被灰白色或黄褐色茸毛，叶柄紫红色；最上部叶苞叶状，卵形，被黑色茸毛。头状花序多数，在茎端密集成半球形；总苞筒状，长10 mm，宽5～7 mm；总苞片约3层，上半部密被黑色茸毛，近膜质，卵状长圆形或披针形，先端急尖；小花紫红色，管状，长7～10 mm。瘦果无毛；冠毛黑色，有时褐色，2层，外层短，不下反，易落，内层羽毛状，与花冠近等长。花果期7—9月。

〔生境分布〕玛多、玛沁、称多、治多、曲麻莱、可可西里、德令哈、乌兰、天峻、兴海、祁连。生于高山流石滩，海拔4 000～5 300 m。分布于我国西藏、四川、新疆；尼泊尔、印度西北部、巴基斯坦、中亚至阿尔泰地区也有分布。

异色风毛菊 *Saussurea brunneopilosa*

菊科 Asteraceae　风毛菊属 *Saussurea*

〔形态特征〕多年生草本，高7～45 cm。根状茎有分枝，颈部被纤维撕裂的残鞘并发出不育枝与花茎。茎直立，不分枝，密被白色长绢毛。基生叶狭线形，长3～10（15）cm，宽1 mm，近基部加宽呈鞘状，边缘全缘，内卷，上面无毛，下面密被白色绢毛；茎生叶与基生叶类似。头状花序单生茎端，基部有多数通常超过头状花序，且在果期呈星状排列的最上部茎叶。总苞近球形，直径2 cm；总苞片4层，外层卵状椭圆形，长1.1 cm，宽3 mm，顶端长渐尖，紫褐色，外弯，中层椭圆状披针形，长1.2 cm，宽2 mm，顶端紫色，内层线状披针形，长2～3 cm，宽1 mm，外面紫色，全部总苞外面被褐色和白色的长柔毛。小花紫色，长1.4 cm，细管部与檐部各长7 mm。瘦果圆锥状，长3.5 mm，无毛，顶端有小冠。冠毛黄褐色，2层，外层短，糙毛状，长1.5～2 mm，内层长，羽毛状，长1.1 cm。

〔生境分布〕海拔2 900～4 500 m，山坡阴处及山坡路旁。分布于甘肃、青海。

钻叶风毛菊 *Saussurea subulata*

菊科 Asteraceae　风毛菊属 *Saussurea*

〔形态特征〕多年生垫状草本，高1.5～3 cm。根状茎粗，直径约达2 cm，多次分枝，被深褐色枯叶鞘，发出多数不育叶丛和花枝。叶莲座状丛生，钻形，长约10 mm，宽约1 mm，先端有针状尖头，边缘反卷，基部扩大呈鞘，两面光滑，鞘部被白色柔毛，紫红色；花序下的叶多数，苞叶状，卵状钻形，先端长渐尖，下部紫红色，围绕头状花序。头状花序单生枝顶；总苞钟形，长宽近相等，长约10 mm，无毛；总苞片约4层，不等长，外层卵形，长约5 mm，内层线状披针形，先端紫红色，有短尖；小花管状，紫红色，长约10 mm。瘦果圆柱形，无毛；冠毛淡褐色，2层，外层短，内层羽毛状，稍短于花冠。花果期7—9月。

〔生境分布〕玛多、玛沁、治多、曲麻莱、可可西里、德令哈、乌兰。生于河滩、滩地、流水线边、沙地、沼泽草地，海拔4 100～4 700 m。分布于我国西藏、新疆、甘肃；克什米尔地区也有分布。

柳叶菜风毛菊 *Saussurea epilobioides*

菊科 Asteraceae　风毛菊属 *Saussurea*

〔形态特征〕多年生草本，高25～60 cm。根状茎短。茎直立，不分枝，无毛，单生。基生叶花期脱落；下部及中部茎叶无柄，叶片线状长圆形，长8～10 cm，宽1～2 cm，顶端长渐尖，基部渐狭成深心形而半抱茎的小耳，边缘有具长尖头的深密齿，上面有短糙毛，下面有小腺点；上部茎叶小，与下部及中部茎叶同形，但渐小，基部无明显的小耳。头状花序多数，在茎端排成密集的伞房花序，有短花序梗。总苞钟状或卵状钟形，直径6～8 mm；总苞片4～5层，外层宽卵形，顶端有黑绿色长钻状马刀形附属物，附属物反折或稍弯曲，中层长圆形，顶端有黑绿色钻状马刀形附属物，附属物反折或稍弯曲，内层长圆形或线状长圆形，顶端急尖或稍钝，全部总苞片几乎无毛。小花紫色，长1～1.1 cm。瘦果圆柱状，无毛，长3～4 mm。冠毛淡棕色，2层，外层短，糙毛状，内层长，羽毛状。花果期8—9月。

〔生境分布〕海拔2 500～4 200 m，灌丛、林中、荒漠草甸。分布于甘肃、青海、宁夏、四川。

重齿风毛菊 *Saussurea katochaete*

菊科 Asteraceae　风毛菊属 *Saussurea*

〔形态特征〕多年生草本，高3～5 cm。根粗，圆柱形，颈部密被枯叶柄纤维。无茎或有短茎。叶基生密而多，卵状心形、菱形、卵形或椭圆形，长2.5～8 cm，宽1.5～4 cm，先端钝或急尖，边缘有密的重锯齿，齿不整齐，先端有骨质尖头，基部微心形、圆形或楔形，上面绿色，无毛，下面密被白色茸毛，叶脉羽状，侧脉多对，叶柄扁平，紫红色，长至8 cm，无毛，基部鞘状。头状花序单生叶丛中，有时2个；总苞半球形，基部近圆形，长1.5～2.5 cm，口部宽3 cm；总苞片5～7层，无毛，先端渐尖，常紫色，边缘黑色，外层卵状披针形，长1.5 cm，内层狭披针形；小花蓝紫色，管状，长达2.2 cm。瘦果无毛；冠毛2层，外层白色，短而下翻，贴于果上，内层淡褐色，羽状，短于花冠。花果期7—9月。

〔生境分布〕玛多、玛沁、久治、玉树、囊谦、称多、杂多、治多、曲麻莱、泽库、兴海、贵德、湟中、循化、乐都、互助、祁连、门源。生于河滩、灌丛、高山草甸及高山流石滩，海拔2 800～4 650 m。分布于西藏、四川、甘肃。

沙生风毛菊 *Saussurea arenaria*

菊科 Asteraceae　风毛菊属 *Saussurea*

〔形态特征〕多年生草本，高4～10 cm。根状茎细长，有分枝。无茎或有茎，茎直立，单生或数个丛生，被白色绒毛或近光滑，基部密被枯叶柄。叶线状长圆形，长3～9 cm，宽1.5 cm，先端渐尖，边缘具波状齿或缺刻，稀全缘，基部楔形，下延成柄，上面无毛，下面密被白色茸毛；基生叶具长柄，茎生叶具短柄，柄长达4 cm，有翅，半抱茎。头状花序单生；总苞宽钟形，长达3.5 cm，直径2.5～3.5 cm；总苞片5～6层，外层卵状披针形，长1.5 cm，背部被茸毛，内层线形，长达2.5 cm；小花管状，长达2.2 cm，红紫色，檐部长5～8 mm，裂片5，线形。瘦果无毛，有棱；冠毛淡棕色，2层，外层短，粗毛状，内层羽毛状，与花冠等长。花果期7—9月。

〔生境分布〕玛多、玛沁、囊谦、治多、曲麻莱、泽库、都兰、德令哈、大柴旦、兴海、共和、贵南、祁连。生于河滩、沙地、山坡草地及山顶草甸，海拔3 200～4 500 m。分布于西藏、甘肃。

狮牙风毛菊 *Saussurea leontodontoides*

菊科 Asteraceae　风毛菊属 *Saussurea*

〔形态特征〕多年生无茎草本。根状茎粗，颈部密被褐色枯叶柄。叶基生呈莲座状，线状倒披针形，长8～18 cm，宽1.5～2.5 cm，羽状全裂，侧裂片多对，斜卵形，半圆形、四方形或长圆形，长7～15 mm，宽10 mm，先端有小尖头，边缘具不整齐的小裂片或齿；全部叶上面绿色，被腺状有节短柔毛，下面密被白色茸毛；侧裂片下面的脉上具腺状柔毛，淡绿色；叶柄短，紫红色。头状花序单生或2～3并生在叶丛中；总苞半球形或宽钟形，长达3 cm，宽2～3.5 cm；总苞片5～6层，不等长，外层卵状披针形，长约1.5 cm，内层线形，革质，先端渐尖，上部被毛，下部光滑。瘦果无毛；冠毛2层，外层短，内层羽毛状，淡褐色，比花冠稍短。花果期8—9月。

〔生境分布〕玛沁、久治、玉树、称多、杂多、治多、曲麻莱、河南。生于阳坡碎石地、草地及半阴坡草地，海拔3 500～4 850 m。分布于我国云南、四川；克什米尔地区、尼泊尔也有分布。

林生风毛菊 *Saussurea sylvatica*

菊科 Asteraceae 风毛菊属 *Saussurea*

〔形态特征〕多年生草本，高12 ~ 75 cm。根状茎有分枝或不分枝，颈部被褐色叶柄。茎直立，单生或2个并生，上部花序有簇生分枝，被白色茸毛，下部光滑，有翅。基生叶短而窄，花期枯萎；茎中部叶线状长圆形，长3 ~ 12 cm，宽0.4 ~ 1.5 cm，先端钝或急尖，边缘有密的小尖齿，齿端有骨质尖头，常弯曲，基部下延成长而有尖齿的茎翅，两面光滑；茎上部叶狭披针形至线形，渐小。头状花序1 ~ 7，在茎端排成伞房状或单生茎端；花序梗长0.5 ~ 15 cm，被茸毛；总苞半球形，长1 ~ 1.5 cm，宽1.5 ~ 2 cm；总苞片黑色，有茸毛，4 ~ 6层，不等长，外层卵状长圆形或长圆形，长约5 mm，宽至2 mm，先端急尖，内层线形，长1.5 cm，先端渐尖；小花蓝紫色，管状，长约12 mm。瘦果无毛；冠毛2层，外层短，内层羽毛状，淡褐色，比花冠短。花果期7—9月。

〔生境分布〕玛沁、班玛、久治、玉树、称多、泽库、河南、兴海、共和、大通、湟中、祁连、门源。生于林下、灌丛中及山坡草丛中，海拔2 700 ~ 4 200 m。分布于甘肃。

柳叶菜风毛菊 *Saussurea epilobioides*

菊科 Asteraceae　风毛菊属 *Saussurea*

〔形态特征〕多年生草本，高50～70 cm。根状茎短。茎直立，中空，不分枝，紫红色，无毛或被短粗毛。基部叶花期枯萎；茎生叶线状长圆形或披针形，长达15 cm，宽1.8 cm，先端渐尖，尾状，边缘密生细尖齿，基部耳状心形，抱茎，两面无毛或下面有时被灰白色茸毛，无柄或有短柄。头状花序多或少数，在茎端排成伞房状；花序梗具小苞片；总苞卵球形，长10 mm，宽约7 mm；总苞片4～5层，紧密贴生，先端及边缘紫黑色，背部被疏毛或无毛，外层宽卵形，长约3 mm，先端急尖呈尾状，常弯曲，中内层长圆形，长6 mm，先端急尖；小花管状，紫红色，长约10 mm，檐部长约4 mm。瘦果无毛；冠毛淡棕色，2层，外层短，内层羽毛状，与花冠等长。花果期7—9月。

〔生境分布〕玛沁、班玛、久治、同仁、泽库、兴海、同德、乐都、民和、互助、祁连、门源。生于山坡草丛和灌丛中，海拔2 500～4 200 m。分布于四川、甘肃。

日本毛连菜 *Picris japonica*

菊科 Asteraceae　毛连菜属 *Picris*

〔形态特征〕多年生草本，高40 ~ 120 cm。茎直立，有分枝，密生褐色钩状硬毛。茎下部叶长圆形或倒披针形，长6 ~ 17 cm，宽1 ~ 2.5 cm，先端尖，边缘有小齿，两面有钩状硬毛，基部渐狭；有柄：中上部叶稍小，向茎部渐小，披针形至线形；无柄：半抱茎，全缘。头状花序多数，在茎端排成伞房状；总梗不等长；总苞钟形，基部近圆形，长宽近相等，径约1 cm，黑灰色，密被钩状硬毛和白色茸毛；总苞片不等长，外层线形，短，内层线状披针形，较长，先端渐尖，边缘膜质。小花黄色，舌片线形，长约8 mm。瘦果长圆形，有时略弯，红棕色或棕褐色，长约5 mm，纵肋突起，具显著的皱纹，使果体呈横格状，先端狭，近喙状或有极短的喙；冠淡黄棕色，长约8 mm。花果期7—8月。

〔生境分布〕玛沁、班玛、玉树、囊谦、移多、尖扎、同仁、泽库、同德、西宁、湟源、大通、循化、乐都、民和。生于田边、河滩、山坡，海拔2 230 ~ 3 800 m。分布于我国西北、华北、华中、东北；俄罗斯、日本也有分布。

蒲公英 *Taraxacum mongolicum*

菊科 Asteraceae　蒲公英属 *Taraxacum*

〔形态特征〕叶倒披针形或长圆状倒披针形，长7～16 cm，宽4 cm，大头羽状深裂至浅裂，有时近全缘，侧裂片或齿平展或下倾，裂片间有小齿。花葶数个或单生，上部被毛；总苞直径1.5～2 cm，总苞片先端有角状突起，外层总苞片卵状披针形至披针形，边缘狭膜质；舌状花黄色、瘦果淡褐色、灰褐色或黄棕色，上半部具小刺，下部具鳞片状突起。喙长7～9 mm。花果期7—9月。

〔生境分布〕本省大部分地区。生于荒地、水边、田边、河滩，海拔2 080～4 000 m。分布于我国大部分地区（华南不产）；俄罗斯、蒙古、朝鲜也有分布。

川藏蒲公英（灰果蒲公英）*Taraxacum maurocarpum*

菊科 Asteraceae　蒲公英属 *Taraxacum*

〔形态特征〕叶披针形或倒披针形，长5 ~ 10 cm，宽10 ~ 15 mm，倒向羽状深裂，裂片下倾，排列整齐。花葶数个，高15 cm，顶端有毛；总苞直径约1.5 cm，总苞片先端具角状突起，外层总苞片狭披针形，具膜质边缘。瘦果灰色或灰绿色，最上部具小刺，中下部具小瘤，喙长5 ~ 6 mm。花果期6—9月。

〔生境分布〕久治、玉树、杂多、同仁、泽库、河南、天峻、共和、兴海、互助、门源、刚察。生于山坡草地、河滩、水边、路边，海拔2 500 ~ 4 100 m。分布于西藏、四川。

多裂蒲公英 *Taraxacum dissectum*

菊科 Asteraceae　蒲公英属 *Taraxacum*

〔形态特征〕根颈被褐色残叶柄，柄内面有褐色毛。叶披针形至线形，长3～6 cm，宽至1 cm，羽状全裂，侧裂片排列整齐，平展，线形或狭披针形，两面有毛或脱毛。花葶1～2，高3～6 cm，被毛，上部尤密；总苞直径约1 cm，外层总苞片卵形，具极窄的膜质边缘。瘦果上部具小刺，下部有小瘤，喙长约5 mm。花期5—6月。

〔生境分布〕尖扎、同仁、兴海、贵南、西宁、民和、门源。生于林下、山坡草地、河谷阶地，海拔2 230～3 200 m。分布于我国新疆、甘肃、内蒙古；蒙古、俄罗斯也有分布。

深裂蒲公英 *Taraxacum Scariosum*

菊科 Asteraceae 蒲公英属 *Taraxacum*

〔形态特征〕多年生草本。根颈部被少量暗褐色残存叶基，叶基腋内有少量褐色弯曲柔毛。叶长圆形或长圆状线形，长6 ~ 17 cm，宽8 ~ 30 mm，羽状深裂至几乎全裂，顶端裂片长戟形，稀三角形，全缘，先端急尖或渐尖，每侧裂片3 ~ 5片，裂片线形或三角状线形，裂片先端急尖，全缘或具齿，倒向、少开展，裂片间有齿或小裂片，疏被蛛丝状毛或无毛，叶基有时显紫红色。花葶1 ~ 6，长于叶，高8 ~ 35 cm，幼时被绵毛，花时顶端被少量蛛丝状毛，果时几无毛；总苞宽钟状，长9 ~ 15 mm；外层总苞片淡绿而常带红紫色，披针状卵圆形至披针形，长6 ~ 7 mm，宽1.5 ~ 3 mm，伏贴，具窄膜质边，先端钝或渐尖，无角或具不明显的角，较内层总苞片宽或等宽；内层总苞片绿色，先端钝，无角或具小角，长为外层总苞片的1.5 ~ 2倍；舌状花黄色，花冠无毛，舌片长9 ~ 10 mm，宽1 ~ 1.5 mm，基部筒长约3 mm，边缘花舌片背面有紫色条纹，柱头暗黄色。瘦果淡灰褐色，长2.5 ~ 3 mm，具少量纵沟，上部1/3具大量小刺，无小瘤，顶端突然收缩为长0.5 ~ 0.8 mm的喙基，喙纤细，长7 ~ 10 mm；冠毛白色，长5 ~ 6 mm。花果期6—8月。

〔生境分布〕生于河谷草甸、低山草原。分布于青海、新疆。

苣荬菜 *Sonchus wightianus*

菊科 Asteraceae　苦苣菜属 *Sonchus*

〔形态特征〕多年生草本，高15～60 cm。茎直立，不分枝，单生，无毛。叶长倒披针形、长披针形或狭长圆形，长8～18 cm，宽1～4.5 cm，先端钝，边缘有波状齿至不规则羽状浅裂，稀全缘，仅具细小齿，基部渐狭呈柄；柄有狭翅，基部耳状抱茎，耳常扩大，边缘有小齿，两面无毛；上部叶小，卵形至披针形，全缘。头状花序单生或2至数个在茎或枝端排成伞房状花序；总苞宽钟形，长宽略相等，长约1.5 cm，含多数小花；总苞片3～4层，外层短，向内渐长，内层狭披针形，先端渐尖，背部无腺毛；小花极多数，黄色，长约2 cm，舌片线形，长约0.6 cm。瘦果纺锤形，棕色，长约3 mm，稍扁，具6～7条纵肋，肋上有横纹，冠毛白色，绵软，长约15 cm。花果期7—9月。

〔生境分布〕本省各地。生于田边、水沟旁、荒地、山坡湿地，海拔2 000～4 000 m。分布于我国西部及北部地区；俄罗斯、蒙古、朝鲜、日本也有分布。

苦苣菜 *Sonchus oleraceus*

菊科 Asteraceae　苦苣菜属 *Sonchus*

〔形态特征〕一或二年生草本，高达1 m，具直根。茎粗，中空，无毛。叶变化较大，大头羽状分裂，顶裂片大，宽三角形，长3～7 cm，宽2～8 cm，侧裂1～4对，卵状三角形至披针形，有时不分裂或仅有顶裂片，无侧裂，两面无毛；叶柄具宽翅，翅缘有齿，柄基部扩大，戟形或心形，抱茎，边缘有尖齿；由基部向上，叶渐小，不裂，无柄，抱茎。头状花序数个，在茎端排成伞房状聚伞花序；总苞钟形，长约10 mm，直径6～7 mm；总苞片3～4层，外层短，向内渐长，内层狭披针形，先端渐尖，背部中脉疏生腺状长毛；小花多数，舌状，黄色，舌片线形，长约5 mm。瘦果红褐色，长圆状倒卵形，长约3 mm，稍扁，每面具3条纵肋，肋间有横纹，先端钝，基部狭缩；冠毛白色，长约6 mm。花果期7—9月。

〔生境分布〕玛沁、久治、玉树、同仁、兴海、贵南、都兰、西宁、乐都、大通。生于荒地、田边，海拔2 230～3 450 m。分布于我国各地；世界其他地区也有分布。

空桶参 *Soroseris erysimoides*

菊科 Asteraceae　绢毛苣属 *Soroseris*

〔形态特征〕多年生草本，高3～40 cm。根粗，肉质。茎圆柱状，中空，有多数纵棱，直径达2 cm。叶散生茎上，倒披针形至线状长圆形，长3～9 cm，宽0.1～1.2 cm，全缘，有时边缘皱波状，两面无毛，基部下延成长柄。头状花序极多数，密集茎端成半球形；总花梗长3～6 mm，具线形小苞片；总苞圆柱形，长7～12 mm；总苞片4，2层，长圆形，无毛；小花4，舌状，鲜黄色，舌片长圆形，长约6 mm，宽2 mm，管部长约4 mm。瘦果长圆形，长5～6 mm，棕色；冠毛长6～8 mm，白色或上半部黑灰色，下半部白色。花果期7—9月。

〔生境分布〕本省各地，但柴达木北部及西北部不产。生于高山草地、高山灌丛中，海拔3 300～5 400 m。分布于我国西藏、云南、四川、甘肃、陕西；印度、不丹也有分布。

本种的线形小苞片有时具缘毛，但总苞及叶无毛。

华蟹甲 *Sinacalia tangutica*

菊科 Asteraceae 华蟹甲属 *Sinacalia*

〔形态特征〕根状茎块状，直径1～1.5 cm，具多数纤维状根。茎粗壮，中空，高50～100 cm，基部径5～6 mm，不分枝，幼时被疏蛛丝状毛，或基部无毛，上部被褐色腺状短柔毛。叶具柄，下部茎叶花期常脱落，中部叶片厚纸质，卵形或卵状心形长10～16 cm，宽10～15 cm，顶端具小尖，羽状深裂，每边各有侧裂片3～4，侧裂片近对生，狭至宽长圆形，顶端具小尖，边缘常具数个小尖齿，基部截形或浅心形，上面深绿色，被疏贴生短硬毛，下面浅绿色，至少沿脉被短柔毛及疏蛛丝状毛，具明显羽状脉；叶柄较粗壮，长3～6 cm，基部扩大且半抱茎，被疏短柔毛或近无毛；上部茎叶渐小，具短柄。头状花序小，多数常排成多分枝宽塔状复圆锥状，花序轴及花序梗被黄褐色腺状短柔毛；花序梗细，长2～3 mm，具2～3个线形渐尖的小苞片。总苞圆柱状，长8～10 mm，宽1～1.5 mm，总苞片5，线状长圆形，长约8 mm，宽1～1.5 mm，顶端钝，被微毛，边缘狭干膜质。舌状花2～3个，黄色，管部长4.5 mm，舌片长圆状披针形，长13～14 mm，宽2 mm，顶端具2小齿，具4条脉；管状花4，稀7，花冠黄色，长8～9 mm，管部长2～2.5 mm，檐部漏斗状，裂片长圆状卵形，长1.5 mm，顶端渐尖。花药长圆形，长3.5～3.7 mm，基部具短尾，附片长圆状渐尖；花柱分枝弯曲，长1.5 mm，顶端钝，被乳头状微毛。瘦果圆柱形，长约3 mm，无毛，具肋；冠毛糙毛状，白色，长7～8 mm。花期7—9月。

〔生境分布〕生于海拔1 250～2 450 m，山坡草地、悬崖、沟边、草甸、林缘、路边。分布于宁夏、青海。

弯茎假苦菜 *Askellia flexuosa*

菊科 Asteraceae　假苦菜属 *Askellia*

〔形态特征〕多年生草本，高3～35 cm。根茎细，分枝。茎直立或匍生，从基部起作多次二歧分枝，老时枝灰白色，近似半灌木。叶多少肉质；基生叶倒披针形或匙形，长1.5～7 cm，宽0.3～1.5 cm，羽状深裂或具波状齿，裂片披针形或长圆形，边缘具尖齿，基部渐狭成翅状柄，两面无毛；茎下部叶与基生叶同形，近等大；中上部叶线形，全缘或羽状浅裂，向上渐小，无柄。头状花序单生分枝端；总苞圆柱形，长5～8 mm，直径约2 mm，外层总苞片小，长约1 mm，卵状披针形，先端尖，内层总苞片线状长圆形，等长，无毛，先端急尖，边缘白色膜质；小花舌状，黄色，舌片长圆形，长约7 mm，宽2 mm，管部长约5 mm。瘦果圆柱形，长约5 mm，具10条等形纵肋；冠毛白色，长约5 mm。花果期6—8月。

〔生境分布〕玛多、玛沁、达日、称多、囊谦、杂多、治多、曲麻莱、同仁、泽库、格尔木、都兰、乌兰、可可西里、兴海、共和、同德、循化、互助、门源、祁连、刚察。生于山坡、田边、沙地、河滩及湖边，海拔1 900～5 000 m。分布于我国西藏、甘肃、内蒙古；中亚地区及克什米尔、印度、蒙古也有分布。

窄叶小苦荬 *Ixeridium gramineum*

菊科 Asteraceae　苦荬菜属 *Ixeris*

〔形态特征〕多年生草本，高3～40 cm。主根较粗，肉质。茎从基部分分枝，枝斜生或匍生，无毛。基生叶呈莲座状，线形至线状披针形或倒披针形，长2～16 cm，宽0.3～1.2 cm，先端尖，全缘或有疏齿至不规则羽裂，侧裂片有时长达2 cm，线形或线状披针形；茎生叶1～2，线状披针形，全缘，无柄，略抱茎。头状花序在分枝端排成聚伞花序；总花序梗细，不等长；总苞筒状，长6～9 mm，径3 mm，外层总苞片极小，卵形，内层线状披针形，等长，先端有短毛；小花舌状，黄色或白色，外部有时淡紫色，舌片长圆形，长约7 mm。瘦果纺锤形，红棕色，长7 mm，喙细，长约3 mm，果体具等形纵肋10条，肋上有小刺；冠毛白色，长约5 mm。花果期6—8月。

〔生境分布〕玛沁、玉树、称多、囊谦、尖扎、同仁、泽库、兴海、共和、贵德、贵南、同德、西宁、湟源、大通、湟中、循化、乐都、民和、互助。生于河边、田边、山坡，海拔1 850～3 900 m。分布于我国各地；越南、俄罗斯、朝鲜、日本也有分布。

无茎黄鹌菜 *Youngia simulatrix*

菊科 Asteraceae　黄鹌菜属 *Youngia*

〔形态特征〕多年生矮小草本，高1.5～5 cm。根茎有分枝，细长，颈部被覆枯叶柄。茎极短，发出伞状分枝；分枝极短或长达3 cm，被微毛，具鳞片状苞片。叶基生呈莲座状，倒披针形、倒卵状长圆形或椭圆形，长1～5.5 cm，宽0.3～0.8 cm，先端急尖或钝圆，边缘全缘、具波状齿至羽状半裂，基部渐狭，两面有短柔毛或上面无毛，叶柄短，翅状。头状花序2～6个，单生分枝端，簇生于莲座状叶丛中，稀有仅1个头状花序；总苞宽筒状长10～13 mm，径5～8 mm，总苞片2层，外层极小，卵形或三角形，常多数，覆瓦状排列，内层长圆形，等长，仅顶端有短毛，先端背部无角状突起，边缘白色狭膜质；小花舌状，黄色，舌片线形，长约10 mm。瘦果圆柱形，黑色，有不等形纵肋，肋上有小刺毛；冠毛白色，长约8 mm。花果期7—8月。

〔生境分布〕玛多、玉树、囊谦、杂多、治多、曲麻莱、称多、同仁、泽库、河南、天峻、都兰、共和、贵南、乐都、门源、祁连、刚察。生于河滩、沙地、山坡、沼地、田边，海拔3 100～4 400 m。分布于西藏、甘肃。

水麦冬 *Triglochin palustris*

水麦冬科 Juncaginaceae　水麦冬属 *Triglochin*

〔形态特征〕多年生水生或湿生草本。基部具纤维状枯叶鞘。根茎细弱，长2～5 cm；须根细而密集。花茎不分枝，直立，高15～40 cm，鞘内分蘖，基部形成较小的根头。叶基生，具宽鞘，叶鞘边缘膜质，叶舌短；叶片线形或半圆柱状，直立或斜伸，长5～25 cm，宽2 mm。总状花序，1至数个，长8～25 cm，小花疏生；花小，绿紫色，梗长3～5 mm；雄蕊6，几乎无花丝；雌蕊心皮3枚，无花柱，柱头毛笔状。蒴果，圆柱形，长6～8 mm，宽约2 mm，具果柄，长约5 mm；种子小，絮状，无胚乳。花果期6—9月。

〔生境分布〕本省各地。生于沼泽、滩地、湖泊及湿地，海拔2 200～4 300 m。分布于我国西南、西北、华北及东北地区；欧亚大陆温带也有分布。

海韭菜 *Triglochin maritima*

水麦冬科 Juncaginaceae　水麦冬属 *Triglochin*

〔形态特征〕多年生水生或湿生草本。基部具纤维状枯叶鞘。根茎粗大，块状；须根密集。花茎光滑，不分枝，直立，高5～40 cm。叶基生，具宽鞘，叶鞘边缘膜质，宿存，叶舌短；叶片半圆柱状，直立或斜伸，长5～25 cm，宽约2 mm。总状花序，1至数个，长3～25 cm，小花密集，花小，绿色，梗长约1 mm；花被片宽卵形；雄蕊6，两轮排列，雌蕊心皮6枚，上位，分离，柱头毛笔状。蒴果，椭圆形，长3～5 mm，宽约2 mm，具果柄，长约5 mm；种子小，絮状，无胚乳。花果期6—9月。

〔生境分布〕本省各地。生于沼泽、滩地、湖泊、河流及湿地，海拔2 200～4 300 m。分布于我国西南、西北、华北、东北及山东各地；南北温带也有分布。

泽泻 *Alisma plantago-aquatica*

泽泻科 Alismataceae　泽泻属 *Alisma*

〔形态特征〕多年生水生或沼生草本。块茎直径1～3.5 cm，或更大。叶通常多数；呈水叶条形或披针形；挺水叶宽披针形、椭圆形至卵形，长2～11 cm，宽1.3～7 cm，先端渐尖，基部宽楔形、浅心形，叶脉通常5条，叶柄长1.5～30 cm，基部渐宽，边缘膜质。花葶高78～100 cm或更高；花序长15～50 cm，或更长，具3～8轮分枝，每轮分枝3～9枚。花两性，花梗长1～3.5 cm；外轮花被片广卵形，长2.5～3.5 mm，宽2～3 mm，通常具7脉，边缘膜质，内轮花被片近圆形，远大于外轮，边缘具不规则粗齿，白色，粉红色或浅紫色；心皮17～23枚，排列整齐，花柱直立，长7～15 mm，长于心皮，柱头短，为花柱的1/9～1/5；花丝长1.5～1.7 mm，基部宽约0.5 mm，花药长约1 mm，椭圆形，黄色，或淡绿色；花托平凸，高约0.3 mm，近圆形。瘦果椭圆形，或近矩圆形，长约2.5 mm，宽约1.5 mm，背部具1～2条不明显浅沟，下部平，果喙自腹侧伸出，喙基部凸起，膜质。种子紫褐色，具凸起。花果期5—10月。

〔生境分布〕玛沁、青海湖、互助。生于沼泽、河滩，海拔2 200～4 500 m。分布于我国北方；亚洲北部也有分布。

芦苇 *Phragmites australis*

禾本科 Gramineae 芦苇属 *Phragmites*

〔形态特征〕高大多年生草本。具粗壮发达的匍匐根茎。秆中空，直立，平滑、坚韧，不分枝，高1～2 m，直径2～10 mm，节下常具白粉。叶鞘圆筒形，无毛或具细毛；叶舌极短，密生毛；叶片扁平，平滑或边缘粗糙，长10～40 cm，宽1～3.5 cm；圆锥花序直立或微下垂，长10～40 cm；分枝及小枝粗糙，下部枝腋间具白色柔毛；小穗带紫褐色，含3～7小花，长12～16 mm；颖披针形，具3脉，第一颖长3～7 mm，第二颖长5～11 mm；第一小花常为雄性，其外稃狭长披针形，长8～15 mm，内稃长3～4 mm；外稃长9～16 mm，顶端长渐尖，基盘细长，具长6～12 mm的丝状柔毛，内稃狭小，脊上粗糙，长约3.5 mm。花果期7—9月。

〔生境分布〕班玛、同仁、泽库、共和、兴海、贵德、贵南、西宁、大通、循化、格尔木、德令哈、都兰、乌兰、天峻。生于湖边、沼泽、沙地、河岸、田边等处，海拔2 000～3 200 m。分布遍及我国各地；世界温带地区皆有分布。

中华羊茅 *Festuca sinensis*

禾本科 Gramineae　羊茅属 *Festuca*

〔形态特征〕多年生。秆直立或基部倾斜，高50～80 cm，具4节，其节无毛，呈黑紫色。叶鞘无毛，具条纹；叶舌革质或膜质，具短纤毛，长0.3～1.5 mm；叶片直立，边卷折，无毛或上面被微毛，长6～16 cm，顶生者退化，长3～6 cm。圆锥花序开展，长10～15 cm；分枝下部孪生，主枝细弱，长6～11 cm，中部以下裸露，上部分生一至二回的小枝，小枝具2～4小穗；小穗淡绿色或稍带紫色，含3～4小花，长8～9 mm；小穗轴节间具微刺毛；颖顶端渐尖，背部平滑，但脉上部微粗糙，第一颖窄披针形，具1脉，长5～6 mm，第二颖宽披针形，具3脉，长7～8 mm；外稃背上部具微毛，边缘膜质，具5脉，顶端无芒或具长0.8～1.5 mm的短芒，第一外稃长7～8 mm；内稃顶端具2微齿，具2脊，脊具短纤毛；花药长1.2～1.8 mm；子房顶端无毛或被少量毛。花果期7—9月。

〔生境分布〕玛多、玛沁、杂多、治多、曲玛莱、囊谦、玉树、称多、泽库、河南、兴海、同德、贵德、西宁、大通、湟中、乐都、互助、海晏、祁连、门源。生于湿草地、林缘、山坡、山谷及草甸，海拔2 150～4 800 m。分布于四川、甘肃。

羊茅 *Festuca ovina*

禾本科 Gramineae 羊茅属 *Festuca*

〔形态特征〕多年生。密丛，具鞘内分枝。秆直立，细瘦，高15～20 cm，平滑或仅于花序下被微毛或粗糙，基部残存枯叶鞘。叶鞘无毛，顶生者长于其叶片；叶舌截平，长约0.2 mm，大多宽出叶片的基部而呈耳状；叶片内卷，细丝状，稍粗糙，长3～6 cm，宽0.3～0.6 mm，基生者长可达13 cm。圆锥花序紧缩，长2～6 cm，宽约5 mm；分枝稍粗糙，长0.5～2 cm；小穗淡绿色或带紫红色，含3～6小花，长4～6 mm；小穗轴节间被微毛；颖片披针形，顶端尖或渐尖，平滑或顶端以下稍糙涩，第一颖具1脉，长约2 mm，第二颖具3脉，长约3 mm；外稃背部无毛或顶端下稍粗糙或被短毛，顶端具芒，芒长1～2 mm，第一外稃长约3.5 mm；内稃脊粗糙或被微纤毛；花药黄色或紫色，长约2 mm；子房顶端无毛。花果期6—9月。

〔生境分布〕玛沁、杂多、治多、曲麻莱、玉树、同仁、天竣、贵南、兴海、共和、乐都、门源。生于山坡草地、高山草甸、河岸沙滩地，海拔3 200～4 750 m。分布于我国西藏、云南、四川、新疆、甘肃、陕西（秦岭）、宁夏、内蒙古、吉林、黑龙江、山东、安徽；我国江苏有栽培；欧亚大陆温寒地区也有分布。

毛稃羊茅 *Festuca rubra* subsp. *arctica*

禾本科 Gramineae　羊茅属 *Festuca*

〔形态特征〕多年生。具细弱根茎。秆疏丛生，较硬直或基部稍膝曲，高20～60 cm。叶鞘平滑；叶舌平截，具纤毛，长约1 mm；叶片通常对折，平滑无毛或上面稀有微毛，长2～3 cm，基生者长可达20 cm。圆锥花序疏松或花期开展，长4～8 cm；分枝每节1～2枚，粗糙，长1～3 cm；小穗褐紫色或成熟后褐黄草色，含4～6小花，长8～10 mm；颖片背上部粗糙，中脉粗糙或具短刺毛，顶端尖或渐尖，边缘窄膜质或上部具纤毛，第一颖具1脉，长3～4 mm，第二颖具3脉，长4～5 mm；外稃背部遍被毛，具不明显5脉顶端具芒，芒长2～3 mm，第一外稃长约5 mm；内稃顶端具2齿，脊具纤毛或粗糙，背部生微毛；花药长2～3 mm；子房顶端无毛。花果期6—8月。

〔生境分布〕玛多、玛沁、久治、杂多、治多、曲麻莱、囊谦、玉树、尖扎、都兰、乌兰、天竣、兴海、共和、大通、湟中、乐都、民和、互助、海晏、祁连、门源。生于阳坡、灌丛草甸、林下草丛、河滩、河谷，海拔2 150～4 500 m。分布于我国西藏、四川西部、新疆、甘肃及华北地区；中亚地区、俄罗斯（西伯利亚）、欧洲也有分布。

草地早熟禾 *Poa pratensis*

禾本科 Gramineae　早熟禾属 *Poa*

〔形态特征〕多年生。具匍匐根状茎。秆疏丛生，直立，平滑无毛，高50 ~ 90 cm，具2 ~ 4节。叶鞘糙涩或平滑；叶舌膜质，长1 ~ 2 mm；叶片扁平或内卷，长6 ~ 20 cm或蘖生者长逾40 cm，宽2 ~ 4 mm。圆锥花序开展，金字塔形或卵圆形，顶端稍下垂，长10 ~ 20 cm；分枝每节有3 ~ 5枚，基部主枝长5 ~ 10 cm，中部以下部裸露；小穗含3 ~ 4花，长4 ~ 6 mm；颖卵圆形至卵状披针形，顶端渐尖至尖，脊上粗糙，第一颖长约3 mm，具1脉，第二颖长3 ~ 4 mm，具3脉；外稃纸质，顶端尖且稍有膜质，脊与边脉在中部以下具长柔毛，间脉明显，基盘具稠密而长的白色绵毛，第一外稃长3 ~ 3.5 mm；内稃稍短于外稃，具2脊，脊粗糙；花药长1.5 ~ 2 mm。花果期6—8月。

〔生境分布〕玛多、杂多、囊谦、玉树、尖扎、同仁、泽库、格尔木、都兰、兴海、西宁、大通、循化、乐都、民和、互助、刚察、祁连、门源。生于山坡草地、草原、灌丛、河漫滩、林下、路旁、河边，海拔2 080 ~ 4 300 m。分布于我国西藏、云南、四川、山东、江西（牯岭）及西北、华北、东北各地；广布于北半球的温带区域。

高原早熟禾 *Poa alpigena*

禾本科 Poaceae　早熟禾属 *Poa*

〔形态特征〕多年生。具匍匐根状茎。秆高10～15 cm。叶鞘平滑，长于节间；叶舌长0.5～1 mm；叶片常褶叠，长2～5 cm，蘖生者长可达12 cm，宽1～2 mm。圆锥花序椭圆形，花期开展，长3～5 cm；分枝每节具2～4枚，微粗糙，稍曲折，下部裸露，基部主枝长1.53 cm；小穗含2～3小花，长3～4 mm；两颖近相等，顶端尖，边缘狭膜质，长2～3 mm，第一颖具1脉，第二颖具3脉，脊上微粗糙；外稃质地较薄，顶端尖，具窄膜质边缘，间脉明显，脊中部以下具长柔毛，上部粗糙，边脉下部1/3具柔毛，基盘具稠密的绵毛，内稃近等长或稍短于外稃，脊上粗糙；花药长1.5～2 mm。花果期6—9月。

〔生境分布〕玛多、治多、囊谦、玉树、尖扎、同仁、天峻、兴海、西宁、乐都、民和、互助、刚察、海晏、门源。生于高山草地、高山草甸、林下草地、河漫滩、河旁，海拔2 230～4 350 m。分布于我国西藏、云南、四川北部、河北、内蒙古；印度、不丹、伊朗、尼泊尔及中亚地区、欧亚大陆温带也有分布。

西藏早熟禾 *Poa tibetica*

禾本科 Poaceae　早熟禾属 *Poa*

〔形态特征〕多年生。具长而较粗壮的根状茎。秆单生，平滑无毛，高20 ~ 50 cm。叶鞘平滑无毛，或基部被极细的微毛；叶舌干膜质，钝圆，长1 ~ 2 mm；叶片扁平或对折，质厚，上面及边缘微粗糙，下面平滑无毛，长5 ~ 15 cm；宽2 ~ 3 mm。圆锥花序紧缩成穗状，下部有时有间断，长约6 cm，宽8 ~ 15 cm，分枝每节具2 ~ 4枚，平滑无毛，基部主枝长1 ~ 3 cm，侧枝自基部即生小穗；小穗含3 ~ 5小花，长5 ~ 7 mm；颖边缘具狭膜质，第一颖较窄，具1脉，长3 ~ 4 mm，第二颖具3脉，长4 ~ 5 mm，脊上部微粗糙，边缘下部具短纤毛；外稃顶端及边缘窄膜质，其下微带黄色，间脉不明显，脊与边脉的中部以下具细直的柔毛，脊与脉间上部微粗糙或贴生微毛，基盘无绵毛，第一外稃长约5 mm；内稃近等长或稍短于外稃；花药紫色，长约2 mm。花果期6—8月。

〔生境分布〕玛多、玛沁、杂多、玉树、格尔木、都兰、乌兰、天峻、兴海、共和、西宁、大通、刚察、祁连、门源。生于山坡草地、河滩、湖边湿地，海拔2 500 ~ 5 000 m。分布于我国西藏、新疆、甘肃；中印度西北部、伊朗、阿富汗、巴基斯坦、克什米尔地区及中亚地区也有分布。

垂枝早熟禾 *Poa declinata*

禾本科 Poaceae 早熟禾属 *Poa*

〔形态特征〕多年生。秆疏丛，直立或基部稍膝曲，平滑无毛，高50～60 cm，具4～5节。叶鞘平滑无毛，长于节间；叶舌截平而具不规则的微齿，长2～4 mm；叶片扁平或对折，上面及边缘微粗糙，长5～8 cm，宽2～3 mm。圆锥花序疏松，开展，长10～20 cm；分枝每节具2～3枚，微粗糙，基部主枝长3～7 cm，中部以下裸露；小穗含3～4小花，长3～4 mm；颖窄披针形，顶端尖，脊上微粗糙，第一颖具1脉，长约2 mm，第二颖较宽，具3脉，长约3 mm；外稃顶端稍有膜质，具明显的5脉，脊中部以下和边脉1/4具短柔毛，基盘具极少量的绵毛，第一外稃长3～3.5 mm；内稃稍短于外稃，脊上粗糙；花药长约0.5 mm。花果期7—9月。

〔生境分布〕玛沁、玉树、同仁、泽库、河南、兴海、西宁、乐都、互助、祁连。生于河边草地、林缘、河滩、灌丛、山坡，海拔2 450～3 600 m。分布于四川、甘肃、陕西。

早熟禾 *Poa annua*

禾本科 Gramineae　早熟禾属 *Poa*

〔形态特征〕一年生或二年生。秆丛生，直立或基部稍倾斜，细弱，高8～20 cm。叶鞘中部以下闭合；叶舌膜质，钝圆，长1～2 mm；叶片质地柔软，顶端呈船形，边缘微糙涩，长2～10 cm，宽2～5 mm。圆锥花序开展，长2～7 cm；分枝每节1～2枚；小穗含3～5小花，长3～6 mm；颖顶端钝，边缘宽膜质，第一颖具1脉，长1.5～2 mm，第二颖具3脉，长2～3 mm；外稃顶端钝，具宽膜质边缘，有明显的5脉，脊中部或2/3以下具长柔毛，间脉无毛，边脉下部具柔毛，基盘不具绵毛，第一外稃长3～4 mm；内稃等长或稍长于外稃，脊上具长纤毛；花药淡黄色，长约0.8 mm。花果期7—9月。

〔生境分布〕久治、治多、囊谦、称多、同仁、泽库、河南、兴海、湟中、乐都、互助。生于灌丛草甸、林下、林缘、沟旁、河漫滩，海拔2 800～4 350 m。广布于我国大多数地区；欧洲、亚洲及北美洲也有分布。

阿洼早熟禾 *Poa araratica*

禾本科 Gramineae　早熟禾属 *Poa*

〔形态特征〕多年生，密丛型，具根头或短根状茎。秆直立，高25～35 cm，带绿色。叶舌撕裂，长1.5～2.5 mm；叶片扁平，后内卷或多少线形，长4～10 cm，宽1～1.5 mm，边缘粗糙。圆锥花序狭窄，长4～9 cm，密聚或多少疏松；分枝孪生，粗糙，上升，弯曲；小穗含3～4小花，扇形，长4～6.5 mm，先端带紫色；颖长圆形至椭圆形，均具3脉，第一颖长3～3.8 mm，第二颖较宽，长3.2～4.5 mm；外稃长圆形至椭圆形，先端钝或尖，脊与边脉下部具柔毛；基盘疏生绵毛，第一外稃长3.5～4.5 mm；内稃短于外稃，两脊粗糙，花药长1.5～2 mm。花期7—8月。染色体2n=42。

〔生境分布〕西藏、新疆（若羌）。生于高山草原，海拔4 300～5 100 m。

碱茅 *Puccinellia distans*

禾本科 Gramineae　碱茅属 *Puccinellia*

〔形态特征〕多年生。秆直立，丛生或基部偃卧，节着土生根，高20～30（60）cm，直径约1 mm，具2～3节，常压扁。叶鞘长于节间，平滑无毛，顶生者长约10 cm；叶舌长1～2 mm，截平或齿裂；叶片线形，长2～10 cm，宽1～2 mm，扁平或对折，微粗糙或下面平滑。圆锥花序开展，长5～15 cm，宽5～6 cm，每节具2～6分枝；分枝细长，平展或下垂，下部裸露，微粗糙，基部主枝长达8 cm；小穗柄短；小穗含5～7小花，长4～6 mm；小穗轴节间长约0.5 mm，平滑无毛；颖质薄，顶端钝，具细齿裂，第一颖具1脉，长1～1.5 mm，第二颖长1.5～2 mm，具3脉；外稃具不明显5脉，顶端截平或钝圆，与边缘均具不整齐细齿，基部有短柔毛；第一外稃长约2 mm；内稃等长或稍长于外稃，脊微粗糙；花药长约0.8 mm。颖果纺锤形，长约1.2 mm。花果期5—7月。染色体2*n*=14，28，42。

〔生境分布〕生于轻度盐碱性湿润草地、田边、水溪、河谷、低草甸盐化沙地，海拔200～3 000 m。分布于我国黑龙江、吉林、辽宁、内蒙古（腾格里沙漠）、山西、河北、山东、江苏（涟水）、河南、陕西、甘肃、青海（民和、格尔木、湟中、西宁、柴达木盆地）、新疆（塔克拉玛干、准噶尔盆地、吐鲁番盆地）；蒙古、朝鲜、日本、俄罗斯、地中海地区、土耳其、伊朗、巴基斯坦、欧洲、亚洲、非洲西北部以及北美均有分布。

旱雀麦 *Bromus tectorum*

禾本科 Gramineae　雀麦属 *Bromus*

〔形态特征〕一年生。秆直立，平滑，高20～60 cm，具3～4节。叶鞘具柔毛，后渐脱落；叶舌膜质，常呈撕裂状，长约2 mm；叶片具柔毛，长5～15 cm，宽2～4 mm。圆锥花序开展，长8～15 cm；分枝细弱，多弯曲，粗糙，下部节具3～5枚，各枝着生4～8个小穗，小穗含4～8小花，长10～18 mm；小穗轴节间长2～3 mm；颖狭披针形，边缘膜质，第一颖长5～8 mm，具1脉，第二颖长7～10 mm，具3脉；外稃长9～12 mm，一侧宽1～1.5 mm，具7脉，粗糙或生柔毛，先端渐尖，边缘薄膜质，有光泽，芒细直，自二裂片间伸出，长10～15 mm；内稃短于外稃，脊具纤毛；花药长0.5～2 mm。颖果长7～10 mm，贴生于内稃。花果期6—9月。染色体$2n$=14。

〔生境分布〕玛沁、杂多、治多、曲麻莱、囊谦、玉树、称多、同仁、泽库、河南、共和、兴海、同德、贵德、大通、湟中、化隆、循化、乐都、互助、刚察、门源。生于山坡、河滩、田边、高山灌丛、林缘，海拔2 300～4 200 m。分布于我国甘肃、西藏、云南、四川；印度、欧洲、北美洲和北非也有分布。

短柄草 *Brachypodium sylvaticum*

禾本科 Gramineae　短柄草属 *Brachypodium*

〔形态特征〕多年生。秆疏丛，直立，高50～70 cm，具5～6节，节具微毛。叶鞘紧密包茎，被柔毛或无毛；叶舌厚膜质，长1～2 mm；叶片扁平或卷折，上面脉上具柔毛，长10～22 cm，穗形总状花序直立，长10～14 cm；小穗柄被微毛，长约1 mm；小穗绿色，含5～11小花，长约2 cm；小穗轴节间长约2 mm，贴生细毛；颖片披针形，被微毛或下部无毛，顶端渐尖，第一颖长5～9 mm，具5～7脉，第二颖长10～12 mm，具7～9脉；外稃背部贴生微毛，具7脉，基盘具微毛，芒细弱，长5～13 mm，第一外稃长10～14 mm；内稃稍短于外稃，顶端钝圆，脊具纤毛；花药长3～5 mm；子房顶端有毛。花果期7—9月。

〔生境分布〕班玛、囊谦、玉树、泽库、河南、同德、湟中、互助。生于山坡、林下，海拔2 300～4 300 m。分布于我国西藏、四川、甘肃、陕西、江苏等地；印度、尼泊尔、日本及欧洲也有分布。

扇穗茅 *Littledalea racemosa*

禾本科 Gramineae 扇穗茅属 *Littledalea*

〔形态特征〕多年生，具短根状茎。秆高30～40 cm，径约2 mm，常具3节，顶节距秆基6～10 cm。叶鞘平滑松弛；叶舌膜质，长2～5 mm，顶端撕裂；叶片长4～7 cm，宽2～5 mm，下面平滑，上面生微毛。圆锥花序几成总状；分枝单生或孪生，长2～5 cm，细弱而弯曲，顶端着生。一枚大形小穗，下部裸露；小穗扇形，长2～3 cm，含6～8小花；小穗轴节间平滑，长约2.5 mm；颖披针形，干膜质，顶端钝，第一颖长5～9 mm，具1脉，第二颖长12～14 mm，具3脉；外稃带紫色，具7～9脉，平滑或有点状粗糙，边缘与上部膜质，顶端具不规则缺刻，第一外稃长20～25 mm，宽4～5 mm；内稃窄小，长不及外稃的1/2，背部具微毛，两脊生纤毛；花药长6 mm。花果期7—8月。

〔生境分布〕玛多、玛沁、曲麻莱、玉树、称多、格尔木、都兰、贵德、湟源、祁连、门源。生于山坡草地、灌丛、河边、滩地、草甸、沙滩，海拔2 700～4 900 m。分布于西藏、四川。

梭罗草 *Kengyilia thoroldiana*

禾本科 Gramineae　仲彬草属 *Kengyilia*

〔形态特征〕多年生。常具下伸或横走根茎。秆丛生，下部有倾斜，高5～25 cm，具2～3节，无毛。叶鞘无毛或疏生柔毛，长于或短于节间；叶舌极短或几缺如；叶片扁平或内卷，长2～8 cm，宽2～4.5 mm，无毛或上、下两面密生短柔毛。穗状花序弯曲或稍直立，常密集成长圆状卵圆形，长2～5 cm；穗轴无毛或密被柔毛，节间长1～3 mm；小穗常偏于穗轴一侧，长9～14 mm，含3～6小花；颖长圆状披针形，具3～5脉，背面密生长柔毛，顶端尖至具短尖头，第一颖长5～6.5 mm，第二颖长5～7.5 mm；外稃背部密生粗长柔毛，第一外稃长7～8 mm，顶端短尖头长1～2 mm。内稃与外稃等长或稍短，顶端下凹，脊上部具长纤毛；花药长1.5～1.9 mm。花果期7—10月。

〔生境分布〕玛多、达日、玛沁、杂多、曲麻莱、囊谦、玉树、格尔木、治多（可可西里）、祁连。生于山坡草地、谷底多沙处以及河岸坡地、滩地，海拔3 700～5 000 m。分布于西藏、新疆、甘肃。

冰草 *Agropyron cristatum*

禾本科 Gramineae　冰草属 *Agropyron*

〔形态特征〕多年生。有时具横走或下伸根茎。秆疏丛，高10～60 cm，2～3节，基部节稍膝曲，花序下或节下被短柔毛。叶鞘短于节间，光滑或边缘粗糙；叶舌长0.5～1 mm，顶端平截而具细齿；叶片长4～13 cm，宽2～5 mm，上面粗糙或密被柔毛，下面无毛。穗状花序直立，扁平，常呈矩圆形，长2～6 cm，宽8～15 mm；穗轴被柔毛，节间长0.5～1.5 mm；小穗单生，整齐排列于穗轴两侧呈篦齿状，长6～11 mm，含（3）5～7小花；颖舟形，背部密被柔毛，第一颖长2～3.5 mm，第二颖长3～4.5 mm，顶端具2～4 mm长的短芒；外稃舟形，密被长柔毛，第一外稃长5～6 mm，顶端具长2～3 mm的短芒；内稃与外稃近等长，顶端二裂，脊上疏生短纤毛；花药长约3 mm。花果期7—9月。

〔生境分布〕玛多、格尔木、德令哈、都兰、乌兰、兴海、共和、贵南、西宁、刚察、祁连、门源。生于干燥山坡、草滩、沙地、山谷、湖岸，海拔2 800～4 500 m。分布于我国新疆、甘肃、陕西、宁夏、山西、河北、内蒙古以及东北各地；中亚地区、俄罗斯、蒙古、日本乃至北美洲也有分布。

短芒披碱草 *Elymus breviaristatus*

禾本科 Gramineae　披碱草属 *Elymus*

〔形态特征〕秆疏丛生，具短而下伸的根茎，直立或基部膝曲，高约70 cm，基部常被有少量白粉。叶鞘光滑；叶片扁平，粗糙或下面平滑，长4～12 cm，宽3～5 mm。穗状花序疏松，柔弱而下垂，长10～15 cm，通常每节具2枚小穗，有时接近先端各节仅具1枚小穗，穗轴边缘粗糙或具小纤毛；小穗灰绿色稍带紫色，长13～15 mm，含4～6小花；颖长圆状披针形或卵状披针形，具1～3脉，脉上粗糙，长3～4 mm，先端渐尖或具长仅1 mm的短尖头；外稃披针形，上部具显明的5脉，全部被短小微毛或有时背部平滑无毛，或边缘两侧被短刺毛，第一外稃长8～9 mm，顶端具粗糙的短芒，芒长（1）2～5 mm；内稃与外稃等长，先端钝圆或微凹陷，脊上具纤毛，至下部毛渐不显，脊间被微毛。

〔生境分布〕玛多、玛沁、杂多、囊谦、乌兰、兴海、共和、西宁、刚察、门源。生于山坡、草地、湖岸、河边，海拔2 700～4 300 m。分布于西藏、四川。

垂穗披碱草 *Elymus nutans*

禾本科Gramineae　披碱草属*Elymus*

〔形态特征〕秆直立，基部稍呈膝曲状，高50～70 cm。基部和根出的叶鞘具柔毛；叶片扁平，上面有时疏生柔毛，下面粗糙或平滑，长6～8 cm，宽3～5 mm。穗状花序较紧密，通常曲折而先端下垂，长5～12 cm，穗轴边缘粗糙或具小纤毛，基部的1、2节均不具发育小穗；小穗绿色，成熟后带有紫色，通常在每节生有2枚而接近顶端及下部节上仅生有1枚，多少偏生于穗轴1侧，近于无柄或具极短的柄，长12～15 mm，含3～4小花；颖长圆形，长4～5 mm，2颖几乎相等，先端渐尖或具长1～4 mm的短芒，具3～4脉，脉明显而粗糙；外稃长披针形，具5脉，脉在基部不明显，全部被微小短毛，第一外稃长约10 mm，顶端延伸成芒，芒粗糙，向外反曲或稍展开，长12～20 mm；内稃与外稃等长，先端钝圆或截平，脊上具纤毛，其毛向基部渐次不显，脊间被稀少微小短毛。

〔生境分布〕本省各地。生于山坡、草原、林缘、灌丛、田边、路旁、河渠、湖岸，海拔2 600～4 900 m。分布于我国西藏、云南、四川、新疆、甘肃、陕西、河北、内蒙古；喜马拉雅、土耳其、中亚地区、俄罗斯、蒙古也有分布。

老芒麦 *Elymus sibiricus*

禾本科 Gramineae　披碱草属 *Elymus*

〔形态特征〕秆单生或成疏丛，直立或基部稍倾斜，高60～90 cm，粉红色，下部的节稍呈膝曲状。叶鞘光滑无毛；叶片扁平，有时上面生短柔毛，长10～20 cm，宽5～10 mm。穗状花序较疏松而下垂，长15～20 cm，通常每节具2枚小穗，有时基部和上部的各节仅具1枚小穗；穗轴边缘粗糙或具小纤毛；小穗灰绿色或稍带紫色，含4～5小花；颖狭披针形，长4～5 mm，具3～5明显的脉，脉上粗糙，背部无毛，先端渐尖或具长达4 mm的短芒；外稃披针形，背部粗糙无毛或全部密生微毛，具5脉，脉在基部不太明显，第一外稃长8～11 mm，顶端芒粗糙，长15～20 mm，稍展开或反曲；内稃几乎与外稃等长，先端2裂，脊上全部具有小纤毛，脊间亦被稀少而微小的短毛。

〔生境分布〕本省各地。生于山坡、路旁、河滩、沟谷、林缘、灌丛，海拔2 200～4 100 m。分布于我国西藏、云南、四川、新疆、甘肃、陕西、宁夏、山西、河北、内蒙古以及东北各地；喜马拉雅、土耳其、中亚地区、俄罗斯、蒙古、朝鲜、日本也有分布。

赖草 *Leymus secalinus*

禾本科 Gramineae　赖草属 *Leymus*

〔形态特征〕多年生，具下伸和横走的根茎。秆单生或丛生，直立，高40～100 cm，具3～5节，光滑无毛或在花序下密被柔毛。叶鞘光滑无毛，或在幼嫩时边缘具纤毛；叶舌膜质，截平，长1～1.5 mm；叶片长8～30 cm，宽4～7 mm，扁平或内卷，上面及边缘粗糙或具短柔毛，下面平滑或微粗糙。穗状花序直立，长10～15（24）cm，宽10～17 mm，灰绿色；穗轴被短柔毛，节与边缘被长柔毛，节间长3～7 mm，基部者长达20 mm；小穗通常2～3稀1或4枚生于每节，长10～20 mm，含4～7（10）个小花；小穗轴节间长1～1.5 mm，贴生短毛；颖短于小穗，线状披针形，先端狭窄如芒，不覆盖第一外稃的基部，具不明显的3脉，上半部粗糙，边缘具纤毛，第一颖短于第二颖，长8～15 mm；外稃披针形，边缘膜质，先端渐尖或具长1～3 mm的芒，背具5脉，被短柔毛或上半部无毛，基盘具长约1 mm的柔毛，第一外稃长8～10（14）mm；内稃与外稃等长，先端常微2裂，脊的上半部具纤毛；花药长3.5～4 mm。花果期6—10月。

〔生境分布〕本省各地。生于山坡草地、河滩湖岸、林缘路旁，海拔1 900～4 300 m。分布于我国西藏、四川、新疆、甘肃、陕西、宁夏、山西、河北、内蒙古以及东北各地；中亚地区、俄罗斯、蒙古、朝鲜、日本也有分布。

芒洽草 *Koeleria litvinowii*

禾本科 Gramineae　洽草属 *Koeleria*

〔形态特征〕多年生。秆密丛，高20 ~ 50 cm，花序下被茸毛。叶鞘遍被柔毛，多长于节间或稍短于节间；叶舌膜质，边缘须状，长1 ~ 2 mm；叶片扁平，两面被短柔毛，边缘具较长的纤毛，长3 ~ 5 mm，宽2 ~ 4 mm，分蘖者长可达15 cm，宽1 ~ 2 mm。圆锥花序穗状，草绿色成带淡褐色有光泽，下部常有间断，长5 ~ 12 cm，主轴及分枝均密被如柔毛，小穗含2稀3小花，长5 ~ 6 mm；小穗轴节间被长柔毛，颖长圆形至披针形，顶端尖，边缘宽膜质，脊上粗糙，第一颖具1脉，长4 ~ 4.5 mm。第二颖基部具3脉，长约5 mm；外稃披针形，顶端及边缘宽膜质，背部具微细的点状毛，芒自顶端下约1 mm处伸出，长1 ~ 2.5 mm，第一外稃长约5 mm；内稃稍短于外稃，顶端二裂，脊上微粗糙；花药长约1.5 mm。花果期6—9月。

〔生境分布〕玛多、玛沁、久治、杂多、治多、曲麻莱、囊谦、玉树、泽库、河南、都兰、兴海、同德、贵德、共和、西宁、大通、湟中、民和、互助、乐都、门源。生于山坡草地、林缘、河滩、灌丛、山坡草甸，海拔2 230 ~ 4 300 m。分布于我国西藏、四川、新疆、甘肃；中亚地区也有分布。

洽草 *Koeleria macrantha*

禾本科 Gramineae　洽草属 *Koeleria*

〔形态特征〕多年生。秆密丛，直立，在花序下密生茸毛，高25～60 cm，具2～3节，秆基部残存有撕裂状的枯萎的叶鞘。叶鞘无毛或被短柔毛；叶舌膜质，截平或边缘呈齿蚀状，长0.5～2 mm；叶片线形，常内卷或扁平，被短柔毛或上面无毛，边缘粗糙，长1.5～7 cm，基部分蘖叶长5～30 cm。圆锥花序穗状，黄绿色或黄褐色，有光泽，下部有间断，长5～12 cm，宽7～18 mm，主轴及分枝均被柔毛；小穗含2～3小花，长4～5 mm；小穗轴被微毛或近于无毛，长约1 mm；颖顶端尖，边缘宽膜质，脊上粗糙，第一颖具1脉，长2.5～3.5 mm，第二颖具3脉，长3～4.5 mm；外稃顶端尖或具长约0.3 mm的小尖头，边缘膜质，具3脉，背部无芒，基盘钝圆，具微毛，第一外稃长约4 mm；内稃膜质，顶端二裂，脊上光滑或微粗糙；花药长1.5～2 mm。花果期6—9月。

〔生境分布〕本省大部分地区。生于林缘、灌丛、山坡草地、草原、河边、路旁，海拔2 320～4 000 m。广布于我国各地；欧亚大陆温带地区也有分布。

西伯利亚三毛草 *Sibirotrisetum sibiricum*

禾本科 Poaceae　三毛草属 Sibirotrisetum

〔形态特征〕植株具短根茎。秆平滑，直立或基部稍膝曲，高50～90 cm，具3～4节。叶鞘平滑无毛或粗糙；叶舌膜质，顶端具不规则的齿裂，长1～2（5）mm；叶片扁平，粗糙或上面具短柔毛，长6～20 cm，宽4～9 mm。圆锥花序狭窄且疏松，长10～20 cm；分枝平滑或微粗糙；小穗黄绿色或褐色，有光泽，含2～4小花，长6～9 mm（芒除外）；小穗轴被短柔毛，长约1.5 mm；两颖不等长且短于小穗，第一颖具1脉，长4～6 mm，第二颖具3脉，长5～8 mm；外稃硬纸质，褐色，顶端2微裂齿，背部粗糙，基盘钝，具短毛，芒自稃体顶端下约2 mm处伸出，向外反曲，长7～9 mm，第一外稃长5～7 mm；内稃略短于外稃，顶端微二裂；花药黄色或顶端紫色，长2～3 mm。花果期6—8月。

〔生境分布〕玛沁、久治、玉树、同仁、泽库、共和、大通、湟中、乐都、互助、海晏、祁连、门源。生于山坡草地、草原、灌丛、草甸等处，海拔2 900～4 000 m。分布于西藏、云南、四川、甘肃、陕西、湖北（神农架）及华北、东北各地。

藏异燕麦（藏山燕麦）*Helictotrichon tibeticum*

禾本科 Poaceae　异燕麦属 *Helictotrichon*

〔形态特征〕多年生。秆直立，丛生，花序以下被微毛，高15～70 cm，具2～3节。叶鞘密被短毛或无毛；叶舌短小，长约0.5 mm，具纤毛；叶片常内卷如针状，粗糙或上面被短毛，长1～5 cm，基部分蘖者长达25 cm。圆锥花序紧缩呈穗状，黄褐色或深褐色，长2～6 cm；主轴和分枝与小穗柄均被微毛；小穗含2～3小花，第三花常退化，长约1 cm（芒除外）；小穗轴节间长约2 mm，两侧具长约2 mm的白柔毛；第一颖具1脉，长7～9 mm，第二颖具3脉，稍长于第一颖；外稃质较硬，顶端具2裂齿，具7脉，背部粗糙或具短纤毛，第一外稃长7～9 mm，基盘具长达1.5 mm的柔毛，芒自稃体中部稍上处伸出，长1～1.5 cm，粗糙，膝曲，芒柱稍扭转；内稃稍短于外稃，具2脊，脊具微纤毛；花药长约4 mm。花果期7—8月。

〔生境分布〕本省大部分地区。生于高山草原、高山草甸、灌丛、林下及湿润草地，海拔2 860～4 520 m。分布于西藏、四川、新疆、甘肃。

发草 *Deschampsia cespitosa*

禾本科 Poaceae　发草属 *Deschampsia*

〔形态特征〕多年生。秆丛生，直立或基部膝曲，高30～150 cm，具2～3节。叶鞘无毛；叶舌膜质，顶端渐尖或二裂，长5～7 mm；叶片常纵卷或扁平，长3～7 cm，分蘖者长达20 cm。圆锥花序疏松开展，常下垂，长10～20 cm，分枝细弱，平滑或微粗糙，中部以下裸露，上部疏生少数小穗；小穗草绿色或褐紫色，含2小花，长4～4.5 mm；小穗轴节间长约1 mm，被柔毛；颖不等长，第一颖具1脉，长3.5～4.5 mm，第二颖具3脉，稍长于第一颖；外稃顶端啮蚀状，基盘两侧的毛长达稃体的1/3，芒劲直，稍短于或略长于科体，自稃体基部1/5～1/4处伸出；内稃等于或稍短于外稃；花药长约2 mm。花果期7—9月。

〔生境分布〕班玛、玛沁、久治、杂多、囊谦、玉树、称多、尖扎、泽库、河南、乌兰、天竣、兴海、共和、同德、贵德、大通、湟中、湟源、乐都、民和、互助、刚察、祁连、门源。生于高山草甸、灌丛、河滩地、林缘、路旁、田边、山坡草地，海拔2 300～4 500 m。分布于我国西南、华北、东北各地；世界温寒地区也有分布。

光稃茅香（原变种）*Anthoxanthum glabrum* var.

禾本科 Poaceae　黄花茅属 *Anthoxanthum*

〔形态特征〕多年生。根茎细长。秆高15～22 cm，具2～3节，上部长裸露。叶鞘密生微毛，长于节间；叶舌透明膜质，长2～5 mm，先端啮蚀状；叶片披针形，质较厚，上面被微毛，秆生者较短，长2～5 cm，宽约2 mm，基生者较长而窄狭。圆锥花序长约5 cm；小穗黄褐色，有光泽，长2.5～3 mm；颖膜质，具1～3脉，等长或第一颖稍短；雄花外稃等长或较长于颖片，背部向上渐被微毛或几乎无毛，边缘具纤毛；两性花外稃锐尖，长2～2.5 mm，上部被短毛。花果期6—9月。

〔生境分布〕分布于我国东北、河北、青海以及新疆（天山、阿尔泰山、准噶尔西部山地）等地；哈萨克斯坦、俄罗斯（西伯利亚）、蒙古、朝鲜及日本等亚洲北部各地也有分布。

光稃茅香 *Anthoxanthum glabrum*

禾本科 Poaceae　黄花茅属 *Anthoxanthum*

〔形态特征〕多年生。具细长的黄色根茎。秆直立，平滑，上部且长裸露，高15～20 cm，具2～3节。叶鞘密生微毛，长于节间；叶舌透明膜质，顶端啮蚀状，长2～5 mm；叶片披针形，质较厚，上面被微毛，秆生者较短，长2～5 cm，宽约2 mm，基生者较长而窄狭。圆锥花序疏松，卵形至金字塔形，长约5 cm；分枝平滑，上升或平展，多孪生或3枚簇生，下部裸露；小穗黄褐色，有光泽，含1两性小花和2雄性小花，长2.5～3 mm；颖膜质，具1～3脉，两颖近等长或第一颖稍短；雄花外稃等长或较长于颖片，背上部被微毛或几乎无毛，边缘具纤毛；孕花外稃上部被短毛，长2～2.5 mm。花果期6—9月。

〔生境分布〕玛沁、囊谦、玉树、尖扎、泽库、共和、兴海、西宁、大通、刚察。生于山坡、湿草地、河漫滩、草甸、路边、灌丛中，海拔2 200～3 800 m。分布于我国河北、辽宁；俄罗斯也有分布。

菵草 *Beckmannia syzigachne*

禾本科 Poaceae　菵草属 *Beckmannia*

〔形态特征〕一年生。须根细软。秆直立，平滑无毛，高15～70 cm，具2～4节。叶鞘无毛，疏松，多长于节间；叶舌透明膜质，顶端钝圆，长3～6 mm；叶片扁平，两面粗糙或下面平滑，长5～20 cm，宽3～8 mm。圆锥花序狭窄，由多数简短贴生或斜生的穗状花序组成；分枝稀疏；小穗扁平，圆形，灰绿色，常含1小花，长约3 mm；颖草质，边缘质薄而白色，顶端钝或锐尖，背部灰绿色，具淡色的横纹，具3脉，中脉粗糙或具短刺毛；外稃披针形，背部平滑无毛，边缘白色膜质，顶端常具伸出颖外的短尖头，具5脉；内稃稍短于外稃，具2脊，边缘透明膜质；花药黄色，长约1 mm。颖果黄褐色，长圆形，长约1.5 mm。花果期6—9月。

〔生境分布〕班玛、玉树、河南、德令哈、天竣、兴海、共和、西宁、大通、乐都、民和、互助、刚察、门源。生于水沟边、河滩、林缘、路边草丛，海拔2 225～3 600 m。分布于我国各地；也广布于世界各地。

落芒草 *Piptatherum munroi*

禾本科 Poaceae　落芒草属 *Piptatherum*

〔形态特征〕多年生。秆丛生，直立或基部倾斜，平滑无毛，高30～80 cm，具3～5节。叶鞘无毛或微粗糙；叶舌膜质，顶端钝，长2～5 mm；叶扁平，无毛或微粗糙，秆生叶长6～30 cm，顶生者长约3 cm。圆锥花序疏松开展，长10～25 cm；分枝细弱，粗糙或具细刺毛或几乎平滑，开展或上升，每节常具2枚，上部1/3处着生小穗，下部裸露；小穗灰绿色或顶端及边缘带紫红色，卵状披针形；颖近相等或第二颖稍短，长5～7 mm，顶端渐尖呈喙状，且微粗糙，具3～5脉，侧脉多在基部，脉间常有小横脉；外稃褐色，革质，背部被贴生柔毛，果期为黑褐色且背脊光滑无毛，具5脉，长4～5 mm，基盘平滑无毛，芒直立或稍弯曲，细弱，长3～7 mm；鳞被3枚；雄蕊3，花药黄色，顶生毫毛。花果期6—8月。

〔生境分布〕玛沁、久治、杂多、治多、曲麻莱、囊谦、玉树、称多、泽库、河南、兴海、共和、同德、西宁、大通、循化、互助、刚察、门源。生于高山灌丛、林缘、山地阳坡、农田路边，海拔2 230～4 100 m。分布于我国西藏、四川、云南、甘肃；阿富汗东部及兴都库什山到喜马拉雅山区。

异针茅 *Stipa aliena*

禾本科 Poaceae　针茅属 *Stipa*

〔形态特征〕须根坚韧。秆高20～40 cm，具1～2节。叶鞘光滑，长于节间；叶舌顶端钝圆或2裂，背部具微毛，长1～1.5 mm，基生叶舌较短；叶片纵卷成线形，上面粗糙，下面光滑，基生叶长为秆高1/2或2/3。圆锥花序较紧缩，长10～15 cm，分枝单生或孪生，斜向上升，基部者长4～7 cm，顶部者长1～2 cm，下部长裸露，上部着生1～3个小穗；小穗柄长2～10 mm（顶生者长达2 cm）；小穗灰绿而带紫色；颖披针形，先端细渐尖，具5～7脉，长1～1.3 cm；外稃背部遍生短毛，具5脉，长6.5～7.5 cm，基盘尖锐，长约1 mm，密生短毛，芒两回膝曲扭转，第一芒柱长4～5 mm，具1～2 mm的柔毛，第二芒柱与第一芒柱几乎等长，被微毛，芒针长1～1.6 cm，无毛；内与稃外稃等长，具2脉，背部具短毛。颖果圆柱形，长约5 mm，具浅腹沟。花果期7—9月。

〔生境分布〕玛多、玛沁、久治、杂多、治多、曲麻莱、囊谦、玉树、泽库、河南、天峻、兴海、共和、同德、贵南、大通、刚察、祁连、门源。生于山坡草甸、阳坡灌丛、冲积扇及河谷阶地，海拔3 100～4 600 m。分布于西藏、四川、甘肃。

紫花针茅 *Stipa purpurea*

禾本科 Poaceae　针茅属 *Stipa*

〔形态特征〕多年生。须根稠密而坚韧。秆直立，细瘦，高20～40 cm，基部宿存枯叶鞘。叶鞘平滑无毛，长于节间；基生叶舌顶端钝，长约1 mm，秆生叶舌披针形，长3～6 mm，两侧下延与叶鞘边缘结合，均具极短的缘毛；叶片纵卷呈针状，下面微粗糙，秆生者长3.5～6 cm，基生叶长为秆高的1/2。圆锥花序简化为总状花序，基部常包藏于叶鞘内，长可达15 cm，成熟后伸出鞘外；分枝常单生，基部有孪生；小穗呈紫色；颖披针形，顶端长渐尖，近等长，长13～18 cm，具3脉或不明显的5脉；外稃背部遍生细毛，顶端与芒相接处具关节，长约10 mm，基盘尖锐，密被柔毛，长约2 mm，芒二回膝曲，芒柱扭转，遍生长2～3 mm的柔毛，第一芒柱长1.5～1.8 cm，第二芒柱长约1 cm，芒针长5～7 cm；内稃背部具短柔毛。颖果长约6 mm。花果期7—9月。

〔生境分布〕玛多、玛沁、玉树、囊谦、称多、杂多、治多、曲麻莱、天峻、都兰、乌兰、同仁、泽库、河南、兴海、共和、贵南、刚察、门源、祁连、乐都。生于高山山坡草甸、山前洪积扇、河谷阶地，海拔2 700～4 700 m。分布于西藏、四川、新疆、甘肃；帕米尔东部及中亚地区也有分布。

长芒草 *Stipa bungeana*

禾本科 Poaceae　针茅属 *Stipa*

〔形态特征〕秆丛生，基部膝曲，高20～60 cm，有2～5节。叶鞘光滑无毛或边缘具纤毛，基生者有隐藏小穗；基生叶舌钝圆形，长约1 mm，先端具短柔毛，秆生者披针形，长3～5 mm，两侧下延与叶鞘边缘结合，先端常两裂；叶片纵卷似针状，茎生者长3～15 cm，基生者长可达17 cm。圆锥花序为顶生叶鞘所包，成熟后渐抽出，长约20 cm，每节有2～4细弱分枝小穗灰绿色或紫色；两颖近等长，有膜质边缘，长9～15 mm，有3～5脉，先端延伸成细芒；外稃长4.5～6 mm，有5脉，背部沿脉密生短毛，先端的关节有1圈短毛，其下有微刺毛，基盘尖锐，长约1 mm，密生柔毛，芒两回膝曲扭转，有光泽，边缘微粗糙，第一芒柱长1～1.5 cm，第二芒柱长0.5～1 cm，芒针长3～5 cm，稍弯曲；内稃与外稃等长，具2脉。颖果长圆柱形，但在隐藏小穗中者则为卵圆形，长约3 mm，被无芒且无毛之稃体紧密包裹。花果期6—8月。

〔生境分布〕玛沁、囊谦、玉树、尖扎、同仁、兴海、共和、同德、贵德、平安、循化、乐都、民和、互助、化隆、西宁、门源。生于石质山坡、黄土丘陵、河谷阶地、路旁，海拔1 800～3 900 m。分布于我国西南、西北、华北、东北各地及江苏、安徽；蒙古、日本也有分布。

丝颖针茅 *Stipa capillacea*

禾本科 Poaceae　针茅属 *Stipa*

〔形态特征〕秆高20～50 cm，具2～3节，有时膝曲。叶鞘光滑，长于节间；基生叶与秆生叶的叶舌近相等，长约0.6 mm，先端平截，缘具睫毛，两侧下延与叶鞘边缘结合；叶片纵卷如针状，基生叶常对褶，长为秆高1/3～1/2，上面无毛，下面被糙毛。圆锥花序紧缩，常伸出叶鞘外，顶端的芒常互相扭结如鞭状，长14～18 cm，分枝直立上举，基部者孪生，枝长2～3 cm，具2～3小穗，或简化为1小穗；小穗淡绿色或淡紫色；颖细长披针形，长2.5～3 cm，先端伸出如丝状，第一颖具3脉，第二颖具5脉；外稃长约10 mm（连同基盘），具5脉，顶生1圈短毛，其下具小刺毛，背部与腹部各具1纵行贴生的短毛（背部者仅位于其下半部，腹部者则位于叠生之边缘上），基盘尖锐，长约2 mm，密生柔毛，芒两回膝曲，扭转，第一芒柱长1～2 cm，第二芒柱长0.6～1 cm，芒针长约6 cm，常直伸，芒全部具微毛或其芒针具长约0.5 mm的细刺毛；花药长约4 mm。花果期7—9月。

〔生境分布〕玛沁、久治、杂多、治多、囊谦、玉树、称多、河南、泽库、刚察、大通。生于高山灌丛、高寒草原、高山草甸、山坡草地、河谷阶地，海拔2 900～4 200 m。分布于西藏、四川、甘肃。

芨芨草 *Neotrinia splendens*

禾本科 Poaceae　芨芨草属 *Neotrinia*

〔形态特征〕多年生。须根粗壮坚韧，外具沙套。秆直立，坚硬，平滑，内具白色的髓，密丛，高50～150 cm，具2～3节，基部宿存枯萎的黄褐色的叶鞘，叶鞘边缘膜质；叶舌尖披针形，长5～10 mm；叶片质坚韧，上面脉纹凸起，长30～50 cm，宽5～6 mm。圆锥花序开展呈金字塔形，长20～30 cm；分枝细弱，2～6枚簇生，平展或斜向上升，基部裸露；小穗灰绿色或带紫色，或变成草黄色；颖膜质，顶端尖或锐尖，第一颖具1脉，长4～5 mm，第二颖具3脉，长6～7 mm；外稃背部密生柔毛，顶端具2微齿，具5脉，长4～5 mm，基盘钝圆，具柔毛，芒自齿间伸出，直立或微弯，不扭转，长5～12 mm；内稃短于外稃，具2脉，脉间被柔毛；花药顶端具毫毛。花果期6—9月。

〔生境分布〕玛多、玛沁、囊谦、玉树、称多、尖扎、同仁、泽库、格尔木、大柴旦、都兰、乌兰、天竣、兴海、共和、同德、贵南、西宁、乐都、民和、刚察、海晏、祁连、门源、循化。生于微碱性的草滩、石质山坡、干山坡、林缘草地、荒漠草原，海拔1 900～4 100 m。分布于我国西藏、四川、新疆、甘肃、宁夏、陕西、山西、河北、内蒙古、吉林；巴基斯坦、印度、阿富汗、蒙古、俄罗斯也有分布。

醉马草 *Achnatherum inebrians*

禾本科 Poaceae　羽茅属 *Achnatherum*

〔形态特征〕多年生。须根柔韧。秆直立，少数丛生，平滑，高60～100 cm，径2.5～3.5 mm，通常具3～4节，节下贴生微毛，基部具鳞芽。叶鞘稍粗糙，上部者短于节间，叶鞘口具微毛；叶舌厚膜质，长约1 mm，顶端平截或具裂齿；叶片质地较硬，直立，边缘常卷折，上面及边缘粗糙，茎生者长8～15 cm，基生者长达30 cm，宽2～10 mm。圆锥花序紧密呈穗状，长10～25 cm，宽1～2.5 cm；小穗长5～6 mm，灰绿色或基部带紫色，成熟后变褐铜色，颖膜质，几等长，先端尖常破裂，微粗糙，具3脉；外稃长约4 mm，背部密被柔毛，顶端具2微齿，具3脉，脉于顶端汇合且延伸成芒，芒长10～13 mm，一回膝曲，芒柱稍扭转且被微短毛，基盘钝，具短毛，长约0.5 mm；内稃具2脉，脉间被柔毛；花药长约2 mm，顶端具毫毛。颖果圆柱形，长约3 mm。花果期7—9月。

〔生境分布〕玛沁、治多、曲麻莱、玉树、称多、尖扎、同仁、泽库、乌兰、天竣、兴海、共和、贵德、贵南、西宁、大通、湟源、湟中、循化、乐都、平安、民和、互助、刚察、门源。生于山坡草地、田边、路旁、草丛、河滩、高山灌丛，海拔1 900～3 700 m。分布于我国西藏、四川西部、新疆、甘肃、陕西、内蒙古；蒙古也有分布。

太白细柄茅 *Ptilagrostis concinna*

禾本科 Poaceae 细柄茅属 *Ptilagrostis*

〔形态特征〕多年生。须根细韧。秆直立，密丛，光滑，高10～30 cm。径约2 mm，具2节。叶鞘紧密抱茎、平滑；叶舌钝圆，长1～2 mm，粗糙，边缘下延与叶鞘边结合，秆生叶舌顶端微2裂，常呈紫色；叶片纵卷呈细线形，长5～15 cm，秆生者长1～2 cm。圆锥花序狭窄，长2～5 cm，宽1～2 cm，基部分枝处常具披针形膜质苞片，分枝长1～2 cm，细弱，贴向主轴直伸，多孪生；小穗柄平滑；小穗深紫色或紫红色，长4～5（6）mm；颖膜质，宽披针形，光滑，几等长，第一颖具1脉，第二颖具3脉；外稃长3.5～4 mm，顶端2裂，背上部无毛而粗糙，基部被柔毛，基盘钝圆，长约0.5 mm，具短毛，芒长1～1.4 cm，全被柔毛，一回或不明显地二回膝曲，芒柱微扭转；内稃近等长于外稃，具2脉，脉间疏被毛；花药长约1.5 mm，顶端具毫毛。花果期7—9月。

〔生境分布〕久治、杂多、曲麻莱、囊谦、玉树、泽库、兴海、门源。生于高山草甸、山顶草地、山地阴坡灌丛，海拔3 900～4 700 m。分布于我国西藏、四川西北部、甘肃、陕西（秦岭北坡太白山）；喜马拉雅、俄罗斯南部也有分布。

双叉细柄茅 *Ptilagrostis dichotoma*

禾本科 Poaceae　细柄茅属 *Ptilagrostis*

〔形态特征〕多年生。秆密丛生，直立，平滑，高40～50 cm。叶鞘稍粗糙；叶舌膜质，三角形或披针形，长2～3 mm；叶片呈细线形，长约20 cm，秆生叶短缩，长1.5～2.5 cm。圆锥花序开展，长9～12 cm；分枝细弱呈丝状，通常孪生，下部裸露，上部1～3次的二出叉分枝，叉顶着生小穗，基部主枝长达5 cm；小穗柄细，长5～15 mm，其柄及分枝的腋间具枕；小穗灰褐色，长5～6 mm；颖膜质，顶端稍钝，边缘透明膜质，具3脉，侧脉短；外稃长约4 mm，顶端二裂，背上部微糙涩或具微毛，下部具柔毛，基盘稍钝，具短毛，芒长1.2～1.5 cm，膝曲，芒柱扭转且具长2.5～3 mm的柔毛，芒针被长约1 mm的短毛；内稃约等长于外稃，背圆形，具柔毛；花药顶端具毫毛。花果期7—8月。

〔生境分布〕久治、杂多、治多、囊谦、玉树、泽库、河南、天竣、兴海、共和、大通、互助、祁连、门源。生于高山草甸、山坡草地、河滩、灌丛中，海拔3 200～4 500 m。分布于西藏、四川西部、甘肃、陕西（秦岭南坡）。

假苇拂子茅 *Calamagrostis pseudophragmites*

禾本科 Poaceae　拂子茅属 *Calamagrostis*

〔形态特征〕秆直立，高40～100 cm，径1.5～4 mm。叶鞘平滑无毛，或稍粗糙，短于节间，有时下部者长于节间；叶舌膜质，长4～9 mm，长圆形，顶端钝而易破碎；叶片长10～30 cm，宽1.5～5（7）mm，扁平或内卷，上面及边缘粗糙，下面平滑。圆锥花序长圆状披针形，疏松开展，长10～20（35）cm，宽（2）3～5 cm，分枝簇生，直立，细弱，稍糙涩；小穗长5～7 mm，草黄色或紫色；颖线状披针形，成熟后张开，顶端长渐尖，不等长，第二颖较第一颖短1/4～1/3，具1脉或第二颖具3脉，主脉粗糙；外稃透明膜质，长3～4 mm，具3脉，顶端全缘，稀微齿裂，芒自顶端或稍下伸出，细直，细弱，长1～3 mm，基盘的柔毛等长或稍短于小穗；内稃长为外稃的1/3～2/3；雄蕊3，花药长1～2 mm。花果期7—9月。

〔生境分布〕分布于东北、华北、西北、四川、云南、贵州、湖北等地。欧亚大陆温带区域也有分布。生于山坡草地或河岸阴湿之处，海拔1 350～2 500 m。

狗尾草 *Setaria viridis*

禾本科 Poaceae　狗尾草属 *Setaria*

〔形态特征〕一年生。秆直立或基部膝曲，高10～50 cm，常较细弱，也有的高达90 cm。叶鞘无毛或具疏柔毛或疣毛，边缘具较长的纤毛；叶舌极短，具长1～2 mm的纤毛；叶片扁平，通常无毛，边缘粗糙，长4～20 cm，宽2～10 mm。圆锥花序紧密呈圆柱形，微弯垂或直立，长2～8 cm；刚毛粗糙，或微粗糙，直立或稍扭曲，通常绿色、褐黄色或变为紫红色，长4～12 mm；小穗铅绿色，椭圆形，2～5个簇生于主轴上或更多的小穗着生在小枝上，顶端钝，长2～2.5 mm；第一颖卵形，长约为小穗的1/3，顶端钝或稍尖，具3脉，第二颖椭圆形，近等长于小穗，具5～7脉；第一外稃顶端钝，与小穗等长，具5～7脉，其内稃短小狭窄；第二外稃背部具细点状皱纹，顶端钝，边缘内卷，包卷同质的内稃；鳞被楔形；花柱基部分离。颖果灰白色。花果期7—10月。

〔生境分布〕玛沁、玉树、称多、尖扎、同仁、兴海、共和、贵德、贵南、西宁、化隆、循化、乐都、民和。生于山坡、河滩、田边、路旁、水沟边、荒野，海拔1 800～3 600 m。分布遍及我国各地；世界温带和亚热带地区均有分布。

白草 *Pennisetum flaccidum*

禾本科 Poaceae　狼尾草属 *Pennisetum*

〔形态特征〕多年生。具横走根茎。秆直立，单生或丛生，高20～70 cm。叶鞘无毛，鞘口和边缘具纤毛；叶舌短，具长1～2 mm的纤毛；叶片扁平，狭线形，两面无毛，长6～16 cm，宽3～6 mm。圆锥花序穗状呈圆柱形，直立或稍弯曲，长5～12 cm，宽5～10 mm；主轴具棱角，无毛或被稀疏微毛；总梗极短，长0.5～1 mm；刚毛柔软，细弱，微粗糙，灰白色或带紫褐色，长8～15 mm；小穗常单生，长4～7 mm；第一颖微小，顶端钝圆、齿裂或锐尖，第二颖长为小穗的1/3～3/4，顶端芒尖，具1～3脉；第一小花雄性，稀中性，第一外稃厚膜质，顶端芒尖，具5～7（9）脉，与小穗等长，其内稃透明膜质或退化；第二小花两性，第二外稃平滑，厚纸质，顶端芒尖，具5脉，与其内稃同为纸质，并包卷内稃。花药顶端无毛。花果期7—9月。

〔生境分布〕本省各地。生于山坡、河滩、田边、灌丛、路旁、水沟边，海拔1 850～4 000 m。分布于我国西南、西北、华北、东北等地；俄罗斯、日本、中亚地区也有分布。

双柱头藨草 *Trichophorum distigmaticum*

莎草科 Cyperaceae　藨藨草属 *Trichophorum*

〔形态特征〕秆纤细；高10～25 cm，近于圆柱状，平滑，具基生叶；秆纤细，高10～25 cm，近圆柱状，平滑，无秆生叶，具基生叶；叶片刚毛状，长达1.8 cm，叶鞘长达2.5 cm，棕色，最下部2～3个有叶鞘而无叶片；花单性，雌雄异株；小穗单一，顶生，卵形，长约5 mm，宽2.5～3 mm，少花；鳞片卵形，薄膜质，长约3.5 mm，麦秆黄色，半透明，或有时下部边缘白色，上部棕色；无下位刚毛；退化雄蕊3；花柱长，柱头2，被乳头状小突起；小坚果宽倒卵形，平凸状，长约2 mm，成熟时黑色；花果期7—8月。

〔生境分布〕生于高山草原上，海拔3 200～3 600 m。分布于甘肃、四川。

华扁穗草 *Blysmus sinocompressus*

禾本科 Poaceae　扁穗草属 *Blysmus*

〔形态特征〕多年生草本。匍匐根状茎细长，黄色，有节，节上生根。秆散生，高10～26 cm，扁三棱形，中部以下生叶，基部具褐色宿存叶鞘。叶条形，宽1～4 mm，顶端近三棱状，边缘微内卷，有细齿；叶舌短，膜质。苞片叶状，通常长于花序；小苞片鳞片状，膜质；穗状花序单一，顶生，长圆形，长1.5～2.2 cm，宽0.6～1.5 cm；小穗4～12个，排成二列，卵状披针形或长椭圆形，长5～6 mm，有2～9朵两性花；鳞片长卵形，锈褐色，膜质，长3.5～4 mm，背面具3～5脉；下位刚毛3～6，卷曲，比小坚果长约2倍，有倒刺；雄蕊3，花药长圆形，长2～3 mm；柱头2，比花柱长约1倍。小坚果宽倒卵形，平凸状，长约2 mm。花果期6—9月。

〔生境分布〕本省各地。生于沟谷、溪边、河滩潮湿处和沼泽地上，海拔1 900～4 200 m。分布于西藏、云南、四川、甘肃、陕西、山西、河北、内蒙古。

高山嵩草 *Carex parvula*

莎草科 Cyperaceae　薹草属 *Carex*

〔形态特征〕多年生草本。根状茎短。秆矮小，密集丛生，高3 ~ 5 cm，纤细，有三钝棱或圆柱形，基部具多数暗褐色枯死叶鞘。叶与秆近等长，纤细，丝状。花序简单穗状，卵状长圆形或卵状椭圆形，短小，长约5 mm，直径约2 mm，雌雄异序或同序而为雄雌顺序；支小穗少数，密生，全部单性，有时顶生的为雄性，只具1朵雄花，侧生的为雌性，只具1朵雌花；雌鳞片宽卵形或长圆状卵形，长2.5 ~ 4 mm，顶端圆钝，有时具短芒尖，中间黄绿色，有3条脉，两侧棕褐色；先出叶紧包小坚果，椭圆形，长约3 mm，膜质，下部黄色，上部棕褐色，背部具2脊，边缘在腹面仅基部愈合；退化小穗轴长为小坚果的一半；花柱短，柱头3。小坚果倒卵形，长约2 mm，三棱形。花果期6—8月。

〔生境分布〕本省各地。生于河滩、草甸、山坡、山顶、沟谷、砾石滩、灌丛、林下，海拔3 200 ~ 4 800 m。分布于我国西藏、云南、四川、甘肃、山西、河北、内蒙古；尼泊尔、不丹和克什米尔也有分布。

粗壮嵩草 *Carex sargentiana*

莎草科 Cyperaceae 薹草属 *Carex*

〔形态特征〕多年生草本。根状茎短缩或斜向伸长。秆丛生，高10 ~ 60 cm，有时极矮，粗壮，坚硬，有钝三棱，基部枯死叶鞘黄褐色，有光泽。叶短于秆，线形，宽约2 mm，坚硬，边缘内卷。花序简单穗状，圆柱形，长3 ~ 5 cm，直径5 ~ 8 mm；支小穗多数，顶生的为雄性，侧生的为雄雌顺序，在基部雌花的上部具3 ~ 4朵雄花；雌鳞片较大，宽卵形，长可达9 mm，顶端钝，中肋黄绿色，两侧浅棕色，具宽的白色膜质边缘，有3条脉；先出叶囊状、椭圆状披针形，长近1 cm，浅棕色，上部白色膜质，边缘在腹面愈合达中部以上；柱头3。小坚果长圆形，长约5 mm，有三棱，棱面凹陷，基部具短柄，顶端具短喙。花果期6—9月。

〔生境分布〕玛多、玛沁、杂多、囊谦、玉树、格尔木、乌兰、治多（可可西里）、兴海、共和、贵南、刚察。生于沙丘、沙滩、河岸沙地、干山坡、砂砾地，海拔2 890 ~ 4 700 m。分布于西藏、甘肃。

线叶嵩草 *Carex capillifolia*

莎草科 Cyperaceae 薹草属 *Carex*

〔形态特征〕多年生草本。根状茎短。秆丛生，高10～40 cm，纤细，有钝三棱，基部具黑棕色枯死叶鞘。叶多短于秆，丝状。花序为简单穗状，狭椭圆形至圆柱形，长1.5～3 cm，直径3～4 mm；支小穗多数，花序上部较密生，下部较疏，顶生的为雄性，侧生的为雄雌顺序，基部雌花的上部具1～3（5）朵雄花；鳞片长圆状卵形，长4～5.5 mm，顶端钝，棕褐色，具白色膜质边缘，有3脉，中脉明显；先出叶长圆形，长4～5 mm，棕褐色，顶端白色膜质，截形或钝，边缘在腹面下部1/3处愈合，有2脊或不明显；柱头3（2）。小坚果倒卵状椭圆形或椭圆形，双凸透镜状或有三棱，长3～3.5 mm，顶端近无喙。花果期6—9月。

〔生境分布〕本省各地。生于高山草甸、山麓、山坡、林间、灌丛、草甸化草原、河谷、溪边、河滩，海拔2 490～4 700 m。分布于我国西藏、四川、新疆、甘肃、河北、内蒙古；尼泊尔、巴基斯坦至中亚地区也有分布。

矮生嵩草 *Carex alatauensis*

莎草科 Cyperaceae　薹草属 *Carex*

〔形态特征〕多年生草本。根状茎短。秆丛生，高3～15 cm，有钝棱，具条纹，基部具棕褐色呈纤维状分裂的枯死叶鞘。叶短于秆，扁平，宽1～2 mm，基部对折。花序为简单穗状，椭圆形，长5～15 mm，直径约5 mm，顶生的支小穗雄性，侧生的为雄雌顺序，在基部雌花的上部具2～5朵雄花；鳞片黄褐色，中间绿色，具3条脉，边缘白色膜质，着生在小穗基部的为宽卵形，长3～4 mm，顶端截形或微凹，有或无芒尖，在小穗中部的为长椭圆形或卵状椭圆形，长4～5 mm，顶端渐尖或钝；先出叶长圆形或长椭圆形，长约4 mm，淡褐色，2脊微粗糙，边缘在腹面仅基部愈合；柱头2～3。小坚果倒卵形或椭圆状倒卵形，双巴透镜状、平凸状或扁三棱形，长2.5～3 mm，具短喙。花果期5—9月。

〔生境分布〕玛多、玛沁、杂多、玉树、泽库、德令哈、都兰、天峻、兴海、共和、贵南、乐都、互助、刚察、门源。生于山坡、谷地、丘坡、河滩、灌丛、草原、林缘林下、高山草甸、山坡草甸、沼泽草甸，海拔2 500～4 700 m。分布于我国西藏、四川、新疆、甘肃、河北、内蒙古；中亚地区至蒙古国也有分布。

西藏嵩草 *Carex tibetikobresia*

莎草科 Cyperaceae　薹草属 *Carex*

〔形态特征〕多年生草本。根状茎短。秆密集丛生，较粗壮，高（5）10～15 cm，直径1～2 mm，有钝棱或圆柱形，具条纹，基部具浅褐色至深褐色枯死叶鞘。叶短于秆，丝状，宽约1 mm，边缘席卷。花序为简单穗状，长圆形或狭长圆形，长1～2 cm，直径4～5 mm；支小穗密生，顶生的为雄性，侧生的为雄雌顺序，在基部雌花的上部有3～4朵雄花；鳞片长圆形，长3.5～4.5 mm，褐色，中肋黄色，边缘白色膜质，顶端钝，无芒尖，中肋在顶端以下消失；先出叶长圆形，长2.5～4.5 mm，边缘在腹面仅基部愈合，淡棕色，透明膜质，无脊无脉或具不明显的1～2脊，顶端钝、截形或凹缺；柱头3。小坚果倒卵形或长圆状倒卵形，长2～3 mm，栗色，有光泽，压扁三棱形，顶端具短喙。花果期6—8月。

〔生境分布〕玛多、玛沁、杂多、治多（可可西里）、曲麻莱、囊谦、泽库、柴达木、乌兰、兴海、共和、互助、刚察、祁连、门源。生于沼泽草甸、水边、河滩、灌丛、山顶、山坡，海拔2 550～4 950 m。分布于我国西藏、四川、甘肃；中亚地区以及不丹、尼泊尔和俄罗斯（西伯利亚）也有分布。

无脉薹草 *Carex enervis*

莎草科 Cyperaceae　薹草属 *Carex*

〔形态特征〕多年生草本。根状茎长而匍匐。秆高8～25 cm。叶短于秆，宽1.5～2.5 mm，扁平。穗状花序卵状椭圆形或长圆形，长8～13 mm；苞片刚毛状；小穗多数，紧密，雄雌顺序，卵状披针形，长5～7 mm；雌花鳞片长圆状卵形或卵状披针形，长约4 mm，栗色，顶端锐尖或渐尖，具短尖，具白色膜质边缘，中脉明显；果囊卵状椭圆形至卵形，与鳞片近等长，下部黄绿色，上部及两侧锈色，顶端急缩成中等长的喙，喙缘粗糙，喙口斜，边缘中部以上粗糙，脉不明显或无脉；柱头2。小坚果长圆形，长约1.5 mm。花果期7—8月。

〔生境分布〕玛多、杂多、囊谦、玉树、兴海、共和、互助。生于山坡、沼泽、沼泽草甸，海拔2 500～4 500 m。分布于我国四川、新疆、甘肃、山西及东北；蒙古国及中亚地区也有分布。

青藏薹草 *Carex moorcroftii*

莎草科 Cyperaceae　薹草属 *Carex*

〔形态特征〕匍匐根状茎粗壮，外被撕裂成纤维状的残存叶鞘。秆高7～20 cm，三棱形，坚硬，基部具褐色分裂成纤维状的叶鞘。叶短于秆，宽2～4 mm，平张，革质，边缘粗糙。苞片刚毛状，无鞘，短于花序。小穗4～5个，密生，仅基部小穗多少离生；顶生1个雄性，长圆形至圆柱形，长1～1.8 cm；侧生小穗雌性，卵形或长圆形，长0.7～1.8 cm；基部小穗具短柄，其余的无柄。雌花鳞片卵状披针形，顶端渐尖。长5～6 mm，紫红色，具宽的白色膜质边缘。果囊等长或稍短于鳞片，椭圆状倒卵形，三棱形，革质，黄绿色，上部紫色，脉不明显，顶端急缩成短喙，喙口具2齿。小坚果倒卵形，三棱形，长2～2.3 mm；柱头3个。花果期7—9月。

〔生境分布〕本省各地。生于河漫滩、湖边湿沙地、阴坡潮湿处，海拔2 100～4 900 m。分布于西藏、甘肃。

尖苞薹草 *Carex microglochin*

莎草科 Cyperaceae　薹草属 *Carex*

〔形态特征〕根状茎细弱，可伸长。秆密丛或疏生，高5～20 cm，近无棱，平滑。叶短于秆，内卷如针，质硬，平滑。小穗1个，顶生，雄雌顺序，椭圆形，长约1 cm，雄花部分极短，具5～7朵花，雌花部分比雄花部分长，具4～12朵花。雌雄花鳞片深褐色至棕色，边缘白色透明膜质，雄花者长圆状椭圆形，先端钝，具3脉，长约2.5 mm；雌花鳞片椭圆状长圆形，先端钝，长约3 mm，具3脉，早落。果囊长于鳞片，最初近直立，后逐渐向外反折，最后以其极短的柄弯曲而向下，披针状钻形，横切面近圆形，长3.5～4.5 mm，淡棕色，向上渐狭成喙，喙口透明膜质而近平截，平滑，厚纸质，具多条不明显的细脉，基部具海绵质。小坚果长圆形，长约2 mm，具极短的柄而埋于果囊的海绵质基部，腹面具一坚硬的延伸小穗轴，顶端尖锐，伸出果囊达2 mm；柱头3个，伸出果囊。花果期5—8月。

〔生境分布〕生于湖边、河滩湿草地、高山草甸，海拔3 400～5 100 m。分布于我国青海、新疆、四川、西藏；分布于北美洲北部、欧洲北部、俄罗斯（中亚、西伯利亚）和蒙古国。

黑褐穗薹草 *Carex atrofusca* subsp. *minor*

莎草科 Cyperaceae　薹草属 *Carex*

〔形态特征〕根状茎长而匍匐。秆高10～70 cm，三棱形，平滑，基部具褐色的叶鞘。叶短于秆，长约为秆的1/7～1/5，宽（2）3～5 mm，平张，稍坚挺，淡绿色，顶端渐尖。苞片最下部的1个短叶状，绿色，短于小穗，具鞘，上部的鳞片状，暗紫红色。小穗2～5个，顶生1～2个雄性，长圆形或卵形，长7～15 mm，宽约6 mm；其余小穗雌性，椭圆形或长圆形，长8～18 mm，宽6～9 mm，花密生；小穗柄纤细，长0.5～2.5 cm，稍下垂。雌花鳞片卵状披针形或长圆状披针形，长4.5～5 mm，暗紫红色或中间色淡，先端长渐尖，顶端具白色膜质，边缘为狭的白色膜质。果囊长于鳞片，长圆形或椭圆形，长4.5～5.5 cm，宽2.5～2.8 mm，扁平，上部暗紫色，下部麦秆黄色，无色淡之边缘，无脉，无毛，基部近圆形，顶端急缩成短喙，喙口白色膜质，具2齿。小坚果疏松地包于果囊中，长圆形，扁三棱状，长1.5～1.8 mm，基部具柄，柄长0.5～1 mm；花柱基部不膨大，柱头3个。花果期7—8月。

〔生境分布〕生于高山灌丛草甸及流石滩下部和杂木林下，海拔2 200～4 600 m。分布于我国甘肃、青海、新疆、四川西部、云南西北部、西藏；中亚地区、克什米尔地区、尼泊尔、不丹也有分布。

密生薹草 *Carex crebra*

莎草科 Cyperaceae　薹草属 *Carex*

〔形态特征〕根状茎短。秆密丛生，高10～30 cm，纤细，粗不及1.5 mm，扁三棱形，光滑。叶甚短于秆，边缘内卷呈线形，宽0.8～1 mm，稍坚挺，边缘粗糙，基部具暗褐色分裂呈纤维状的宿存叶鞘。苞片佛焰苞状，苞鞘背面绿色，腹面紫红色，边缘白色膜质，最下部的1枚具刚毛状的苞叶，上部的几无苞叶。小穗2～4个，除下部的1个稍疏远外，其余的彼此接近；顶生的1个雄性，高出其下的雌小穗，圆柱形，长8～10 mm，具多数密生的花；侧生的1～3个小穗雌性，近圆柱形，长7～20 mm，具4～10余朵密生的花；小穗柄短，通常不伸出或略伸出鞘外。雄花鳞片长圆状披针形，长5～5.5 mm，顶端钝，膜质，淡褐色；雌花鳞片长圆形，长4.5～5 mm，顶端急尖，有短芒，纸质，两侧紫褐色，有宽的白色膜质边缘，中间绿色，有3条脉。果囊稍短于鳞片，倒卵状长圆形，钝三棱形，长3.5～4 mm，纸质，密被短柔毛，具2条侧脉及数条细脉，基部渐狭成短柄，顶端收缩成外弯的短喙或几无喙，喙口截形。小坚果倒卵状椭圆形，钝三棱形，长3～3.2 mm，棱面微凹，成熟时褐色，基部具短柄或几无柄，顶端具外弯的短喙；花柱甚短，基部不增粗，柱头3个。

〔生境分布〕生于高山灌丛草甸阳处，海拔1 700～3 900 m。分布于甘肃、青海南部、四川西部和西南部、云南西北部、西藏东部和南部。

栗花灯芯草 *Juncus castaneus*

灯芯草科 Juncaceae　灯芯草属 *Juncus*

〔形态特征〕多年生草本，高15～40 cm，具长根状茎及黄褐色须根。茎直立，单生或丛生，圆柱形，直径2～3.5 mm，具纵沟纹，绿色。叶基生和茎生；低出叶鞘状或鳞片状，褐色至红褐色；基生叶2～4枚，长6～25 cm，宽3～6 mm，顶端尖，边缘常内卷或折叠；叶鞘长5～11 cm，边缘膜质，松弛抱茎，无叶耳；茎生叶1枚或缺，较短；叶片扁平或边缘内卷。花序由2～8个头状花序排成顶生聚伞状，花序梗不等长，长1～4 cm；叶状总苞片1～2枚，线状披针形，顶端细长，常超出花序；头状花序含4～10朵花，直径7～8 mm（花期）；苞片2～3枚，披针形，常短于花；花具长约2 mm的花梗；花被片披针形，长4～5 mm，顶端渐尖，外轮者背脊明显，稍长于内轮，暗褐色至淡褐色；雄蕊6枚，短于花被片；花药黄色，长约1 mm；花丝线形，长约2 mm；花柱长1～1.5 mm；柱头3分叉，线形，长2～3 mm。蒴果三棱状长圆形，长6～7 mm，顶端逐渐变细呈喙状，果实超出花被片，具3个隔膜，成熟时深褐色。种子长圆形，长约1 mm，黄色，锯屑状，两端各有长约1 mm的白色附属物。花期7—8月，果期8—9月。

〔生境分布〕玛沁、同仁、泽库、天峻、兴海、共和、贵南、西宁、大通、湟源、湟中、平安、化隆、循化、乐都、民和、互助、刚察、海晏、祁连、门源。生于高山灌丛、草地，海拔3 500～4 500 m。分布于我国云南、四川、甘肃、陕西；俄罗斯（西伯利亚）及欧洲也有分布。

展苞灯芯草 *Juncus thomsonii*

灯芯草科 Juncaceae　灯芯草属 *Juncus*

〔形态特征〕多年生小草本。丛生。须根多数，黑褐色。根状茎横走，黄白色，有时红褐色。茎秆直立，丛生，光滑无毛，中空，高3～25 cm，直径约1 mm，绿色。叶基生、蘖生，抱茎，具鞘，鞘具白色至红褐色膜质边缘，叶耳大而钝圆；叶片针状，长1～20 cm，宽约1 mm，表面光滑。头状花序由4～10个小花聚合而成，单顶生；总苞片4～6枚，膜质，淡黄色至红褐色，稍长于花序，花期开展；小花梗长1～2 mm；披针形，淡黄色，长4～5 mm；雄蕊6，长于花被片，花药黄色；子房卵圆形，淡黄色，花柱柱头三裂，裂片条形，扭曲。蒴果三棱状卵圆形，黄褐色，长于花被，有小尖头；种子纺锤形，褐色，两端具尾状附属物。花果期6—9月。

〔生境分布〕玛多、达日、班玛、甘德、久治、玛沁、杂多、治多、曲麻莱、囊谦、玉树、称多、尖扎、同仁、泽库、河南、天峻、兴海、共和、同德、贵德、贵南、西宁、大通、湟源、湟中、平安、化隆、循化、乐都、民和、互助、刚察、海晏、祁连、门源。生于高山灌丛、草甸，海拔3 200～4 200 m。分布于我国西藏、四川、云南、甘肃、陕西；喜马拉雅地区也有分布。

锡金灯芯草 *Juncus sikkimensis*

灯芯草科 Juncaceae　灯芯草属 *Juncus*

〔形态特征〕多年生草本，高10～26 cm；根状茎横走，具细弱褐色的须根。茎直立，圆柱形，稍压扁，直径0.9～1.2 mm，有纵条纹，绿色。叶全部基生；低出叶鞘状，棕褐色至红褐色，顶端有芒状尖头；基生叶常2～3枚；叶片近圆柱形或稍压扁，长7～14 cm，宽1～2 mm，顶端钝尖，有时具棕色或淡黑色小点；叶鞘边缘膜质，具圆钝的叶耳。花序假侧生，通常由2个头状花序组成，具长短不等的花序梗，长者可达1.8 cm；叶状总苞片卵状披针形，长1.5～2.5 cm，下部黑褐色；头状花序有2～5朵花，直径0.6～1.2 cm；苞片2～4枚，宽卵形，长5～13 mm，宽2.5～4 mm，黑褐色；花较大，具长1.2～4 mm的花梗；花被片披针形，黑褐色，质地稍厚，外轮者长6.5～8 mm，宽2.3～3 mm，背脊明显，顶端稍长，内轮者稍短，具宽膜质边缘，顶端钝；雄蕊6枚，短于花被片；花药长圆形，长3～4 mm，黄色；花丝短而宽，长1～1.5 mm，黄褐色；子房卵形；花柱线形，长2.5～3 mm；柱头3分叉，线形，长3.0～4.2 mm。蒴果三棱状卵形，长5～5.9 mm，顶端有喙，具3个隔膜，成熟时栗褐色，光亮。种子长圆形，长约1 mm，两端具白色附属物，连同种子共长约2.8 mm，锯屑状。花期6—8月，果期7—9月。

〔生境分布〕生长于海拔4 000～4 600 m的山坡草丛、林下、沼泽湿地。分布于我国甘肃、四川、云南、西藏；尼泊尔、不丹、印度也有分布。

喜马灯芯草 *Juncus himalensis*

灯芯草科 Juncaceae 灯芯草属 *Juncus*

〔形态特征〕多年生草本，高30～70 cm；根状茎较短而直伸，具稍粗须根。茎直立，圆柱形，较粗壮，直径1～2.5 mm，具纵条纹，绿色。叶基生和茎生；低出叶较少，鞘状抱茎，暗褐色或红褐色；基生叶3～4枚；叶片扁平，长14～24 cm，下部宽约3 mm；叶鞘长6～15 cm，基部红褐色；茎生叶1～2枚；叶片线形，长18～31 cm，基部宽2～5 mm，向上逐渐变细，顶端渐尖，两侧边缘常内卷；叶耳钝或在上部叶片中无明显的叶耳。花序由3～7（稀更多）个头状花序组成顶生聚伞花序，花序梗从基部分枝，常3～5个，长短不等；头状花序通常聚集而靠近，头状花序直径6～10 mm，有3～8朵花；叶状总苞片1～2枚，线状披针形，长4～10（20）cm，顶端渐尖，每一花序梗基部具1枚披针形苞片，淡褐色；头状花序下有苞片3～5枚，披针形，通常短于花；花具梗，长1.3～2 mm；花被片狭披针形，长5～6 mm，宽1.5～1.8 mm，近等长或内轮者较短，顶端锐尖，褐色或淡褐色；雄蕊6枚，短于花被片；花药线形，长1～1.5 mm，淡黄至白色；花丝线形，长2.5～3.5 mm，基部暗褐色；雌蕊具短花柱，长约1 mm；柱头3分叉，线形，长2～2.5 mm。蒴果三棱状长圆形，长6.5～7.5 mm，顶端渐尖并具长约1.5 mm的尖头，具3个不完全的隔膜，淡绿色或淡黄色，成熟时黄褐色。种子长圆形，长0.7～1 mm，顶端和基部具白色附属物，连同种子共长3～3.5 mm。花期6—7月，果期7—9月。

〔生境分布〕生于海拔2 400～3 900 m的山坡、草地、河谷水湿处。分布于我国甘肃、青海、四川、云南、西藏等地；印度、巴基斯坦、尼泊尔、不丹也有分布。模式标本采自喜马拉雅山区。

一把伞南星 *Arisaema erubescens*

天南星科 Araceae　天南星属 *Arisaema*

〔形态特征〕块茎扁球形，直径可达6 cm，表皮黄色，有时淡红紫色。鳞叶绿白色、粉红色、有紫褐色斑纹。叶1，极稀2，叶柄长40～80 cm，中部以下具鞘，鞘部粉绿色，上部绿色，有时具褐色斑块；叶片放射状分裂，裂片无定数；幼株少则3～4枚，多年生植株有多至20枚的，常1枚上举，余放射状平展，披针形、长圆形至椭圆形，无柄，长（6）8～24 cm，宽6～35 mm，长渐尖，具线形长尾（长可达7 cm）或否。花序柄比叶柄短，直立，果时下弯或否。佛焰苞绿色，背面有清晰的白色条纹，或淡紫色至深紫色而无条纹，管部圆筒形，长4～8 mm，粗9～20 mm；喉部边缘截形或稍外卷；檐部通常颜色较深，三角状卵形至长圆状卵形，有时为倒卵形，长4～7 cm，宽2.2～6 cm，先端渐狭，略下弯，有长5～15 cm的线形尾尖或否。肉穗花序单性，雄花序长2～2.5 cm，花密；雌花序长约2 cm，粗6～7 mm；各附属器棒状、圆柱形，中部稍膨大或否，直立，长2～4.5 cm，中部粗2.5～5 mm，先端钝，光滑，基部渐狭；雄花序的附属器下部光滑或有少数中性花；雌花序上的具多数中性花。雄花具短柄，淡绿色、紫色至暗褐色，雄蕊2～4，药室近球形，顶孔开裂成圆形。雌花：子房卵圆形，柱头无柄。果序柄下弯或直立，浆果红色，种子1～2，球形，淡褐色。花期5—7月，果9月成熟。

〔生境分布〕海拔3 200 m以下的林下、灌丛、草坡、荒地均有生长。除内蒙古、黑龙江、吉林、辽宁、山东、江苏、新疆外，我国各地都有分布；印度北部和东北部、尼泊尔、缅甸、泰国北部也有分布。

轮叶黄精 *Polygonatum verticillatum*

天门冬科 Asparagaceae　黄精属 *Polygonatum*

〔形态特征〕根状茎的“节间”长2～3 cm，一头粗，一头较细，粗的一头有短分枝，直径7～15 mm，少有根状茎为连珠状。茎高（20）40～80 cm。叶通常为3叶轮生，或间有少数对生或互生的，少有全株为对生的，矩圆状披针形（长6～10 cm，宽2～3 cm）至条状披针形或条形（长达10 cm，宽仅5 mm），先端尖至渐尖。花单朵或2～3（4）朵成花序，总花梗长1～2 cm，花梗（指生于花序上的）长3～10 mm，俯垂；苞片一般不存在，或微小而生于花梗上；花被淡黄色或淡紫色，全长8～12 mm，裂片长2～3 mm；花丝长0.5～1（2）mm，花药长约2.5 mm；子房长约3 mm，具约与之等长或稍短的花柱。浆果红色，直径6～9 mm，具6～12颗种子。花期5—6月，果期8—10月。

〔生境分布〕班玛、玛沁、囊谦、玉树、尖扎、同仁、泽库、贵德、循化、乐都、民和、互助、祁连、门源。生于林下、林缘、山坡草地、灌丛、河滩草丛，海拔2 400～3 800 m。分布于西藏、云南、四川、甘肃、陕西、山西。

卷叶黄精 *Polygonatum cirrhifolium*

天门冬科 Asparagaceae　黄精属 *Polygonatum*

〔形态特征〕根状茎肥厚，圆柱状，直径1～1.5 cm，或根状茎连珠状，结节直径1～2 cm。茎高30～90 cm。叶通常每3～6枚轮生，很少下部有少数散生的，细条形至条状披针形，少有矩圆状披针形，长4～9（12）cm，宽2～8（15）mm，先端拳卷或弯曲成钩状，边常外卷。花序轮生，通常具2花，总花梗长3～10 mm，花梗长3～8 mm，俯垂；苞片透明膜质，无脉，长1～2 mm，位于花梗上或基部，或苞片不存在；花被淡紫色，全长8～11 mm，花被筒中部稍缢狭，裂片长约2 mm；花丝长约0.8 mm，花药长2～2.5 mm；子房长约2.5 mm，花柱长约2 mm。浆果红色或紫红色，直径8～9 mm，具4～9颗种子。花期5—7月，果期9—10月。

〔生境分布〕班玛、久治、杂多、囊谦、玉树、治多、尖扎、同仁、河南、兴海、共和、贵德、同德、西宁、湟源、平安、循化、乐都、民和、互助、刚察、海晏、祁连、门源。生于林下、林缘、灌丛、山坡草丛、碎石堆中，海拔2 400～3 900 m。分布于我国西藏、云南、四川、甘肃、宁夏、陕西；印度、尼泊尔也有分布。

天蓝韭 *Allium cyaneum*

石蒜科 Amaryllidaceae 葱属 *Allium*

〔形态特征〕鳞茎数枚聚生，圆柱状，细长，粗2～4（6）mm；鳞茎外皮暗褐色，老时破裂成纤维状，常呈不明显的网状。叶半圆柱状，上面具沟槽，比花葶短或超过花葶，宽1.5～2.5（4）mm。花葶圆柱状，高10～30（45）cm，常在下部被叶鞘；总苞单侧开裂或2裂，比花序短；伞形花序近扫帚状，有时半球状，少花或多花，常疏散；小花梗与花被片等长或长为其2倍，稀更长，基部无小苞片；花天蓝色；花被片卵形，或矩圆状卵形，长4～6.5 mm，宽2～3 mm，稀更长或更宽，内轮的稍长；花丝等长，从比花被片长1/3直到比其长1倍，常为花被片长度的1.5倍，仅基部合生并与花被片贴生，内轮的基部扩大，无齿或每侧各具1齿，外轮的锥形；子房近球状，基部具蜜腺；花柱伸出花被外。花果期8—10月。

〔生境分布〕玛多、达日、班玛、治多、曲麻莱、玉树、称多、天峻、兴海、共和、乐都、互助、祁连、门源。生于高山流石滩、山顶草甸、山坡、灌丛草甸，海拔2 900～4 800 m。分布于西藏、四川、湖北、甘肃、陕西、宁夏。

高山韭 *Allium sikkimense*

石蒜科 Amaryllidaceae　葱属 *Allium*

〔形态特征〕鳞茎数枚聚生，圆柱状，粗0.3～0.5 cm；鳞茎外皮暗褐色，破裂成纤维状，下部近网状，稀条状破裂。叶狭条形，扁平，比花葶短，宽2～5 mm。花葶圆柱状，高15～40 cm，有时矮到5 cm，下部被叶鞘；总苞单侧开裂，早落；伞形花序半球状，具多而密集的花；小花梗近等长，比花被片短或与其等长，基部无小苞片；花钟状，天蓝色；花被片卵形或卵状矩圆形，先端钝，长6～10 mm，宽3～4.5 mm，内轮的边缘常具1至数枚疏离的不规则小齿，且常比外轮的稍长而宽；花丝等长，为花被片长度的1/2～2/3，基部合生并与花被片贴生，合生部分高约1 mm，内轮的基部扩大，有时每侧各具1齿，外轮的基部也常扩大，有时每侧亦各具1齿；子房近球状，腹缝线基部具明显的有窄帘的凹陷蜜穴；花柱比子房短或近等长。花果期7—9月。

〔生境分布〕玛沁、久治、囊谦、玉树、称多、同仁、泽库、河南、同德、唐古拉山、共和、湟源、湟中、互助、祁连、门源。生于山坡灌丛中、高山草甸、林缘，海拔2 900～5 000 m。分布于西藏、云南、四川、甘肃、陕西、宁夏；印度、尼泊尔、不丹也有分布。

镰叶韭 *Allium carolinianum*

石蒜科 Amaryllidaceae　葱属 *Allium*

〔形态特征〕具不明显的短的直生根状茎。鳞茎粗壮，单生或2～3枚聚生，狭卵状至卵状圆柱形，粗1～2.5 cm；鳞茎外皮褐色至黄褐色，革质，顶端破裂，常呈纤维状。叶宽条形，扁平，光滑，常呈镰状弯曲，钝头，比花葶短，宽（3）5～15 mm。花葶粗壮，高20～40（60）cm，粗2～4 mm，下部被叶鞘；总苞常带紫色，2裂，近与花序等长，宿存；伞形花序球状，具多而密集的花；小花梗近等长，略短于或为花被片长的2倍，基部无小苞片；花紫红色、淡紫色、淡红色至白色；花被片狭矩圆形至矩圆形，长（4.5）6～8（9.4）mm，宽1.5～3 mm，先端钝，有时微凹缺，内轮的常稍长，或有时内、外轮的近等长；花丝锥形，比花被片长，有时可长达1倍，基部合生并与花被片贴生，但内轮花丝的贴生部分高出合生部分约0.5 mm，外轮的则略低于合生部分，合生部分高约1 mm；子房近球状，腹缝线基部具凹陷的蜜穴；花柱伸出花被外。花果期6月底至9月。

〔生境分布〕玛多、玛沁、杂多、治多（可可西里）、曲麻莱、囊谦、玉树、称多、都兰、德令哈、格尔木（唐古拉山）、共和、海晏、祁连。生于高山流石滩、山间滩地、冲积扇、干山坡疏林下，海拔2 900～5 000 m。分布于我国西藏、新疆、甘肃；中亚地区、阿富汗、尼泊尔也有分布。

本种是一个广生态幅的种。因生境差异，植株大小有变。生于玛多县花石峡附近山间滩地的居群，个体大，且形成大面积的纯群落，花期甚为壮观。

野黄韭 *Allium rude*

石蒜科 Amaryllidaceae　葱属 *Allium*

〔形态特征〕具短的直生根状茎。鳞茎单生，圆柱状至狭卵状圆柱形，粗0.5～1（1.5）cm；鳞茎外皮灰褐色至淡棕色，薄革质，片状破裂。叶条形，扁平，实心，光滑，稀边缘具细糙齿，伸直或略呈镰状弯曲，比花葶短或近等长，宽0.3～0.5（0.8）cm。花葶圆柱状，中空，高20～50 cm，下部被叶鞘；总苞2～3裂，近与花序等长，具极短的喙，宿存；伞形花序球状，具多而密集的花；小花梗近等长，从等长于直至比花被片长1.5倍，基部无小苞片；花淡黄色至绿黄色；花被片矩圆状椭圆形至矩圆状卵形，长5～6 mm，宽2～2.5（3）mm，等长，或内轮的略长，先端钝圆；花丝等长，比花被片长1/4～1/3，锥形，基部合生并与花被片贴生；子房卵状至卵球状，腹缝线基部具凹陷的蜜穴；花柱伸出花被外。花果期7月底至9月。

〔生境分布〕达日、班玛、甘德、久治、玛沁、杂多、治多、玉树。生于高山草地、山坡石崖、灌丛中，海拔3 950～4 600 m。分布于西藏、四川、甘肃。

杯花韭 *Allium cyathophorum*

石蒜科 Amaryllidaceae　葱属 *Allium*

〔形态特征〕鳞茎单生或数枚聚生，圆柱状或近圆柱状，具较粗的根；鳞茎外皮灰褐色，常呈近平行的纤维状，有时呈网状。叶条形，背面呈龙骨状隆起，通常比花葶短，宽2～5 mm。花葶圆柱状，常具2纵棱，高13～35 cm，下部被叶鞘；总苞单侧开裂，稀2～3裂，宿存；伞形花序近扇状，多花，松散；小花梗不等长，从与花被片近等长直至比其长3倍，基部无小苞片；花紫红色至深紫色；花被片椭圆状矩圆形，先端钝圆或微凹，长7～9 mm，宽3～4 mm，内轮的稍长；花丝比花被片短，长4.5～5～8 mm，2/3～3/4合生成管状，内轮花丝分离部分的基部常呈肩状扩大，外轮的狭三角形；子房卵球状，外壁具细的疣状突起；花柱不伸出花被；柱头3浅裂。花果期6—8月。

〔生境分布〕班玛、玛沁、同德、囊谦、玉树、河南。生于林下、灌丛、山坡草地，海拔3 360～4 400 m。分布于西藏、云南、四川。

青甘韭 *Allium przewalskianum*

石蒜科 Amaryllidaceae 葱属 *Allium*

〔形态特征〕鳞茎数枚聚生，有时基部被以共同的网状鳞茎外皮，狭卵状圆柱形；鳞茎外皮红色，较少为淡褐色，破裂成纤维状，呈明显的网状，常紧密地包围鳞茎。叶半圆柱状至圆柱状，具4～5纵棱，短于或略长于花葶，粗0.5～1.5 mm。花葶圆柱状，高10～40 cm，下部被叶鞘；总苞与伞形花序近等长或较短，单侧开裂，具常与裂片等长的喙，宿存；伞形花序球状或半球状，具多而稍密集的花；小花梗近等长，比花被片长2～3倍，基部无小苞片，稀具很少的小苞片；花淡红色至深紫红色；花被片长（3）4～6.5 mm，宽1.5～2.7 mm，先端微钝，内轮的矩圆形至矩圆状披针形，外轮的卵形或狭卵形，略短；花丝等长，为花被片长的1.5～2倍，在基部合生并与花被片贴生，蕾期花丝反折，刚开放时内轮的先伸直，随后外轮伸直，内轮花丝基部扩大成矩圆形，扩大部分为花丝长度的1/3～1/2，每侧各具1齿，有时两齿弯曲，互相交接，外轮的锥形；子房球状，基部无凹陷的蜜穴；花柱在花刚开放时被包围在3枚内轮花丝扩大部分所组成的三角锥体中，花后期伸出，而近与花丝等长。花果期6—9月。

〔生境分布〕玛沁、久治、治多、曲麻莱、囊谦、玉树、称多、同仁、泽库、河南、都兰、乌兰、德令哈、兴海、共和、同德、贵南、湟中、乐都、互助、刚察、海晏、祁连、门源。生于阳坡、河谷石崖、山坡田边及林缘，海拔2 300～4 300 m。分布于我国西藏、云南、四川甘肃、新疆、陕西、宁夏；印度和尼泊尔也有分布。

金头韭 *Allium herderianum*

石蒜科 Amaryllidaceae 葱属 *Allium*

〔形态特征〕鳞茎卵状球形或卵状，粗1 ~ 1.5 cm；鳞茎外皮灰褐色，薄革质，顶端破裂或条裂。叶半圆柱状狭条形，近与花葶等长，宽2 ~ 4 mm。花葶圆柱状，中空，高（12）20 ~ 40 cm，下部被叶鞘；总苞干膜质，2 ~ 3裂，宿存；伞形花序球状或半球状，具多而密集的花；小花梗近等长，近与花被片等长或略长，基部无小苞片；花被淡黄色至亮草黄色；外轮的矩圆状卵形，舟状，长5 ~ 6 mm，宽2.5 ~ 3 mm，钝头，内轮的矩圆状披针形，长7 ~ 8 mm，宽2 ~ 2.5 mm，先端向外反折；花丝约为内轮花被片长的1/2 ~ 2/3，长3 ~ 4 mm，基部约1 mm合生并与花被片贴生，分离部分锥形；子房卵状，腹缝线基部具凹陷的蜜穴；花柱长0.5 ~ 2 mm。花果期7—9月。

〔生境分布〕生于海拔2 900 ~ 3 900 m的向阳山坡或干草原上。分布于青海、甘肃。

甘肃贝母 *Fritillaria przewalskii*

百合科 Liliaceae　贝母属 *Fritillaria*

〔形态特征〕植株长20～40 cm。鳞茎由2枚鳞片组成，直径6～13 mm。叶通常最下面的2枚对生，上面的2～3枚散生，条形，长3～7 cm，宽3～4 mm，先端通常不卷曲。花通常单朵，少有2朵的，浅黄色，有黑紫色斑点；叶状苞片1枚，先端稍卷曲或不卷曲；花被片长2～3 cm，内三片宽6～7 mm，蜜腺窝不很明显；雄蕊长约为花被片的一半；花药近基着，花丝具小乳突；柱头裂片通常很短，长不及1 mm，极个别的长达2 mm（宝兴标本）。蒴果长约1.3 cm，宽1～1.2 cm，棱上的翅很狭，宽约1 mm。花期6—7月，果期8月。

〔生境分布〕玛沁、班玛、杂多、囊谦、玉树、称多、尖扎、同仁、泽库、河南、贵南、湟中、乐都、民和、互助。生于高山灌丛、草地、林缘，海拔2 400～4 400 m。分布于四川、甘肃。

假百合 *Notholirion bulbuliferum*

百合科 Liliaceae　假百合属 *Notholirion*

〔形态特征〕鳞茎多数，卵形，直径3～5 mm，淡褐色。茎高60～150 cm，近无毛。基生叶数枚，带形，长10～25 cm，宽1.5～2 cm；茎生叶条状披针形，长10～18 cm，宽1～2 cm。总状花序具10～24朵花；苞片叶状，条形，长2～7.5 cm，宽3～4 mm；花梗稍弯曲，长5～7 mm；花淡紫色或蓝紫色；花被片倒卵形或倒披针形，长2.5～3.8 cm，宽0.8～1.2 cm，先端绿色；雄蕊与花被片近等长；子房淡紫色，长1～1.5 cm；花柱长1.5～2 cm，柱头3裂，裂片稍反卷。蒴果矩圆形或倒卵状矩圆形，长1.6～2 cm，宽1.5 cm，有钝棱。花期7月，果期8月。

〔生境分布〕班玛。生于草丛中，3 300～3 800 m。分布于我国西藏、云南、四川、甘肃、陕西；印度、尼泊尔、不丹也有分布。

少花顶冰花 *Gagea pauciflora*

百合科 Liliaceae　顶冰花属 *Gagea*

〔形态特征〕植株高8 ~ 28 cm，全株多少有微柔毛，下部尤其明显。鳞茎狭卵形，上端延伸成圆筒状，多少撕裂，抱茎。基生叶1枚，长10 ~ 25 cm，宽1 ~ 1.5 mm，通常脉上和边缘疏生微柔毛；茎生叶通常1 ~ 3枚，下部1枚长可达6 ~ 7 cm，披针状条形，比基生叶稍宽，上部的渐小而为苞片状，基部边缘具疏柔毛。花1 ~ 3朵，排成近似总状花序；花被片条形，绿黄色，长9 ~ 20（25）mm，宽3 ~ 5 mm，先端锐尖；雄蕊长为花被片的一半；子房矩圆形，长2.5 ~ 3.5 mm；花柱与子房近等长或略短，柱头3深裂，裂片长度通常超过1 mm。蒴果近倒卵形，长为宿存花被的1/2 ~ 3/5，长7 ~ 16 mm，宽6 ~ 10 mm。种子三角状，扁平，长和宽各约1 mm。花期4—6月，果期6—7月。

〔生境分布〕玛沁、玛多、曲麻莱、尖扎、同仁、格尔木、德令哈、兴海、西宁、刚察。生于山坡灌丛草丛、河滩，海拔2 300 ~ 4 000 m。分布于我国西藏、甘肃、陕西、河北、内蒙古、黑龙江；俄罗斯、蒙古国也有分布。

洼瓣花 *Gagea serotina*

百合科 Liliaceae　顶冰花属 *Gagea*

〔形态特征〕多年生草本。高8～15 cm。鳞茎被多层褐色、条裂的枯叶鞘。基生叶常2枚，或因不育叶丛尚未分立，而叶数有所增加，叶片与茎等高或短，基部扩大形成长鞘，包被鳞茎；茎生叶多枚，多短小，长1～4 cm，宽约2 mm，半抱茎。1～3花，白色而有紫斑，向基部斑纹色加深，向上常有3条紫色脉；花被片长9～14 mm，宽约7 mm，倒卵状长圆形或椭圆形，先端急尖，基部内面常有1个凹穴；雄蕊长为花被片的2/3，花丝无毛；子房长圆形，长约3 mm，与花柱等长，柱头三浅裂。蒴果（未熟）倒卵状长圆形。花果期6—8月。

〔生境分布〕玛沁、久治、玉树、治多、曲麻莱、尖扎、同仁、天峻、兴海、循化、互助。生于高山草甸、山坡灌丛、山坡岩石缝中，海拔2 600～4 100 m。分布于我国西南、西北、华北及东北各地区；欧洲、亚洲及北美洲温带地区均有分布。

卷鞘鸢尾 *Iris potaninii*

鸢尾科 Iridaceae　鸢尾属 *Iris*

〔形态特征〕多年生草本，植株基部围有大量老叶叶鞘的残留纤维，棕褐色或黄褐色，毛发状，向外反卷。根状茎木质，块状，很短；根粗而长，黄白色，近肉质，少分枝。叶条形，花期叶长4～8 cm，宽2～3 mm，果期长可达20 cm，宽3～4 mm。花茎极短，不伸出地面，基部生有1～2枚鞘状叶；苞片2枚，膜质，狭披针形，长4～4.5 cm，宽约6 mm，顶端渐尖，内包含有1朵花；花黄色，直径约5 cm；花梗甚短或无；花被管长1.5～3.7 cm，下部丝状，上部逐渐扩大成喇叭形，外花被裂片倒卵形，长约3.5 cm，宽约1.2 cm，顶端微凹，中脉上密生有黄色的须毛状附属物，内花被裂片倒披针形，长约2.5 cm，宽0.8～1 cm，顶端微凹，直立；雄蕊长约1.5 cm，花药短宽，紫色；花柱分枝扁平，黄色，长约2.8 cm，宽约6 mm，顶端裂片近半圆形，外缘有不明显的牙齿，子房纺锤形，长约7 mm。果实椭圆形，长2.5～3 cm，宽1.3～1.6 cm，顶端有短喙，成熟时沿室背开裂，顶端相连；种子梨形，直径约3 mm，棕色，表面有皱纹。花期5—6月，果期7—9月。

〔生境分布〕久治、玛多、达日、班玛、甘德、玛沁、杂多、治多（河可西里）、曲麻莱、囊谦、玉树、称多、尖扎、同仁、泽库、河南、天峻、门源。生于高山草地、寒漠砾地，海拔3 200～4 900 m。分布于西藏、甘肃。

锐果鸢尾 *Iris goniocarpa*

鸢尾科 Iridaceae 鸢尾属 *Iris*

〔形态特征〕多年生草本。根状茎短，棕褐色；须根细，质地柔嫩，黄白色，多分枝。叶柔软，黄绿色，条形，长10 ~ 25 cm，宽2 ~ 3 mm，顶端钝，中脉不明显。花茎高10 ~ 25 cm，无茎生叶；苞片2枚，膜质，绿色，略带淡红色，披针形，长2 ~ 4 cm，宽5 ~ 8 mm，顶端渐尖，向外反折，内包含有1朵花；花蓝紫色，直径3.5 ~ 5 cm；花梗甚短或无；花被管长1.5 ~ 2 cm，外花被裂片倒卵形或椭圆形，长2.5 ~ 3 cm，宽约1 cm，有深紫色的斑点，顶端微凹，基部楔形，中脉上的须毛状附属物基部白色，顶端黄色，内花被裂片狭椭圆形或倒披针形，长1.8 ~ 2.2 cm，宽约5 mm，顶端微凹，直立；雄蕊长约1.5 cm，花药黄色；花柱分枝花瓣状，长约1.8 cm，顶端裂片狭三角形，子房绿色，长1 ~ 1.5 cm。蒴果黄棕色，三棱状圆柱形或椭圆形，长3.2 ~ 4 cm，直径1.2 ~ 1.8 cm，顶端有短喙。花期5—6月，果期6—8月。

〔生境分布〕玛多、达日、班玛、甘德、久治、玛沁、杂多、治多、曲麻莱、囊谦、玉树、称多、尖扎、同仁、泽库、河南、兴海、共和、同德、贵南、湟源、湟中、平安、化隆、乐都、民和、互助、门源。生于高山草地、灌丛，海拔3 200 ~ 4 900 m。分布于我国西南各地及甘肃、陕西；喜马拉雅地区也有分布。

天山鸢尾 *Iris loczyi*

鸢尾科 Iridaceae　鸢尾属 *Iris*

〔形态特征〕多年生密丛草本，折断的老叶叶鞘宿存于根状茎上，棕色或棕褐色。地下生有不明显的木质，块状根状茎，暗棕褐色。叶质地坚韧，直立，狭条形，长20～40 cm，宽约3 mm，顶端渐尖，基部鞘状，无明显的中脉。花茎较短，不伸出或略伸出地面，基部常包有披针形膜质的鞘状叶；苞片3枚，草质，长10～15 cm，宽约1.5 cm，中脉明显，顶端渐尖，内包含有1～2朵花；花蓝紫色，直径5.5～7 cm；花被管甚长，丝状，长达10 cm，外花被裂片倒披针形或狭倒卵形，长6 cm，宽1～2 cm，爪部略宽，内花被裂片倒披针形，长4.5～5 cm，宽7～8 mm；雄蕊长约2.5 cm；花柱分枝长约4 cm，宽约8 mm，顶端裂片半圆形，子房纺锤形，长约1.2 cm。果实长倒卵形至圆柱形，长4～7 cm，直径约2 cm，顶端略有短喙，有6条明显的肋，新鲜时红褐色，苞片宿存于果实的基部。花期5—6月，果期7—9月。

〔生境分布〕本省各地。生于干旱山坡、高山草地、寒漠砾地，海拔2 200～4 900 m。分布于我国西藏、四川、新疆、甘肃、宁夏及内蒙古；蒙古国、俄罗斯及中亚和西亚地区也有分布。

马蔺 *Iris lactea*

鸢尾科 Iridaceae　鸢尾属 *Iris*

〔形态特征〕本变种与原变种的区别是：花被片及花柱为蓝色。

〔生境分布〕本省各地。生于干旱山坡、高山草地、荒地、湿地，海拔2 200 ~ 4 900 m。分布于我国西北、华北、东北及华东各地；朝鲜、蒙古国、俄罗斯及中亚和西亚地区也有分布。

凹舌兰 *Dactylorhiza viridis*

兰科 Orchidaceae 掌裂兰属 *Dactylorhiza*

〔形态特征〕地生兰。高11～42 cm。块茎从基部二裂，而每裂部分的下部又二至三裂，裂片细长。茎直立，中部至上部具3～4叶。叶椭圆形或椭圆状披针形，长3～11 cm，宽1.5～4 cm，端急尖或稍钝，基部收狭成鞘、抱茎。总状花序长4～12 cm，具小数或多数花；花苞片线形或线状披针形，明显比花长；花绿色或黄绿色；萼片卵状椭圆形，端钝，基部常合生，长5～6 mm，中萼片宽2.5～3 mm，侧萼片斜歪，长4.5 mm，较中萼片稍宽；花瓣线状披针形，长4～5 mm，宽不及1 mm；唇瓣肉质，紫褐色，倒披针形，长5～6 mm，前部宽约2.5 mm，基部具囊状距，近基部中央有1条短褶片，顶部三浅裂，裂片三角形，侧裂片比中裂片大而长；距卵形，长2～2.5 mm；子房纺锤形，长7～9 mm，扭转，无毛。花期6—7月，果期8—9月。

〔生境分布〕玛沁、囊谦、称多、玉树、同仁、兴海、共和、大通、湟中、循化、乐都、民和、互助、祁连、门源。生于山坡林下、灌丛、林缘或草地上，海拔2 300～4 500 m。分布于我国西藏、四川、新疆、甘肃、陕西、宁夏、山西、河北、内蒙古、辽宁、吉林、黑龙江、湖北、河南、台湾；俄罗斯（西伯利亚）至欧洲、朝鲜、日本、克什米尔地区、尼泊尔、不丹、北美洲也有分布。

掌裂兰 *Dactylorhiza hatagirea*

兰科 Orchidaceae　掌裂兰属 *Dactylorhiza*

〔形态特征〕植株高12～40 cm。块茎下部3～5裂呈掌状，肉质。茎直立，粗壮，中空，基部具2～3枚筒状鞘，鞘之上具叶。叶（3）4～6枚，互生，叶片长圆形、长圆状椭圆形、披针形至线状披针形，上面无紫色斑点，长8～15 cm，宽1.5～3 cm，稍微开展，先端钝、渐尖或长渐尖，基部收狭成抱茎的鞘，向上逐渐变小，最上部的叶变小呈苞片状。花序具几朵至多朵密生的花，圆柱状，长2～15 cm；花苞片直立伸展，披针形，先端渐尖或长渐尖，最下部的常长于花；子房圆柱状纺锤形，扭转，无毛，连花梗长10～14 mm；花蓝紫色、紫红色或玫瑰红色，不偏向一侧；中萼片卵状长圆形，直立，凹陷呈舟状，长5.5～7（9）mm，宽3～4 mm，先端钝，具3脉，与花瓣靠合呈兜状；侧萼片张开，偏斜，卵状披针形或卵状长圆形，长6～8（9.5）mm，宽4～5 mm，先端钝或稍钝，具3～5脉；花瓣直立，卵状披针形，稍偏斜，与中萼片近等长，宽3～5 mm，先端钝，具2～3脉；唇瓣向前伸展，卵形、卵圆形、宽菱状横椭圆形或近圆形，常稍长于萼片，长6～9 mm，下部或中部宽6～10 mm，基部具距，先端钝，不裂，有时先端稍具1个凸起，似3浅裂，边缘略具细圆齿，上面具细的乳头状突起，在基部至中部之上具1个由蓝紫色线纹构成似匙形的斑纹（在新鲜花其斑纹颇为显著），斑纹内淡紫色或带白色，其外的色较深，为蓝紫的紫红色，而其顶部为浅3裂或2裂成“W”形；距圆筒形、圆筒状锥形至狭圆锥形，下垂，略微向前弯曲，末端钝，较子房短或与子房近等长。花期6—8月。

〔生境分布〕生于海拔2 600～4 100 m的山坡、沟边灌丛下或草地中。分布于我国黑龙江、吉林、内蒙古、宁夏、甘肃、青海、新疆、四川西部和西藏东部；蒙古国、俄罗斯的西伯利亚至欧洲、克什米尔地区至不丹、巴基斯坦、阿富汗至北非也有分布。

广布小红门兰 *Ponerorchis chusua*

兰科 Orchidaceae 小红门属 *Ponerorchis*

〔形态特征〕植株高5～45 cm；块茎长圆形或圆球形，长1～1.5 cm，直径约1 cm，肉质，不裂；茎直立，圆柱状，纤细或粗壮，基部具1～3枚筒状鞘；叶具1～5枚叶，多为2～3枚，叶之上不具或具1～3枚小的、披针形苞片状叶；叶片长圆状披针形、披针形或线状披针形至线形，长3～15 cm，宽0.2～3 cm，上面无紫色斑点，先端急尖或渐尖，基部收狭成抱茎的鞘；花序具1～20朵花，多偏向一侧；花苞片披针形或卵状披针形，先端渐尖或长渐尖，基部稍收狭，最下部的花苞片长于、等长于或短于子房；子房圆柱形，扭转，无毛，连花梗长7～15 mm；花紫红色或粉红色；中萼片长圆形或卵状长圆形，直立，凹陷呈舟状，长5～7（8）mm，宽2.5～4（5）mm，先端稍钝或急尖；具3脉，与花瓣靠合呈兜状；侧萼片向后反折，偏斜，卵状披针形，长6～8（9）mm，宽3～5 mm，先端稍钝或渐尖，具3脉；花瓣直立，斜狭卵形、宽卵形或狭卵状长圆形，长5～6（7）mm，宽3～4 mm，先端钝，边缘，花期6—8月。

〔生境分布〕山坡林下、灌丛下、高山灌丛草地或高山草甸中。分布于黑龙江、吉林、内蒙古、陕西南部、宁夏、甘肃东部、青海东部和东南部、湖北西部、四川、云南西北部至东北部、西藏东南部至南部。

裂瓣角盘兰 *Herminium alaschanicum*

兰科 Orchidaceae　角盘兰属 *Herminium*

〔形态特征〕植株高15～60 cm。块茎圆球形，直径约1 cm，肉质。茎直立，无毛，基部具2～3枚筒状鞘，其上具2～4枚较密生的叶，在叶之上有3～5枚苞片状小叶。叶片狭椭圆状披针形，长4～15 cm，宽5～18 mm，直立伸展，先端急尖或渐尖，基部渐狭并抱茎。总状花序具多数花，圆柱状，长4～27 cm；花苞片披针形，直立伸展，先端尾状，下部的长于子房；子房圆柱状纺锤形，扭转，无毛，连花梗长5～6 mm；花小，绿色，垂头钩曲，中萼片卵形，长4 mm，宽3 mm，先端钝，具3脉；侧萼片卵状披针形至披针形，长4 mm，基部宽1.5～2 mm，先端近急尖，具1脉；花瓣直立，长5～5.5 mm，中部以下宽1.5 mm，中部骤狭呈尾状且肉质增厚，或多或少呈3裂，中裂片近线形，先端钝，具3脉；唇瓣近长圆形，基部凹陷具距，前部3裂至近中部，侧裂片线形，先端微急尖，中裂片线状三角形，先端急尖，稍较侧裂片短而宽，距长圆状，长1.5 mm，向前弯曲，末端钝；蕊柱粗短，长约1 mm；药室近并行；花粉团倒卵形，具极短的花粉团柄和黏盘，黏盘卷曲呈角状；蕊喙小；柱头2个，隆起，椭圆形，位于唇瓣基部两侧；退化雄蕊2个，小，椭圆形。花期6—9月。

〔生境分布〕玛沁、囊谦、玉树、同仁、河南、兴海、共和、同德、贵南、大通、湟中、乐都、互助、刚察、海晏、祁连、门源。生于山坡灌丛、草地、沙丘、沟谷草滩，海拔2 600～4 300 m。分布于西藏、云南、四川、甘肃、陕西、宁夏、山西、河北、内蒙古。

角盘兰 *Herminium monorchis*

兰科 Orchidaceae　角盘兰属 *Herminium*

〔形态特征〕植株高5.5～35 cm。块茎球形，直径6～10 mm，肉质。茎直立，无毛，基部具2枚筒状鞘，下部具2～3枚叶，在叶之上具1～2枚苞片状小叶。叶片狭椭圆状披针形或狭椭圆形，直立伸展，长2.8～10 cm，宽8～25 mm，先端急尖，基部渐狭并略抱茎。总状花序具多数花，圆柱状，长达15 cm；花苞片线状披针形，长2.5 mm，宽约1 mm，先端长渐尖，尾状，直立伸展；子房圆柱状纺锤形，扭转，顶部明显钩曲，无毛，连花梗长4～5 mm；花小，黄绿色，垂头，萼片近等长，具1脉；中萼片椭圆形或长圆状披针形，长2.2 mm，宽1.2 mm，先端钝；侧萼片长圆状披针形，宽约1 mm，较中萼片稍狭，先端稍尖；花瓣近菱形，上部肉质增厚，较萼片稍长，向先端渐狭，或在中部多少3裂，中裂片线形，先端钝，具1脉；唇瓣与花瓣等长，肉质增厚，基部凹陷呈浅囊状，近中部3裂，中裂片线形，长1.5 mm，侧裂片三角形，较中裂片短很多；蕊柱粗短，长不及1 mm；药室并行；花粉团近圆球形，具极短的花粉团柄和粘盘，粘盘较大，卷成角状；蕊喙矮而阔；柱头2个，隆起，叉开，位于蕊喙之下；退化雄蕊2个，近三角形，先端钝，显著。花期6—7（8）月。

〔生境分布〕玛沁、囊谦、玉树、同仁、泽库、河南、兴海、同德、贵德、大通、湟源、湟中、民和、互助、祁连、门源。生于山坡林下、林缘、灌丛、草地、河滩及沼泽地上，海拔2 300～4 500 m。分布于我国西藏、云南、四川、甘肃、陕西、山西、河北、内蒙古、辽宁、吉林、黑龙江、河南、山东；日本、朝鲜、俄罗斯（西伯利亚）至欧洲、克什米尔地区至尼泊尔也有分布。

对叶兰 *Neottia puberula*

兰科 Orchidaceae　鸟巢兰属 *Neottia*

〔形态特征〕植株高10～20 cm，具细长的根状茎。茎纤细，近基部处具2枚膜质鞘，近中部处具2枚对生叶，叶以上部分被短柔毛。叶片心形、宽卵形或宽卵状三角形，长1.5～2.5 cm，宽度通常稍超过长度，先端急尖或钝，基部宽楔形或近心形，边缘常多少呈皱波状。总状花序长2.5～7 cm，被短柔毛，疏生4～7朵花；花苞片披针形，长1.5～3.5 mm，先端急尖，无毛；花梗长3～4 mm，具短柔毛；子房长约6 mm；花绿色，很小；中萼片卵状披针形，长约2.5 mm，中部宽约1.2 mm，先端近急尖，具1脉；侧萼片斜卵状披针形，与中萼片近等长；花瓣线形，长约2.5 mm，宽约0.5 mm，具1脉；唇瓣窄倒卵状楔形或长圆状楔形，通常长6～8 mm，中部宽约1.7 mm，中脉较粗，外侧边缘多少具乳突状细缘毛，先端2裂；裂片长圆形，长2～2.5 mm，宽约1 mm，两裂片叉开或几平行；蕊柱长2～2.5 mm，稍向前倾；花药向前俯倾；蕊喙大，宽卵形，短于花药。蒴果倒卵形，长6 mm，粗约3.5 mm；果梗长约5 mm。花期7—9月，果期9—10月。

〔生境分布〕生于海拔1 400～2 600 m的密林下阴湿处。分布于我国黑龙江、吉林南部（抚松、长白山）、辽宁、内蒙古、河北西北部（小五台山）、山西北部（宁武、五台山）、甘肃中部（榆林）、青海东部（大通）、四川西北部和贵州；日本、朝鲜半岛和俄罗斯远东地区也有分布。

第四部分

果洛藏族自治州草原主要毒害草

序号	名称	拉丁名	科	属	毒/害	可食性	植物图谱页码
1	问荆	*Equisetum arvense*	木贼科	木贼属	毒	季节性可食	10
2	矮麻黄	*Ephedra minuta*	麻黄科	麻黄属	杂	季节性可食	19
3	单子麻黄	*Ephedra monosperma*	麻黄科	麻黄属	杂	季节性可食	20
4	高原荨麻	*Urtica hyperborea*	荨麻科	荨麻属	杂	季节性可食	23
5	花葶驴蹄草	*Caltha scaposa*	毛茛科	驴蹄草属	杂	季节性可食	59
6	矮金莲花	*Trollius farreri*	毛茛科	金莲花属	杂	可食	60
7	升麻	*Actaea cimicifuga*	毛茛科	升麻属	毒	可食	61
8	高乌头	*Aconitum sinomontanum*	毛茛科	乌头属	毒	季节性可食	62
9	甘青乌头	*Aconitum tanguticum*	毛茛科	乌头属	毒	季节性可食	63
10	伏毛铁棒锤	*Aconitum flavum*	毛茛科	乌头属	毒	不可食	64
11	铁棒锤	*Aconitum pendulum*	毛茛科	乌头属	毒	不可食	65
12	露蕊乌头	*Aconitum gymnandrum*	毛茛科	乌头属	毒	可食	66
13	密花翠雀	*Delphinium densiflorum*	毛茛科	翠雀属	毒	可食	67
14	大通翠雀花	*Delphinium pylzowii*	毛茛科	翠雀属	毒	可食	68
15	白蓝翠雀花	*Delphinium albocoeruleum*	毛茛科	翠雀属	毒	可食	69
16	蓝翠雀花	*Delphinium caeruleum*	毛茛科	翠雀属	毒	可食	70
17	拟耧斗菜	*Paraquilegia microphylla*	毛茛科	拟耧斗菜属	毒	可食	71
18	瓣蕊唐松草	*Thalictrum petaloideum*	毛茛科	唐松草属	毒	可食	72
19	长柄唐松草	*Thalictrum przewalskii*	毛茛科	唐松草属	毒	可食	73
20	芸香叶唐松草	*Thalictrum rutifolium*	毛茛科	唐松草属	毒	可食	74
21	高山唐松草	*Thalictrum alpinum*	毛茛科	唐松草属	毒	可食	75
22	钩柱唐松草	*Thalictrum uncatum*	毛茛科	唐松草属	毒	可食	76
23	草玉梅	*Anemone rivularis*	毛茛科	银莲花属	毒	可食	77
24	疏齿银莲花	*Anemone obtusiloba* subsp. *ovalifolia*	毛茛科	银莲花属	毒	可食	78
25	叠裂银莲花	*Anemme imbricata*	毛茛科	银莲花属	毒	可食	80
26	长花铁线莲	*Clematis rehderiana*	毛茛科	铁线莲属	毒	可食	81
27	黄花铁线莲	*Clematis intricata*	毛茛科	铁线莲属	毒	可食	82
28	甘青铁线莲	*Clematis tangutica*	毛茛科	铁线莲属	毒	可食	83
29	蓝侧金盏花	*Adonis coerulea*	毛茛科	侧金盏花属	毒	可食	85
30	高原毛茛	*Ranunculus tanguticus*	毛茛科	毛茛属	毒	可食	86
31	云生毛茛	*Ranunculus nephelogenes*	毛茛科	毛茛属	毒	可食	87
32	茴茴蒜	*Ranunculus chinensis*	毛茛科	毛茛属	毒	可食	88
33	鸦跖花	*Oxygraphis kamchatica*	毛茛科	鸦跖花属	毒	可食	89
34	三裂碱毛茛	*Halerpestes tricuspis*	毛茛科	毛茛属	毒	可食	90

序号	名称	拉丁名	科	属	毒/害	可食性	植物图谱页码
35	水毛茛	*Ranuncuus bungei*	毛茛科	毛茛属	毒	可食	91
36	多刺绿绒蒿	*Meconopsis horridula*	罂粟科	绿绒蒿属	杂	不可食	98
37	总状花绿绒蒿	*Meconopsis horridula*	罂粟科	绿绒蒿属	杂	不可食	99
38	条裂黄堇	*Corydalis linarioides*	罂粟科	紫堇属	毒	不可食	109
39	播娘蒿	*Descurainia sophia*	十字花科	播娘蒿属	杂	季节性可食	131
40	陕西蔷薇	*Rosa giraldii*	蔷薇科	蔷薇属	害	不可食	166
41	紫色悬钩子	*Rubus irritans*	蔷薇科	悬钩子属	害	不可食	169
42	轮生叶野决明	*Thermopsis inflata*	豆科	野决明属	杂	不可食	189
43	鬼箭锦鸡儿	*Caragana jubata*	豆科	锦鸡儿属	杂	不可食	194
44	金翼黄芪	*Astragalus chrysopterus*	豆科	黄芪属	杂	季节性可食	198
45	丛生黄芪	*Astragalus confertus*	豆科	黄芪属	杂	季节性可食	202
46	急弯棘豆	*Oxytropis deflexa*	豆科	棘豆属	毒	季节性可食	207
47	黄花棘豆	*Oxytropis ochrocephala*	豆科	棘豆属	毒	季节性可食	208
48	甘肃棘豆	*Oxytropis kansuensis*	豆科	棘豆属	毒	季节性可食	209
49	黑萼棘豆	*Oxytropis melanocalyx*	豆科	棘豆属	毒	季节性可食	210
50	镰荚棘豆	*Oxytropis falcata*	豆科	棘豆属	毒	季节性可食	211
51	胀果棘豆	*Oxytropis stracheyana*	豆科	棘豆属	毒	季节性可食	212
52	宽苞棘豆	*Oxytropis latibracteata*	豆科	棘豆属	毒	季节性可食	213
53	小花棘豆	*Oxytropis glabra*	豆科	棘豆属	毒	季节性可食	214
54	泽漆	*Euphorbia helioscopia*	大戟科	大戟属	毒	季节性可食	228
55	青藏大戟	*Euphorbia altotibetica*	大戟科	大戟属	毒	可食	229
56	甘青大戟	*Euphorbia micractina*	大戟科	大戟属	毒	可食	230
57	甘肃大戟	*Euphoria kansuensis*	大戟科	大戟属	毒	可食	231
58	狼毒	*Stellera chamaejasme*	瑞香科	狼毒属	毒	不可食	236
59	麻花艽	*Gentiana straminea*	龙胆科	龙胆属	杂	可食	282
60	达乌里秦艽	*Gentiana dahurica*	龙胆科	龙胆属	杂	可食	283
61	管花秦艽	*Gentiana siphonantha*	龙胆科	龙胆属	杂	可食	284
62	条纹华龙胆	*Sinogentiana striata*	龙胆科	龙胆属	杂	可食	289
63	蓝白龙胆	*Gentiana leucomelaena*	龙胆科	龙胆属	杂	可食	292
64	糙草	*Asperugo procumbens*	紫草科	糙草属	害	可食	311
65	西藏微孔草	*Microula tibetica*	紫草科	微孔草属	害	不可食	314
66	小花西藏微孔草	*Microula tibetica var. pratensis*	紫草科	微孔草属	害	不可食	315
67	高原香薷	*Elsholtzia feddei*	唇形科	香薷属	毒	可食	321
68	密花香薷	*Elsholtzia densa myosurus*	唇形科	香薷属	毒	可食	323

序号	名称	拉丁名	科	属	毒/害	可食性	植物图谱页码
69	独一味	*Phlomoides rotata*	唇形科	糙苏属	杂	可食	334
70	天仙子	*Hyoscyamus niger*	茄科	天仙子属	毒	季节性可食	337
71	马尿脬	*Przewalskia tangutica*	茄科	马尿脬属	毒	不可食	339
72	茄参	*Mandragora caulescens*	茄科	茄参属	杂	可食	340
73	长果婆婆纳	*Veronica ciliata*	玄参科	婆婆纳属	毒	可食	345
74	甘肃马先蒿	*Pedicularis kansuensis*	玄参科	马先蒿属	毒	季节性可食	359
75	碎米蕨叶马先蒿	*Pedicularis cheilanthifolia*	玄参科	马先蒿属	毒	季节性可食	361
76	阿拉善马先蒿	*Pedicularis alaschanica*	玄参科	马先蒿属	毒	季节性可食	362
77	中国马先蒿	*Pedicularis chinensis*	玄参科	马先蒿属	毒	季节性可食	369
78	茜草	*Rubia cordifolia*	茜草科	茜草属	毒	季节性可食	374
79	刚毛忍冬	*Lonicera hispida*	忍冬科	忍冬属	害	不可食	382
80	青海刺参	*Morina kokonorica*	忍冬科	刺参属	害	不可食	390
81	苍耳	*Xanthium strumarium*	菊科	苍耳属	杂	不可食	415
82	褐毛橐吾	*Ligularia purdomii*	菊科	橐吾属	毒	不可食	431
83	箭叶橐吾	*Ligularia sagitta*	菊科	橐吾属	毒	不可食	432
84	黄帚橐吾	*Ligularia virgaurea*	菊科	橐吾属	毒	不可食	433
85	掌叶橐吾	*Ligularia przewalskii*	菊科	橐吾属	毒	不可食	434
86	葵花大蓟	*Cirsium souliei*	菊科	蓟属	害	不可食	443
87	飞廉	*Carduus Erigeronacris*	菊科	飞廉属	害	不可食	
88	水麦冬	*Triglochin palustris*	水麦冬科	水麦冬属	毒	可食	477
89	海韭菜	*Triglochin maritima*	水麦冬科	水麦冬属	毒	可食	478
90	异针茅	*Stipa aliena*	禾本科	针茅属	害	季节性可食	509
91	醉马草	*Achnatherum inebrians*	禾本科	芨芨草属	毒	季节性可食	514
92	卷鞘鸢尾	*Iris potaninii*	鸢尾科	鸢尾属	杂	季节性可食	550
93	马蔺	*Iris lactea*	鸢尾科	鸢尾属	杂	季节性可食	553

第五部分

果洛藏族自治州草原主要害虫

青海草原毛虫 *Gynaephora qinghaiensis*

毒蛾科 Lymantriidae 草原毛虫属 Gynaephora

别名 红头黑毛虫、草原毒蛾。

地理分布 草原毛虫发生在海拔3 000 ~ 5 000 m的高山草原，主要分布在青海、甘肃、西藏、四川等地区。

生态习性 草原毛虫主要为害莎草科、禾本科、豆科、蓼科、蔷薇科等各种牧草。严重影响牧草生长，造成牧草产量降低，从而妨碍畜牧业的发展。

形态特征 成虫，雌雄异型。雄蛾体长7 ~ 9 mm，体黑色，被污黄色细毛。头部较小，口器退化，仅留痕迹，被污黄色绒毛包被，不吃东西。触角发达，羽毛状。复眼卵圆形，黑色。前、后翅均发达，前翅有一短径室，R_3与R_4同柄，从径室端角出发，R_5也从同一点生出。后翅基室矛状，M_3与Cu_1基部连合成柄。3对足均发达，具污黄色长毛，跗节5节各节端部黄色。雌蛾，体长圆形，较扁，体长8 ~ 14 mm，宽5 ~ 9 mm，头部甚小，黑色。复眼、口器退化，触角短小，棍棒状。3对足较短小，黑色，不能行走；仅能用身体蠕动。前、后翅均退化，仅留痕迹，呈肉瘤状小突起，不能飞行。腹部肥大，全身被黄色绒毛。翅、足等均看不到。腹部末端黑色。由于雌蛾不能行走和飞行，在茧中不外出，立般在地面上见不到。

卵 散生，藏于雌虫茧内，表面光滑，乳白色，直径1.3 mm左右，上端中央凹陷，呈浅褐色，接近孵化时，颜色逐渐变暗。

幼虫 雄性幼虫6龄，雌性幼虫7龄。初龄幼虫体长2.5 mm左右，体乳黄色，12 h后变成灰黑色，48 h后为黑色，背中线两侧，明显可见毛瘤8排，毛瘤上丛生黄褐色长毛。老熟幼虫体长22 mm左右，体黑色，密生黑色长毛，头部红色，腹部第六七节的中背腺突起，呈鲜黄色或火红色。

蛹 雌雄异型。雄蛹椭圆形，长7.6 ~ 10.2 mm，宽3.8 ~ 5.1 mm。背部密生灰黑色细长毛。腹部背面有3条淡黄色结晶状腺体，腹部末端尖细。初羽化的蛹带嫩绿色，经1天后变为黄褐色，2天后呈黑色，翅芽、触角远较雌蛹为大。

蛹外具茧，茧长12.0 ~ 15.7 mm，宽6.8 ~ 8.3 mm。椭圆形，灰黑色。茧由老熟幼虫吐丝和脱落的毛组成，外观似一粒羊粪。

雌蛹纺锤形，较雄蛹肥大，长9.5 ~ 14.1 mm，宽4.6 ~ 7.1 mm。全身比较光滑，深黑色。背部具有稀疏的灰黑色毛。翅芽很小，仅见痕迹。蛹体也被茧包住，茧比雄茧大，长14.5 ~ 19.5 mm，宽7.5 ~ 11.3 mm。

生活史 草原毛虫一年发生1代。第一龄幼虫在雌茧内于草根下或土中越冬。翌年4月中、下旬或5月上旬开始活动。幼虫第三个龄期长达7个月左右。其余各龄期一般是15 d左右。5月下旬至6月上旬为3龄幼虫盛期。7月上旬雄性幼虫开始结茧化蛹，7月下旬雌性幼虫开始结茧化蛹，7月底至8月上中旬为化蛹盛期。8月初成虫开始羽化，8月中下旬为羽化、交配和产卵盛期。9月初，卵开始孵化，9月底至10月中旬为孵化盛期。孵出新的1龄幼虫仅取食卵壳，不危害牧草，不久便开始逐渐进入越冬阶段。

习性

幼虫　越冬1龄幼虫有群聚习性，常数十条或上百条聚居一处。幼虫自2龄开始取食为害，5龄后进入暴食期，6月中旬至7月为害最盛。低龄幼虫晴天中午前后取食最盛，高龄幼虫13～16℃时取食最盛，主要喜食小嵩草、矮嵩草、藏嵩草、垂穗披碱草、早熟禾、细叶苔、紫羊茅、洽草等。

幼虫的扩散与传播：幼虫爬行较快，每分钟可爬行50 cm左右，末龄幼虫爬行更快对扩散起了很大作用，但一般爬行不超过2～3 km。在牧区，远距离的传播，主要靠牲畜驮运、放牧和牧民迁移等活动，把附着在牲畜身上物品上的幼虫带到异地。据饥饿试验证明，在帐篷里，4龄幼虫经1周后死亡：在室内，光线充足、温度较低，20 d后多数仍能正常生活。这种很强的耐饥饿能力，为其传播提供了有利条件。

成虫　雌雄蛾羽化后，不需要补充营养就能交配产卵。雌蛾不能爬行和飞翔，羽化后生殖孔不断伸缩，以尾端将茧的一端顶破，同时释放出一种21碳三烯为主要组分的生信息素，引诱雄蛾钻入交尾。

雄蛾飞翔能力较强，高度不超过70 cm，像蝶类跳式上下飞行，晴天中午前后活动最盛。雄蛾一旦达到交配目的，生命即将告终。雌蛾完成交配，生殖孔不再散发性引诱物，雄虫不再来访。雌雄蛾均无趋光性，雄蛾有假死性。成虫交配后，经3～24 h开始产的。产卵时雌虫不改变仰卧姿势，产卵于腹部四周。产卵历期20～25 d，每雌产卵少者30～40粒，多者300粒左右，一般为120粒左右。幼虫期食料丰富，或早出者，发育快体肥大，蛹重，产卵量高；反之，产卵量低。

第六部分

果洛藏族自治州草原主要有害动物

喜马拉雅旱獭 *Marmota himalayana*

松鼠科 Sciuridae 旱獭属 *Marmota*

别名 哈拉、曲娃（藏名译音）。

野外鉴别特征 体形肥大，四肢短粗，尾短而稍扁平，体背棕黄色。

形态特征 体形粗壮，耳壳短小，颈部粗短，躯体肥胖。尾短而稍扁平，四肢短而粗，前足4指，后足5趾。指（趾）端具爪，爪发达适于掘土。雌兽乳头5对或6对。自鼻端经两眼眉间到两耳前方之间有似三角形的黑色毛区，即“黑三角”。嘴四周为黄白色、淡棕黄色或橘黄色。眼眶黑色，面部两颊到耳外侧基部呈淡黄褐色或浅棕黄色。耳壳呈深棕黄色或深黄色。颈背和体背部同色，呈沙黄色，棕黄色或草黄色。背部至臀部黑色毛尖多显著，常形成不规则的黑色细斑纹。体侧黑色毛尖显然较少，故体侧较体背毛色稍浅。体腹面毛稀，毛色呈灰黄色、淡棕色或草黄色；肛门和外阴周围染深棕色或深棕黄色。四肢和足上面呈淡棕黄色或沙黄色，下面与体腹面同色。足掌和爪黑色。头骨粗壮结实，略似三角形。鼻骨较宽而长，前端略超过门齿，后端超过前颌骨后缘，镶入额骨前端。眶上突发达，向下外方微弯。眶间区凹陷较浅而平坦。颧弓后部明显扩张，鳞骨前下缘的眶后突起甚小。矢状脊较低。枕骨大孔前缘呈半椭圆形。腭弓狭长，其后缘超过前颌骨的后缘。下颌骨的喙状突后缘近乎垂直，不显著向后弯曲，喙状突与关节突之间的切迹深而较窄。

生态习性 喜马拉雅旱獭是青海高原草甸草原上广泛栖息的动物，它的数量不因草甸草原上不同的植被群落而发生显著的变化，主要受地形的影响。家族生活，通常数个家族形成一个群聚。旱獭的洞穴由主洞（越冬洞）、副洞（夏洞）及临时洞（避敌洞）组成。具冬眠习性，出蛰后营间生活。以禾本科、莎草科及豆科植物的茎、叶为食，亦食小型动物。

地理分布 为青藏高原特有种。省外分布于新疆、甘肃、四川、云南和西藏等地。青海省内分布于玛沁、班玛、甘德、达日、久治、玛多、西宁、互助、循化、平安、湟中、乐都、民和、化隆、湟源、门源、祁连、海晏、刚察、同仁、泽库、尖扎、河南、共和、同德、贵德、兴海、贵南、乌兰、都兰、天峻、格尔木、玉树、杂多、治多、称多、曲麻莱、囊谦。

青海松田鼠 *Neodon fuscus*

仓鼠科Circetidae　松田鼠属*Pitymys*

形态特征　尾短，四肢粗短，爪较强大，适应挖掘活动。吻部短，耳较小而圆，其长不及后足长。躯体被毛较长而软。吻、额、背和臀部毛色呈暗棕灰色，毛基灰色，毛端棕黄色，并混杂黑色长毛。腹面呈灰黄色，毛基灰色，毛端淡黄色或土黄色。耳壳后基部的棕黄色斑较明显。尾显示双色，上面毛色同体背色，下面沙黄色，尾端具黑褐色毛束。前后足上面同体背色或稍污暗，足掌裸露呈黑色，爪黑色或灰黑色。

生态习性　栖息于海拔3 700 ~ 4 400 m的沼泽草甸地带。主要以牧草为食。

地理分布　中国特有种。青海省内分布于玛沁、玛多、杂多、治多、称多、曲麻莱。

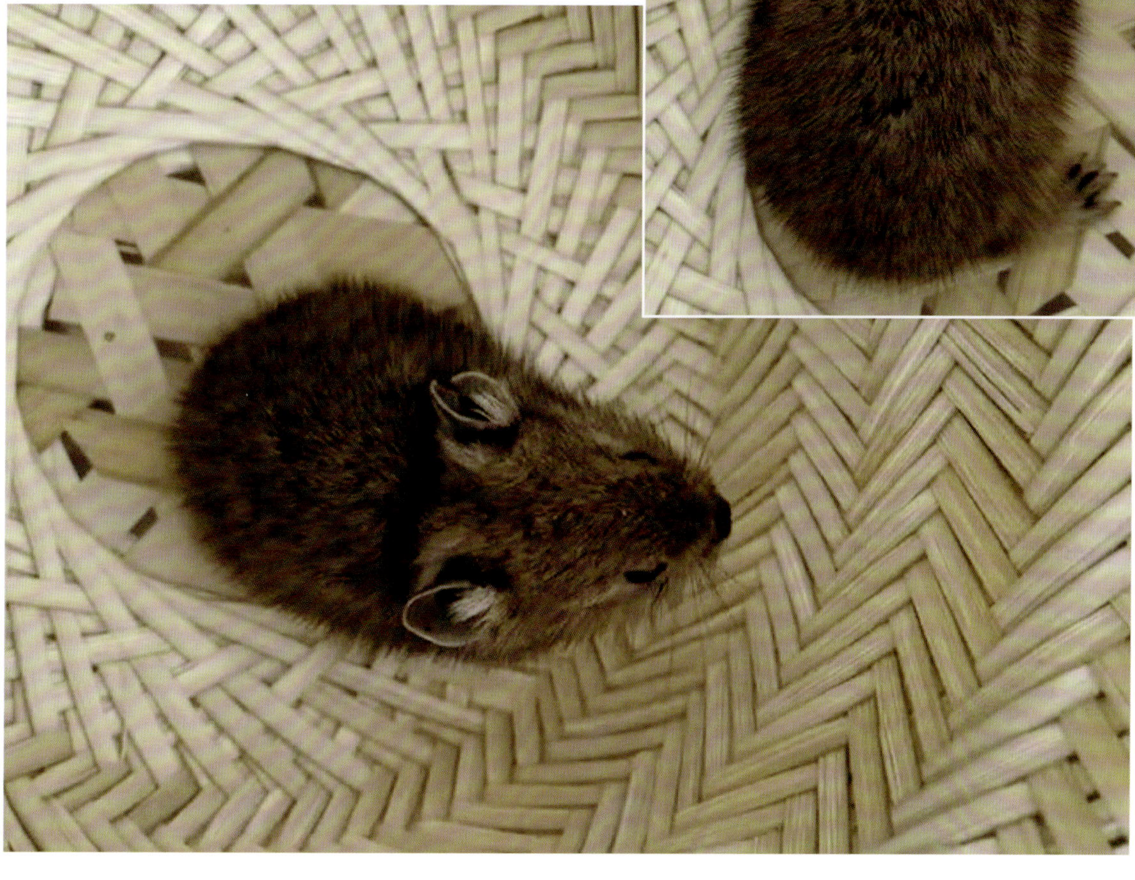

白尾松田鼠 *Neodon leucurus*

仓鼠科 Cricetidae　松田鼠属 *Pitymys*

别名　拟田鼠、松田鼠、布氏松田鼠。

野外鉴别特征　外形适应挖掘活动。尾特短，其长度平均不及体长30%。耳小，为体长12.5%左右。四肢爪强大有力。

形态特征　本种为松田鼠属中善于挖掘活动的种类。体形较小，体长89～130 mm，尾特短，其长度为25～40 mm，不及体长的80%。耳甚短小，不显露于被毛之外，其长约为体长之12.5%。四肢较短，足指（趾）之爪强而有力。

本种色调浅，与本属中深棕褐色的种类易手区别。躯体背面毛色通常呈土棕色、沙黄色、浅赭色或暗灰褐色，毛基鼠灰色。背部还混杂或多或少的黑色长毛。体侧毛色较背部浅淡。体腹面毛基灰色，毛尖苍白或黄白色。尾单色或双色（常见幼体及亚成体），上面暗棕褐色浅棕黄白色（单色者上下面一致）或暗褐色；下面黄色，尾稍具黄白色或浅棕褐色毛束。四肢足背面黄白色或污白色，爪黑褐色。

头骨粗壮，脑颅至吻端不显著隆起。鼻骨短，前端膨大，后端窄小，眶上脊发达。颧弓粗大，向外扩展呈弧形。鳞骨之眶后突较明显。腭骨甚长，超过颅全长之半，其后缘与翼状骨相联结。听泡甚大，其长接近颅全长的1/4左右。

上门齿唇面无沟，略向前倾斜。第一上臼齿的横叶之后有4个齿环，第二上臼齿的横叶之后具3个齿环，第三上臼齿内外两侧各有3个角突。下颌第一臼齿后横叶之前具3个闭锁的三角形齿环，第四五个齿环互相融合，并与小前叶联通。第二下臼齿的横叶之前具4个齿环，第三下臼齿由3条斜列的齿环组成。

生态习性　栖息于山间盆地、阶地、湖泊和河流沿岸的草甸、草原、沼泽草甸或盐生草甸等湿润地区，阶地农田和房舍亦见活动。栖居在海拔2 900～5 000 m。食物以禾本科、沙草科植物为主，亦觅食青稞谷物。

地理分布　青海省内分布于玛沁、玛多、曲麻莱、杂多、治多、乌兰、都兰、格尔木等地。

高原鼢鼠 *Myospalax baileyi*

鼹型鼠科 Spalacidae　鼢鼠属 *Myospalax*

别名　瞎老鼠、瞎老、中华鼢鼠。

野外鉴别特征　体形粗壮，耳壳退化，眼小，鼻垫呈三叶形，尾及后足上面覆以密毛，前足指爪发达，适应于地下挖掘活动。

形态特征　体形粗圆，吻短，眼小，耳壳退化为环绕耳孔的皮褶，不突出于被毛外。尾短，其长超过后足长，并覆以密毛。四肢较短粗，前后足上面覆以短毛。前足掌的后部具毛，前部和指无毛，后足掌无毛。前足的2～4指爪发达，特别是中（3）指爪最长，后足趾爪显然小而短。躯体被毛柔软，并具光泽。鼻垫上缘及唇周为污白色。额部无白色斑。背腹毛色基本一致。成体毛色从头部至尾部观，呈灰棕色，自臀部至头部观，呈暗赭棕色，腹面较背部更暗灰色，毛基均为暗鼠灰色，毛尖赭棕色。幼体及半成体为蓝灰色或暗灰色。尾上面自尾到尾端暗灰色条纹逐渐变细变弱，尾下面和暗色条纹四周为白色、污白色或土黄白色。前肢上面毛色与体背雷同，后肢上面毛色呈污白色、暗棕黄色或浅灰色。头骨较粗大，吻短，鼻骨较长，前端宽而低扁，两鼻骨联合处稍凹隘，后端变窄而微凸，其末端明显超过颌额缝，嵌入额骨前缘。眶上脊不明显。顶骨两内侧脊在前方不相汇合，年轻个体几成平行，老年个体的顶脊互相靠近，但不相遇。枕脊强壮，枕中脊不发达或缺失。门齿孔为前颌骨所包围。上门齿向下垂直，不突出鼻骨前缘，唇面呈黄色或棕黄色。

生态习性　栖息于海拔2 800～4 200 m的农田、山坡及草甸草原。

地理分布　青藏高原特有种。青海省内分布于玛沁、班玛、甘德、达日、久治、玛多、西宁、化隆、湟源、门源、祁连、海晏、刚察、泽库、河南、共和、贵南、天峻。

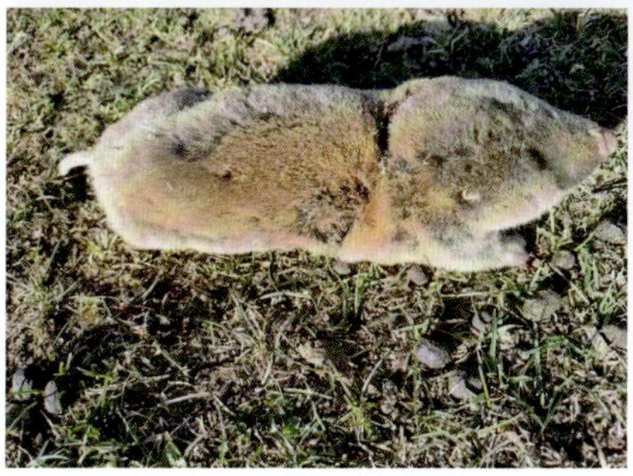

高原鼠兔 *Ochotona curzoniae*

鼠兔科 Ochotonidae　鼠兔属 *Ochotona*

别名　黑唇鼠兔、鸣声鼠、石老鼠、阿乌亚（藏名译音）。

野外鉴别特征　栖息于草甸草原，体形中等，上下唇缘黑褐色，耳小。

形态体形　中等，酷似达乌尔鼠兔，体长平均169 mm。耳小而短圆，耳壳具明显的白色边缘。后肢略长于前肢，前后足的指（趾）垫常隐于毛内，爪较发达。无尾。雌兽乳头3对。

高原鼠兔一般夏毛色深，毛短而贴身；冬毛色淡，毛长而蓬松。夏毛体上面呈暗沙黄褐色或棕黄色。上下唇及鼻部黑褐色。耳壳背面浅黑褐色，耳缘具白边。耳壳后面与颈背间有淡黄色或浅黄白色披肩。额部至臀部毛基均暗灰色或深灰褐色，毛中段浅黄色，毛端浅棕黄色，并杂有黑色长毛。体侧色淡，近似沙黄棕色。体下面毛色呈浅黄白色或近白色。毛基暗灰色，毛端黄白色或淡黄色，有的个体腹部中央具棕黄色条纹。四肢外侧同体背毛色，内侧较淡。足背面土黄色或污白色，掌面具浅黄褐或污白色短毛。冬毛被毛长而柔软，体上面呈浅沙黄或黄白色，体侧毛色较背部更浅淡，体下面近似白色。

头骨的鼻骨狭长，前端膨大，向后逐渐变窄。额骨无卵圆孔，前端微凹陷，向前下方倾斜，中部隆凸，后端和顶骨急向下方倾斜，至脑颅后端趋于平缓，故侧视头骨明显呈弧形。颧弓粗壮，不向外侧扩展，两边颧弓近乎平行向后延伸。门齿孔和腭孔合为一似梨形大孔。犁骨裸露可见。听泡显然较小，其长平均为10.8 mm。下颌骨较平直，切迹近圆弧形。

上门齿2对，第一对强大而弯曲，第二对小而扁棒状。齿隙较长，其长通常超过上齿列长。上颌前臼齿3枚，第一枚较小呈扁柱形，第二枚较大，舌面具2突出棱，第三枚与臼齿相似。上颌臼齿2枚，第一、二臼齿唇面具2个突出棱，第二臼齿的舌面具2个明显的突出棱和1个很小的后突出棱。下颌门齿1对，前臼齿2枚，臼齿3枚。

生态习性　广泛栖息于海拔3 200～5 200 m的高山，草原草甸、草甸草原、高寒草甸及高寒荒漠草原带。在山间盆地、湖边滩地、河谷阶地、山麓缓坡、山前冲积的洪积扇及碎屑砾石山坡营群居生活。立上。

高原鼠兔以昼间活动为主。冬季不冬眠。每天活动时间，因季节和地区有所变化。一般来说，早上日出就开始出洞，8—10时是高峰，中午日照强烈，活动显著下降；17—19时为一天的第三个活动高峰。

洞穴构造大致分两类　简单洞系，夏季（7—8月）较多，洞道浅而短；复杂洞系，洞长达20 m左右，洞道分支很多，互相沟通形成网状，内有巢室、盲洞及粪便贮存结构等。

高原鼠兔以植物为食，尤以禾本科及豆科植物为甚。每日平均食鲜牧草77.3 g，日食量占体重的52%（皮南林，1973）。冬季无贮大草堆的习性。

它的繁殖因地区、海拔高度而不同。一般每年繁殖1～2次，于当年的4—7月（或3—9月）进行，每胎产仔1～8只，平均为4.6只。有人认为高原鼠兔通常1年繁殖2次，有少数个体繁殖3次，并且可能是“一夫一妻”的单婚制。

地理分布　系青藏高原特有种。广布于青海各州、县。青海省外见于甘肃南部、四川西北部和西藏等。Corbet（1978）认为可分2个亚种，我们意见仍为单型种。

川西鼠兔 *Ochotona gloveri*

鼠兔科 Ochotonidae　鼠兔属 *Ochotona*

形态特征　四肢粗壮而敏捷，后肢略长于前肢，足的趾垫黑色显著。冬夏毛色变化不显著。吻部呈纯橘黄色或棕黄色，面颊灰色，额顶至枕部呈棕黄色或棕色。耳背及内面橘黄色或栗棕色，白色耳缘不显著，耳前基部具白色长毛。耳后或颈背具淡黄色披肩。躯体背面浅棕褐色、黄褐色或灰褐色，体腹面灰白色或污白色。躯体毛基为灰黑色，而背覆毛端各异。四肢上面白色或污白色，后足踝关节具橘黄色斑。

生态习性　栖息于海拔3 500 ~ 4 200 m的山地针叶林下灌木稀疏的石堆中。

地理分布　中国特有种。青海省内分布于玛多、玉树、杂多、治多、称多、曲麻莱、囊谦。

参考文献

《中华藏本草》编委会，1997. 中华藏本草[M]. 北京：民族出版社.

青海植物志编辑委员会，1999. 青海植物志[M]. 西宁：青海人民出版社.

孙海群，李希来，2016. 青海自然植被植物名录及优势植物图谱[M]. 西宁：青海民族出版社.

西藏自治区革命委员会卫生局，西藏军区后勤部卫生处，1971—1973. 西藏常用中草药[M]. 拉萨：西藏人民出版社.

中国科学院北京植物研究所，1972. 中国高等植物图鉴. 第一册[M]. 北京：科学出版社

中国科学院青藏高原综合科学考察队，1983—2004. 西藏植物志[M]. 北京：科学出版社.

中国科学院西北高原生物研究所，1987. 青海经济植物志[M]. 西宁：青海人民出版社.

中国科学院西北高原生物研究所，1989. 青海经济动物志[M]. 西宁：青海人民出版社.

中国科学院中国植物志编辑委员会，1993. 中国植物志[M]. 北京：科学出版社.

周华坤，任飞，霍青，等，2020. 青海省海南藏族自治州维管植物图谱[M]. 北京：科学出版社.